“十三五”国家重点出版物出版规划项目

国家出版基金项目

现代切削刀具实用技术丛书

丛书编委会

常用螺纹刀具通用技术

主　编：赵建敏　陈　明
副主编：沈士昌　吴立志　焦余华
　　　　蒋向荣　董向阳

中国质量标准出版传媒有限公司
中　国　标　准　出　版　社

北　京

图书在版编目（CIP）数据

常用螺纹刀具通用技术/赵建敏，陈明主编．--北京：中国质量标准出版传媒有限公司，2024.9
（现代切削刀具实用技术丛书/查国兵，赵建敏主编）
国家出版基金项目
ISBN 978-7-5026-5310-1

Ⅰ.①常…　Ⅱ.①赵…②陈…　Ⅲ.①螺纹刀具—基本知识　Ⅳ.①TG722

中国国家版本馆CIP数据核字（2024）第004470号

中国质量标准出版传媒有限公司
中　国　标　准　出　版　社　出版发行
北京市朝阳区和平里西街甲2号（100029）
北京市西城区三里河北街16号（100045）
网址：www.spc.net.cn
总编室：（010）68533533　发行中心：（010）51780238
读者服务部：（010）68523946
中国标准出版社秦皇岛印刷厂印刷
各地新华书店经销
*
开本787×1092　1/16　印张21.25　字数455千字
2024年9月第一版　2024年9月第一次印刷
*
定价　90.00　元

丛书序

刀具是制造业的“牙齿”，在建设制造强国进程中发挥着重要的基础性作用。世界各国对制造业的重视和对先进制造技术的需求，给切削技术和刀具的发展带来了新的机遇。切削技术和刀具作为制造业中机械加工最主要的基础工艺技术，其先进程度和发展速度将直接关系到制造业尤其是装备制造业的发展。工业发达国家的发展历程证明，先进的切削技术和刀具是强大的制造业不可缺少的基础之一。我国要成为制造业强国，必须提升切削技术和刀具的生产水平。

“现代切削刀具实用技术丛书”紧密结合我国刀具制造和应用企业实际，辅以大量案例和图表，内容覆盖现代切削刀具生产实践的多个方面，也包括在国家科技重大专项支持下，产学研用合作成果的结晶，理论和实际紧密结合，具有指导性、实用性和可操作性。

本套丛书共9册，重点涉及现代切削刀具的设计、工艺、制造、检测、评价、应用和服务。突出展现刀具行业在新材料、新技术、新工艺方面的发展成果，供刀具制造和应用单位参考，以提升服务于汽车、航空航天、能源装备、船舶制造、轨道交通、医疗等重点领域刀具的整体水平，引导行业向绿色、智能方向发展，实现产业升级。本套丛书的出版，对促进刀具行业发展，更好地发挥其在我国国民经济发展和现代化建设中的基础作用具有重要意义。

2022年10月

前言

在现代切削实际生产过程中螺纹刀具的类型繁多，品种各异。随着现代科技的飞速发展和生产水平的不断提高，螺纹刀具向着专用化及高效化的方向发展。而影响螺纹刀具的专用及高效的因素比较复杂。在科研、教学、生产加工、应用、服务等各个领域的现代切削刀具工作者，若想要确定刀具最佳参数，从而实现优质、高效、高性价比的设计制造和应用，常常需要费一番周折，所以希望有一套较为全面而系统的资料，能够拓展思路，提供捷径，作为借鉴和参考。

本书具有以下特点：

①填补了引进和国产螺纹加工设备实例、螺纹检测装备的概况以及国内目前所缺少的全面、系统、实用的螺纹刀具新知识的空白；

②技术内容详尽、实用性强；

③螺纹刀具种类齐全，引入了现代螺纹刀具涉及的新材料、新技术、新工艺、新产品、新装备等内容；

④贯彻了螺纹新标准、螺纹刀具新标准。书中有关术语、符号、精度等级、公差和技术条件等，均采用了现行国家标准、行业标准，在引用国际标准和国外先进标准时也尽可能引用最新颁布的标准。

本书附录比较全面地介绍并引用了常用螺纹刀具的相关知识，设计及使用参数，供广大读者选用。

本书第一章由查国兵、赵建敏、许刚、蒋向荣、焦余华、于会义、赵文崛、赵健斌编写；第二章由赵建敏、查国兵、励政伟、吴立志、陈顺民、祝新发、蔡培阳、周红翠、陈莹、刘刚编写；第三章由赵建敏、沈士昌、俞毛弟、陈体康、王延文、王焯林、杨士柏编写；第四章由赵建敏、王焯林、李荣刚、张晓岗、李凯、董向阳、蒋向荣、王宏波、孙承志、于东振、俞毛弟编写；第五章由焦余华、赵建敏、刘小兵、杨帆、袁利勇、倪东升编写；第六章由辛节之、汪莉、赵建敏、许刚、于会义、孔春艳、赵文崛编写；第七章由查国兵、沈士昌、顾丕煊、俞毛弟、邓智光、谷国海编写；第八章由陈明编写。附录由赵建敏、沈士昌、陈文浪、顾丕煊、王焯林、丁连智、华建荣、刘刚、袁利勇、刘亚迪、甘信峰编写。

参加《常用螺纹刀具通用技术》编写的单位有：成都工具研究所有限公司、河南一工钻业有限公司、河南一工专用刀具有限公司、上海工具厂有限公司、成都新成量工具有限公司、江苏爵克数控刀具有限公司、上海交通大学机械与动力工程学院、河冶科技股份有限公司、天津市量具刃具有限公司、台州学院、浙江维克机械科技有限公司、河南工学院、杭州杭刃工具有限公司、株洲钻石切削刀具股份有限公司、常州恒鼎工具制造有限公司、扬州江宇刃具有限公司、扬州新江正工具有限公司、江苏晶工工具有限公司、山东工具制造有限公司、廊坊恒宇工具制造有限公司、陕西关中工具制造有限公司、湖南泰嘉新材料科技股份有限公司、河北环境工程学院。

本书在编委会领导下，由查国兵、赵建敏、焦余华、沈士昌、王焯林、徐和平、赵权、薛锴、励政伟、蒋向荣、董向阳、辛节之、丁连智、顾丕煊、谷国海、吴立志策划方案，编写提纲，汇总协调，经过多次审议调整修改，最后以会议形式进行了集中统稿。

由于现代常用螺纹刀具的品种较多，因此本书的内容比较广泛。本书从 2016 年 4 月策划至 2022 年 4 月编写结束，为时六年多。其间，全国螺纹标准化技术委员会秘书长李晓滨等众多专家学者提供了相关资料并给予了热情帮助和指导，在此表示衷心感谢！由于编者水平所限，书中难免存在疏漏及不足之处，敬请读者批评指正。

编著者

2022 年 10 月

目录

第一章
总论

第一节　螺纹刀具的发展与现状

一、螺纹刀具的发展

螺纹是人类最早的发明之一。古代人们利用沿螺旋线旋转可以移动直线距离的原理，来提升器物、测量距离、榨油和制酒，还用金属螺母来固定战袍铠甲。螺纹被越来越广泛地应用，对社会经济、技术的发展和人们的生活有着重要意义。

18 世纪以蒸汽机的诞生为标志的英国第一次工业革命，开创了以机器代替手工工具的时代，机器制造业兴起，人们开始大量使用螺纹紧固件。作为在机械零件中与轴和齿轮并列为三大构件之一的螺纹件的需求量大增，人们开始研究螺纹的制造技术。

1797 年，英国人亨利·莫斯利发明了带有刀架、导轨、丝杠和交换齿轮的车床，就是用于加工螺纹的。随后在英国又发明了丝锥和板牙。1865 年，英国的罗伯特·莫西特发明了 9SiCr、CrWMn 合金工具钢，显著提高了刀具的切削速度，为螺纹件的大批量机械加工和螺纹刀具的发展奠定了基础。

从 19 世纪 70 年代开始的第二次工业革命，以电动机、电气和内燃机等为代表的制造业快速发展。1898 年，美国人泰勒和怀特发明了高速钢，有力地推动了机床工具的发展。基于丝锥工作特点和长寿命要求，一些国家（或地区）开发出了丝锥专用高速钢，如 HYTM2、HYTV3（3V 级），20 世纪 70 年代出现的粉末冶金高速钢，通过气雾化快速凝固，消除了碳化物偏析的问题，细化了碳化物颗粒度，钢的韧性、耐磨性及丝锥的寿命得以显著提高。丝锥专用高速钢和粉末冶金高速钢已经成为高效攻丝和恶劣条件下攻丝所需高性能丝锥的优选材料。

20 世纪 20 年代到 20 世纪 30 年代出现了硬质合金。20 世纪中叶以后，随着电子计算机技术和数控机床的广泛应用，以及涂层技术的不断发展，现代刀具技术更是向“高效率、高精度、高耐用度”的方向突飞猛进地发展，以适应现代制造业的需求。

在现代机械制造中，由于螺纹结构简单、使用方便、连接可靠、易于大量生产，因而极其广泛地应用于紧固联结、管件联结、传递动力、进给运动、位移放大、位移微调、检验测量等场合，在航天、航空、汽车、造船、军工、机械制造等领域更加显现出其特有的功能。

二、现代螺纹刀具的特点

使用新型刀具材料取代旧的刀具材料。如：用普通高速钢、高性能高速钢、粉末冶金高速钢、喷射成型高速钢、硬质合金代替碳素工具钢、合金工具钢制造手用和机用丝锥；用可转位硬质合金螺纹车刀代替高速钢螺纹车刀；用螺纹铣刀代替部分规格丝锥；用新型模具钢代替合金工具钢制造滚丝轮、搓丝板；传统的合金工具钢圆板牙，大部分已被高速钢圆板牙所替代。

采用刀具表面涂层技术。如通过氮化钛（TiN）、氮碳化钛（TiCN）、氮铝化钛（TiAlN）、软硬复合涂层（即丝锥沟槽处涂 MoS_2 或 WS_2 软涂层，切削刃部涂硬质层）等涂层，提高刀具表面硬度，降低螺纹刀具表面的切削摩擦系数，增强刀刃抗热性、耐磨性。如用化学方法（CVD）复合涂层的可转位硬质合金车螺纹刀片、用物理气相沉积方法（PVD）涂层的 TiN 高速螺母丝锥等。

刀具的品种结构多样化、精细化。针对不同要求，采用专用结构的螺纹刀具。如丝锥，就有直槽丝锥、螺尖丝锥、螺旋槽丝锥、挤压丝锥、带内冷却孔丝锥等诸多形式结构。针对不同的被加工材料、通孔或盲孔、不同的攻丝数量等具体场合，可设计、制造、使用各具特点的丝锥。

利用计算机软件提高刀具的设计、制造和使用水平。例如用三维计算机辅助设计、三维立体建模等技术，以及 CAPP 计算机辅助工艺设计技术和加工仿真软件的应用，极大地提高了刀具的设计能力，确保了刀具的制造精度和效率，为刀具的结构精细化创造了条件。切削用量数据库也为刀具的合理使用创造了条件。

利用数控技术，采用多轴联动磨削机床，对具有高硬度的刀具材料进行整体磨削，高精度、高效率、多品种地制造现代螺纹刀具。

三、现代螺纹刀具的状况

螺纹刀具的含义非常广泛，而人们使用最多的螺纹刀具一般有：丝锥、螺纹车刀、螺纹梳刀、圆板牙、螺纹铣刀、滚丝轮、搓丝板等。

中华人民共和国成立后，尤其是改革开放以来，我国的金属切削加工技术得到了飞速发展。螺纹刀具制造业目前已有高性能螺纹磨床、多轴联动数控工具磨床、各种制造螺纹工具的专用机床及机器人、PVD 涂层炉等现代专用设备，同时由于高新材料的采用，我国的螺纹刀具制造水平即将迈上一个新的台阶。

切削加工系统中包含着硬件与软件两类要素。硬件系统包含机床、夹具、刀具、机器人、辅具、切削液；软件系统包含切削用量数据库、运动控制系统、检测控制系统、环境控制系统等。一般来说，硬件中刀具的投入要比其他设备的投入少得多，在产品生产的总成本中，刀具消耗所占的比例也很小，但刀具对加工质量、生产效率的影响通常都比较显著。

切削加工是机械制造特别是现代制造业的主要加工方法之一。尤其对于螺纹加工而言，在金属加工中常采用螺纹刀具来直接完成螺纹牙型的精准加工。螺纹刀具需求量大，涉及面广，同时要求坚韧耐磨，还应具有相当高的精度，这也造就了螺纹刀具在金属切削刀具中无可替代的重要地位。特别是在高速钢、高合金钢类刀具中，螺纹刀具占有很大的比重。

第二节 螺纹及螺纹刀具术语

一、常用螺纹术语

螺纹术语是螺纹技术领域规定的统一用语。GB/T 14791—2013《螺纹 术语》国家标准给出了螺纹各要素的术语和定义，螺纹术语国家标准是制定各种螺纹参数标准的基础，也是正确理解螺纹技术内容的依据。因此，正确掌握螺纹术语有助于对螺纹参数技术要求的理解和执行。

但是，螺纹种类繁多，且每一种有其特性和使用场合，一个术语标准不可能将所有螺纹的所有要素给出术语和定义。因此，《螺纹 术语》国家标准所规定的术语仅包括了各种螺纹的通用术语，而不包括部分使用面窄、使用频率低的专用术语，这些专用术语在有关的标准中给出。

螺纹术语按螺纹要素的特性大致可分为一般术语、与螺纹牙型相关的术语、与螺纹直径相关的术语、与螺纹螺距和导程相关的术语、与螺纹配合相关的术语及与螺纹公差和检验相关的术语等。本节仅列出常用的术语。

1. 一般术语

常用的一般术语见表 1-1。

表 1-1　常用一般术语

术　语	代　号	定　　义
螺旋线		沿着圆柱或圆锥表面运动的点的轨迹，该点的轴向位移和相应的角位移成定比
螺纹		在圆柱或圆锥表面上，具有相同牙型、沿螺旋线连续凸起的牙体
圆柱螺纹		在圆柱表面上所形成的螺纹
圆锥螺纹		在圆锥表面上所形成的螺纹
外螺纹		在圆柱或圆锥外表面上所形成的螺纹
内螺纹		在圆柱或圆锥内表面上所形成的螺纹
单线螺纹		只有一个起始点的螺纹
多线螺纹		具有两个或两个以上起始点的螺纹
右旋螺纹	RH	顺时针旋转时旋入的螺纹
左旋螺纹	LH	逆时针旋转时旋入的螺纹
螺纹收尾（螺尾）		由切削刀具的倒角或退出所形成的牙底不完整的螺纹

2. 与牙型相关的术语

与牙型相关的常用术语见表 1-2。

表 1-2　与牙型相关的常用术语

术　语	定　　义
螺纹牙型	在螺纹轴线的平面内的螺纹轮廓形状
原始三角形	由延长基本牙型的牙侧获得的三个连续交点所形成的三角形
原始三角形高度	由原始三角形底边到与此底边相对的原始三角形顶点间的径向距离
削平高度	在螺纹牙型上，从牙顶或牙底到它所在原始三角形的最邻近顶点间的径向距离
基本牙型	在螺纹轴线的平面内，由理论尺寸、角度和削平高度所形成的内、外螺纹共有的理论牙型。它是确定螺纹设计牙型的基础
设计牙型	在基本牙型的基础上，具有圆弧或平直形状牙顶和牙底的螺纹牙型

续表

术　语	定　　义
牙顶	连接两个相邻牙侧的牙体顶部表面
牙底	连接两个相邻牙侧的牙槽底部表面
牙侧	由不平行于螺纹中径线的原始三角形一个边所形成的螺旋表面
牙顶高	从一个螺纹牙体的牙顶到其中径线间的径向距离
牙底高	从一个螺纹牙体的牙底到其中径线间的径向距离
牙型高度	从一个螺纹牙体的牙顶到其牙底间的径向距离
牙型角	在螺纹牙型上，两相邻牙侧间的夹角
牙侧角	在螺纹牙型上，一个牙侧与垂直于螺纹轴线平面间的夹角

3. 与螺纹直径相关的术语

与直径相关的常用术语见表 1–3。

表 1–3　与直径相关的常用术语

术　语	定　　义
公称直径	代表螺纹尺寸的直径
大径	与外螺纹牙顶或内螺纹牙底相切的假想圆柱或圆锥的直径
小径	与外螺纹牙底或内螺纹牙顶相切的假想圆柱或圆锥的直径
顶径	与螺纹牙顶相切的假想圆柱或圆锥的直径（它是外螺纹的大径或内螺纹的小径）
底径	与螺纹牙底相切的假想圆柱或圆锥的直径（它是外螺纹的小径或内螺纹的大径）
中径	中径圆柱或中径圆锥的直径
单一中径	一个假想圆柱或圆锥的直径，该圆柱或圆锥的母线通过实际螺纹上牙槽宽度等于半个基本螺距的地方。通常采用最佳量针或量球进行测量
作用中径	在规定的旋合长度内，恰好包容实际螺纹牙侧的一个假想理想螺纹的中径。该理想螺纹具有基本牙型，并且包容时与实际螺纹在牙顶和牙底处不发生干涉
中径轴线	中径圆柱或中径圆锥的轴线
中径线	中径圆柱或中径圆锥的母线

4. 与螺纹螺距和导程相关的术语

与螺距和导程相关的常用术语见表 1–4。

表 1-4　与螺距和导程相关的常用术语

术　语	定　　义
螺距	相邻两牙体上的对应牙侧与中径线相交两点间的轴向距离
导程	最邻近的两同名牙侧与中径线相交两点间的轴向距离
牙厚	一个牙体的相邻牙侧与中径线相交两点间的轴向距离
牙槽宽	一个牙槽的相邻牙侧与中径线相交两点间的轴向距离

5. 与螺纹配合相关的术语

与配合相关的常用术语见表 1-5。

表 1-5　与配合相关的常用术语

术　语	定　　义
螺纹接触高度	在两个同轴配合螺纹的牙型上，外螺纹牙顶至内螺纹牙顶间的径向距离，即内、外螺纹的牙型重叠径向高度
螺纹旋合长度	两个配合螺纹的有效螺纹相互接触的轴向长度

6. 与螺纹公差和检验相关的术语

与公差相关的常用术语见表 1-6。

表 1-6　与公差相关的常用术语

术　语	定　　义
螺距偏差	螺距的实际值与其基本值之差
中径当量	由螺距偏差或导程偏差和牙侧角偏差所引起作用中径的变化量。（中径当量也可细分为螺距偏差的中径当量和牙侧角偏差的中径当量）
牙侧角偏差	牙侧角的实际值与其基本值之差

二、螺纹刀具术语

现有螺纹刀具术语近二百条，国家标准 GB/T 20955《金属切削刀具　丝锥术语》和 GB/T 21020《金属切削刀具　圆板牙术语》分别规定了丝锥和板牙的术语。本书参照国家标准，在附录 A 中仅列出常用的丝锥术语和板牙术语，以作为丝锥与板牙使用者和制造者的共同参考依据，给出的简图仅为示意图，丝锥与板牙的结构可根据需要而改变。

第三节　螺纹的分类和主要参数

根据应用和功能的不同，螺纹可分为紧固连接螺纹、传动和定位螺纹、管螺纹等。

紧固连接螺纹一般用于紧固零件，它们的制造精度直接影响机件的连接可靠性、装配精度和互换性，紧固连接螺纹大量用在成批生产的标准件中。

传动和定位螺纹用于传递运动和位移，如机床丝杠和千分尺上的丝杆等，以及广泛应用于数控车床、加工中心上的滚珠丝杠即为此类定位传动元件。

管螺纹用在管子上，它受到管尺寸的空间限制，有时还要考虑实现密封性能的特殊要求。密封管螺纹拥有独特的技术体系，与紧固螺纹技术体系有较大区别。

一、分类

螺纹分类主要有下列七种方法：

1）用途：分为紧固螺纹、传动螺纹、管螺纹、专用螺纹等；

2）牙型：分为梯形螺纹、锯齿形螺纹、矩形螺纹、三角形（普通）螺纹、圆弧螺纹、短牙螺纹、60°螺纹、55°螺纹等；

3）配合性质或配合形式：分为过渡配合螺纹、过盈配合螺纹、间隙配合螺纹、锥-锥配合螺纹、柱-锥配合螺纹、柱-柱配合螺纹等；

4）螺距或直径大小：分为粗牙螺纹、细牙螺纹、超细牙螺纹、小螺纹等；

5）计量单位：分为英寸制螺纹和米制（公制）螺纹；

6）发明人或发明国家（或地区）：分为惠氏螺纹、赛氏螺纹、布氏螺纹、爱克姆螺纹、爱迪生螺纹、英制螺纹、德国螺纹、法国螺纹、统一螺纹（俗称美制螺纹）等；

7）螺纹代号：M 螺纹、UN 螺纹、G 螺纹、Tr 螺纹等。

上述分类中，用途为最基本的分类法，见图 1-1。

目前世界上螺纹牙型的种类有 200 余种，螺纹的种类也有 500 余种，对同一种螺纹，各国（或地区）的螺纹代号也不尽相同，这给设计、制造、使用者带来了困难。为方便识别，本书附录 B 给出了常用螺纹特征代号、名称、牙型、标记示例、各国（或地区）标准号的螺纹目录表，以供相关人员在设计、制造、使用常用螺纹及常用螺纹刀具时快速识别和参考。

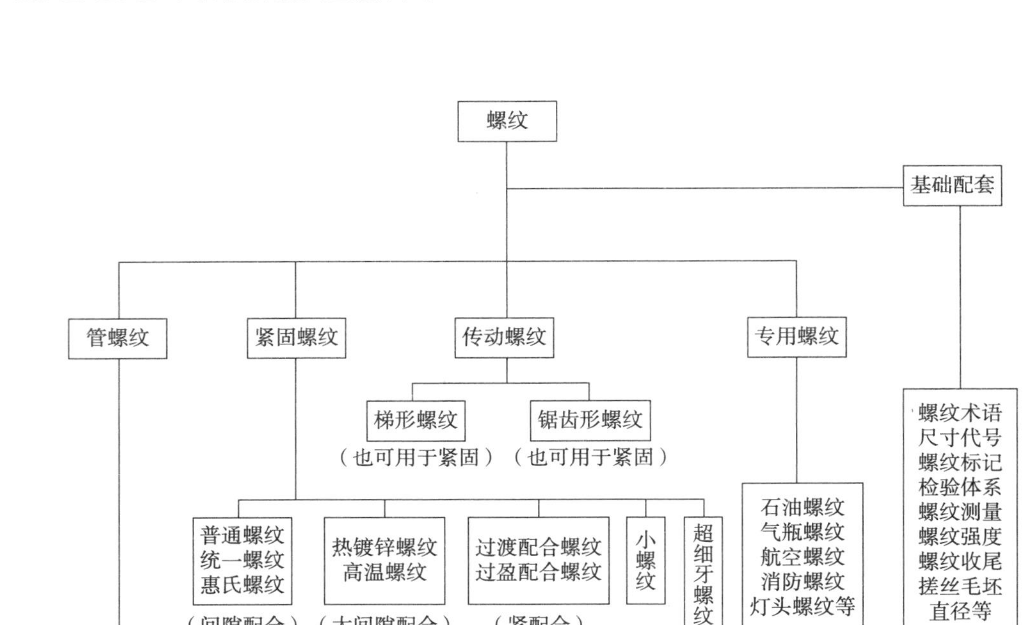

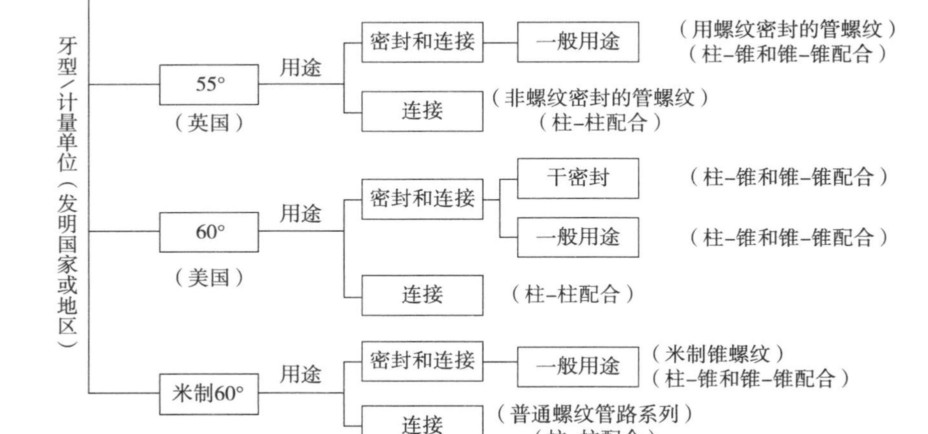

图 1-1　螺纹标准分类

二、常用螺纹简介及标记

普通螺纹、统一螺纹、惠氏螺纹是最常用的紧固螺纹，55°管螺纹和60°管螺纹是最常用的管螺纹，梯形螺纹为最常用的传动螺纹，下面分别介绍其主要参数及标记。

1. 普通螺纹（代号 M）

普通螺纹又称紧固螺纹，是一种最常用的具有间隙配合的连接用螺纹。其作用是紧固或连接零件，在机器制造中应用十分广泛。牙型角 $\alpha=60°$，螺距有粗牙、细牙之分。

1）粗牙（螺距一般不标）：如 M6、M18（即 M6×1，M18×2.5）。

2）细牙：如 M6×0.75、M18×2。

3）精度：由公差带位置、公差等级与旋合长度组成。对中等公差精度 6H/6g、中等旋合长度 *N* 的大批生产螺纹，不标注其公差代号。

外螺纹：规定了 e/f/g/h 四种位置。6g/6h（ISO 2）为最常用的。

内螺纹：规定了 G/H 两种位置。6H(ISO 2)/6G(ISO 3）为最常用的。

2. 统一螺纹

统一螺纹最早由美国、加拿大共同制定，以英寸为单位。牙型角 $\alpha=60°$，有 UN 及 UNR 之分，UNR 为外螺纹，其牙底要求呈半径不小于 0.108*P* 的圆弧形。UN 螺纹的外螺纹牙底形状应尽可能与 UNR 螺纹的牙底形状一致，也可以是平牙底。

1）UN：粗牙 UNC、细牙 UNF、超细牙 UNEF、恒定螺距 UN、特殊螺距（系列）UNS。

2）UNR：粗牙 UNRC、细牙 UNRF、超细牙 UNREF、恒定螺距 UNR、特殊螺距（系列）UNRS。如 UN 类：0-80UNF（细牙）、5/5-18 UNC（粗牙）、5/16-20UN（恒定螺距）、5/16-24UNF（细牙）、5/16-27UNS（特殊螺距）、5/16-28UN（恒定螺距）、5/16-32UNEF（超细牙）。

3）精度：外螺纹 1A，2A，3A；内螺纹 1B，2B，3B。

3. 惠氏圆柱螺纹

惠氏圆柱螺纹是世界上第一个一般用途螺纹的标准牙型，牙型角为 55°，以英寸为单位，圆牙顶圆牙底，主要用于欧洲市场。

1）粗牙：BSW，如 1/8-40 BSW、5/16-18 BSW、3/8-16 BSW、1/2-12 BSW、9/16-12 BSW。

2）细牙：BSF，如 5/16-22 BSF、3/8-20 BSF、1/2-16 BSF、9/16-16 BSF。

3）精度：外螺纹，紧密级、中等级、松动级；内螺纹，中等级、普通级。

4. 55°管螺纹

55°管螺纹又称英制管螺纹、惠氏管螺纹，在欧洲占有主导地位，并被 ISO 标准采用。其尺寸代号来源于管子的公称直径。分为 55°一般密封管螺纹（R）和 55°非密封管螺纹（G）。

（1）55°管螺纹代号及含义

55°管螺纹的完整标记由螺纹特征代号、螺纹尺寸代号、中径公差等级代号和旋向代号组成。55°管螺纹分为 55°一般密封管螺纹和 55°非密封管螺纹。

①55°一般密封管螺纹：内螺纹有圆柱与圆锥之分，外螺纹只有圆锥外螺纹一种。

a）内螺纹：

55°一般密封圆柱内螺纹的特征代号为 Rp。

55°一般密封圆锥内螺纹的特征代号为 Rc。

b）外螺纹：

与 Rp 配合使用的 55°一般密封圆锥外螺纹的特征代号为 R_1。

与 Rc 配合使用的 55°一般密封圆锥外螺纹的特征代号为 R_2。

左旋螺纹旋向代号为 LH；右旋螺纹旋向代号省略不标。

c）55°一般密封管螺纹副的特征代号：Rp/R_1 表示“柱/锥”螺纹副；Rc/R_2 表示“锥/锥”螺纹副。

②55°非密封管螺纹：内、外螺纹均为圆柱螺纹。

55°非密封圆柱管螺纹的特征代号为 G，其中径公差等级代号省略不标。

55°非密封圆柱内螺纹，其中径公差等级代号省略不标。

55°非密封圆柱外螺纹，其中径公差等级代号分别为 A 和 B。

左旋螺纹旋向代号为 LH；右旋螺纹旋向代号省略不标。

55°非密封管螺纹，利用外螺纹标记代号表示螺纹副。

（2）55°管螺纹常用规格

①55°一般密封管螺纹（R 螺纹），包括 R、Rc 圆锥管螺纹和 Rp 圆柱管螺纹，其常用规格（螺纹尺寸代号-牙数）如下：

1/16-28，1/8-28，1/4-19，3/8-19，1/2-14，3/4-14，1-11，1 1/4-11，11/2-11，2-11，2 1/2-11，3-11，4-11，5-11，6-11。

②非密封管螺纹（G 螺纹）包括圆柱内螺纹与圆柱外螺纹，其常用规格（螺纹尺寸代号-牙数）如下：

1/16-28，1/8-28，1/4-19，3/8-19，1/2-14，5/8-14，3/4-14，7/8-14，1-11，1 1/8-11，1 1/4-11，1 1/2-11，1 3/4-11，2-11，2 1/4-11，2 1/2-11，2 3/4-11，3-11，3 1/2-11，4-11，4 1/2-11，5-11，5 1/2-11，6-11。

（3）55°管螺纹标记示例

①55°一般密封管螺纹标记示例：

尺寸代号为 3/4 的右旋、密封圆柱内螺纹：Rp3/4；

与密封圆柱内螺纹配合、尺寸代号为 3/4 的右旋、密封圆锥外螺纹：$R_1 3/4$；

尺寸代号为 3/4 的左旋、密封圆锥内螺纹：Rc3/4LH；

与密封圆锥内螺纹配合、尺寸代号为3/4的右旋、密封圆锥外螺纹：$R_2$3/4；

尺寸代号为3/4的右旋、密封圆柱内螺纹与圆锥外螺纹组成的螺纹副：Rp/$R_1$3/4；

尺寸代号为3/4的左旋、密封圆锥内螺纹与圆锥外螺纹组成的螺纹副：Rc/$R_2$3/4 LH；

②55°非密封管螺纹标记示例：

尺寸代号为2的右旋、非密封圆柱内螺纹：G2；

尺寸代号为3的A级、右旋、非密封圆柱外螺纹：G3 A；

尺寸代号为4的B级、左旋、非密封圆柱外螺纹：G4 B-LH；

尺寸代号为2的右旋、非密封圆柱内螺纹与A级圆柱外螺纹组成的螺纹副：G2 A。

5. 60°美国标准管螺纹

60°美国标准管螺纹又称美制管螺纹、60°布氏管螺纹，用于干密封的美国ANPT管螺纹在管件行业已普遍使用，用于控制出口产品的密封质量。其尺寸代号与55°管螺纹一样，来源于管子的公称直径。

（1）60°管螺纹分类及标记

60°管螺纹类型分为：干密封、一般密封、非密封。一般用途的密封管螺纹包括一般密封锥度螺纹NPT，一般密封圆柱螺纹NPSC；非密封管螺纹包括栏杆圆锥螺纹NPTR，紧固圆柱螺纹MPSM，锁紧螺母圆柱螺纹MPSL，软管接头圆柱螺纹NPSH；干密封管螺纹包括美国标准干密封圆锥螺纹NPTF，SAE短型干密封圆锥管螺纹PTF-SAE-SHORT，燃料用美国标准干密封圆柱内螺纹NPSF以及普通美国标准干密封圆柱内螺纹NPSI。美国管螺纹标准规定：管螺纹标记由螺纹尺寸代号、牙数和螺纹特征代号组成。

（2）一般用途的密封圆锥管螺纹（NPT）

常用规格：1/16-27，1/8-27；1/4-18，3/8-18；1/2-14，3/4-14；1-11 1/2，1 1/4-11 1/2，1 1/2-11 1/2，2-11 1/2；2 1/2-8，3-8，3 1/2-8，4-8，5-8，6-8，8-8，10-8，12-8；140. D. -8，160. D. -8，180. D. -8，200. D. -8，240. D. -8。

（3）密封直管内螺纹（NPSC）

NPSC螺纹是具有与美国锥管螺纹相同螺纹牙型的直（平行）螺纹，当这种螺纹被用来与美国标准的外螺纹装配（加润滑密封剂）时，就形成耐压密封连接，在压力较低的情况下才推荐使用这种连接，如1/8-27 NPSC。

（4）非密封直管螺纹（NPSM，NPSL，NPSH）

非密封直管螺纹NPSM是根据统一螺纹标准确定牙型和中径的，NPSL、NPSH两种管螺纹中径是根据美国标准锥管螺纹在测量基准面处的中径确定的，但牙顶及牙底的削平量不同。

形式 1：设备上自由配合的机械连接，内外螺纹均采用 NPSM 螺纹。

形式 2：带锁紧螺纹的松配合连接，内外螺纹均采用 NPSL 螺纹。

形式 3：软管接头的松配合连接，内外螺纹均采用 NPSH 螺纹。

如：1/8-27 NPSM，1/8-27 NPSL，1-11 1/2 NPSH。

（5）薄壁管用特殊统一螺纹 UNS

对一般用途的薄壁管，推荐采用 27TPI 系列，一般精度等级为 2A 及 2B 级。如 1/4 特殊统一螺纹 UNS 标记为：1/4-27 UNS-2A，1/4-27 UNS-2B。

（6）干密封美国标准管螺纹

该螺纹的显著特征是控制牙顶和牙底的削平量，以保证牙顶和牙底处的金属与金属接触首先发生，或与侧面的接触同时发生，并保证在不使用润滑剂和密封填料的情况下形成密封紧连接，若功能上允许的话，可以使用润滑剂，以便减小装配可能出现的摩擦。

干密封式外管螺纹是锥形的，内螺纹可以是圆柱的，也可以是圆锥的，即锥-柱配合，锥-锥配合，所有干密封管螺纹均为右旋螺纹。

1 型：干密封式美国标准锥管螺纹（NPTF）。

2 型：干密封式 SAE 短锥管螺纹（PTF-SAE-SHORT）。

3 型：干密封式美国标准燃油用直管螺纹（NPSF）。

4 型：干密封式美国标准普通直管内螺纹（NPSI）。

如：1/8-27 NPTF；1/8-27 PTF-SAE-SHORT；1/8-27 NPSF；1/8-27 NPSI。

6. 我国机械制图标准使用过的管螺纹代号

为方便对应我国新旧管螺纹代号的关系，新旧螺纹标记区别见表 1-7。

表 1-7　我国新旧管螺纹标记代号

现行的螺纹代号				
GB/T 7306.1～7306.2—2000（55°密封管螺纹）			GB/T 7307—2001（55°非密封管螺纹）	GB/T 12716—2011（60°密封管螺纹）
圆锥内螺纹	圆柱内螺纹	圆锥外螺纹	圆柱螺纹	圆锥内、外螺纹
Rc	Rp	R_1/R_2	G	NPT
GB 4459.1—1984 规定的旧螺纹代号				
ZG	G	ZG	G	Z

7. 梯形螺纹

由于梯形螺纹的工艺性好，加工和测量都比方牙螺纹方便，所以最早的梯形螺纹是用来代替方牙螺纹的，主要用于力和运动传递，使机械产生横向（直线）运动。

美国梯形螺纹在我国被译为爱克姆（ACME）螺纹，与我国梯形螺纹标准的主要区别是牙型角和单位制不同：美国 ACME 螺纹的牙型角为29°，使用英制单位，而我国的梯形螺纹的牙型角为30°，使用米制单位，两者都用于一般场合下力和运动的传递。

（1）英制梯形螺纹 ACME

①精度等级。一般用途螺纹：2G、3G、4G；对中螺纹：2C、3C、4C、5C、6C。

②常用规格标记示例

1/4-16-ACME-2G；

1 3/4-4-ACME-2G；

2 7/8-0. 4P-0. 8L-ACME-3G，为双头（双线）螺纹，其中螺距用“0. 4P”表示，导程用“0. 8L”表示；

1 3/4-4-ACME- 2G- LH　左旋。

（2）米制梯形螺纹 Tr（GB/T 5796. 1～5796. 4）

梯形螺纹的标记，由螺纹特征代号、尺寸代号、旋向代号、中径公差带代号及旋合长度代号组成。

梯形螺纹的螺纹特征代号为 Tr。

纹尺寸代号为：公称直径×导程值（*P* 螺距值）。对单线螺纹，其导程值等于螺距值，应省略括号部分，即尺寸代号为：公称直径×螺距值。

左旋螺纹的旋向代号为 LH；右旋螺纹不标注旋向代号。

梯形内螺纹的中径公差带用大写字母，外螺纹的中径公差带用小写字母。

螺纹副公差带要分别注出内、外螺纹公差带代号，内螺纹公差带代号在前，外螺纹公差带代号在后，中间用斜线分开。螺纹尺寸代号与公差带代号间用“-”号分开。

对长旋合长度组标注“L”代号，中等旋合长度组不标注旋合长度代号，有特殊需要时可标注具体旋合长度数值。旋合长度代号或数值与公差带代号间用“-”号分开。

标记示例：

中等旋合长度、右旋、单线、梯形内螺纹 Tr 40×7-7H；

中等旋合长度、左旋、单线、梯形外螺纹 Tr40×7 LH-7e；

中等旋合长度、右旋、单线、梯形螺纹副 Tr 40×7-7H/7e；

长旋合长度、右旋、多线、梯形外螺纹 Tr40×14(P7)-8e-L。

第四节 螺纹的加工方法和常用螺纹刀具的选用

一、螺纹加工方法

螺纹的加工经不断发展，已形成一套较为成熟的工艺，常用的各种螺纹加工方法见图 1–2。

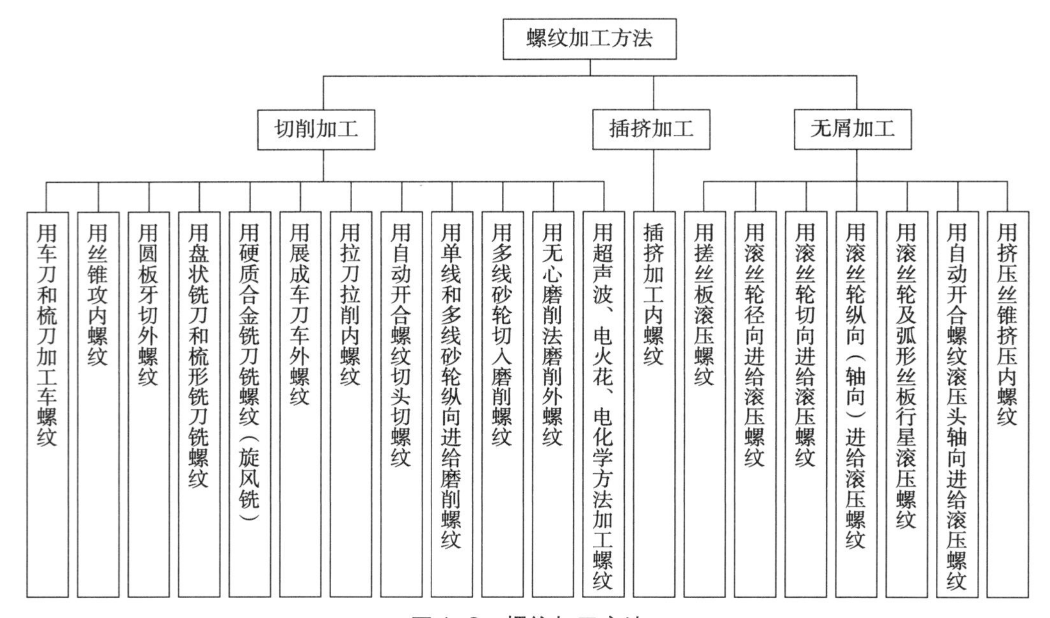

图 1–2 螺纹加工方法

1. 螺纹加工方法的选择

螺纹加工方法采用哪一种，主要取决于：

1）螺纹的牙型和尺寸；

2）螺纹的精度和表面粗糙度；

3）被加工对象的结构特点；

4）被加工对象的材料；

5）被加工对象的批量；

6）采用的设备和工具；

7）生产的自动化程度；

8）经济性等。

2. 螺纹加工方法的比较

采用不同的刀具和螺纹加工方法，所获得的精度、表面粗糙度、生产效率和经济效益是不相同的。

（1）切削加工

①用螺纹车刀和梳刀车削螺纹，在单件和小批量生产中被广泛应用于加工普通螺纹和大螺距螺纹，加工范围很广，加工螺纹直径几乎不受限制。用高速钢车刀车削螺纹时，工件材料的强度和硬度不能太高；使用涂层高速钢车刀车削螺纹时工件材料的强度和硬度可较高；硬质合金车刀或涂层硬质合金车刀可以加工 62HRC 以上的工件。用车刀加工螺纹的精度可达 4~6 级（按 GB/T 197），表面粗糙度一般可达 $Ra1.6 \sim 3.2\ \mu m$，经仔细研磨并用表面粗糙度值较低的车刀进行高速切削则可达 $Ra0.8\ \mu m$；用高速钢车刀车削螺纹时，生产效率低于自动开合的螺纹切头，但用硬质合金车刀或涂层硬质合金车刀进行自动循环加工时，生产效率高于螺纹切头加工。

②丝锥是加工内螺纹的首选刀具。无论在单件、小批量生产中，还是在成批、大量生产中都被极其广泛地应用。丝锥加工的精度可达 4 级，表面粗糙度可达 $Ra3.2\ \mu m$。

③手用或机用圆板牙加工外螺纹，虽然加工精度不高，只能达到 6 级，生产效率也低，但在单件和小批量生产中却应用很广，原因是刀具成本低，使用简单。

④用一般的高速钢螺纹铣刀既可加工外螺纹，又可加工内螺纹，虽然加工精度不高，一般仅能达到 6~8 级，生产效率也低，然而，由于铣削螺纹精度比较稳定，因此在小批量或成批生产中仍被普遍采用。用盘状铣刀粗加工和用硬质合金铣削头旋风铣削梯形螺纹，也是一种高效的加工手段。

⑤随着数控加工技术的日臻成熟及加工中心的大量应用，涂层高速钢铣刀、涂层硬质合金螺纹铣刀（小规格为整体硬质合金，中、大规格为可转位刀片）作为新型高效的螺纹加工刀具，一改上述螺纹铣刀的弊端，在加工中心上采用圆插补方法，高速加工内外螺纹，尤其是内螺纹，使生产效率大大提高，精度和表面粗糙度亦大幅度提升，刀具寿命也显著延长，且一把螺纹铣刀可以加工不同直径和螺距的内外螺纹，其适应性较广。相比高速钢刀具虽然价格昂贵，但综合来看，性价比还是要比高速钢刀具高。

⑥模块化的螺纹铣削刀具系统加工内螺纹。该刀具系统一般由刀柄、锪孔倒角刀及通用螺纹铣刀组成，可根据加工要求选择不同类型的锪孔倒角刀和螺纹铣刀。这种刀具系统通用性好，加工效率高，但刀具成本较高。

⑦自动开合式螺纹切头是一种广泛应用于成批和流水线生产中代替普通圆板牙的高效加工工具，既适宜于加工直径最大 90 mm 的外螺纹，也适宜于加工直径不小于

36 mm 的内螺纹，加工精度一般可达 6 级，经仔细调整后可达 4 级。表面粗糙度可达 *Ra*1. 6 μm。

⑧拉刀拉削内螺纹。在普通车床上采用拉削丝锥加工大螺距和多线螺纹，生产效率比车刀切削螺纹约提高 10 倍，加工出的螺纹精度和粗糙度一般也比较理想。但是，拉削丝锥的制造，特别是热处理和不同部位螺纹的磨制比较复杂。

⑨砂轮磨削螺纹属于精加工范畴，分单线和多线砂轮磨削，精度可达 4 级或更高，粗糙度可达 *Ra*0. 4~0. 8 μm。普通纵向进给磨削螺纹的生产效率虽不高，但用无心磨磨削螺纹时的生产效率比螺纹切头高，磨削螺纹一般直径可达 250 mm。无心磨削时，加工直径为 12~50 mm，长度可达 50~150 mm。

⑩难加工材料的螺纹加工，除要对螺纹刀具进行特殊设计和采用硬质合金或超硬材料外，还可采用：

a）电腐蚀：加工直径>10 mm，螺距可达 3 mm，适用于导电材料。

b）电化学：加工直径达 20 mm，螺距在 0. 25~2 mm 以内，适用于导电材料。

c）超声波：加工螺距可达 2 mm，硬度达 35HRC 以上材料。

（2）插挤加工

插挤加工是一种适合软材料、小规格螺孔，高效数控加工的新型方式。它使用插挤丝锥 PUNCH TAP 来进行螺纹加工，其螺纹成型过程不同于其他丝锥的逐层、逐圈地切入和退回，而是由插挤导入螺纹加工深度、螺纹挤压（丝锥旋转半圈，纵向接触齿一同工作完成螺纹加工）和高速退回三个工序步骤来进行。插挤丝锥在圆周上，没有一个连续的螺纹牙型，而设有两排相对 180°的螺纹齿形。经过特殊设计制造的每排齿第一个牙具有轴向插挤性能，可以进行工艺的第一步插挤冲入预钻孔内，在预加工的孔壁，将产生两条导入导出槽。当插挤丝锥到达螺纹深度后，便开始螺纹挤压，即插挤丝锥做半圈的轴向与旋转联动的螺纹运动，挤压预钻孔壁形成所需加工的内螺纹。当螺纹挤压过程完成后，插挤丝锥将从孔里通过已产生的导入导出槽高速退回。插挤丝锥的螺纹齿瓣有两种形式：对 M1~M2. 5 超小规格可采用轴向竖直形式，而 M3 及以上规格则一般采用螺旋形式。此加工的路径短，对于一个 M6，深 15 mm 的螺纹，加工路径大约只有传统的切削丝锥或挤压丝锥加工路径的 1/15，节约了约 75%的时间，效率较高；但攻丝扭矩大且对所用机床要求较高。

（3）无屑加工

①搓丝板、滚丝轮加工螺纹。近几十年来，基于塑性变形原理的滚压加工方法得到了越来越广泛的应用，滚压加工螺纹有很高的生产效率。滚压螺纹的精度可达 4~6 级

（搓丝板仅可达到6~8级），表面粗糙度一般为 $Ra1.6$ μm，甚至可达 $Ra0.4$ μm，可与磨削螺纹的表面粗糙度媲美。采用滚压螺纹的方法还可节约金属20%~30%，提高螺纹疲劳强度，成倍地延长零件的使用寿命。但是，对于硬、脆、塑性较差的材料以及高精度螺纹，这种滚压加工方法是不适用的，也有其局限性。

②挤压丝锥，属冷挤压无屑加工。冷挤压无屑加工属于内螺纹加工工艺方法，即：用挤压丝锥在预制的工件底孔上，采用冷挤压的方法，使工件产生塑性变形，从而形成内螺纹，由于冷挤压无屑加工能完成普通切削丝锥无法胜任的内螺纹加工，故该工艺的应用日益广泛，其主要特点是：丝锥的截面积大，强度高，不易折断，生产效率高。由于冷挤压加工无切屑，加工后的螺纹表面组织紧密，表面粗糙度好，螺纹强度与耐磨性均提高。但只能用于塑性材料，而不能用于脆性材料。

③滚压和切削复合加工。实际生产中常采用滚压和切削相结合的复合加工方法，如：先用滚压头（搓丝板或滚丝轮）加工螺纹后，再用砂轮磨削螺纹，精度可达4级以上，表面粗糙度可达 $Ra1.6$~0.8 μm。特点是：节省材料，提高效率，使螺纹耐磨性有所提高，但磨削螺纹时，对牙较困难。

螺纹加工的质量除取决于不同加工方法和选择的螺纹刀具外，还涉及很多其他因素，如：工艺系统刚性，被加工金属机械性能的一致性，工件尺寸精度，工件和刀具在加工时的受热状态，工艺系统的几何误差，刀具的磨损，机床调整误差，刀具制造误差等。因此要提高螺纹的加工质量，除正确设计制造刀具外，对刀具的选择、设备的选用和调整、刀具的正确使用、切削用量及切削液选择等也应十分关注。

二、常用螺纹刀具的选用

1. 丝锥和板牙

丝锥和板牙的选用及特点见表1-8。

表1-8 丝锥和板牙的选用及特点

名　称	适用对象	特　点
直槽丝锥	铸铁、一般钢材、高强钢直径 5~39 mm、螺距≤2 mm、螺纹通孔、盲孔的机动加工和手动加工	①制造方便，重磨容易，成本低，使用广泛。 ②按螺距大小，可制成单支或多支成组使用。 ③不宜在断续表面或有直槽的孔中使用。 ④在延展性好或韧性材料上加工深孔，切屑易堵塞。 ⑤在高温合金、钛合金材料上加工，易崩齿、折断

续表

名　　称	适用对象	特　　点
螺旋槽丝锥	中低碳钢、有色金属、不锈钢等延展性好或韧性材料的通孔、盲孔、深孔及断续表面上加工螺孔；需高生产率的批量螺孔加工	①加工右（左）旋螺纹通孔时，使用左（右）旋螺旋槽丝锥，使切屑向前流出。 ②加工右（左）旋螺纹盲孔时，使用右（左）旋螺旋槽丝锥，使切屑向后流出。 ③螺旋角大，排屑顺利，生产率较高。 ④增大工作前角，降低切削扭矩。 ⑤螺纹一侧表面粗糙度易出现恶化。 ⑥丝锥强度稍降低，不宜加工较硬的或脆性材料。丝锥折断后取出困难，加工大件和贵重零部件时应有保险措施
内容屑丝锥	要求高精度、低粗糙度、螺纹直径≥M39、螺纹深度较深和盲孔螺纹孔的加工	①在丝锥的中心有一个可以储存切屑的孔，加工过程中的排屑槽在丝锥端面并具有一定刃倾角。 ②前角和刃倾角共同形成斜面的导流作用，切屑被导入丝锥中心的容屑孔，把切屑与已加工螺纹表面隔离开。 ③除切削刃外为形状完整的螺纹，被加工螺纹表面质量、螺纹精度和粗糙度较高。 ④冷却及润滑液易被阻隔，一般在丝锥上加工有两个以上直通容屑孔的油孔。 ⑤在加工中心，数控机床上大量采用
刃倾角丝锥（有槽螺尖丝锥）	长径比超过2的螺纹深孔加工（通孔）	①在直槽丝锥上修磨刃倾角，制造方便。 ②丝锥剪切力大，切屑向前排出，可加工较深通孔。 ③改善螺纹表面粗糙度，提高生产率
螺母丝锥	螺母的成批加工	①切削部分长度占工作部分长度的3/4。 ②可连续加工，不需要停车或倒转退出工件。 ③按柄部不同可分为长柄、短柄、弯柄三种，以适应钻床、攻丝机、自动机需要

续表

名　　称	适用对象	特　　点
锥管丝锥 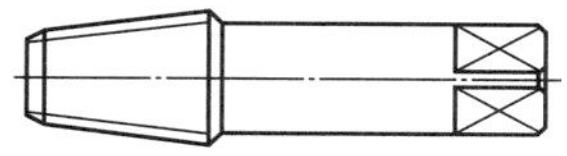	锥形螺纹孔的加工	①切削时要按螺距强制进给。 ②丝锥切削部分、校准部分全部参加切削，切削力大。 ③操作难度大
套式丝锥 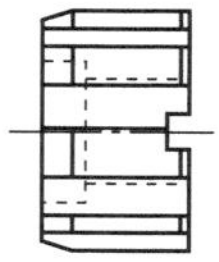	螺距≤2.5 mm、直径≥52 mm的内螺纹加工	①用圆柱孔定位，轴向或端面键槽传递力矩，生产率高。 ②节省高速钢材料，降低工具费用
螺尖丝锥 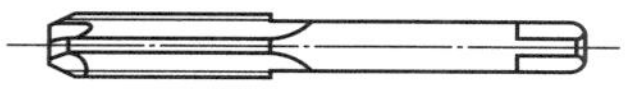	高效批量的螺纹通孔加工；有色金属、高强度钢、高温合金材料上的螺纹通孔加工	①丝锥没有长的深槽，强度大，刚性好。 ②丝锥头部有斜槽，向前排屑，避免切屑堵塞而造成丝锥损坏并刮伤螺纹。 ③有刃倾角，剪切力大。 ④中径扩大量少，刀具寿命高。 ⑤加工韧性材料时易与切屑黏附
跳牙丝锥 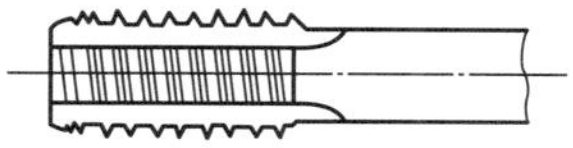	高温合金、钛合金、不锈钢材料的螺纹通孔、盲孔的加工；大螺距螺纹孔的加工	①可去除丝锥的齿牙间隔，制造较方便。 ②增加切削厚度，减少总切削力。 ③减少摩擦面积，降低摩擦力。 ④改善冷却条件，减少切屑黏结。 ⑤提高刀具寿命
挤压丝锥 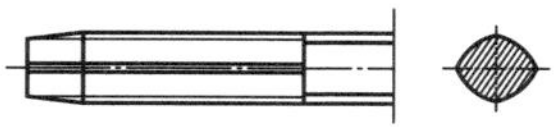	在强度低、延展性好或韧性材料上加工硬度≤200HB的碳钢、合金钢、奥氏体不锈钢及有色金属等的螺孔	①丝锥无容屑槽，强度高。 ②丝锥横断面呈曲线多边形，靠冷挤压成型，丝锥材料要求强度高、韧性好。 ③工件金属纤维不断裂，螺纹强度高。 ④螺纹底孔要防止表面硬化。 ⑤螺纹表面冷作硬化，耐磨性好。 ⑥螺纹挤压成型，表面粗糙度小。 ⑦可用车床、钻床、攻丝机等通用设备加工，但要求设备动力足、刚性强，能充分供给润滑、冷却油

续表

名　　称	适用对象	特　　点
板牙	一般用于加工螺纹精度较低，工件表面粗糙度要求不高的外螺纹	①板牙分圆板牙、方板牙。 ②板牙制造容易，操作方便，可由手工和机床加工螺纹。 ③能快速完成对薄壁零件、工件螺纹尺寸的修正、螺纹毛刺的去除加工。 ④在加工精度要求不高的螺纹、小批量生产或修配工作等方面使用较多，不适合制造精度要求高的螺纹

2. 螺纹车刀

螺纹车削是采用与工件的最终表面轮廓相匹配的成型螺纹车刀，加工出螺纹形状的成型车削方法。螺纹车刀按其结构可分为：整体螺纹车刀、焊接式螺纹车刀、机械夹固式螺纹车刀、可转位式螺纹车刀、成组式螺纹车刀。例如，可转位式螺纹车刀，一般可分为单齿车刀与梳齿车刀两类，其切削特点见表 1-9。

表 1-9　螺纹车削方式

刀具类型	螺纹精度	表面粗糙度 $Ra/\mu m$	特　　点
单齿车刀	4~7 级	0.4~3.2	①刀具简单，单齿切削螺纹，一次或多次走刀完成螺纹成型。 ②可加工多种材料的螺纹牙型，各种直径的外螺纹，直径≥20 mm 的内螺纹。 ③生产效率低，劳动强度大，技术要求高
梳齿车刀	5~8 级	1.6~6.3	①多齿切削螺纹，一次进给完成螺纹成型，生产率高。 ②适用于螺距≤3 mm 的各种直径外螺纹，直径≥48 mm 的内螺纹；对多线螺纹的加工，具有高效和较高精度的特点。 ③加工难加工材料的螺纹比较困难

单齿车刀车削螺纹时，走刀次数与螺距有关。为达到螺纹精度与表面粗糙度要求，车削螺纹时需要一次或多次走刀。

3. 螺纹铣刀

螺纹铣削是通过螺纹铣刀进行螺纹加工的，具有加工效率好、螺纹质量好、用一种螺距的铣刀可加工不同直径的螺纹、刀具通用性好、加工安全性好等特点。

常用螺纹铣刀有：盘形螺纹铣刀、梳形铣刀、普通机夹式螺纹铣刀、普通整体式螺纹铣刀、带倒角功能的整体螺纹铣刀、螺纹钻铣刀、螺纹螺旋钻铣刀、螺纹铣削刀具系统等。常用的螺纹铣削方式及其特点见表 1-10。

表 1-10　常用的螺纹铣削方式及其特点

铣削方式	螺纹精度	表面粗糙度 Ra/μm	特　　点
盘形刀铣削 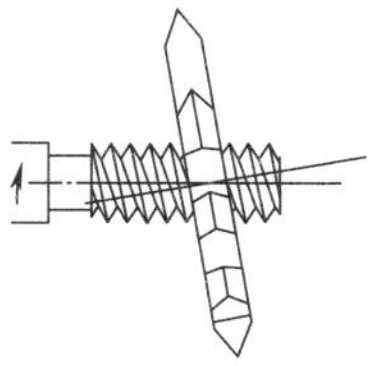	5~7 级	0.8~3.2	①铣刀按螺纹升角倾斜安装，对切削有利。 ②螺纹牙型较深时，可一次进给完成，生产效率较高。 ③为提高螺纹牙型精度，铣刀牙型需要修整
梳形刀铣削 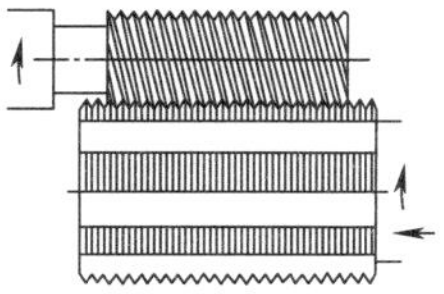	5~7 级	1.6~6.3	①铣刀与零件轴线平行安装，齿形两侧切削条件不同，加工精度、表面粗糙度稍差。 ②铣刀齿形部分长度超过零件螺纹长度，一次进给，零件旋转 1.2~1.4 r 即完成加工，生产率高。 ③适用于成批加工螺距≤2 mm，螺纹长度≤32 mm 的螺纹
旋风铣削 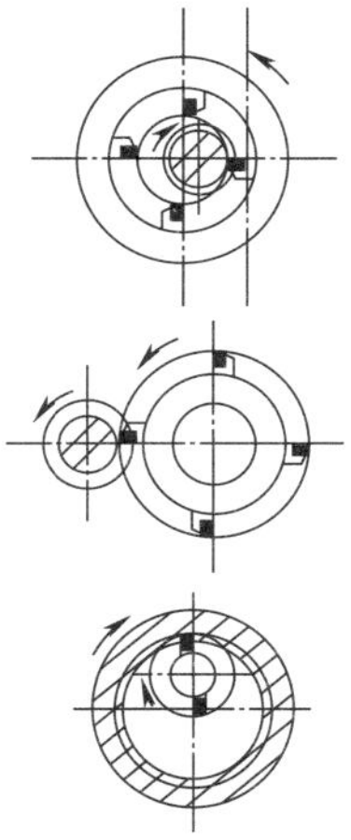	6~8 级	1.6~6.3	①用硬质合金铣刀高速铣削，进刀次数少，冷却条件好，生产率高。 ②加工精度低，用于粗加工、半精加工。 ③内切法旋风铣削外螺纹，切削平稳，表面粗糙度好，适于加工较小直径外螺纹。 ④外切法旋风铣削外螺纹，适于加工直径较大的外螺纹。 ⑤旋风铣削内螺纹，表面粗糙度好，适于加工直径≥50 mm 的内螺纹
螺纹铣刀加工螺纹 	5~7 级	1.6~6.3	①加工效率高、螺纹质量高。 ②用一种螺距的铣刀可加工不同直径的螺纹。 ③刀具通用性好、加工安全性好

4. 螺纹滚压工具

（1）滚压螺纹的特点

螺纹滚压加工就是用滚压工具进行挤压，使金属发生塑性变形而形成螺纹的方法。滚压后螺纹的金属纤维呈连续状，如图 1-3 所示，而切削螺纹的金属纤维呈断开状，如图 1-4 所示。从微观组织分析可知，其特点主要是：

①滚压加工为无屑加工，可节省原材料；

②降低了螺纹表面粗糙度；

③提高了被加工工件表层金属的硬度和强度，特别是牙底的表面硬度大幅增加；

④滚压螺纹比切削螺纹效率高几倍至几十倍，经济效益较好，并且较易实现自动化；

⑤不适用于脆硬材料的加工和高精度螺纹的加工。

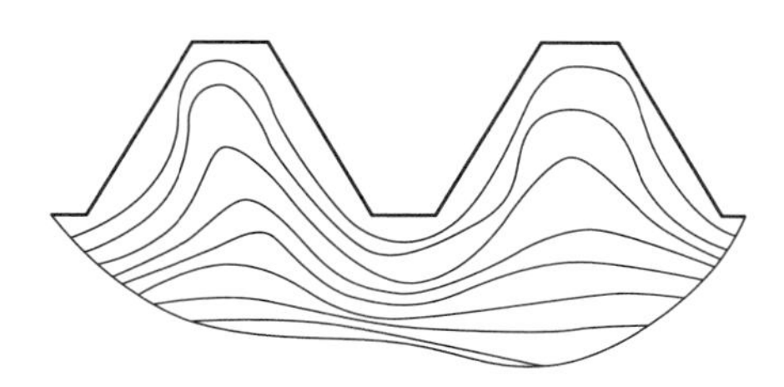
图 1-3　滚压螺纹的金属纤维连续

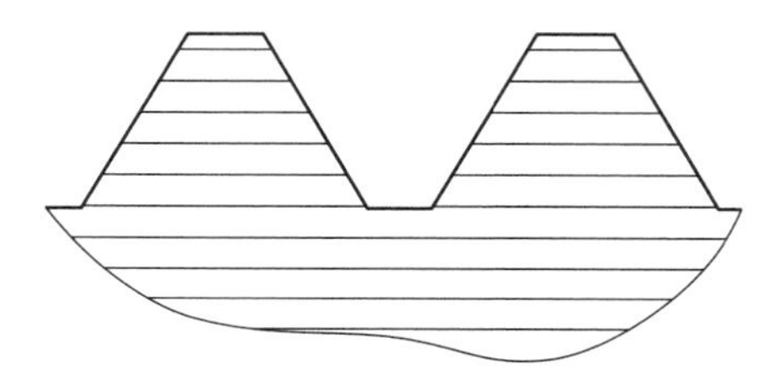
图 1-4　切削螺纹的金属纤维断开

（2）滚压螺纹的主要方法及应用范围见表 1-11

表 1-11　滚压螺纹的主要方法及应用范围

滚压方法	示 意 图	被滚压螺纹尺寸 mm			应用范围
		P	*d*	*l*	
用搓丝板		0.35~3	3~35	≤100	在大批量生产中，滚压精度要求较低的紧固螺纹，滚轧旋转体成型表面

续表

滚压方法	示意图	被滚压螺纹尺寸 mm			应用范围
		P	d	l	
用滚丝轮径向进给	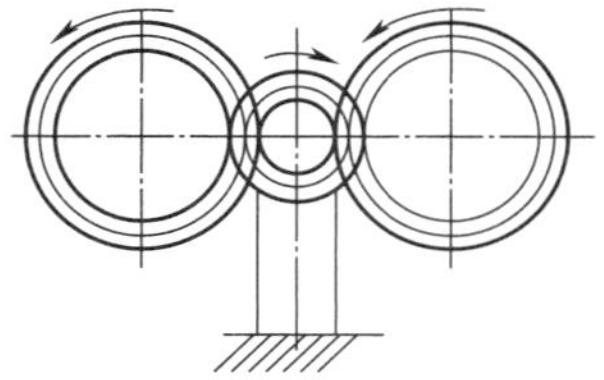	≤8	3~100	≤150	滚压较高精度的普通（三角）螺纹，可在旋转体空心零件上滚压螺纹

5. 螺纹磨削

螺纹磨削方式及其特点见表 1-12。

表 1-12　螺纹磨削方式及其特点

磨削方式	螺纹精度	表面粗糙度 $Ra/\mu m$	特　点
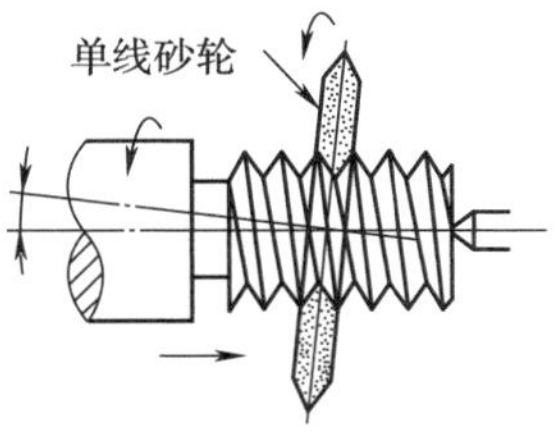 单线砂轮 单线砂轮磨削	4~5 级	0.1~0.2	①砂轮按螺纹升角倾斜安装，可磨削各种螺距的螺纹，工具费用低。 ②砂轮型面修整方便，调整简单。 ③进给量可调，螺纹精度高，表面粗糙度小。 ④生产率低，适用性广，宜于单件、小批量生产
多线砂轮磨削 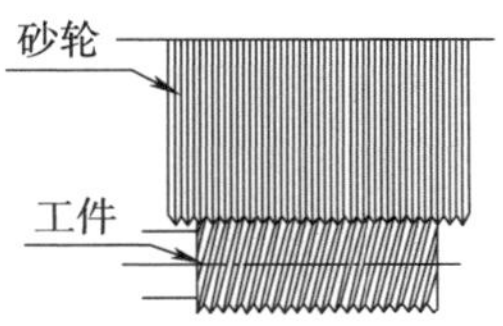 砂轮 工件	4~6 级	0.2~0.4	①厚度 20~80 mm 的砂轮修整成高精度环形梳齿牙型，需要高精度的砂轮修整工具。 ②不同螺距的螺纹需要不同的成型砂轮。 ③螺纹长度小于砂轮宽度时，选用径向切入进给，在零件 1.2~1.5 r 内磨削完成，生产率高。 ④砂轮前端修整成圆锥形，选用轴向进给，一次走刀可完成螺纹的粗磨与精磨。 ⑤不宜磨削螺纹升角大的零件

续表

磨削方式	螺纹精度	表面粗糙度 $Ra/\mu m$	特　点
无心磨削 导轮　工件　磨削轮	5~7 级	0.4~0.8	①磨削轮修整成环形梳齿牙型，进入端呈圆锥形。 ②磨削轮相对零件轴线倾斜螺纹升角。 ③导轮相对零件轴线反向倾斜螺纹升角。 ④一次纵向进给可磨削完成，生产效率高。 ⑤宜加工直径 12~50 mm，长度 50~150 mm 的直杆状（无凸出头部）的螺纹零件
研磨螺纹 工件 研具	高于 4 级	0.05~0.2	①用铜、铸铁等材料制成专用的螺纹研具。 ②选用金刚石粉、金刚砂、绿色碳化硅等磨料，可研磨高硬度的螺纹量具与螺纹零件。 ③螺纹精度高，表面粗糙度小。 ④能消除表面应力，提高螺纹的抗疲劳强度，延长使用寿命。 ⑤必须配有精加工工序，减少研磨余量。 ⑥生产效率低

第二章

常用螺纹刀具材料、涂层及热处理

第一节　刀具材料

刀具材料一般是指刀具切削部分的材料。它的性能优劣是影响工件加工表面质量、切削效率、刀具寿命的重要因素。材料变革是引起刀具变革的最重要因素。选用新型刀具材料不但能有效地提高切削效率、加工质量，而且能降低成本，同时也是解决某些难加工材料的关键。对常用螺纹刀具材料牌号、性能与选用方法，需要熟悉，同时还要对新型复合涂层材料的性能与应用特点有所了解。

一、刀具材料分类

当前使用的刀具材料分为：碳素工具钢、合金工具钢、高速工具钢（俗称高速钢）、硬质合金、陶瓷和聚晶金刚石超硬材料。常用螺纹刀具使用最多的是合金工具钢、高速钢与硬质合金。在机械加工领域，尤以高速钢材料应用最为普遍。

按成分和性能分类，高速钢分为低合金高速钢、普通高速钢和高性能高速钢（见表2-1）；高速钢属高碳高合金莱氏体钢，铸态组织中有大量共晶莱氏体，共晶碳化物偏析和碳化物颗粒粗大降低了钢的韧性，为改善碳化物偏析和细化颗粒度，出现了粉末冶金高速钢和喷射成型高速钢。按制备工艺分类，高速钢分为传统熔炼高速钢、粉末冶金高速钢（HSS-PM）和喷射成型高速钢（HSS-SF）。

表 2-1 高速钢分类

<table>
<tr><th rowspan="2">类 别</th><th colspan="5">质量分数/%</th><th rowspan="2">淬火回火后硬度，HRC</th><th rowspan="2">制备工艺</th></tr>
<tr><th>C</th><th>Cr</th><th>W+1.8Mo</th><th>V</th><th>Co</th></tr>
<tr><td>低合金高速钢</td><td rowspan="3">≥0.65</td><td rowspan="3">≥3.5</td><td>≥6.50 且 <11.75</td><td rowspan="2">0.8~2.50</td><td rowspan="2"><4.5</td><td>≥63</td><td>传统</td></tr>
<tr><td>普通高速钢</td><td>≥11.75</td><td>≥63</td><td>传统、SF</td></tr>
<tr><td>高性能高速钢</td><td>≥11.75</td><td colspan="2">w(V)>2.50 或
w(Co)≥4.50 或
w(Al)：0.80~1.20</td><td>≥64</td><td>传统、PM、SF</td></tr>
</table>

按所含主要合金元素分，高速钢可分为钨系高速钢、钨钼系高速钢等。钨系高速钢钨含量大于 9%，钼含量不超过 1%，代表牌号为 W18Cr4V；钨钼系高速钢钨含量不超过 9%，钼含量大于 1%，典型牌号为 W6Mo5Cr4V2，应用较为普遍。

二、刀具材料的性能

金属切削过程中，刀具切削部分在高温下承受着很大的切削力与剧烈摩擦。在断续切削工作时，还伴随着冲击与振动，引起切削温度的波动。因此，刀具材料应具有高硬度和高耐磨性、足够的强度与韧性以及高耐热性。

一般刀具材料在室温下应具有 60HRC 以上的硬度。材料硬度越高耐磨性越好，但冲击韧性相对较低，所以要求刀具材料在保持足够的强度与韧性条件下，尽可能有高的硬度与耐磨性。高耐热性又称“热硬性”，是指在高温下仍能维持刀具切削性能的一种特性，通常用 600 ℃×4 h 室温下的硬度值来衡量，也可用刀具切削时允许的耐热温度值来衡量。它是影响刀具材料切削性能的重要指标。

耐热性越好的刀具材料允许的切削速度就越高。对刀具耐热性的要求取决于被加工材料的可加工性、切削用量和冷却条件，是选择刀具材料的重要因素。

刀具材料还需有较好的加工工艺性与经济性。工具钢应有较好的热处理工艺性：淬火变形小、淬透层深、脱碳层浅；高硬度材料需有可磨削加工性；需焊接的材料，宜有较好的导热性和焊接工艺性。此外，在满足以上性能要求时，宜尽可能满足资源丰富、价格低廉的要求。

选择刀具材料时，应根据被加工材料、切削状况及工艺需要，在保证主要性能要求前提下，尽可能选用性价比高的材料。

各类刀具材料硬度与韧性如图 2-1 所示。一般硬度越高者可允许的切削速度越高，而韧性越高者可承受的切削力越大。

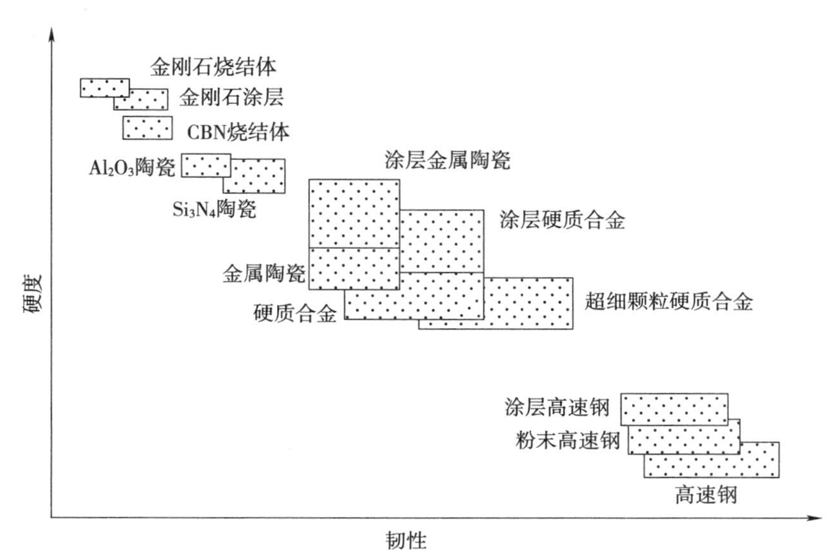

图 2-1 各类刀具材料硬度与韧性

工具钢耐热性较差，但抗弯强度高，价格便宜，焊接与刃磨性能好，故广泛用于中、低速切削的成型刀具，不宜高速切削。硬质合金耐热性好，切削效率高，但刀片强度、韧性不及工具钢，焊接刃磨工艺性也比工具钢差，多用于制作螺纹车刀、铣刀，适宜高速加工。近年来，针对难加工材料的螺纹加工，随着硬质合金材料综合性能的提升，采用整体硬质合金丝锥加工也较为普遍。

常用螺纹刀具材料的选择实例如表 2-2 所示。

表 2-2 常用螺纹刀具材料的选择实例

刀具品种	刀 具 材 料
手用丝锥	GCr15 合金工具钢
圆板牙	一般为 9SiCr 合金工具钢，少量采用 W4Mo3Cr4VSi（W4）低合金高速钢和 W6Mo5Cr4V2（M2）普通高速钢
切线平板牙	M2 普通高速钢
滚丝轮	Cr12MoV 合金工具钢；M2 普通高速钢用于磨牙滚丝轮
搓丝板	性能一般的用 9SiCr；性能较好的用 Cr12MoV，HYC1（DC53）；高性能磨牙的用 W6Mo5Cr4V2（M2）普通高速钢和 HYSP19 高档搓丝板专用钢

续表

刀具品种	刀具材料
机用丝锥	一般采用 W6Mo5Cr4V2（M2）普通高速钢；高性能丝锥采用 W6Mo5Cr4V2Co5（M35）、HYTV3（W5Mo6Cr4V3）等传统高速钢，粉末冶金高速钢 W6Mo5Cr4V3Co8（HOP2030）或 W12Cr4V5Co5（HOPT15）等；高速加工铸铁、硬材料或难加工材料采用硬质合金（例如晶粒度 0.8 μm，成分为 90%WC+10%Co 的硬质合金）
圆锥管螺纹丝锥	W6Mo5Cr4V2（M2）普通高速钢
圆锥管螺纹圆板牙	W6Mo5Cr4V2（M2）普通高速钢（最好进行锻造）
螺纹铣刀	带孔圆柱形铣刀采用 W2Mo9Cr4VCo8（M2）；高性能螺纹铣刀采用 W2Mo9Cr4VCo8（M42）；数控螺纹铣刀多采用硬质合金可转位刀片或整体硬质合金
螺纹车刀	圆形环状螺纹成型车刀采用普通高速钢 W6Mo5Cr4V2（M2）；螺纹车刀也多采用硬质合金可转位刀片，也可采用焊接硬质合金刀片
管螺纹梳刀片（镶片管螺纹梳刀）	采用普通高速钢 W6Mo5Cr4V2（M2）

第二节　合金工具钢、高速钢及涂层

一、合金工具钢的性能

合金工具钢一般是在碳素工具钢的基础上加入一定的元素，如 Cr、Mo、V、Si、Mn 等以提高材料的淬透性，增加其耐磨性。由于钢中合金元素的加入，使过冷奥氏体的稳定性增大，临界冷却速度降低，同时部分合金元素可形成合金碳化物，因此在淬火时可获得较高的硬度。合金工具钢可以使用较缓和的淬火介质（油或低温熔盐）进行淬火，亦可采用真空热处理淬火，从而减少刀具的变形和开裂。常用螺纹刀具用合金工具钢包括 9SiCr、Cr12MoV、HYC1（DC53）、GCr15 等。

1. 9SiCr

一般用于普通板牙、搓丝板的制造加工。钢中的硅元素能强化铁素体，大大提高钢的硬度和强度。在回火时，硅元素有阻止硬度降低的作用，所以 9SiCr 的淬硬性、淬透性及回火稳定性都高于不含硅的铬钢。直径 40~60 mm 的 9SiCr 钢，油淬后可获得 62~64HRC 的高硬度；经 180~200 ℃回火，硬度仍高于 60HRC。

2. Cr12MoV

Cr12MoV 属高碳高铬莱氏体钢。用于制作搓丝板、滚丝轮等。铸态下共晶碳化物呈网状，需经反复锻造加以改善，锻造退火后的组织为索氏体及块粒状碳化物。Cr12MoV 材料可采用油淬或气淬，淬火后的正常组织为马氏体、残留奥氏体以及分布广泛的块粒状碳化物。Cr12MoV 钢有良好的淬硬性、淬透性及回火稳定性，直径 40~60 mm 的 Cr12MoV 钢，气淬经 180~200 ℃回火，硬度仍高于 62~64HRC。

3. HYC1（DC53）

HYC1（DC53）钢是 D2 钢（美国 D2 模具钢）的优化钢种，它的韧性大大改善，硬度较 D2 钢提高 2~3HRC，耐磨性明显改善，具有碳化物细化、高韧性、高疲劳强度等特点，是替代 D2 钢的主要钢种。主要用于模具、搓丝板等。

4. GCr15

GCr15 一般用于制作手用丝锥。GCr15 锻造后的组织为片状珠光体。在组织中还可能出现非金属夹杂物、碳化物液析、网状碳化物及带状组织等缺陷。正常退火后的组织为均匀分布的小球状珠光体及少量点状碳化物。一般认为其最佳退火温度为 770~790 ℃。GCr15 油淬经 150 ℃回火，硬度可达到 62HRC。其正常的回火组织为马氏体、残留奥氏体及粒状碳化物。在热处理过程中经常出现的缺陷为软点，其组织特征为钢表面局部区域出现屈氏体。

螺纹刀具常用合金工具钢化学成分见表 2-3。

表 2-3　螺纹刀具常用合金工具钢化学成分

代号	质量分数/%							
	C	Mn	Si	Cr	V	Mo	S	P
9SiCr	0. 85~0. 95	0. 3~0. 6	1. 2~1. 6	0. 95~1. 25	—	—	≤0. 03	≤0. 03
Cr12MoV	1. 45~1. 70	≤0. 35	≤0. 40	11. 00~12. 50	0. 15~0. 30	0. 40~0. 60	≤0. 03	≤0. 03
HYC1（DC53）	0. 9~1. 05	0. 2~0. 3	0. 8~1. 10	7. 5~8. 4	0. 15~0. 35	1. 8~2. 1	≤0. 03	≤0. 03
GCr15	0. 95~1. 05	0. 20~0. 40	0. 1~0. 35	1. 30~1. 65	—	—	≤0. 02	≤0. 027

二、高速钢的性能

高速钢是工具钢的一种，含有 0.6%以上的碳，3%~6%的铬，至少含有钨、钼、钒中的两种，并且 $w(W)+w(Mo)+w(V)\geq 7\%$，有的高速钢还含有一定数量的钴。高速钢属高碳高合金莱氏体钢。

高速钢是综合性能较好、应用范围较广的一种刀具材料。由于其含有大量的钨、钼、铬、钒等合金元素，能保证热处理后获得较高的淬透性和热硬性。热处理后硬度为 63~70HRC，抗弯强度约 3 300 MPa，耐热性为 600 ℃左右。而一般合金工具钢当切削温度达到 200~300 ℃时，硬度即显著降低。故高速钢以能进行高速切削而得名。此外，还具有热处理变形小、能锻造、易磨出较锋利的刃口等优点。高速钢广泛用于制作各类螺纹铣刀、丝锥、板牙等螺纹刀具。

常用高速钢的牌号及其物理力学性能见表 2-4。

表 2-4　常用高速钢牌号及其物理力学性能

类型	牌号①			密度 g/cm³	线胀系数（20~600 ℃）μm/(m·K)	退火硬度(HB)不大于	淬回火硬度 HRC	抗弯强度② σ_{bb}/MPa
	GB/T 9943—2008	ISO 4957	简称					
低合金高速钢	W3Mo3Cr4V2	HS3-3-2	W3V2	7.9	13.0	255	63~65	4 000~4 500
	W4Mo3Cr4VSi	—	W4	7.96	13.0	255	63~66	4 000~4 500
普通高速钢	W18Cr4V	HS18-0-1	W18	8.7	11.4	255	64~66	2 500~3 500
	W2Mo8Cr4V	HS1-8-1	M1	7.9	12.5	255	63~65	3 000~4 000
	W2Mo9Cr4V2	HS2-9-2	M7	8.0	12.5	255	64~66	3 000~4 000
	W6Mo5Cr4V2	HS6-5-2	M2	8.16	13.0	255	64~66	3 500~4 500
	CW6Mo5Cr4V2	HS6-5-2C	CM2	8.16	13.0	255	64~66	3 000~4 000
	W6Mo6Cr4V2	HS6-6-2	—	8.16	13.0	262	64~66	—
	W9Mo3Cr4V	—	W9	8.25	12.9	255	64~66	3 500~4 500

续表

类型		牌号①			密度 g/cm³	线胀系数（20~600 ℃）μm/(m·K)	退火硬度(HB)不大于	淬回火硬度 HRC	抗弯强度② σ_{bb}/MPa
		GB/T 9943—2008	ISO 4957	简称					
高性能高速钢	高钒	W6Mo5Cr4V3	HS6-5-3	M3	8.16	12.1	262	64~66	3 200~4 300
		CW6Mo5Cr4V3	HS6-5-3C	CM3	8.16	12.1	262	64~66	3 000~3 500
		W6Mo5Cr4V4	HS6-5-4	M4	8.1	12.1	269	64~66	—
	含钴	W12Cr4V5Co5	—	T15	8.2	11.4	277	65~67	2 500~3 500
		W6Mo5Cr4V2Co5	HS6-5-2-5	M35	8.16	13.0	269	64~67	3 000~4 000
		W6Mo5Cr4V3Co8	HS6-5-3-8	PM30	8.2	—	285	65~69	4 000~5 000
		W7Mo4Cr4V2Co5	—	M41	8.17	—	269	66~68	—
		W2Mo9Cr4VCo8	HS2-9-1-8	M42	8.0	12.5	269	66~68	2 500~3 500
		W10Mo4Cr4V3Co10	HS10-4-3-10	T42	8.3	10.7	285	66~69	2 000~3 000
	含铝	W6Mo5Cr4V2Al	—	M2Al	8.0	13.0	269	65~67	2 500~3 500

注：①牌号中化学元素后面数字表示该元素的平均质量分数（%），未注者在1%左右。

②W6Mo5Cr4V3Co8 的抗弯强度来自粉末冶金工艺生产的产品。

1. 普通高速钢

普通高速钢应用较广，约占高速钢总量的 75%。目前用量较多的是钨钼系 W6Mo5Cr4V2（M2）高速钢，较早的钨系高速钢 W18 已很少采用。螺纹刀具常用普通高速钢主要有以下三种。

（1） W6Mo5Cr4V2（M2）高速钢

M2 高速钢是国内外普遍应用的牌号。因 1%的 Mo 可代替 1.8%的 W，这能减少钢中的合金元素，降低钢中碳化物的数量及分布的不均匀性，有利于提高热塑性、抗弯强度与韧性。因此，M2 高速钢的高温塑性及韧性胜过 W18，普遍用于机用丝锥、螺纹铣刀和切线平板牙等。这种材料的不足是脱碳过热敏感性大。

（2） W9Mo3Cr4V（W9）高速钢

W9 高速钢是根据我国资源研制的牌号。其 W-Mo 比例介于 W18 和 M2 之间，抗弯强度优于 W18，与 M2 相当，脱碳敏感性和淬火过热敏感性好于 M2，高温热塑性好，具有较好的可磨削性和较高红硬性。不足是碳化物颗粒度大于 M2。

（3） W2Mo9Cr4V2 （M7）

M7 曾是美国应用较多的高速钢牌号。由于 Mo 含量较高，而形成共晶碳化物为 M2C，加热后 M2C 分解为 M6C 和 MC，共晶碳化物得到细化，适用于多刃的螺纹刀具。不足是脱碳过热敏感性大，容易出现棒状碳化物。

2. 高性能高速钢

高性能高速钢是指在普通高速钢基础上增加一定的合金元素，使其元素含量达到 $w(\mathrm{V})\geqslant 2.60\%$或 $w(\mathrm{Co})\geqslant 4.50\%$及 $w(\mathrm{Al})$ 为 0.80%～1.20%的同时增加碳元素而形成的钢种。其常温硬度可达 66～69HRC，耐磨性与耐热性有显著的提高，能用于不锈钢、耐热钢和高强度钢的加工。

表 2-5 列出了各类高性能高速钢的典型牌号。

高钒高速钢是将钢中钒的含量增加到 2.60%以上。由于碳化钒的硬度较高，可达到 2 800HV，比普通刚玉高。所以一方面在细化晶粒的基础上增加了钢的耐磨性，同时也增加了此钢种的刃磨难度。丝锥用高钒高速钢的典型牌号：欧洲为 W7Mo5Cr4V3，国内为 HYTV3 （W5Mo6Cr4V3），此牌号针对丝锥切削过程中对耐磨性要求高的特点，进行成分优化和组织优化，经过特殊冶炼，在确保具有优异抗磨损性能的同时具有良好的可加工性。

螺纹刀具用钴高速钢的典型牌号是 W6Mo5Cr4V2Co5 （M35）。在钢中加入了钴，可提高高速钢的高温硬度和抗氧化能力，因此适用于较高的切削速度。钴可提高钢中马氏体转变温度，提高回火过程中马氏体中析出碳化物的弥散度，并抑制这些碳化物集聚长大，提高钢的淬回火硬度和红硬性。钴的热导率较高，对提高刀具的切削性能是有利的。钢中加入钴尚可降低摩擦系数，改善其磨削加工性。

铝高速钢是我国独创的无钴高性能高速钢，典型牌号是 W6Mo5Cr4V2Al （M2Al）。铝是非碳化物形成元素，但它能提高 W、Mo 等元素在钢中的溶解度，并可阻止晶粒长大，起到细化晶粒作用。因此，铝高速钢可提高高温硬度、热塑性与韧性。铝高速钢在切削温度的作用下，刀具表面可形成氧化铝薄膜，减少与切屑的摩擦和黏结。M2Al 高速钢的力学性能和切削性能与含钴的 M42 高速钢相当，价格相对较低，不足是铝高速钢的热处理工艺要求比较严格，如果热处理控制不当，特别是变形加工后退火不当，容易发生混晶和刀具切削崩刃现象。

3. 低合金高速钢

低合金高速钢是钨含量为 6.50%～11.75%的高速钢。低合金高速钢通过提高碳含量并添加促进二次硬化的合金元素硅，在适当降低贵重合金元素钨、钼后淬回火硬度仍可达到63~65HRC。低合金高速钢耐热性和耐磨性有所降低，因此可用于切削速度不高的刀具或切削强度不高的材料。

4. 粉末冶金高速钢

粉末冶金高速钢是通过高压高纯氮将液态高速钢气雾化形成细小的高速钢粉末，装包套后经热等静压（HIP）而成的高速钢。粉末冶金高速钢于20世纪60年代在瑞典首先研制成功，20世纪70年代我国曾试产粉末冶金高速钢，目前已可批量生产。各国生产的粉末冶金高速钢牌号见表2-5。

表2-5　各国生产的粉末冶金高速钢牌号

钢号	近似钢号				质量分数/%					
	A	B	C	D	C	W	Mo	Cr	V	Co
PMM3	HOPM3	S790	ASP2023	REX M3-1	1.3	6.2	5	4	3	—
PMM4	HOPM4	S690	EM4	CPM M4	1.35	5.5	4.7	4.2	4	—
PMT15	HOPT15		ASP2015	CPM T15	1.55	12	—	4	5	5
PMT15M	HOP T15M	S390	ASP2052		1.6	10	2.2	4.7	4.8	8
PM30	HOP 30	S590	ASP2030	CPM REX 45	1.3	6.5	4.9	4	2.9	8.3
PM60	HOP 60		ASP2060		2.3	6.5	7	4.2	6.5	10.5

注：PM——粉末冶金。
ABCD代表国内外四家高速钢制造企业。

粉末冶金高速钢与传统熔炼高速钢比较有如下优点：

（1）由于可获得细小均匀的结晶组织（碳化物颗粒尺寸2~5 μm），从而避免了碳化物的偏析，提高了钢的硬度与韧性，硬度达到66~70HRC，抗弯强度σ_{bb}=3 500~5 000 MPa。

（2）由于物理力学性能各向同性，可减少热处理变形与应力，因此可用于制造精密刀具。

（3）由于钢中的碳化物细小均匀，使磨削加工性得到显著改善，含钒量多者，改善程度就更为显著。这一独特的优点，使得粉末冶金高速钢在提高含碳量、增加合金元素和碳化物数量时，可不降低其刃磨工艺性。这是传统熔炼高速钢无法比拟的。

（4）粉末冶金高速钢提高了材料的利用率。高性能机用丝锥，直、锥柄螺纹铣刀等刀具适于选用粉末冶金高速钢。

5. 喷射成型高速钢

喷射成型高速钢是用高压惰性气体将合金液流雾化成细小熔滴并在沉降过程中冷却凝固，在尚未完全凝固前沉积成坯件，后续通过变形加工和热处理形成的高速钢。具有氧含量低、宏观偏析小、组织均匀细小的特点，力学性能较传统高速钢明显改善，对于大截面钢材碳化物偏析改善尤其显著。

三、高速钢螺纹刀具的涂层

随着涂层技术的迅速发展，刀具的表面涂层强化技术应用日趋广泛。涂层作为提高刀具切削性能的重要途径受到工具行业的强烈关注和重视。1969 年德国和瑞典成功研发了化学气相沉积（CVD）涂层技术，并向市场推出了 CVDTiC 涂层硬质合金刀片产品。20 世纪 70 年代初，美国的本夏和拉格胡南研发了物理气相沉积（PVD）工艺，并于 1981 年将 PVDTiN 高速钢刀具产品推向市场。当时 CVD 涂层工艺温度约 1 000 ℃，主要用于硬质合金刀具（刀片）的表面涂层；PVD 涂层工艺温度为 500 ℃或 500 ℃以下，主要用于高速钢刀具的表面涂层。

CVD 和 PVD 涂层技术迅速发展，在涂层材料、涂层设备和工艺等方面都有了很大进步，而且发展了多层材料的涂覆技术，使涂层刀具的使用性能有了很大的提高。PVD 涂层技术过去主要用于高速钢刀具，而近年来随着 PVD 涂层技术快速发展，也成功用于硬质合金刀具（刀片），占领了硬质合金涂层刀具（刀片）的大片阵地。现在，涂层高速钢刀具和涂层硬质合金刀具应用广泛，已占全部刀具使用总量的 50%以上。

涂层的高硬度在切削过程中有力地提高了刀具的抗磨损性能。对刀具进行表面涂层不但能提高刀具表面硬度、抗氧化温度，而且还能够减少切削时的摩擦系数和导热率，更主要的是涂层能提高刀具的切削加工效率及加工精度，极大地延长刀具的使用寿命并降低加工成本。

1. 涂层种类

自 20 世纪 80 年代中期以 TiN 涂层为标志的涂层应用开始以来，涂层发展迅速，尤其在 21 世纪初，随着装备技术和材料技术的发展，涂层技术发展及应用变得更为快速。对涂层的种类可按照以下三个方面进行分类：

（1）按照涂层元素进行分类

目前按照涂层元素可以划分成 4 种类型的涂层，其他涂层大部分都是由这几种涂层组合而成的，具体分类见表 2-6。

表 2-6　按元素进行涂层分类

涂层类型	代表性涂层	使用大致年份
钛基涂层	TiN	1985 年
	TiCN	1990 年
铝钛基涂层	TiAlN	1990 年
	AlTiN	2000 年
铝铬基涂层	AlCrN	2005 年
铝钛硅基涂层	AlTiSiN	2008 年

上述涂层中，钛基涂层较为通用，铝钛基涂层一般硬度较高，与之相比较，铝铬基涂层抗氧化性温度更高，铝钛硅基涂层组织更为细腻。

（2）按照涂层结构进行分类

按照涂层结构进行涂层划分，可分为三代涂层：第一代涂层为单层涂层和渐变的梯度涂层（见图 2-2、图 2-3）。没有过渡层的单层结构可以快速进行涂层生产。对于高铝涂层，大多涂上过渡层，以提高涂层结合力。这类涂层的典型代表为 TiN 涂层。渐变涂层指包含过渡层（如 TiN、CrN），同时较硬的成分如 AlN 将会渐变地增加至表面形成超硬涂层，这类涂层的典型代表为 TiAlCN 涂层。

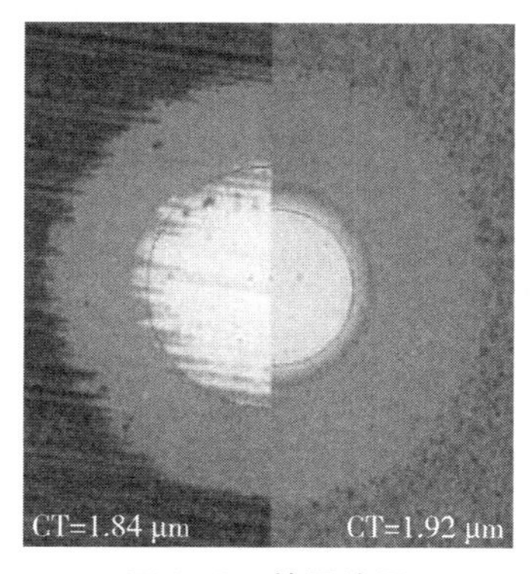

图 2-2　单层涂层

图 2-3　梯度涂层

第二代涂层为多层复合涂层和纳米多层涂层（见图 2-4、图 2-5）。多层涂层结构韧性较高，硬度较单层低，但在加工过程中可以吸收撞击，所以这种结构较适合高动态大负荷加工，例如粗加工。这类涂层的典型代表为 TiN-TiAlN 多层。纳米多层涂层是指调制周期较细，一般小于 20 nm 的多层涂层。在涂层过程中，硬度视周期而定，而周期依基体转速而变，所以硬度会因同一炉有不同工件基体而异。

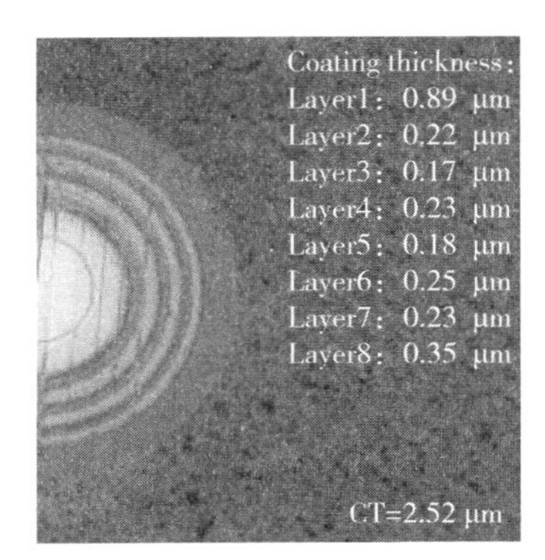

图 2-4　多层复合涂层

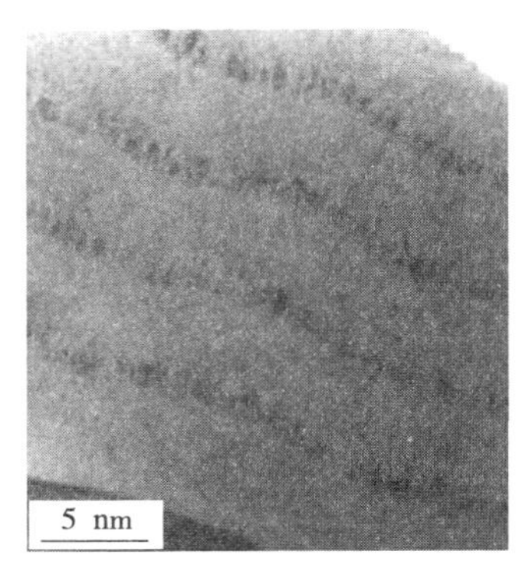

图 2-5　纳米多层涂层

第三代涂层为纳米结构层和非晶包裹纳米晶结构涂层（见图 2-6、图 2-7）。纳米结构层涂层是指把不同物质元素（如 Ti、Cr、Al 和 Si），非混合式进行涂层，产生两种物质态，纳米晶 TiAlN 或 AlCrN 被非结晶的 Si3N4 基体所包裹，这一纳米复合层结构明显地改善了涂层特性，使其不受炉内装载量的影响。这类涂层的典型代表为 nACo®，即（nc-AlTiN）/（a-Si3N4），该类涂层具有极高的纳米硬度和抗高温氧化性能。

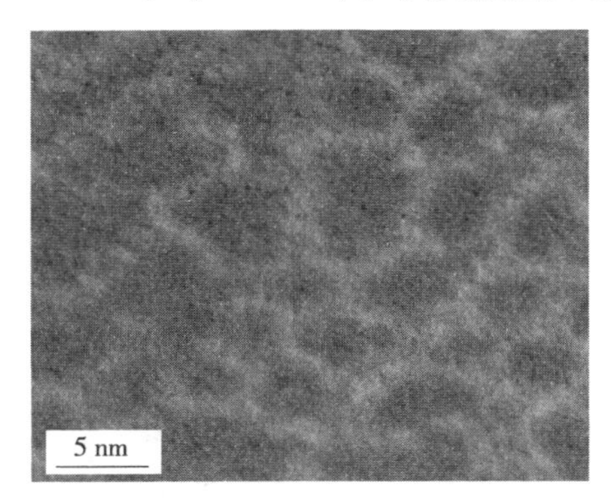

图 2-6　纳米结构涂层

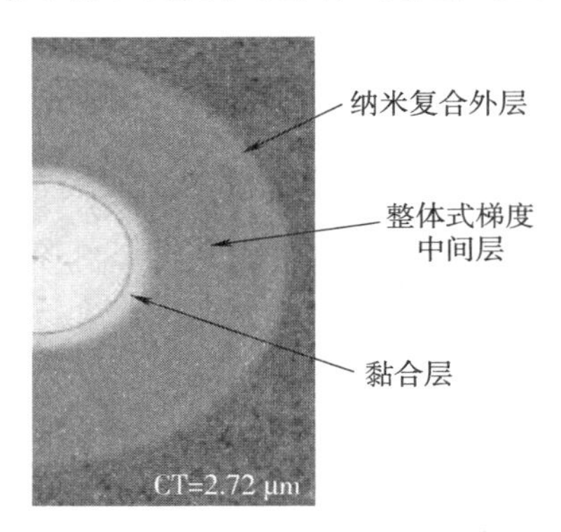

图 2-7　非晶包裹纳米晶结构涂层

2. 涂层方法

螺纹刀具可进行涂层强化，但受到螺纹刀具用钢种类和涂层温度的限制，物理气相沉积（PVD）的涂层温度一般为 250～480 ℃，而化学气相沉积（CVD）则高达 1 000～1 000 ℃。因此，在 500 ℃以上回火的高合金钢（如 Cr12MoV、DC53 钢）及高速钢可以进行 PVD 涂层。一些碳素工具钢及低合金钢螺纹刀具由于抗回火稳定性差而不适宜涂层。

目前常用的物理气相沉积（PVD）方法有溅射、空心阴极离子镀、热阴极弧源离子镀、阴极多弧离子镀等。空心阴极离子镀与热阴极弧源离子镀，膜层组织致密，过程控制方便，适合于中小件涂层。电极多弧离子镀具有沉积速度快、生产效率高、结合力强、涂层品种多、大小件都适合的特点。溅射镀层沉积速率慢，膜层组织细微，表面粗糙度好。

（1）空心阴极离子镀

空心阴极离子镀膜机示意图如图 2-8 所示。该镀膜机由真空室、空心阴极离子发生系统、加热器装置、集束磁场、阳极和水冷阳极、气体流量系统、电气控制系统等组成。当空心阴极钽管施加电位，并通入氢气，电离出大量电子时，使充氮的真空室电离，形成等离子电子束，电子束经磁场偏转，集中后轰击阳极的 Ti 块，使 Ti 块气化并离子化，离子化的金属 Ti 与氮离子发生化合形成氮化钛沉积在工件的表面。

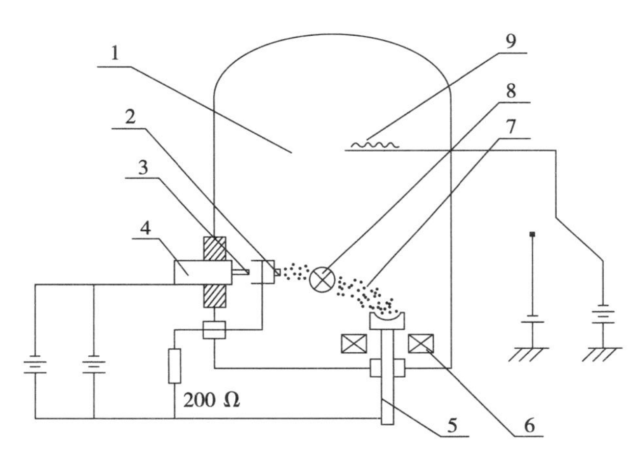

1—真空室；2—辅助阴极；3—空芯组管（Ta）；4—水冷阴极；5—水冷阳极（Ti蒸发片）；6—集束磁场；7—轰击粒子；8—偏转磁场；9—加热器（工件）。

图 2-8　空心阴极离子镀膜机示意图

空心阴极离子镀刀具涂层的工艺参数见表 2-7。

表 2-7　空心阴极离子镀刀具涂层的工艺参数

<table>
<tr><td>预抽真空</td><td>工件轰击电压</td><td>氩气压力</td><td>工件预热功率</td><td>温度</td><td colspan="2">引束条件</td><td>工件偏压</td></tr>
<tr><td rowspan="2">1. 33×10^{-3}Pa</td><td rowspan="2">600～1 200 V</td><td rowspan="2">1. 33～2. 66×10^{-4} MPa</td><td rowspan="2">3～4 kW</td><td rowspan="2">300～400 ℃</td><td>电压</td><td>电流</td><td rowspan="2">30～40 V
3～5 A</td></tr>
<tr><td>500～600 V</td><td>10～20 A</td></tr>
<tr><td colspan="3">引束条件</td><td>氩气流量</td><td>氮气流量</td><td colspan="2">沉积速度</td><td>沉积时间</td></tr>
<tr><td>电压</td><td>电流</td><td>功率</td><td rowspan="2">20～40 mL/min</td><td rowspan="2">50～80 mL/min</td><td colspan="2" rowspan="2">0. 1～0. 5 μm/min（固定）
0. 04～0. 1 μm/min（转动）</td><td rowspan="2">视涂层厚度要求</td></tr>
<tr><td>50～55 V</td><td>100～150 A</td><td>5～8 kW</td></tr>
</table>

（2）阴极多弧离子镀

在阴极多弧离子镀膜机中，金属弧源靶为阴极，真空室壁为阳极，对阴极靶材、真空室壁和行星转台施加不同的负偏压，在炉膛内建立电场，使真空室内充入的氩气受到电离，形成等离子体。在电场的作用下，氩离子轰击工件表面，清除氧化物及表面附着物。接着用辅助装置对阴极靶材进行引弧，电弧在直流磁控的作用下在靶材上做轨迹运动，不断蒸发出 Ti 原子并离子化，与导入及电离出的氮气离子化合形成氮化钛物质沉积在工件上。

阴极电弧离子镀（PL 1000 型涂膜机）TiN 涂层工艺参数见表 2-8。

表 2-8　阴极电弧离子镀（PL 1000 型涂膜机）TiN 涂层工艺参数

偏压/V	弧电流/A	Ar 流量/(cm^3/s)	N_2 流量/(cm^3/s)	真空度/Pa
100～1 200	70～180	20～400	60～240	1×10^{-4}
沉积时间/min	涂层温度/℃	膜层厚度/μm	硬度 HV	结合力/N
90～120	≤440	2～3	2 000～2 400	≥45

3. 代表性涂层

螺纹刀具采用的涂层工艺除 TiN 涂层外，新的涂层工艺较多，典型工艺包括：TiC、TiCN、TiCN-MP、TiAlN、AlTiN、TiAlCN、DLC（类金刚石涂层）、CrN、MoS_2 或 CBC（碳基涂层）等。涂层螺纹刀具主要以机用丝锥为主（全磨制丝锥更合适），搓丝板与滚丝轮较少（一般用于特殊加工场合）。

（1）TiN 涂层

TiN 涂层是通用性涂层。TiN 涂层呈金黄色，膜层厚度一般控制在 2～5 μm。膜层硬度为 2 000HV 左右，膜层有较高的耐磨性和较强的基体结合力。TiN 涂层一般能提高螺纹刀具的使用寿命 2～5 倍，提高切削效率 30%左右。TiN 涂层温度为 250～480 ℃，适用于各种可以涂层的螺纹刀具。

（2）TiCN 与 TiCN-MP 涂层

TiCN 涂层呈蓝灰色，膜层的硬度为 3 500～3 700HV，摩擦系数比 TiN 低，仅为 0.2，但抗氧化温度较 TiN 低，为 400 ℃。TiCN 涂层的耐磨性好，摩擦系数小，适用于螺纹刀具的涂层。采用 TiCN 涂层的螺纹刀具能改善其切削性能并提高切削寿命。TiCN 涂层原理与 TiN 相同，只是在涂层过程中要输入一定量的 C_2H_2 气体，以分解出碳原子形成 TiCN 涂层。

TiCN-MP 涂层呈古铜色，是一种成分渐变的多种功能（用途）的涂层。具有硬度较高（2 800~3 200HV）、摩擦系数小（摩擦系数为 0.2）、脆性低的特点，但抗氧化温度不高，仅为 400 ℃，是一种减摩涂层。适用于丝锥、滚丝轮等螺纹刀具。TiCN-MP 涂层能提高螺纹刀具的切削性能和切削寿命。

（3）MoS_2 和 CBC 涂层

MoS_2 和 CBC 涂层属于润滑性涂层，膜层都为黑色。膜层硬度为 1 800~2 000HV，摩擦系数特别小，一般低于 0.15，抗氧化温度≤400 ℃。两种膜层虽然不同，MoS_2 以硫作为润滑剂，CBC 以碳作为减摩剂，但两者在刀具切削过程中都起到自润滑作用。MoS_2 涂层过程中以 H_2S 作为气源，CBC 涂层以 C_2H_2 作为气源。CBC 是 Cr 元素沉积打底的碳基涂层。而 MoS_2 是以 Mo 和 S 的化合物作为沉积层。MoS_2 和 CBC 涂层用于螺纹刀具可减少切削过程中的摩擦力，防止螺纹齿与金属的咬合，同样起到了提高螺纹刀具切削效率和切削寿命的作用。

（4）TiAlCN 涂层

TiAlCN 涂层呈紫罗兰色，膜层硬度为 2 800HV，摩擦系数为 0.25，抗氧化温度为 500 ℃，膜层厚度控制在 1~4 μm，TiAlCN 和 TiAlCN-G（梯度涂层）涂层的螺纹刀具适用于钢、铸铁、钛、镁、铝、镍合金及塑料等材料的加工。

（5）CrN 涂层

CrN 涂层呈银白色，膜层硬度为 1 800HV，摩擦系数为 0.3，抗氧化温度可达 700 ℃，膜层厚度一般涂至 1~4 μm，CrN 涂层的螺纹刀具适用于铜材料的加工。

（6）TiAlN 涂层

TiAlN 涂层呈紫罗兰-黑色，耐热温度达 800 ℃，适用于高速加工。在基体为 65HRC 的高速钢上涂 2.5~3.5 μm，刀具寿命比 TiN 涂层明显提高 1~2 倍。

第三节　硬质合金及涂层

一、硬质合金组成与性能

硬质合金是由硬度和熔点很高的碳化物（称硬质相）和金属（称黏结相）通过粉末冶金工艺制成的。硬质合金刀具中常用的碳化物有 WC、TiC、TaC、NbC 等。常用的黏结剂是 Co，碳化钛基的黏结剂是 Mo、Ni。

硬质合金的物理力学性能取决于合金的成分、粉末颗粒的粗细以及合金的烧结工艺等。含高硬度、高熔点的硬质相愈多，合金的硬度与高温硬度愈高。含黏结剂愈多（黏结剂含量在16%以下时），强度愈高。合金中加入TaC、NbC有利于细化晶粒，提高合金的耐热性。常用的硬质合金牌号中含有大量的WC、TiC。因此，硬度、耐磨性、耐热性均高于工具钢。常温硬度达89~94HRA，耐热性达800~1 000 ℃。切削钢时，切削速度可达220 m/min。在合金中加入熔点更高的TaC、NbC，可使耐热性提高到1 000~1 100 ℃，切削钢时，切削速度可进一步提高到200~300 m/min。

表2-9列出了常用硬质合金牌号、性能和对应的ISO标准的牌号。除标准牌号外，各硬质合金厂均开发了许多新牌号，使用性能很好，可参阅各厂产品样本。

二、普通硬质合金分类、牌号与使用性能

硬质合金按其化学成分与使用性能分为三类：

K类：钨钴类（WC+Co）；

P类：钨钛钴类（WC+TiC+Co）；

M类：添加稀有金属碳化物类［WC+TiC+TaC(NbC)+Co］。

1. K类合金（YG类）

K类合金抗弯强度与韧性比P类合金高，能承受对刀具的冲击，可减少切削时的崩刃，但耐热性比P类合金差，因此主要用于加工铸铁、非铁材料与非金属材料。在加工脆性材料时切屑呈崩碎状。K类合金导热性较好，有利于降低切削温度。此外，K类合金磨削加工性好，可以刃磨出较锋利的刃口，因此也适合加工非铁材料及纤维层压材料。

合金中含钴量愈高，韧性愈好，适于粗加工；合金中钴量少时可用于精加工。

2. P类合金（YT类）

P类合金有较高的硬度，特别是具有较高的耐热性，较好的抗黏结、抗氧化能力。它主要用于加工以钢为代表的塑性材料。加工钢时塑性变形大、摩擦剧烈、切削温度较高。P类合金磨损慢，刀具寿命高。合金中含TiC量较多的，则含Co量少，耐磨性、耐热性就更好，适合精加工。但TiC量增多时，合金导热性变差，焊接与刃磨时容易产生裂纹。含TiC量较少者，则适合粗加工。

P类合金中的P01类为碳化钛基类（TiC+WC+Ni+Mo，YN类），它以TiC为主要成分，Ni、Mo作黏结金属。适合高速精加工合金钢、淬硬钢等。

表 2-9　常用硬质合金牌号与性能

YS/T400		质量分数×100					物理力学性能				对应 GB/T 2075			使用性能				
类型	代号	w(WC)	w_{TiC}	w[TaC(NbC)]	w(Co)	其他	密度 $g\cdot cm^{-3}$	热导率 $W\cdot m^{-1}\cdot K^{-1}$	硬度 HRA	抗弯强度 GPa	代号		颜色	耐磨性	韧性	切削速度	进给量	加工材料类别
钨钴类	YG3	97			3		14.9~15.3	87	91	1.2	K类	K01	红	↑	↓	↑	↓	短切屑的黑色金属；非铁金属；非金属材料
	YG6X	93.5		0.5	6		14.6~15.0	75.55	91	1.4		K10						
	YG6	94			6		14.6~15.0	75.55	89.5	1.42		K20						
	YG8	92			8		14.5~14.9	75.36	89	1.5		K30						
	YG8C	92			8		14.5~14.9	75.36	88	1.75								
钨钛钴类	YT30	66	30		4		9.3~9.7	20.93	92.5	0.9	P类	P01	蓝	↑	↓	↑	↓	长切屑的黑色金属
	YT15	79	15		6		11~11.7	33.49	91	1.15		P10						
	YT14	78	14		8		11.2~12	33.49	90.5	1.2		P20						
	YT5	85	5		10		12.5~13.2	62.8	89	1.4		P30						
添加钽（Ta）铌（Nb）类	YG6A	91		3	6		14.6~15.0		91.5	1.4	K类	K10	红					长、短切屑的黑色金属
	YG8N	91		1	8		14.5~14.9		89.5	1.5		K20						
	YW1	84	6	4	6		12.8~13.3		91.5	1.2	M类	M10	黄					
	YW2	82	6	4	8		12.6~13.0		90.5	1.35		M20						
碳化钛基类	YN05		79			Ni7Mo14	5.56		93.3	0.9	P类	P01	蓝					长切屑的黑色金属
	YN10	15	62	1		Ni12Mo10	6.3		92	1.1								

注：Y——钨，G——钴，T——钛，X——细颗粒合金，C——粗颗粒合金，A——含 TaC(NbC) 的 YG 类合金，W——通用合金。

TiC 基合金的主要特点是硬度非常高，可达 90~93HRA，有较好的耐磨性。特别是 TiC 与钢的黏结温度高，使抗月牙洼磨损能力强。同时，TiC 基合金还具有较好的耐热性与抗氧化能力，在 1 000~1 300 ℃高温下仍能进行切削，切削速度可达 300~400 m/min。此外，该合金的化学稳定性好，与工件材料亲和力小，能减少与工件的摩擦，不易产生积屑瘤。

最早出现的金属陶瓷是 TiC 基合金，其主要缺点是抗塑性变形能力差，抗崩刃性差。现在已发展为以 TiC、TiN、TiCN 为基，且以 TiN 为主，因而刀具的耐热冲击性及韧性都有了显著提高。

3. M 类合金（YW 类）

M 类合金加入了适量稀有难熔金属碳化物，以提高合金的性能。其中效果显著的是加入 TaC 或 NbC，质量分数一般在 4%左右。

TaC 或 NbC 在合金中主要作用是提高合金的高温硬度与高温强度。在 YG 类合金中加入 TaC，可使 800 ℃时强度提高 0. 15~0. 20GPa。在 YT 类合金中加入 TaC，可使高温硬度提高 50~100HV。

由于 TaC、NbC 与钢的黏结温度较高，从而减缓了合金成分向钢中扩散，延长了刀具寿命。

TaC 或 NbC 还可提高合金的常温硬度，提高 YT 类合金抗弯强度与冲击韧性，特别是提高了合金的抗疲劳强度。能阻止 WC 晶粒在烧结过程中的长大，有助于细化晶粒，提高合金的耐磨性。

TaC 在合金中的质量分数达 12%~15%时，可提高抵抗周期性温度变化的能力，防止产生裂纹，并提高抗塑性变形的能力。这类合金能适应断续切削及铣削，不易发生崩刃。

此外，TaC 或 NbC 可改善合金的焊接、刃磨工艺性，提高合金的使用性能。

三、细晶粒、超细晶粒硬质合金

各主要硬质合金制造商根据自身产品进行硬质合金晶粒度的划分，分类方法不尽相同。主要的硬质合金产品制造商对硬质合金晶粒度划分如表 2-10 所示。

表 2-10　硬质合金晶粒度划分

晶粒度/μm	分　类
<0. 2	纳米晶粒

续表

晶 粒 度/μm	分　　类
0. 2≤晶粒度<0. 5	超细晶粒
0. 5≤晶粒度<0. 8	亚微晶粒
0. 8≤晶粒度<1. 3	细晶粒
1. 3≤晶粒度<2. 5	中晶粒
2. 5≤晶粒度≤6. 0	粗晶粒
>6. 0	超粗晶粒

细晶粒合金中由于硬质相和黏结相高度分散，增加了黏结面积，提高了黏结强度。因此，其硬度与强度都比同样成分的普通硬质合金高，硬度可提高 1. 5~2HRA，抗弯强度可提高 0. 6~0. 8GPa，同时高温硬度也能提高一些。可减少中低速切削时产生的崩刃现象。

生产超细晶粒合金，除必须使用超细的 WC 粉末外，还应添加微量抑制剂，以控制晶粒长大，同时应采用先进烧结工艺，成本较高。

超细晶粒合金的使用场合是：

1）高硬度、高强度的难加工材料；

2）难加工材料的间断切削，如铣削等；

3）低速切削的刀具，如丝锥，成型铣刀等。

市场上较常见的制作硬质合金丝锥的牌号及相关性能如表 2-11 所示。

表 2-11　常见的制作硬质合金丝锥的牌号及相关性能

牌号	晶粒度	Co/%	密度 g/mm^3	硬度 HRA	TRS MPa
MG18	0. 8	10	14. 45	92. 3	3 700
TSM33	0. 8	10	14. 50	91. 9	3 700
H10F	0. 8	10	14. 45	92. 1	4 300
K40UF	0. 6	10	14. 40	92. 1	>4 000
HB30UF	0. 6	10	14. 35	91. 8	3 600
ZK30UF	0. 6	10	14. 45	91. 8	>3 500
GU20	0. 7	10	14. 4	91. 8	3 500
WF15	0. 7	10	14. 40	91. 8	3 500

四、硬质合金涂层

硬质合金刀具涂层方法有物理气相沉积（PVD）和化学气相沉积（CVD）两种。前者常用的有 TiN、TiCN、TiAlN 及其复合涂层等（见第二章第二节）。对于整体硬质合金丝锥、整体硬质合金螺纹铣刀等整体硬质合金刀具，根据需要可以采用 PVD 方法进行涂层。对于硬质合金刀片，则多采用化学气相沉积（CVD）方法涂层。

硬质合金涂层早在 20 世纪 60 年代就已出现。采用化学气相沉积（CVD）工艺，在硬质合金表面涂覆一层或多层（5~13 μm）难熔金属碳化物。涂层合金有较好的综合性能，基体强度韧性较好，表面耐磨、耐高温。但涂层硬质合金刃口锋利程度与抗崩刃性不及普通硬质合金。目前硬质合金涂层刀片广泛用于普通钢材的精加工、半精加工及粗加工。涂层材料主要有：TiC、TiN、TiCN、Al_2O_3 及其复合材料。硬质合金刀片 CVD 涂层工艺，目前较普遍的涂层结构是 TiN-Al_2O_3-TiCN-基体。

TiC 涂层具有很高的硬度、耐磨性及较好的抗氧化性，切削时能产生氧化钛薄膜，有效降低摩擦系数，减少刀具磨损。一般切削速度可提高 40%左右。TiC 与钢的黏结温度高，表面晶粒较细，切削时很少产生积屑瘤，适合于精加工。TiC 涂层的缺点是线膨胀系数与基体差别较大，与基体间形成脆弱的脱碳层，降低了刀具的抗弯强度。因此，在重切削、加工硬材料或带夹杂物的工件时，涂层易崩裂。

TiN 涂层在高温时能形成氧化膜，氧化膜与铁基材料摩擦系数较小，抗黏结性能好，能有效地降低切削温度。TiN 涂层刀片抗月牙洼及后刀面磨损能力比 TiC 涂层刀片强。适合切削钢与易粘刀的材料，加工表面粗糙度较小，刀具寿命较高。此外 TiN 涂层抗热振性能也较好。缺点是与基体结合强度不及 TiC 涂层，而且涂层厚时易剥落。

TiC-TiN 复合涂层：第一层涂 TiC，与基体黏结牢固不易脱落；第二层涂 TiN，减少表面层与工件的摩擦。

TiC-Al_2O_3 复合涂层：第一层涂 TiC，与基体黏结牢固不易脱落；第二层涂 Al_2O_3，使表面层具有良好的化学稳定性与抗氧化性能。这种复合涂层能像陶瓷刀那样高速切削，寿命比 TiC、TiN 涂层刀片高，同时又能避免陶瓷刀的脆性、易崩刃的缺点。

目前单层涂层刀片已很少应用，大多采用 TiC-TiN 复合涂层或 TiC-Al_2O_3-TiN 三元复合涂层。

涂层硬质合金是一种复合材料，基体是强度、韧性较好的合金，而表层是高硬度、高耐磨、耐高温、低摩擦的材料。这种新型材料有效地提高了合金的综合性能，因此发展很快，广泛适用于可转位硬质合金螺纹车刀刀片、螺纹铣刀等。

第四节　常用螺纹刀具热处理

一、概述

热处理对螺纹刀具（金属材料基体）的切削性能和切削寿命有十分重要的影响，因此，对不同种类、不同切削方式、不同切削速度、不同材质的螺纹刀具应合理制定不同的热处理工艺，以确保螺纹刀具的高质量和高可靠性。常见的螺纹刀具有：手用丝锥、圆板牙、搓丝板、滚丝轮、机用丝锥及切线平板牙等，其热处理方式有盐浴热处理和真空热处理两种。

盐浴热处理：螺纹刀具的盐浴热处理加热速度快、生产效率高，可局部淬火和分级等温淬火，有利于减少变形。但盐浴热处理易使螺纹刀具表面氧化脱碳或腐蚀，影响其表面质量，而且盐浴热处理还需增加喷砂、发黑等辅助工序，并会对环境产生一定的污染。

真空热处理：真空热处理能使螺纹刀具获得较高的表面质量。螺纹刀具经真空热处理后表面光亮、无氧化脱碳，淬火变形小，而且增加强度和韧性。真空热处理质量稳定，重复性好，在一定程度上能提高螺纹刀具的切削寿命。同时，真空热处理是一种环境友好型绿色热处理方法。但是，真空热处理不适用于采用碳素工具钢和低合金钢制造的螺纹刀具。

下面对常见的螺纹刀具的热处理技术分别进行介绍。

二、手用丝锥热处理

手用丝锥是一种用于加工内螺纹的低速切削刀具，切削刃部分要求具有较高的硬度和耐磨性，而刀体承受扭力，所以芯部应具有一定的韧性和强度。常用的材料有 T12 钢和 GCr15 钢。

（一） T12 钢手用丝锥热处理

1. 技术要求

刃部硬度（硬度允许的最低值）：

≤M3　　　664HV；

>M3～M6　　　60HRC；

>M6　　　61HRC。

柄部硬度：丝锥柄部离柄端两倍方头长度的硬度不低于 30HRC。

畸变（最大弯曲度）：小于 M12 为 0.06 mm；大于或等于 M12 为 0.08 mm。螺纹中径及倒锥度控制在要求范围内。

金相组织：淬火马氏体≤3 级，表面无脱碳。

2. 热处理工艺

热处理工艺流程：

预热→加热→冷却→清洗→柄部处理→回火→清洗→硬度检查→校直→发黑→检查。

热处理工艺规范见表 2-12。

表 2-12　T12 钢手用丝锥热处理工艺规范

<table>
<tr><th rowspan="2">规　格</th><th colspan="2">预　热</th><th colspan="2">加　热</th><th rowspan="2">冷却方法</th><th colspan="2">回　火</th><th rowspan="2">柄部处理</th></tr>
<tr><th>温度
℃</th><th>时间
s/mm</th><th>温度
℃</th><th>时间
s/mm</th><th>温度
℃</th><th>时间
min</th></tr>
<tr><td>≤M12</td><td rowspan="3">600～650</td><td rowspan="3">25～30</td><td rowspan="3">770～790</td><td rowspan="3">10～20</td><td>200～220 ℃硝盐等温 30～45 min</td><td rowspan="3">180～220</td><td rowspan="3">90～120</td><td rowspan="3">580～620 ℃
10～60 s
水冷</td></tr>
<tr><td>M12～M25</td><td>180 ℃碱浴分级 2～10 min 后入 210～220 ℃硝盐浴等温 30～45 min</td></tr>
<tr><td>>M25</td><td>水油双介质淬火（水淬 1 s/4～7 mm）</td></tr>
</table>

（二）GCr15 钢手用丝锥热处理

1. 技术要求

刃部和柄部硬度：与 T12 钢手用丝锥相同。

畸变（最大弯曲度）：小于 M12 为 0.06 mm；大于或等于 M12 为 0.08 mm。热处理后中径及倒锥度达到规定范围。

金相组织：淬火马氏体针小于或等于 2.5 级，表面无脱碳。

原材料：残留碳化物网状级别小于或等于 3 级及网状碳化物级别的评定，是在 500 倍金相显微镜下进行的，评级时主要考虑分叉交角、大小、成线和成网程度；网状碳化物的级别，是将各钢种技术条件的附图加以比较来评定，一般还要根据经验做必要的文字说明。球状珠光体级别 2～5 级，是采用与标准图谱对比的方法，在金相显微镜 250 倍、500 倍或更高的倍率下进行球化级别的评定，观察珠光体的细节。

2. 热处理工艺

1）热处理工艺流程：同 T12 钢手用丝锥。

2）热处理工艺规范见表 2-13。

表 2-13 GCr15 钢手用丝锥热处理工艺规范

规格	预热		加热		冷却方法	回火	
	温度/℃	时间 s/mm	温度 ℃	时间 s/mm		温度 ℃	时间 min
≤M8	600～650	60～90	840～845	30～45	190～200 ℃硝盐 30～45 s/mm	170～180	90
M9～M14	600～650	45～60	840～850	22～30	180～190 ℃硝盐 20～30 s/mm	170～175	90
M16～M20	600～650	35～45	840～850	18～22	180～190 ℃硝盐 18～22 s/mm	170～175	90

3）柄部处理：工艺曲线见图 2-9。

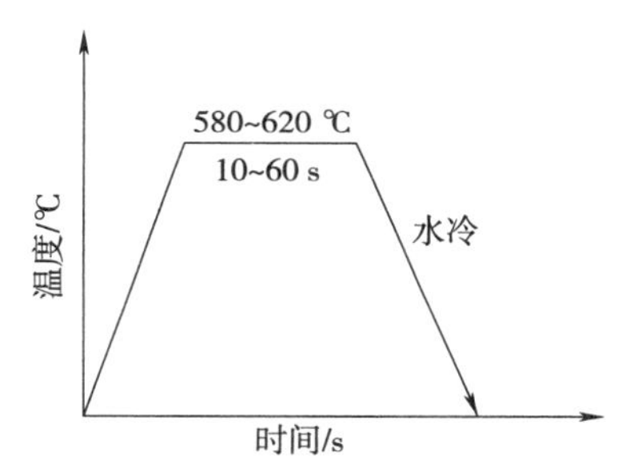

图 2-9 GCr15 钢手用丝锥柄部处理工艺曲线

（三）工艺说明

1）手用丝锥的螺纹多用滚牙法制成，热处理后齿部不再进行磨削加工，因此热处理时既要防止齿部脱碳，确保刃部得到高硬度，又要控制畸变，使丝锥中径尺寸和倒锥度达到规定的公差范围。

2）在中径和倒锥度两因素中，以控制中径为主，一般中径合格，倒锥度就能达到要求。

3）首件淬火冷却后对丝锥中径进行测量，根据中径尺寸调整淬火硝盐温度。大规格丝锥淬火硝盐温度采用工艺上限，小规格丝锥淬火硝盐温度采用工艺下限。

4）淬火冷却后检查硬度，按淬火硬度确定回火工艺。

5）柄部处理时注意柄部浸入盐浴深度，防止影响刃部硬度（将柄部 1/3～1/2 长度浸入 600 ℃左右硝盐浴快速回火后水冷）。

（四）手用丝锥热处理不合格品的返修

金相组织不合格的 GCr15 钢手用丝锥的返修：

金相组织大于2.5级的丝锥必须进行重结晶退火，GCr15钢手用丝锥盐浴退火工艺曲线见图2-10，退火后采用较低淬火温度。

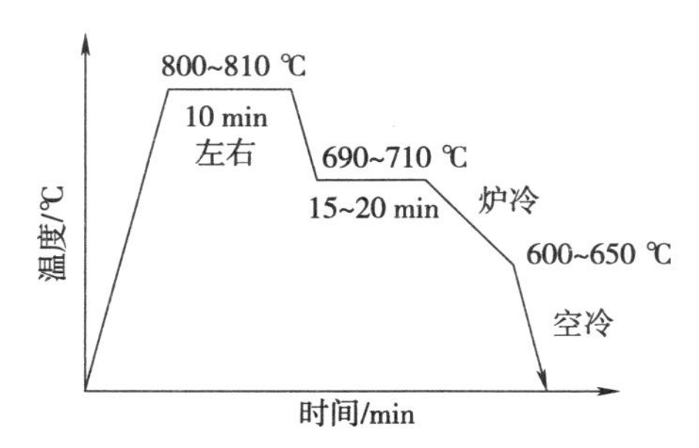

图 2-10　GCr15 钢手用丝锥盐浴退火工艺曲线

三、圆板牙热处理

圆板牙是一种加工外螺纹的刀具，一般用9SiCr钢制造，也可用高速钢制造。切削刃要求具有一定的硬度、韧性和较高的耐磨性。

（一）技术要求

螺纹部分硬度：不低于60HRC。

金相组织：淬火马氏体小于3级，齿部无脱碳。

畸变：螺纹中径尺寸控制在要求范围内。

原材料：球状珠光体2~5级。

（二）热处理工艺

1. 热处理工艺流程

预热→加热→冷却（等温）→回火→清洗→硬度检查→发黑→外观及变形检查。

2. 热处理工艺规范

见表2-14。

表 2-14　9SiCr 钢圆板牙热处理工艺规范（盐浴炉）

<table>
<tr><th rowspan="2">规　格</th><th colspan="2">预　热</th><th colspan="2">加　热</th><th colspan="2">冷却（硝盐）</th><th colspan="2">回　火</th></tr>
<tr><th>温度
℃</th><th>时间
s/mm</th><th>温度
℃</th><th>时间
s/mm</th><th>温度
℃</th><th>时间
s/mm</th><th>温度
℃</th><th>时间
s/mm</th></tr>
<tr><td>M1~M2.5</td><td rowspan="3">600~650</td><td rowspan="3">60~90</td><td rowspan="3">860~870</td><td rowspan="3">30~45</td><td>160~165</td><td rowspan="3">30~45</td><td rowspan="3">180~220</td><td rowspan="3">90~120</td></tr>
<tr><td>M3~M5</td><td>170~175</td></tr>
<tr><td>M6~M9</td><td>180~190</td></tr>
</table>

续表

规　格	预　热		加　热		冷却（硝盐）		回　火	
	温度 ℃	时间 s/mm	温度 ℃	时间 s/mm	温度 ℃	时间 s/mm	温度 ℃	时间 s/mm
M10～M14	600～650	60～90	850～860	30～45	190～200	30～45	180～220	90～120
M16～M24					200～210			

3. 高速钢板牙的热处理

由于高速钢淬火的加热温度高，圆板牙的螺纹表面容易脱碳，使高速钢板牙的耐磨性大大降低，且高速钢板牙的热处理变形大，螺纹精度较难控制，故高速钢板牙的热处理最好采用真空热处理，以减少脱碳层。

（三）工艺说明

圆板牙在热处理过程中螺孔易产生畸变，为使螺纹中径达到要求范围需采取如下工艺措施：

1）原材料球化级别必须达到2～5级，退火硬度控制在197～241HB。

2）大规格圆板牙或原材料球化不良的板牙采用工艺温度下限淬火（850～860 ℃）。

3）通过调整等温温度控制螺孔胀缩。如螺孔胀大，可将等温温度降低10～15 ℃，螺孔缩小，可将等温温度升高10 ℃左右。大规格板牙采用较高等温温度，小规格板牙采用较低等温温度。等温温度高，中径胀大，反之缩小。

（四）热处理返修

1. 螺孔变形超差板牙的返修

如热处理后，板牙螺孔变形严重超差，无法用其他方法挽救时，则应退火重淬。9SiCr板牙退火工艺曲线如图2-11所示。该退火工艺实际上是一次高温回火，未发生重结晶转变。

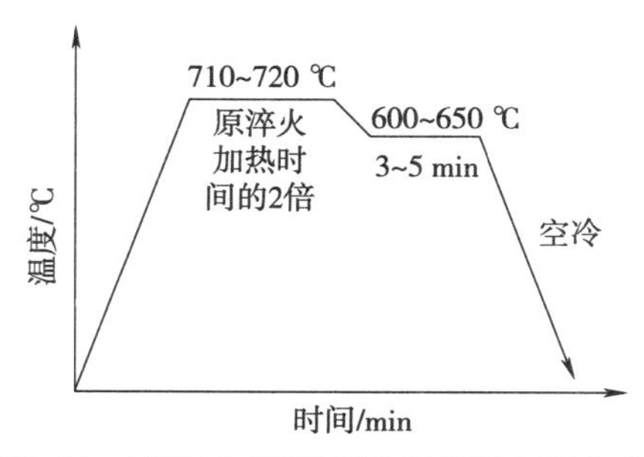

图2-11　9SiCr圆板牙螺孔超差退火工艺曲线

9SiCr 钢圆板牙螺孔胀大后重新淬火工艺曲线如图 2-12 所示。

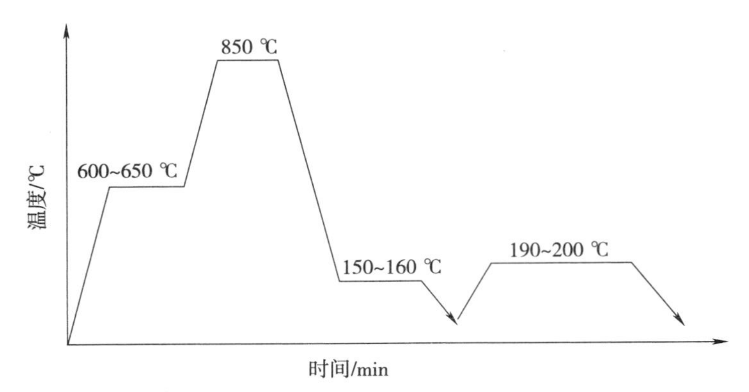

图 2-12　9SiCr 钢圆板牙螺孔胀大后重新淬火工艺曲线

9SiCr 钢圆板牙螺孔缩小后，重新淬火时如果需要适当胀大，则淬火时应采用较高的分级等温温度（比正常分级等温温度高 10～15 ℃）。

2. 金相组织不合格（淬火马氏体大于或等于 3 级）板牙的返修

金相组织不合格圆板牙必须进行重结晶退火，退火工艺见图 2-13，退火后应采用较低淬火加热温度（如 850～860 ℃）以细化马氏体针。

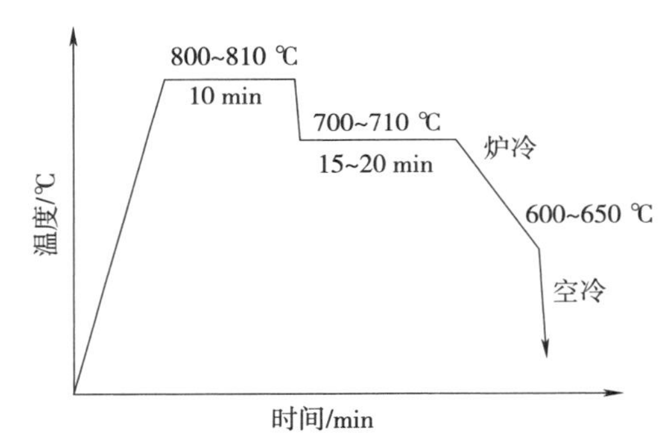

图 2-13　9SiCr 钢圆板牙返修盐浴退火工艺曲线

四、搓丝板热处理

搓丝板是滚压外螺纹的工具，滚压时要经受强烈的摩擦，并承受冲击载荷及挤压力，其失效形式通常是齿部的磨损、点蚀、崩齿和剥落。搓丝板一般采用 9SiCr、Cr12MoV 或 HYC1（DC53）钢制造。

（一）技术要求

硬度：工作部分硬度为 59～62HRC；工作表面不应有脱碳和降低硬度的地方。

金相组织：淬火马氏体小于3级，齿部无脱碳。

畸变：宽度和长度方向的平行度公差符合要求。

（二）热处理工艺

1. 搓丝板盐浴热处理

（1）工艺流程

预热→加热→冷却→清洗→回火→清洗→硬度与变形检查→发黑→外观检查。

（2）搓丝板盐浴热处理工艺规范

见表2-15。

表2-15　搓丝板盐浴热处理工艺规范

钢号	预热		加热		冷却		回火
	温度 ℃	时间 s/mm	温度 ℃	时间 s/mm	≤M6	>M6	
9SiCr	600～650	30～40	860～870	15～20	170～180 ℃ 硝盐	≤80 ℃油	200～220 ℃ 120～180 min
Cr12MoV	800～850	30～40	1 030～1 050	15～20	580～620 ℃盐浴3～5 min 260～280 ℃硝盐15～20 min		170～200 ℃ 120 min2次
HYC1 （DC53）	800～850	30～50	1 020～1 040	15～25	450～500 ℃盐浴3～5 min 200～250 ℃硝盐5～10 min		低温180～200 ℃ 高温510～530 ℃ 120 min2次

（3）工艺说明

畸变控制：搓丝板盐浴热处理的关键是畸变的控制，9SiCr钢搓丝板畸变大于Cr12MoV和HYC1（DC53）。因此，淬火时应选用合适的夹具，工厂常用的搓丝板夹具如图2-14所示。用这种夹具可通过垫在搓丝板背面的不同厚度的铁板或者通过调节搓丝板背面的相对距离来调整齿部与背面的相对冷却速度，从而减少搓丝板的畸变。大规格搓丝板可采用较薄铁板或背部直接紧靠，而动块搓丝板则应采用比静块更薄的铁板。Cr12MoV和HYC1（DC53）盐浴淬火变形都较小，一般能符合技术要求。

畸变超差的矫正：搓丝板的畸变是由于齿部滚压成型时产生的应力和淬火冷却时齿面与背部冷却速度不同产生的热应力引起的。如搓丝板横向平行度超差，可以在磨底平面时填一些纸片做少量矫正。超差严重的较难矫正，只能退火重淬。搓丝板纵向平行度超差，齿面内凹时，可采用背面热点法矫正（见图2-15）。热点前，搓丝板应先在 180 ℃的硝盐炉中预热 30~60 min，取出，擦去硝盐，悬空搁置，然后立即用氧乙炔火焰热点。热点温度 600~700 ℃（热点区目视微红），热点时不能影响齿部的硬度。热点后空冷至室温测量变形，矫正合格再去应力回火。去应力温度为 180~200 ℃，时间 1~2 h。

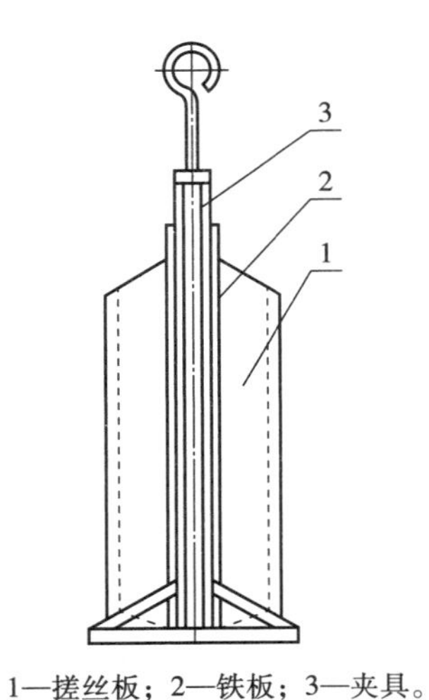

1—搓丝板；2—铁板；3—夹具。

图 2-14　搓丝板淬火卡具示意图

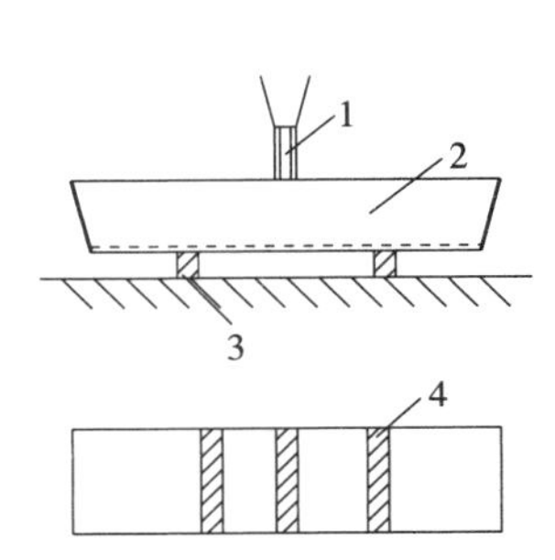

1—火焰；2—搓丝板；3—垫块；4—热点位置。

图 2-15　齿面内凹热点矫正示意图

如果齿面外凸，按上述方法在背部热点后，立即利用矫正机向齿面加压，并保持至室温（见图 2-16），加压时，齿部与压头间应垫上铜块或铝块，或者与搓丝板螺距相同的垫块，避免压坏齿型。

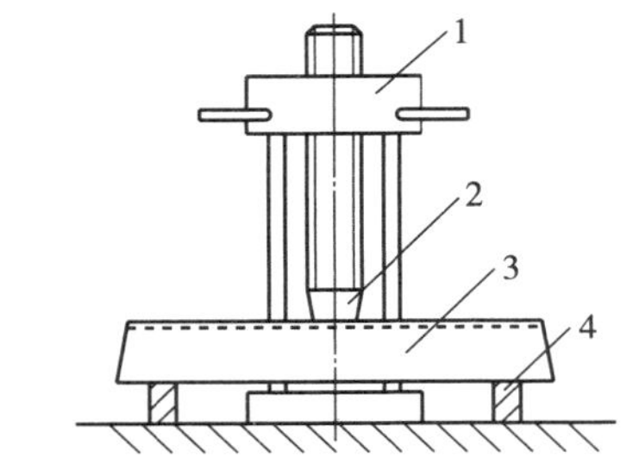

1—矫正机；2—螺纹压头；3—搓丝板；4—垫块。

图 2-16　齿面外凸热点矫正示意图

2. 搓丝板真空热处理

搓丝板真空热处理表面光亮，无氧化脱碳，热处理畸变小，强度和韧性增加，可提高搓丝板的切削寿命，工艺先进。Cr12MoV 钢和 HYC1（DC53）钢搓丝板真空热处理规范见表 2-16。

表 2-16　Cr12MoV 钢和 HYC1（DC53）钢搓丝板真空热处理规范

<table>
<tr><th rowspan="3">钢　号</th><th colspan="4">预　热</th><th colspan="2">加　热</th><th rowspan="3">冷　却
（油淬或气）</th><th rowspan="3">回　火</th></tr>
<tr><th colspan="2">第一次</th><th colspan="2">第二次</th><th rowspan="2">温度
时间</th><th rowspan="2">真空度
Pa</th></tr>
<tr><th>温度
时间</th><th>真空度
Pa</th><th>温度
时间</th><th>真空度
Pa</th></tr>
<tr><td rowspan="2">Cr12MoV</td><td rowspan="2">650~
700 ℃
60~80
s/mm</td><td rowspan="2">0.133</td><td rowspan="2">850~
900 ℃
60~80
s/mm</td><td rowspan="2">1.33~
13.3</td><td rowspan="2">1 030~
1 040 ℃
40~60
s/mm</td><td rowspan="2">50~133</td><td>$6.7\times10^4\sim8\times10^4$ Pa 氮气压下油淬（油温 40~80 ℃）冷至 180 ℃以下出炉空冷</td><td rowspan="2">170~200 ℃
2 h×2 次</td></tr>
<tr><td>$4\times10^5\sim7\times10^5$ Pa 氮气冷却至 ≤65 ℃出炉</td></tr>
<tr><td rowspan="2">HYC1
（DC53）</td><td rowspan="2">650~
700 ℃
60~80
s/mm</td><td rowspan="2">0.133</td><td rowspan="2">850~
900 ℃
60~80
s/mm</td><td rowspan="2">1.33~
13.3</td><td rowspan="2">1 020~
1 040 ℃
40~60
s/mm</td><td rowspan="2">50~133</td><td>$6.7\times10^4\sim8\times10^4$ Pa 氮气压下油淬（油温 40~80 ℃）冷至 180 ℃以下出炉空冷</td><td rowspan="2">低温回火
180~200 ℃
高温回火
500~530 ℃
2 h×2 次</td></tr>
<tr><td>$4\times10^5\sim7\times10^5$ Pa 氮气冷却至≤65 ℃出炉</td></tr>
</table>

3. 热处理应注意的问题

用滚压方法制造的搓丝板，其螺纹在滚压后进行热处理，之后就不再进行螺纹的加工。这种搓丝板的螺纹表面粗糙度以及在热处理时所产生的螺距、牙侧角等变形都无法再进行修正，而这些参数的好坏又直接影响到加工零件的质量，所以可先在机械加工中予以补偿，即将原有的螺距、牙侧角在机械加工时先做相应的调整，以弥补热处理产生的变形。9SiCr 搓丝板一般在盐浴炉中进行淬火，但是其变形较大，热处理后的搓丝板顶面上有中间凸肚现象，致使牙顶面与支承面的平行度超差，故在热处理时可将搓丝板放在专用夹具（见图 2-17）中。

Cr12MoV 搓丝板用真空炉进行热处理，它在机械加工之前必须进行消除应力的退火工艺，目的是减少因淬火而可能引起的变形，为最终在热处理之后具有良好的金相组织和性能创造条件。

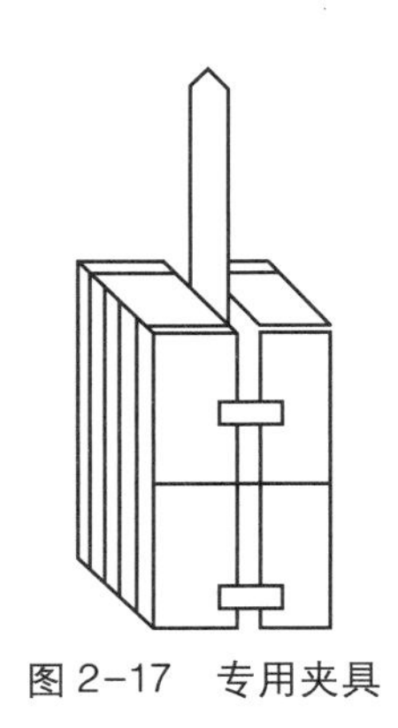

图 2-17　专用夹具

五、滚丝轮热处理

滚丝轮是滚压外螺纹的工具。工作时齿部承受冲击、挤压和摩擦，其失效形式为崩刃、疲劳剥落与磨损等。因此，要求具有高强度、高耐磨性及较好的韧性。一般多用 Cr12MoV 钢制造。

（一）技术要求

工作部分硬度：59.5~62.5HRC，齿部无脱碳，无腐蚀。

原材料要求：锻造后碳化物不均匀度 1~3 级。

锻造退火后硬度为 207~260HB。

金相组织为索氏体基体上均匀分布的合金碳化物。

（二）材料及锻造

1. 制造滚丝轮的材料

一般多采用 9SiCr 和 Cr12MoV 合金工具钢或同等性能的其他材料制造滚丝轮。这类钢材的主要优点是变形小，耐磨性好。但钢材出厂时碳化物不均匀度较高。所以，要求 Cr12MoV 的碳化物均匀度不大于 3 级。

2. 锻造

为了改善碳化物不均匀度，滚丝轮的坯件须进行锻造。锻造后的坯件碳化物不均匀度小于 3 级，且碳化物偏析均匀，可使滚丝轮在热处理过程中减小变形，增加耐磨性，大大提高滚丝轮的使用寿命。每批坯件必须对碳化物的均匀度进行抽样检查。

（三）热处理

1. 调质处理

滚丝轮经锻造、退火、粗车后，需进行调质处理，目的是获得均匀的索氏体组织，减少因淬火而可能引起的变形，为最终淬火在组织和性能方面打下良好基础。同一副滚丝轮的布氏硬度的球痕直径之差不应超过 0.1 mm。

2. 淬火

用滚压法制造滚丝轮时，滚丝轮在滚压螺纹后进行淬火，以后不再进行螺纹加工，所以滚丝轮的螺纹粗糙度和几何尺寸（螺距、牙侧角、大径、中径、小径等）所产生的变形都无法再进行修正。而这些参数的好坏又直接影响到加工工件的质量，因而淬火是滚丝轮最关键工序之一。

目前常用的淬火方法有盐浴电炉淬火和真空电炉淬火两种。盐浴电炉淬火的温度容易控制，操作方便，成本低，变形小。如脱氧不彻底，淬火后表面产生氧化物（脱碳层）而降低表面硬度，严重影响被加工螺纹表面的质量和精度，还大大降低滚丝轮的使用寿命。

真空炉淬火时，先把工件装入炉膛内，再将炉膛内的空气抽净，置入氮气，然后再通电、加热、淬火。淬火又分油淬和气淬两种，可根据不同的材料和不同的淬火要求选择不同的淬火方法。真空炉淬火的优点是控制自动化，从而大大降低劳动强度，24 h 连续工作，生产效率比较高。由于在几乎真空状态下淬火，滚丝轮的表面质量不受影响，硬度均能符合要求。

3. 回火

淬火后应立即回火。滚丝轮随炉缓慢加热到工艺温度（保温 2 h 左右），然后空冷。这样重复 2~3 次（每次温度不同，作用也不同），使材料的金相组织发生变化，以便残余奥氏体向马氏体转化，从而提高滚丝轮的机械性能，增加滚丝轮的使用寿命。

4. 热处理工艺流程

滚丝轮螺纹成型方法有两种，一种是滚压成型，另一种是通过磨制成型。因加工成型方法不同，所以采用的热处理工件工艺有所差异。磨制滚丝轮热处理工件前为光坯（无螺纹），因此可以采用盐浴热处理。滚制滚丝轮应采用真空油淬或真空气淬热处理。

（1）工艺流程

预热→加热→冷却→清洗→冷处理→回火→清洗→硬度检查→发黑（或防锈）→外观检查。

（2）热处理工艺规范

磨制滚丝轮盐浴热处理工艺规范见表 2-17。

表 2-17　磨制滚丝轮盐浴热处理工艺规范

一次预热	二次预热	加　热	冷　却	回　火	冷处理	回　火
600～650 ℃ 50～60 s/mm	800～850 ℃ 25～30 s/mm	1 090～1 110 ℃ 15～20 s/mm	180～250 ℃ 硝盐 20 min	470～520 ℃ 硝盐 120 min	-80～-70 ℃ 60～90 min	470～520 ℃ 120 min

滚制滚丝轮的真空热处理：滚制滚丝轮螺纹滚压成型后，不再磨削加工。因此，热处理的关键是控制滚丝轮螺纹中径和内孔变形量，并防止齿部脱碳与腐蚀。采用真空热处理表面质量好，韧性高，畸变小，质量稳定，使用寿命高。Cr12MoV 滚制滚丝轮真空热处理工艺规范见表 2-18。

表 2-18　Cr12MoV 滚制滚丝轮真空热处理工艺规范

一次预热		二次预热		加　热		冷　却（油淬或气淬）	回　火	
温度 时间	真空度 Pa	温度 时间	真空度 Pa	温度 时间	真空度 Pa		第一次	第二次
650～ 700 ℃ 60～ 80 s/mm	0. 133	850～ 900 ℃ 60～ 80 s/mm	1. 33～ 13. 3	1 020～ 1 040 ℃ 40～ 60 s/mm	50～133	$6.7\times10^4\sim8\times10^4$ Pa 氮气压下油淬（油温 40～80 ℃）冷至 180 ℃以下出炉空冷	180～ 220 ℃ 180 min	180～ 200 ℃ 120 min
						$4\times10^5\sim7\times10^5$ Pa 氮气冷却至≤65 ℃出炉		

（3）工艺说明

Cr12MoV 磨制滚丝轮盐浴淬火时一般采用高淬高回的处理方式，以达到二次硬化效果。高淬高回处理后工具脆性大，因此要适当降低淬火温度。如果采用低淬低回（淬火温度 1 020～1 040 ℃，回火温度 180～220 ℃），则在磨制齿形时易产生开裂。

六、机用丝锥热处理

机用丝锥切削时主要承受挤压力、摩擦力和扭矩力。常见的失效形式为崩刃、磨损和折断，因此要求具有耐磨性、韧性以及一定的硬度，但对红硬性的要求不高。机用丝锥常用高速钢制造，分整体高速钢丝锥与柄部为结构钢的接柄丝锥。

（一）技术条件

刃部硬度即高速钢丝锥硬度允许的最低值、高性能高速钢丝锥硬度允许的最低值见表 2-19。

表 2-19　刃部硬度

规格	高速钢丝锥硬度允许的最低值	高性能高速钢丝锥硬度允许的最低值
≤M3	750HV	65HRC
>M3~M6	62HRC	65HRC
>M6	63HRC	66HRC

柄部硬度：丝锥柄部离柄端两倍方头长度的硬度不低于 30HRC。

刃部材料：W6Mo5Cr4V2、W6Mo5Cr4V2Co5、W2Mo9Cr4V2，HYTV3（W5Mo6Cr4V3）。

柄部材料：整体丝锥同刃部；接柄丝锥柄部材料为 45 号钢或 40Cr 钢。

（二）热处理工艺

（1）热处理工艺流程

预热→加热→冷却→清洗→回火→清洗→柄部处理→清洗→回火→清洗→检查→喷砂→外观检查。

（2）工艺规范

丝锥盐浴热处理工艺规范见表 2-20，柄部处理工艺规范见表 2-21。

表 2-20　机用丝锥热处理工艺规范（盐浴热处理）

材　料	规　格	预　热		加　热	冷　却	回　火
		箱式炉	盐浴炉			
W6Mo5Cr4V2 （M2）	M3~M6	—	820~860 ℃ 30~40 s/mm	1 180~1 200 ℃ 15~20 s/mm	580~620 ℃	540~560 ℃ 1 h×3 次
	>M6~M60	—	820~860 ℃ 20~24 s/mm	1 215~1 230 ℃ 10~12 s/mm	580~620 ℃	540~560 ℃ 1 h×3 次
	>M60~M80	500~520 ℃ 1. 5 min/mm	820~860 ℃ 14~16 s/mm	1 215~1 225 ℃ 7~8 s/mm	580~620 ℃ 400~450 ℃	540~560 ℃ 1 h×3 次
	>M80	500~520 ℃ 1. 5 min/mm	820~860 ℃ 12~14 s/mm	1 215~1 225 ℃ 6~7 s/mm	580~620 ℃ 400~450 ℃ 240~280 ℃ 等温 90 min	540~560 ℃ 1 h×4 次

续表

材料	规格	预热		加热	冷却	回火
		箱式炉	盐浴炉			
W2Mo9Cr4V2（M7）或 HYTV3（W5Mo6Cr4V3）	M3～M8	—	820～860 ℃ 30～40 s/mm	1 170～1 190 ℃ 15～20 s/mm	580～620 ℃	540～560 ℃ 1 h×3 次
	>M8～M60	—	820～860 ℃ 20～24 s/mm	1 190～1 210 ℃ 10～12 s/mm	580～620 ℃	540～560 ℃ 1 h×3 次
	>M60～M80	500～520 ℃ 1. 5 min/mm	820～860 ℃ 14～16 s/mm	1 190～1 210 ℃ 7～8 s/mm	580～620 ℃ 400～450 ℃	540～560 ℃ 1 h×3 次
	>M80	500～520 ℃ 1. 5 min/mm	820～860 ℃ 12～14 s/mm	1 190～1 210 ℃ 6～7 s/mm	580～620 ℃ 400～450 ℃ 240～280 ℃ 等温 90 min	540～560 ℃ 1 h×4 次
W6Mo5Cr4V2Co5（M35）	M3～M8	—	820～860 ℃ 30～40 s/mm	1 180～1 220 ℃ 15～20 s/mm	580～620 ℃	540～560 ℃ 1 h×3 次
	>M8～M60	—	820～860 ℃ 20～24 s/mm	1 190～1 225 ℃ 10～12 s/mm	580～620 ℃	540～560 ℃ 1 h×3 次
	>M60～M80	500～520 ℃ 1. 5 min/mm	820～860 ℃ 14～16 s/mm	1 190～1 225 ℃ 7～8 s/mm	580～620 ℃ 400～450 ℃	540～560 ℃ 1 h×3 次
	>M80	500～520 ℃ 1. 5 min/mm	820～860 ℃ 12～14 s/mm	1 190～1 225 ℃ 6～7 s/mm	580～620 ℃ 400～450 ℃ 240～280 ℃ 等温 90 min	540～560 ℃ 1 h×4 次

表 2-21　丝锥柄部处理工艺规范

柄部材料	处理方式	规格	加热		冷却		回火	
			温度 ℃	时间 s/mm	介质	时间	温度 ℃	时间
高速钢	柄部退火	M3～M10	840～860	20～40	空冷	冷至室温	540～560	1 h
	柄部退火	M12～M22	840～860	12～20	空冷	冷至室温	540～560	1 h
	柄部淬火	>M22	860～900	12～20	240～400 ℃硝盐	12～20 s/mm	380～400	1 h

续表

柄部材料	处理方式	规　格	加　热		冷　却		回　火	
			温度℃	时间 s/mm	介质	时间	温度℃	时间
45 号钢	柄部淬火	M14～M20	890～900	8～10	150～180 ℃硝盐	120～150 s	400	1 h
	柄部淬火	>M22	890～900	7～8	先水冷后 150～180 ℃硝盐	0. 4 s/mm 12～20 s/mm	590±5	1～1. 2 s/mm
40 Cr 钢	柄部淬火	≥M14	920～930	7～8	≤80 ℃油	0. 3～0. 4 s/mm	380～400	30～45 min

（3）丝锥真空热处理相应的工艺处理

见表 2-22 和图 2-18。

表 2-22　丝锥真空热处理工艺规范

材　料	规　格	加热温度	冷却压力 MPa	回　火（真空回火）
W6Mo5Cr4V2（M2）	M3～M6	1 180～1 200 ℃	0. 6～0. 8	540～560 ℃ 1 h×3 次
	>M6～M60	1 215～1 230 ℃		540～560 ℃ 1 h×3 次
	>M60～M80	1 215～1 225 ℃		540～560 ℃ 1 h×3 次
	>M80	1 215～1 225 ℃		540～560 ℃ 1 h×4 次
W2Mo9Cr4V2（M7）或 HYTV3（W5Mo6Cr4V3）	M3～M8	1 170～1 190 ℃		540～560 ℃ 1 h×3 次
	>M8～M60	1 190～1 210 ℃		540～560 ℃ 1 h×3 次
	>M60～M80	1 190～1 210 ℃		540～560 ℃ 1 h×3 次
	>M80	1 190～1 210 ℃		540～560 ℃ 1 h×4 次

续表

材　料	规　格	加热温度	冷却压力 MPa	回　火（真空回火）
W6Mo5Cr4V2Co5（M35）	M3～M8	1 180～1 220 ℃	0.6～0.8	540～560 ℃ 1 h×3 次
	>M8～M60	1 190～1 225 ℃		540～560 ℃ 1 h×3 次
	>M60～M80	1 190～1 225 ℃		540～560 ℃ 1 h×3 次
	>M80	1 190～1 225 ℃		540～560 ℃ 1 h×4 次

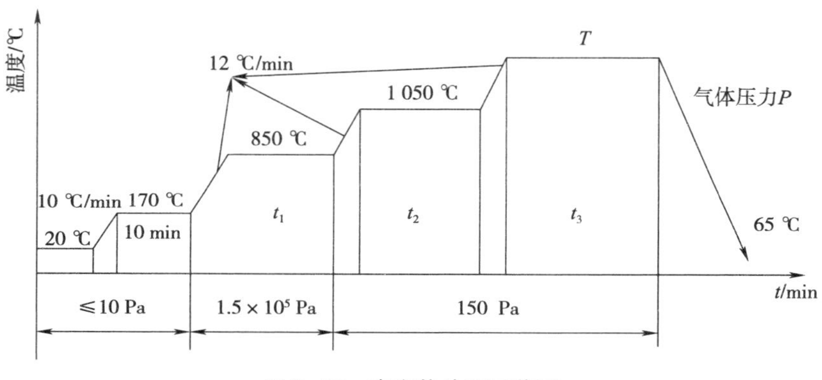

图 2-18　真空热处理工艺图

当仅要求整体硬度时，回火后无须进行柄部处理。如对柄部硬度有要求，相应的处理方式同盐浴热处理，见表 2-21。

（4）工艺说明

1）丝锥淬火加热温度一般低于正常淬火工艺温度。M3～M6 丝锥采用低温淬火工艺，以提高韧性。

2）大于 M60 丝锥采用二次分级淬火，分级时间与淬火加热时间相同。

3）大于 M80 丝锥除二次分级淬火冷却外，还需要等温淬火，等温温度 240～280 ℃，等温时间 60～90 min。

4）大规格丝锥采用下限加热系数，小规格丝锥采用上限加热系数。

5）小于或等于 M12 丝锥淬火后先退柄后回火，大于 M12 的淬火后先回火再柄部处理。

6）小于或等于 M22 规格的整体高速钢丝锥应先整体淬火后退柄，大于 M22 的先淬刃部，后淬柄部。

7）M14～M20 的接柄丝锥，柄部加热后淬 150～180 ℃硝盐，大于或等于 M22 的接柄丝锥柄部加热后先水冷后再用 150～180 ℃硝盐冷却，并采用快速回火工艺。

七、切线平板牙热处理

切线平板牙是用于各类管道外螺纹加工的工具。在建筑工程方面使用较多，其工作过程中切削速度低，主要承受摩擦力和冲击力。失效形式多为齿型磨损、崩齿和疲劳引起的剥落。因此，要求热处理后的切线平板牙有较高的硬度和耐磨性，并具有一定的韧性。切线平板牙一般用普通高速钢制造。图 2-19 为切线平板牙外形示意图。

图 2-19 切线平板牙外形示意图

(一) 技术要求

硬度：63～66HRC。

畸变：符合技术要求范围。

(二) 热处理工艺

1. 热处理工艺流程

预热→加热→冷却→清洗→回火→清洗→喷砂→防锈→清洗→蒸汽处理。

2. 热处理工艺规范

见表 2-23。

表 2-23 切线平板牙热处理工艺规范

材料	预热		加热		冷却			回火
	温度 ℃	时间 s/mm	温度 ℃	时间 s/mm	一次分级 ℃	二次分级 ℃	等温温度 和时间	温度 时间/次数
W6Mo5Cr4V2	820～860	30～40	1 200～1 220	15～20	580～620	400～450	240～280 ℃ 60～90 min	540～560 ℃ 1 h×3 次

3. 切线平板牙的蒸汽处理工艺曲线

见图 2-20。

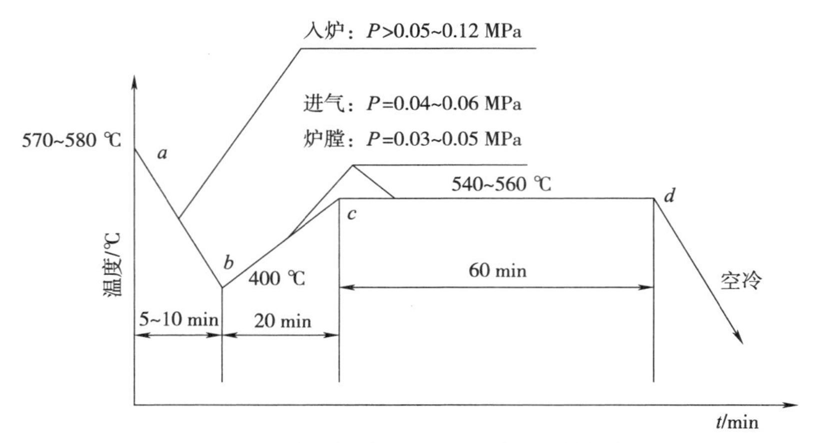

图 2-20　切线平板牙的蒸汽处理工艺曲线

4. 工艺说明

1）为提高切线平板牙的韧性，防止齿部在切削过程中的崩牙，一般在热处理过程中采取等温淬火。等温后应回火四次，前三次在盐浴炉回火，三次回火结束经清洗喷砂后，第四次进行蒸汽处理回火。

2）切线平板牙经蒸汽处理后，表面生成一层 Fe_3O_4 的蓝灰色薄膜，色泽美观，有储油作用，能起到防锈、防腐蚀、防切削黏屑的效果，还可提高切削寿命 20%左右。

第五节　螺纹刀具的表面处理

表面强化处理的温度较高（一般为 480～560 ℃），因而仅适用于高速钢制造的螺纹刀具。常用的表面处理方法有低压氧氮化、QPQ（Quench-Polish-Quench，即淬火-抛光-淬火）盐浴复合处理、蒸汽与硫氮共渗复合处理、蒸汽处理、离子渗氮、气体软氮化等。

一、低压氧氮化

低压氧氮化是氧氮化方法之一。低压氧氮化是将钢铁零件置于负压的氧氮化炉中，升温至 540～560 ℃，通入氨气，氨气受热分解出氮原子，部分被工件吸收或与铁及合金元素形成化合物，再通入少量空气，进行氮原子扩散，反复几次后再通入氨气与空气的混合气使之氧化与渗氮。

经低压氧氮化处理的工件表面呈均匀美观的蓝灰色，渗层厚度为 15～40 μm，渗层硬度可达 950～1 000HV，能有效地提高螺纹刀具的耐磨性、使用寿命和表面的抗腐蚀性。低压氧氮化的工艺曲线见图 2-21。

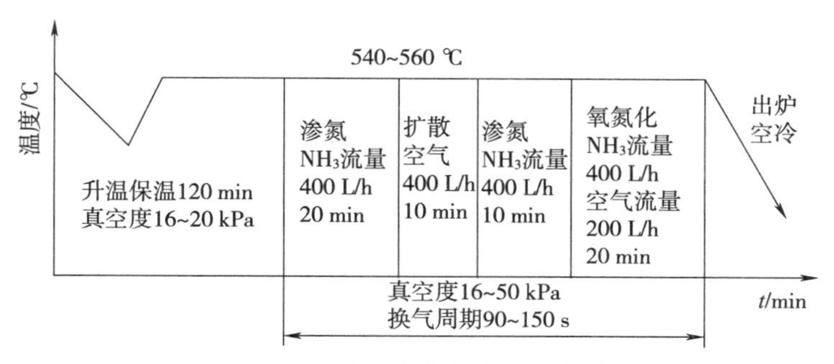

图 2-21　低压氧氮化的工艺曲线

二、 QPQ 盐浴复合处理

QPQ 盐浴复合处理方法是：工件经去油清洗后，放入 350～400 ℃空气炉中预热 15～20 min，再进入渗氮盐浴中保温 10～40 min，渗氮温度为 530～550 ℃。然后再在 350 ℃左右的氧化盐浴中保温 15 min 左右，出炉空冷、清洗、干燥、浸油。QPQ 盐浴复合处理表面生成 10～45μm 的氮扩散层，硬度可达 1 200HV，而且脆性较小。在氮扩散层表面有 1～3 μm 的黑色氧化层，能起到防锈蚀作用。用 QPQ 盐浴复合处理的高速钢丝锥、DC53 搓丝板能提高切削寿命 2 倍左右。

三、蒸汽处理与硫氮共渗复合处理

蒸汽处理与气体硫氮共渗的复合处理能克服气体硫氮共渗的缺陷。蒸汽处理形成的氧化膜可缓和氮化物的脆性，避免刀具使用中的崩刃。同时能发挥硫氮共渗的作用，降低摩擦系数，提高抗咬合能力，增加刀具硬度和热硬性，有利于延长螺纹刀具的切削寿命。复合处理形成的硫氮共渗层深度为 10～20 μm，金相组织为 Fe_3O_4、Fe_4N 及 FeS，无网状氮化物和 ε 相。气体硫氮共渗采用液氨（NH_3）及 H_2S 气体作为共渗介质，复合处理的工艺曲线如图 2-22 所示。

四、蒸汽处理

蒸汽处理是一种应用较普遍的表面处理方法。高速钢工件经除油、清洗、酸洗活化、清水漂洗、蒸馏水煮沸等前处理后，置于蒸汽处理炉中，加热至 540～560 ℃，通

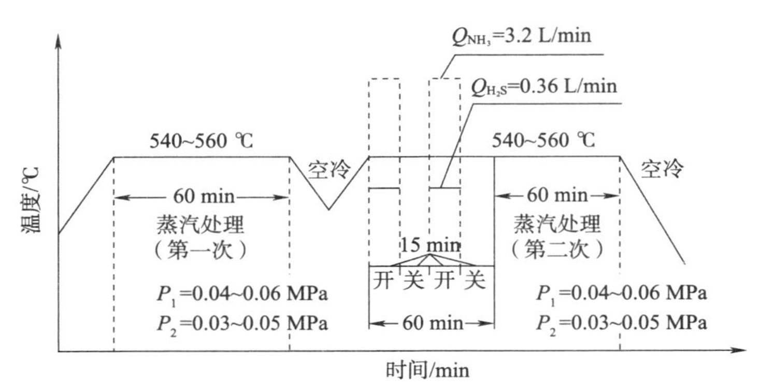

图 2-22　复合处理的工艺曲线

入过热蒸汽，将发生下述三种反应：

$$3Fe+4H_2O \rightarrow Fe_3O_4+4H_2\uparrow$$

$$Fe+H_2O \rightarrow FeO+H_2\uparrow$$

$$3FeO+H_2O \rightarrow Fe_3O_4+H_2\uparrow$$

在连续通入水蒸气的情况下，反应向 Fe_3O_4 方向进行，形成 Fe_3O_4 核心，长大后沉积在工件表面。

高速钢切削刀具经蒸汽处理，其表面将形成一层 3~4 μm 厚的 Fe_3O_4 薄膜，该膜层均匀、细密、多孔、结合牢固、带有磁性，密度为 5.16 g/cm^3，熔点为 1 530 ℃，晶格呈体心立方，能防锈、储油及降低刀具切削时的摩擦系数，减少黏屑与咬合现象。实践证明经过蒸汽处理的刀具其使用寿命可提高 20%~30%。蒸汽处理工艺曲线与切线平板牙的蒸汽处理工艺曲线相同，如图 2-21 所示。

五、离子渗氮

高速钢含碳量较高，离子渗氮时容易形成 ε 相。虽然工件表面可得到高硬度，但脆性增加，切削时易崩刃。因此，离子渗氮时应合理控制炉内气氛和压力，缩短渗氮时间至 10~30 min，并控制好渗氮温度（渗氮温度 480~500 ℃）和渗氮层深度，渗氮深度以 0.02~0.05 mm 为宜。渗氮层以 γ′相层或纯扩散层为好，得到的表面硬度为 1 130~1 200HV。经这样处理的离子渗氮的高速钢刀具有利于减少切削金属的黏结并提高切削寿命。

六、气体软氮化

气体软氮化是采用能提供活性炭、氮原子的气氛进行低温碳氮共渗的工艺方法。

而碳氮气氛通常是将易分解的有机液体滴入炉内加热分解产生的。气体软氮化的温度为 530~570 ℃。以下介绍单一甲酰胺溶液的气体软氮化与三乙醇胺加酒精气体软氮化。

甲酰胺滴入渗氮炉内产生如下反应：

$$HCONH_2 \rightarrow NH_3 + CO$$

$$HCONH_2 \rightarrow HCN + H_2O$$

$$2NH_3 \rightarrow 2[N] + 3H_2$$

$$HCN \rightarrow [N] + H + [C]$$

甲酰胺液滴注法渗氮工艺曲线如图 2-23 所示。

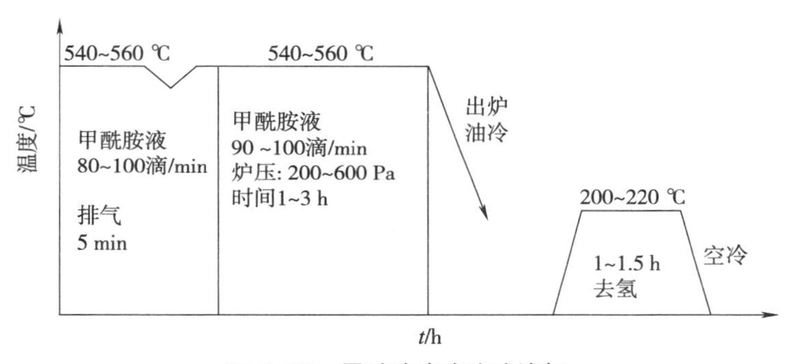

图 2-23 甲酰胺液滴注法渗氮

渗氮后表面硬度可达 900~1 000HV，渗层厚度为 0. 02~0. 07 mm，且无明显脆性化合物。气体软氮化可提高螺纹刀具表面硬度、耐磨性及抗疲劳性。

三乙醇胺是一种能溶于酒精的暗黄色有机液体，无毒、不易燃。在渗氮炉内发生的反应是：

$$N(C_2H_4OH)_3 \rightarrow 2CH_4 + 3CO + HCN + 3H_2$$

$$CH_4 \rightarrow 2H_2 + [C]$$

$$2HCN \rightarrow H_2 + [C] + 2[N]$$

乙醇在 550 ℃以上发生如下反应

$$C_2H_5OH \rightarrow CO + 3H_2 + [C]$$

三乙醇胺黏度大，流动性差，但与乙醇混合后得到稀释，易于滴注。三乙醇胺加酒精滴注气体软氮化工艺曲线如图 2-24 所示。

三乙醇胺加酒精滴注气体软氮化的效果与甲酰胺溶液滴注软氮化相同，适用于高速钢螺纹刀具的表面强化。

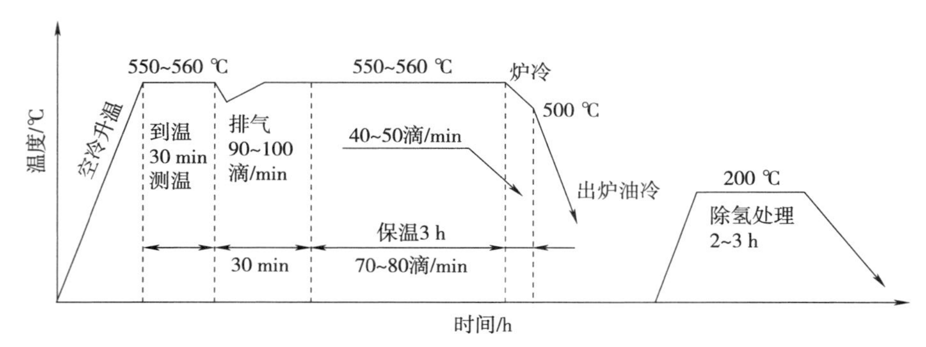

图 2-24　三乙醇胺加酒精滴注气体软氮化工艺曲线

第三章

常用螺纹刀具设计基础

第一节　常用螺纹刀具的基本计算

常用螺纹刀具的种类较多，本章仅以丝锥的牙型、尺寸和公差为例介绍基本计算的内容和过程。

一、丝锥

（一）螺纹基本牙型与基本尺寸

1. 普通螺纹

1）国家标准 GB/T 192《普通螺纹　基本牙型》给出了普通螺纹基本牙型，如图 3-1 所示。

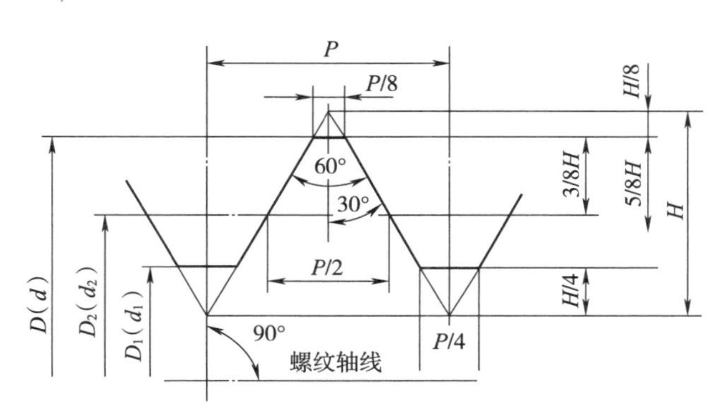

图 3-1　普通螺纹基本牙型

图 3-1 中：D 为内螺纹大径；d 为外螺纹大径；D_1 为内螺纹小径；d_1 为外螺纹小径；D_2 为内螺纹中径；d_2 为外螺纹中径；P 为螺距；H 为原始三角形高度。

2）基本牙型尺寸的计算，见如下计算公式：

$$H=\frac{\sqrt{3}}{2}P=0.866\ 025\ 404P$$

$$\frac{5}{8}H=0.541\ 265\ 877P$$

$$\frac{3}{8}H=0.324\ 759\ 526P$$

$$\frac{1}{4}H=0.216\ 506\ 351P$$

$$\frac{1}{8}H=0.108\ 253\ 175P$$

3）普通螺纹基本尺寸。

国家标准 GB/T 196《普通螺纹　基本尺寸》和 GB/T 197《普通螺纹　公差》规定了普通螺纹基本尺寸及计算式。对内螺纹规定了 G 和 H 两种位置公差带及螺纹中径、小径 4~8 级（见图 3-6，其中 8 级未示出）的公差等级和公差值。

普通螺纹的螺纹中径和小径值可按式（3-1）至式（3-4）计算：

$$D_2=D-2\times\frac{3}{8}H=D-0.649\ 5P \tag{3-1}$$

$$d_2=d-2\times\frac{3}{8}H=d-0.649\ 5P \tag{3-2}$$

$$D_1=D-2\times\frac{5}{8}H=D-1.082\ 5P \tag{3-3}$$

$$d_1=d-2\times\frac{5}{8}H=d-1.082\ 5P \tag{3-4}$$

其中：$H=\frac{\sqrt{3}}{2}P=0.866\ 025\ 404P$。

计算数值圆整到小数点后第三位的内、外螺纹基本尺寸简化计算式见表 3-1。

表 3-1　普通螺纹基本尺寸简化后计算式　　单位：mm

螺距 P	中径 D_2 或 d_2	小径 D_1 或 d_1	螺距 P	中径 D_2 或 d_2	小径 D_1 或 d_1
0.20	d-0.130	d-0.216	1.25	d-0.812	d-1.353
0.25	d-0.162	d-0.271	1.50	d-0.974	d-1.624
0.30	d-0.195	d-0.325	1.75	d-1.137	d-1.894
0.35	d-0.227	d-0.379	2.00	d-1.299	d-2.165

续表

螺距 P	中径 D_2 或 d_2	小径 D_1 或 d_1	螺距 P	中径 D_2 或 d_2	小径 D_1 或 d_1
0.40	$d-0.260$	$d-0.433$	2.50	$d-1.624$	$d-2.706$
0.45	$d-0.292$	$d-0.487$	3.00	$d-1.948$	$d-3.248$
0.50	$d-0.325$	$d-0.541$	3.50	$d-2.273$	$d-3.789$
0.60	$d-0.390$	$d-0.650$	4.00	$d-2.598$	$d-4.330$
0.70	$d-0.455$	$d-0.758$	4.50	$d-2.923$	$d-4.871$
0.75	$d-0.487$	$d-0.812$	5.00	$d-3.248$	$d-5.421$
0.80	$d-0.520$	$d-0.866$	5.50	$d-3.572$	$d-5.954$
1.00	$d-0.650$	$d-1.082$	6.00	$d-3.879$	$d-6.495$

2. 惠氏螺纹

（1）惠氏螺纹基本牙型

英国标准 BS84《惠氏牙型圆柱螺纹》规定了牙型角为 55°的惠氏螺纹的基本牙型，如图 3-2 所示；适用于一般工程用途的螺纹，而不适用于特殊用途场合，例如需要过盈配合的螺纹的场合；对内螺纹中径公差规定了中等级、普通级 2 个公差等级和公差值。上述参数是确定惠氏螺纹丝锥螺纹公差和等级的主要依据。

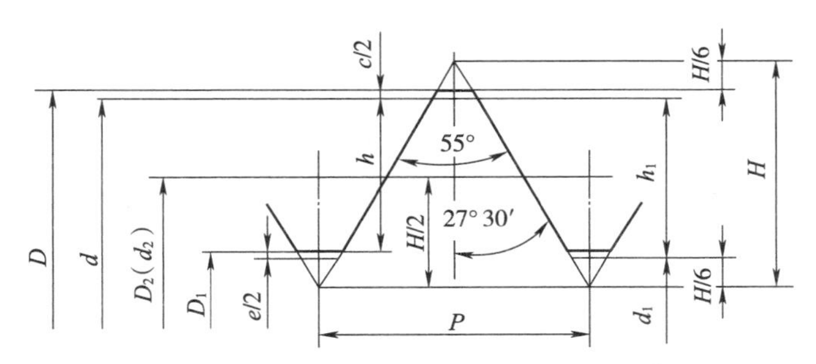

图 3-2　惠氏螺纹的基本牙型与基本尺寸

图 3-2 中：D 为内螺纹大径（公称直径）；d 为外螺纹大径；D_1 为内螺纹小径；d_1 为外螺纹小径；D_2 为内螺纹中径；d_2 为外螺纹中径；P 为螺距；H 为原始三角形高度；h 为螺纹牙型工作高度；h_1 为螺纹牙型实际高度；c 为外螺纹间隙；e 为内螺纹间隙。

（2）惠氏螺纹基本尺寸

英国标准 BS84 规定了惠氏螺纹基本尺寸及计算式，如图 3-2、公式（3-5）~公式（3-12）及表 3-2 所示。

惠氏螺纹内螺纹基本尺寸计算公式：

$$D=\text{公称直径 (in)} \times 25.4 \tag{3-5}$$

$$D_2=D-h_1 \tag{3-6}$$

$$D_1=D-2h_1 \tag{3-7}$$

$$H=0.960491P \tag{3-8}$$

$$h=h_1-(e/2+c/2) \tag{3-9}$$

$$h_1=0.640327P \tag{3-10}$$

$$e=0.148P \tag{3-11}$$

$$c=0.075P+0.05\ \text{mm} \tag{3-12}$$

表 3-2 惠氏螺纹内螺纹基本尺寸的简化计算式 单位：mm

每 25.4 mm 上牙数	螺距 P	牙型高度 h_1	中径 D_2	小径 D_1
40	0.635	0.406 4	D-0.406 4	D-0.812 8
32	0.794	0.508 0	D-0.508 0	D-1.016 0
28	0.907	0.580 4	D-0.580 4	D-1.160 8
26	0.977	0.624 8	D-0.624 8	D-1.249 6
24	1.058	0.678 2	D-0.678 2	D-1.356 4
22	1.154	0.739 1	D-0.739 1	D-1.478 2
20	1.270	0.812 8	D-0.812 8	D-1.625 6
18	1.411	0.904 2	D-0.904 2	D-1.808 4
16	1.588	1.016 0	D-1.016 0	D-2.032 0
14	1.814	1.160 8	D-1.160 8	D-2.321 6
12	2.117	1.356 4	D-1.356 4	D-2.712 8
11	2.309	1.478 3	D-1.478 3	D-2.956 6
10	2.540	1.625 6	D-1.625 6	D-3.251 2
9	2.822	1.805 9	D-1.805 9	D-3.611 8
8	3.175	2.032 0	D-2.032 0	D-4.064 0
7	3.629	2.324 1	D-2.324 1	D-4.648 2
6	4.233	2.710 2	D-2.710 2	D-5.420 4
5	5.080	3.253 7	D-3.253 7	D-6.507 4
4	5.644	3.614 4	D-3.614 4	D-7.228 8
4	6.350	4.066 5	D-4.066 5	D-8.133 0

续表

每 25.4 mm 上牙数	螺距 P	牙型高度 h_1	中径 D_2	小径 D_1
$3^1/_2$	7.257	4.648 2	D−4.648 2	D−9.296 4
$3^1/_4$	7.815	5.003 8	D−5.003 8	D−10.007 6
3	8.467	5.420 4	D−5.420 4	D−10.840 8

3. 统一螺纹

（1）统一螺纹基本牙型

美国标准 ASME B1.1 规定了统一螺纹的基本牙型，如图 3−3 所示，还对内螺纹中径公差规定了 1B 级、2B 级、3B 级 3 个公差等级和公差值。上述参数是确定统一螺纹丝锥螺纹公差和等级的主要依据。

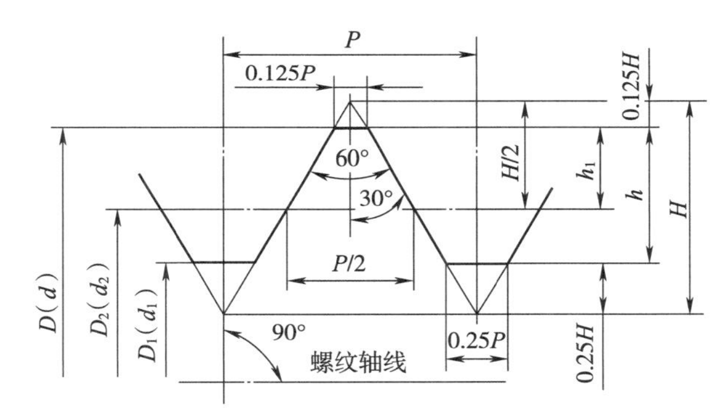

图 3−3　统一螺纹的基本牙型与基本尺寸

图 3−3 中：D 为内螺纹大径；d 为外螺纹大径；D_1 为内螺纹小径；d_1 为外螺纹小径；D_2 为内螺纹中径；d_2 为外螺纹中径；P 为螺距；H 为原始三角形高度；h 为牙型工作高度；h_1 为牙顶高度。

（2）统一螺纹基本尺寸

美国标准 ASME B1.1 规定了统一螺纹基本尺寸及计算式，如图 3−3、式（3−13）~式（3−18）及表 3−3、表 3−4 所示。

统一螺纹内螺纹基本尺寸计算公式：

$$D=\text{公称直径}\times 25.4 \tag{3-13}$$

$$D_2=D-2h_1=D-0.649\ 52P \tag{3-14}$$

$$D_1=D-2h=D-1.082\ 53P \tag{3-15}$$

$$H=0.866\ 025P \tag{3-16}$$

$$h_1=0.375H=0.32476P \tag{3-17}$$

$$h=0.625H=0.54127P \tag{3-18}$$

表 3-3 部分统一螺纹公称直径

代 号	公称直径		代 号	公称直径	
	in	mm		in	mm
No. 0（0. 060）	0. 060	1. 524	No. 5（0. 125）	0. 125	3. 175
No. 1（0. 073）	0. 073	1. 854	No. 6（0. 138）	0. 138	3. 505
No. 2（0. 086）	0. 086	2. 184	No. 8（0. 164）	0. 164	4. 166
No. 3（0. 099）	0. 099	2. 515	No. 10（0. 190）	0. 190	4. 826
No. 4（0. 112）	0. 112	2. 845	No. 12（0. 216）	0. 216	5. 486

表 3-4 统一螺纹内螺纹基本尺寸计算式 单位：mm

每 25. 4 mm 牙数		螺 距	牙顶高度	牙型高度	中 径	小 径
UNC	UNF	P	h_1	h	D_2	D_1
—	80	0. 318	0. 103 3	0. 171 7	*D*−0. 206 5	*D*−0. 343 4
—	72	0. 353	0. 114 2	0. 190 7	*D*−0. 228 4	*D*−0. 381 4
64	64	0. 397	0. 128 2	0. 214 7	*D*−0. 256 4	*D*−0. 429 4
56	56	0. 454	0. 147 3	0. 245 2	*D*−0. 294 5	*D*−0. 490 5
48	48	0. 529	0. 171 8	0. 286 8	*D*−0. 343 5	*D*−0. 573 6
—	44	0. 577	0. 187 8	0. 312 3	*D*−0. 375 6	*D*−0. 624 6
40	40	0. 635	0. 205 7	0. 344 2	*D*−0. 411 6	*D*−0. 688 4
—	36	0. 706	0. 229 3	0. 382 3	*D*−0. 458 5	*D*−0. 764 6
32	32	0. 794	0. 257 8	0. 429 7	*D*−0. 515 5	*D*−0. 859 4
—	28	0. 907	0. 294 6	0. 491 3	*D*−0. 589 2	*D*−0. 982 6
24	24	1. 058	0. 344 2	0. 572 8	*D*−0. 688 4	*D*−1. 145 6
20	20	1. 270	0. 412 8	0. 687 2	*D*−0. 825 5	*D*−1. 374 5
18	18	1. 411	0. 458 3	0. 763 7	*D*−0. 916 6	*D*−1. 527 4
16	16	1. 588	0. 515 7	0. 859 8	*D*−1. 031 4	*D*−1. 719 6
14	14	1. 814	0. 589 2	0. 981 7	*D*−1. 178 5	*D*−1. 963 4
13	—	1. 954	0. 634 8	1. 057 8	*D*−1. 269 6	*D*−2. 115 5
12	12	2. 117	0. 687 2	1. 145 7	*D*−1. 374 4	*D*−2. 291 4
11	—	2. 309	0. 749 7	1. 249 8	*D*−1. 499 4	*D*−2. 499 5
10	—	2. 540	0. 825 3	1. 375 3	*D*−1. 650 6	*D*−2. 750 6
9	—	2. 822	0. 916 8	1. 527 8	*D*−1. 833 6	*D*−3. 055 6

续表

每 25.4 mm 牙数		螺　距 P	牙顶高度 h_1	牙型高度 h	中　径 D_2	小　径 D_1
UNC	UNF					
8	—	3.175	1.031 1	1.718 5	D-2.062 2	D-3.437 0
7	—	3.629	1.178 6	1.963 7	D-2.357 2	D-3.927 4
6	—	4.233	1.375 3	2.291 2	D-2.750 6	D-4.582 3
5	—	5.080	1.649 7	2.749 6	D-3.299 4	D-5.499 3
$4^1/_2$	—	5.644	1.832 7	3.055 3	D-3.665 4	D-6.110 6

（二）丝锥螺纹尺寸与公差带

1. 丝锥螺纹牙型

（1）普通螺纹丝锥螺纹牙型

普通螺纹直槽丝锥、螺旋槽丝锥、螺尖丝锥和挤压丝锥螺纹牙型相同，如图 3-4 所示。

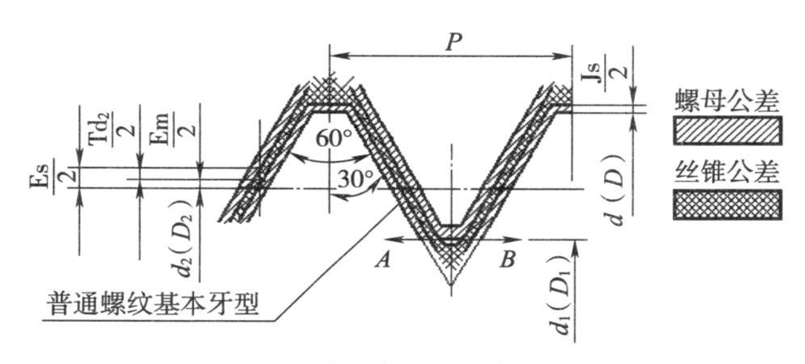

图 3-4　普通螺纹丝锥螺纹牙型

图 3-4 中：d（D）为丝锥大径（公称直径）；d_1（D_1）为丝锥小径；d_2（D_2）为丝锥中径；P 为螺距；Td_2 为丝锥中径公差；Es 为丝锥中径上偏差；Em 为丝锥中径下偏差；Js 为大径下偏差。

（2）惠氏螺纹丝锥螺纹牙型

惠氏螺纹丝锥螺纹牙型如图 3-5 所示。

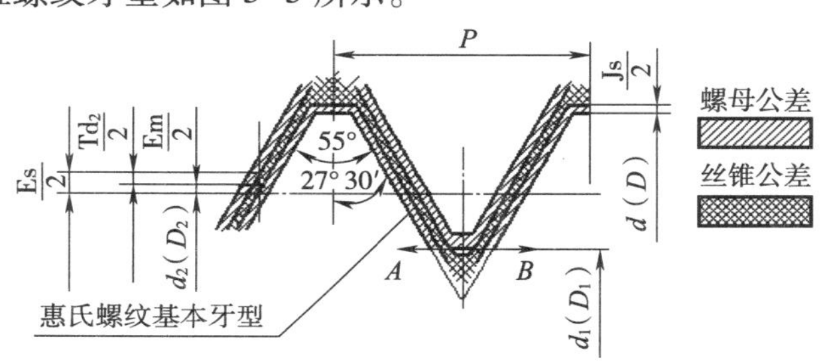

图 3-5　惠氏螺纹丝锥螺纹牙型

图 3-5 中：d（D）为丝锥大径（公称直径）；d_1（D_1）为丝锥小径；d_2（D_2）为丝锥中径；P 为螺距；Td_2 为丝锥中径公差；Es 为丝锥中径上偏差；Em 为丝锥中径下偏差；Js 为大径下偏差。

（3）统一螺纹丝锥螺纹牙型

统一螺纹丝锥螺纹牙型与普通螺纹丝锥牙型相同，如图 3-4 所示。

2. 丝锥的公差等级

（1）普通螺纹丝锥的公差等级

普通螺纹丝锥适用于加工普通螺纹（GB/T 192～193，GB/T 196～197），其螺纹公差包含由国家标准 GB/T 968《丝锥螺纹公差》规定并应用于切削丝锥的一种；还有一种是在 GB/T 28253《挤压丝锥》中规定的螺纹公差。通常将第一种简称为普通螺纹丝锥螺纹公差。丝锥螺纹公差带由相对于基本牙型的上偏差和下偏差确定。

普通螺纹丝锥（直槽丝锥、螺旋槽丝锥、螺尖丝锥）螺纹公差带共分 4 种，其中 H1、H2、H3 适用于普通螺纹机用（磨牙）丝锥，H4 适用于普通螺纹手用（滚牙）直槽丝锥；也适用于普通螺纹螺母丝锥。国家标准 GB/T 968《丝锥螺纹公差》中的 H1、H2、H3 三种丝锥公差带分别与国际标准 ISO 2857 中的 1、2、3 级螺纹公差带相同。国际标准只规定了机用（磨牙）丝锥螺纹公差，而实际上手用（滚牙）丝锥目前使用仍较广泛，因此，国家标准中规定了 H4 螺纹公差带。

丝锥中径公差带相对于内螺纹中径公差带的对应关系如图 3-6 所示，尺寸极限偏差见表 3-5。

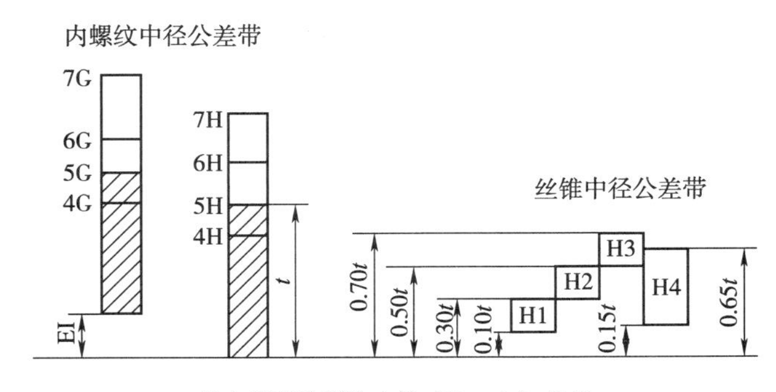

注：EI——内螺纹 G 公差带基本偏差；

t——5 级内螺纹中径公差 TD_2。

图 3-6　普通螺纹丝锥中径公差带相对于内螺纹中径公差带的关系

表 3-5　普通螺纹丝锥螺纹尺寸极限偏差表

公称直径 d mm	螺距 P mm	大径 d		中径 d_2 公差带/μm								小径 d_1
				H1		H2		H3		H4		
		下偏差 Js/μm	上偏差	下偏差 Em	上偏差 Es	下偏差 Em	上偏差 Es	下偏差 Em	上偏差 Es	下偏差 Em	上偏差 Es	下上偏差
>1.0~1.4	0.20	+20	自行规定	+5	+15	—	—	—	—	+8	+33	自行规定
	0.25	+22		+6	+17					+9	+39	
	0.30	+24			+18	+18	+30					
>1.4~2.8	0.20	+21			+17	—	—	—	—			
	0.25	+24			+18							
	0.35	+27		+7	+20	+20	+34			+11	+46	
	0.40	+28			+21	+21	+36					
	0.45	+30		+8	+23	+23	+38			+12	+52	
>2.8~5.6	0.35	+28		+7	+21	+21	+36			+11	+46	
	0.50	+32		+8	+24	+24	+40	+40	+56	+12	+52	
	0.60	+36		+9	+27	+27	+45	+45	+63	+14	+59	
	0.70	+38		+10	+29	+29	+48	+48	+67	+15	+65	
	0.75	+38										
	0.80	+40			+30	+30	+50	+50	+70			
>5.6~11.2	0.50	+36		+9	+27	+27	+45	+45	+63	+14	+59	
	0.75	+42		+11	+32	+32	+53	+53	+74	+16	+69	
	1.00	+47		+12	+35	+35	+59	+59	+83	+18	+77	
	1.25	+50		+13	+38	+38	+63	+63	+88	+19	+81	
	1.50	+56		+14	+42	+42	+70	+70	+98	+21	+91	
>11.2~22.4	1.00	+50		+13	+38	+38	+63	+63	+88	+19	+81	
	1.25	+56		+14	+42	+42	+70	+70	+98	+21	+91	
	1.50	+60		+15	+45	+45	+75	+75	+105	+23	+98	
	1.75	+64		+16	+48	+48	+80	+80	+112	+24	+104	
	2.00	+68		+17	+51	+51	+85	+85	+119	+26	+111	
	2.50	+72		+18	+54	+54	+90	+90	+126	+27	+117	
>22.4~45.0	1.00	+53		+13	+40	+40	+66	+66	+92	+20	+86	
	1.50	+64		+16	+48	+48	+80	+80	+112	+24	+104	
	2.00	+72		+18	+54	+54	+90	+90	+126	+27	+117	
	3.00	+85		+21	+64	+64	+106	+106	+148	+32	+138	
	3.50	+90		+22	+67	+67	+112	+112	+157	—	—	
	4.00	+94		+24	+71	+71	+118	+118	+165			
	4.50	+100		+25	+75	+75	+125	+125	+175			

续表

公称直径 d mm	螺距 P mm	大径 d 下偏差 Js/μm	大径 d 上偏差	中径 d_2 公差带/μm H1 下偏差 Em	H1 上偏差 Es	H2 下偏差 Em	H2 上偏差 Es	H3 下偏差 Em	H3 上偏差 Es	H4 下偏差 Em	H4 上偏差 Es	小径 d_1 下上偏差
>45.0 ~90.0	1.50	+68	自行规定	+17	+51	+51	+85	+85	+119	—	—	自行规定
	2.00	+76		+19	+57	+57	+95	+95	+133			
	3.00	+90		+22	+67	+67	+112	+112	+157			
	4.00	+100		+25	+75	+75	+125	+125	+175			
	5.00	+106		+27	+80	+80	+133	+133	+186			
>45.0 ~90.0	5.50	+112	自行规定	+28	+84	+84	+140	+140	+196			
	6.00	+126		+30	+90	+90	+150	+150	+210			
>90.0 ~100.0	2.00	+80		+20	+60	+60	+100	+100	+140			
	3.00	+94		+24	+71	+71	+118	+118	+165			
	4.00	+106		+27	+80	+80	+133	+133	+186			
	6.00	+126		+32	+95	+95	+158	+158	+221			

普通螺纹挤压丝锥螺纹公差带分为 4 种，分别为 H1、H2、H3 和 H4。由于这种丝锥通过塑性变形加工螺纹，会产生弹性变形，故其中径公差带位置与切削丝锥（直槽丝锥、螺旋槽丝锥和螺尖丝锥）不同。挤压丝锥单一中径公差带相对于内螺纹中径公差带的对应关系如图 3-7 所示（螺纹中径 $D_2=d_2$）。尺寸极限偏差见表 3-6。

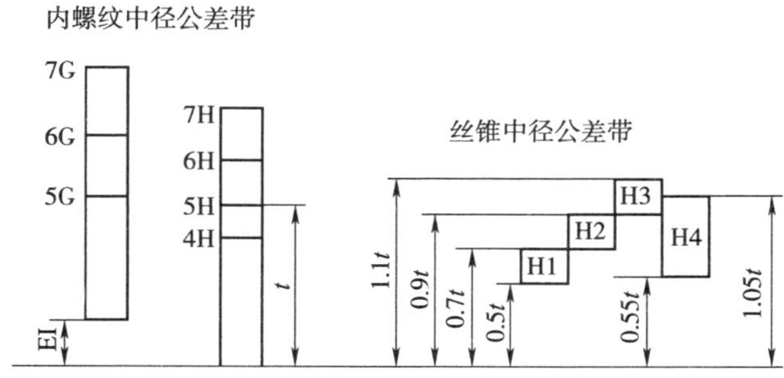

注：EI——为内螺纹 G 公差的基本偏差；

t——为 5 级内螺纹中径公差 TD_2。

图 3-7　挤压丝锥单一中径公差带相对于内螺纹中径公差带的关系

表 3-6　普通螺纹挤压丝锥螺纹尺寸极限偏差表

公称直径 d mm	螺距 P mm	大径 d		中径 d_2 公差带/μm								小径 d_1	螺距偏差			牙侧角偏差	
				H1		H2		H3		H4							
		下偏差 Js/μm	上偏差	下偏差 Em	上偏差 Es	下偏差 Em	上偏差 Es	下偏差 Em	上偏差 Es	下偏差 Em	上偏差 Es	上下偏差	测量牙个数	H1 H2 H3	H4	H1 H2 H3	H4
>0.99~1.4	0.20	+40	自行规定	+25	+35	—	—	—	—	+28	+53	自行规定	12	±8	±20	±70′	±70′
	0.25	+45		+28	+40					+31	+59						
	0.30	+48		+30	+42	+42	+54			+33	+63					±50′	±60′
>1.4~2.8	0.20	+42		+27	+37	—	—			+29	+56					±70′	±70′
	0.25	+48		+30	+42					+33	+63						
	0.35	+54		+34	+47	+47	+60			+37	+70					±50′	±60′
	0.40	+57		+36	+50	+50	+64			+39	+75						
	0.45	+60		+38	+53	+53	+68			+41	+79					±35′	
>2.8~5.6	0.35	+57		+36	+50	+50	+64			+39	+75					±50′	
	0.50	+64		+40	+56	+56	+72	+72	+88	+44	+84					±35′	±50′
	0.60	+72		+45	+63	+63	+81	+81	+99	+50	+95						
	0.70	+76		+48	+67	+67	+86	+86	+105	+52	+100		9		±25	±30′	
	0.75	+76		+48	+67	+67	+86	+86	+105	+52	+100						
	0.80	+80		+50	+70	+70	+90	+90	+110	+55	+105						

续表

公称直径 d mm	螺距 P mm	大径 d 下偏差 Js/μm	大径 d 上偏差	中径 d_2 公差带/μm H1 下偏差 Em	H1 上偏差 Es	H2 下偏差 Em	H2 上偏差 Es	H3 下偏差 Em	H3 上偏差 Es	H4 下偏差 Em	H4 上偏差 Es	小径 d_1 上下偏差	螺距偏差 测量牙个数	螺距偏差 H1 H2 H3	螺距偏差 H4	牙侧角偏差 H1 H2 H3	牙侧角偏差 H4
>5.6~11.2	0.50	+72	自行规定	+45	+63	+63	+81	+81	+99	+50	+95	自行规定	12	±8	±20	±35′	±50′
	0.75	+85		+53	+74	+74	+95	+95	+117	+58	+111		9		±25	±30′	
	1.00	+94		+59	+83	+83	+106	+106	+130	+65	+124					±25′	
	1.25	+100		+63	+88	+88	+113	+113	+138	—	—						
	1.50	+112		+70	+98	+98	+126	+126	+154				7		±35		±45′
>11.2~22.4	1.00	+100		+63	+88	+88	+113	+113	+138				9		±25		±50′
	1.25	+112		+70	+98	+98	+126	+126	+154								
	1.50	+120		+75	+105	+105	+135	+135	+165				7		±35		±45′
	1.75	+128		+80	+112	+112	+144	+144	+176					±9		±20′	
	2.00	+136		+85	+119	+119	+153	+153	+187					±10			±40′
	2.50	+144		+90	+126	+126	+162	+162	+198						±50		
>22.4~27	1.00	+106		+66	+92	+92	+119	+119	+145				9	±8	±25	±25′	±50′
	1.50	+128		+80	+112	+112	+144	+144	+176				7		±35		±45′
	2.00	+144		+90	+126	+126	+162	+162	+198					±10		±20′	±40′
	3.00	+170		+106	+148	+148	+191	+191	+233					±12	±50		±35′

注： 各级丝锥小径 d_1 均应小于被加工内螺纹的最小小径，而且丝锥牙底圆弧亦不应超过内螺纹的最小小径。

（2）惠氏螺纹丝锥的公差等级

惠氏螺纹丝锥螺纹公差带由相对于基本牙型的上偏差和下偏差所确定。惠氏螺纹丝锥螺纹公差带共分 3 种，其中 2 级、3 级适用于惠氏螺纹机用（磨牙）丝锥，切制级适用于惠氏螺纹手用（滚牙）丝锥，也适用于惠氏螺纹螺母丝锥。

丝锥中径公差带相对于内螺纹中径公差带的对应关系如图 3-8 所示。尺寸极限偏差见表 3-7 和表 3-8（丝锥大径上偏差和小径极限偏差由制造商自行规定）。

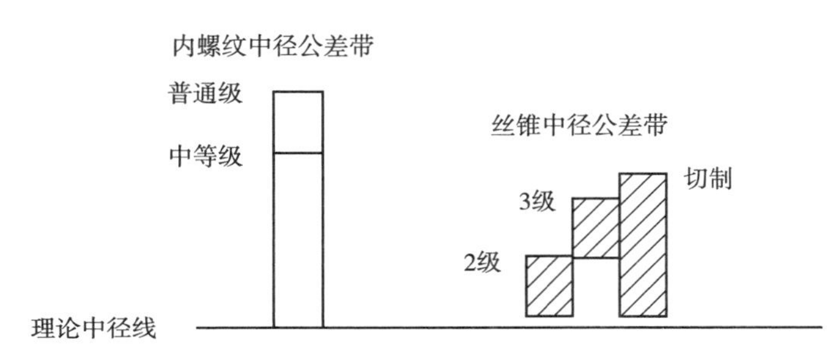

图 3-8　惠氏螺纹丝锥中径公差带相对于内螺纹中径公差带的对应关系

（3）统一螺纹丝锥的公差等级

统一螺纹丝锥螺纹公差带由相对于基本牙型的上偏差和下偏差所确定。螺纹公差带共分 4 种，其中 1 级、2 级、3 级适用于统一螺纹机用（磨牙）丝锥，切制级适用于统一螺纹手用（滚牙）丝锥，也适用于统一螺纹螺母丝锥。

丝锥公差带是参照美国标准 ANSI B94. 9 中的相关部分螺纹公差带制定，其中大径极限偏差、螺距偏差、牙侧角偏差等效采用美国标准。根据我国国情，对中径极限偏差进行了修订。

丝锥中径公差带相对于内螺纹中径公差带的对应关系如图 3-9 所示。尺寸极限偏差见表 3-9 和表 3-10（丝锥小径极限偏差由制造厂自行规定）。

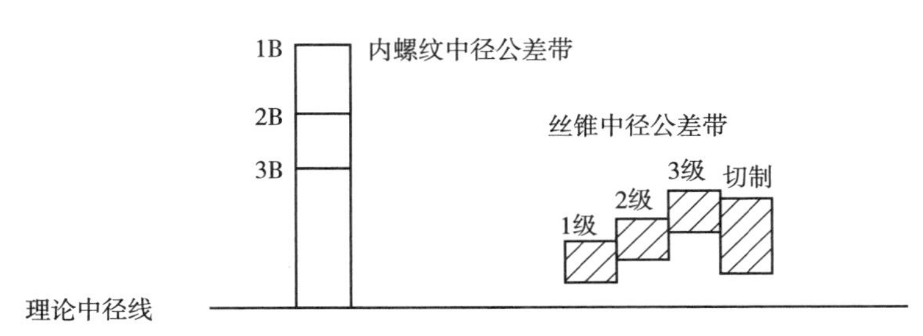

图 3-9　统一螺纹丝锥中径公差带相对于内螺纹中径公差带的对应关系

表 3-7 惠氏螺纹粗牙丝锥螺纹尺寸极限偏差表

螺纹代号	25.4 mm 上牙数	螺距 P mm	大径 d/μm			中径 d_2/μm					
			下偏差 Js			下偏差 Em			上偏差 Es		
			2 级	3 级	切制	2 级	3 级	切制	2 级	3 级	切制
1/8-40BSW	40	0.635	+32	+51	+32	+16	+35	+16	+35	+54	+57
3/16-24BSW	24	1.058	+41	+63	+41	+21	+43	+21	+43	+65	+70
1/4-20BSW	20	1.270	+45	+69	+45	+23	+47	+23	+47	+71	+77
5/16-18BSW	18	1.411	+48	+74	+48	+24	+50	+24	+50	+76	+84
3/8-16BSW	16	1.588	+51	+79	+51	+25	+53	+25	+53	+80	+90
7/16-14BSW	14	1.814	+54	+83	+54	+27	+56	+27	+56	+85	+96
1/2-12BSW	12	2.117	+59	+89	+59	+29	+59	+29	+59	+90	+103
9/16-12BSW				+91			+61		+61	+92	+106
5/8-11BSW	11	2.309	+61	+94	+61	+31	+64	+31	+64	+96	+112
11/16-11BSW				+95			+65		+65	+98	+115
3/4-10BSW	10	2.540	+64	+99	+64	+32	+67	+32	+67	+101	+120
7/8-9BSW	9	2.822	+68	+105	+68	+34	+71	+34	+71	+107	+129
1-8BSW	8	3.175	+72	+110	+72	+36	+74	+36	+74	+112	+137
$1^1/_8$-7BSW	7	3.629	+77	+117	+77	+38	+78	+38	+78	+117	+146
$1^1/_4$-7BSW				+118			+79		+79	+120	+152
$1^1/_2$-6BSW	6	4.233	+83	+127	+83	+41	+85	+41	+85	+128	+166
$1^3/_4$-5BSW	5	5.080	+91	+137	+91	+45	+91	+45	+91	+137	+181
$2-4^1/_2$BSW	$4^1/_2$	5.644	+96	+144	+96	+48	+96	+48	+96	+144	+195
$2^1/_4$-4BSW	4	6.350	+102	+152	+102	+51	+101	+51	+101	+151	+208
$2^1/_2$-4BSW				+154			+103		+103	+155	+219
$2^3/_4-3^1/_2$BSW	$3^1/_2$	7.257	+109	+163	+109	+54	+108	+54	+108	+161	+231
$3-3^1/_2$BSW				+164			+109		+109	+164	+240
$3^1/_4-3^1/_4$BSW	$3^1/_4$	7.815	+113	+170	+113	+56	+113	+56	+113	+169	+252
$3^1/_2-3^1/_4$BSW				+171			+114		+114	+172	+261
$3^3/_4$-3BSW	3	8.467	+117	+176	+117	+59	+118	+59	+118	+178	+273
4-3BSW				+178			+120		+120	+180	+282

表 3-8　惠氏螺纹细牙丝锥螺纹尺寸极限偏差表

螺纹代号	25.4 mm 上牙数	螺距 P mm	大　径 d/μm			中　　径 d_2/μm					
			下偏差 Js			下偏差 Em			上偏差 Es		
			2 级	3 级	切制	2 级	3 级	切制	2 级	3 级	切制
3/16-32BSF	32	0.794	+36	+58	+36	+18	+40	+18	+41	+62	+67
7/32-28BSF	28	0.907	+38	+61	+38	+19	+42	+19	+42	+65	+71
1/4-26BSF	26	0.977	+40	+64	+40	+20	+44	+20	+44	+68	+74
9/32-26BSF				+65			+45		+45	+70	+77
5/16-22BSF	22	1.154	+43	+69	+43	+22	+48	+22	+48	+74	+82
3/8-20BSRF	20	1.270	+45	+73	+45	+23	+51	+23	+51	+78	+88
7/16-18BSF	18	1.411	+48	+77	+48	+24	+53	+24	+53	+82	+93
1/2-16BSF	16	1.588	+51	+81	+51	+25	+55	+25	+55	+86	+99
9/16-16BSF				+83			+57		+57	+88	+102
5/8-14BSF	14	1.814	+54	+87	+54	+27	+60	+27	+60	+92	+108
11/16-14BSF				+88			+61		+61	+94	+111
3/4-12BSF	12	2.117	+59	+94	+59	+29	+64	+29	+64	+98	+117
13/16-12BSF							+65		+65	+100	+121
7/8-11BSF	11	2.309	+61	+98	+61	+31	+68	+31	+68	+104	+126
1-10BSF	10	2.540	+64	+102	+64	+32	+70	+32	+70	+108	+133
$1^{1}/_{8}$-9BSF	9	2.822	+68	+108	+68	+34	+74	+34	+74	+113	+142
$1^{1}/_{4}$-9BSF				+109			+75		+75	+116	+148
$1^{3}/_{8}$-8BSF	8	3.175	+72	+114	+72	+36	+78	+36	+78	+121	+156
$1^{1}/_{2}$-8BSF				+116			+80		+80	+123	+161
$1^{5}/_{8}$-8BSF				+117			+81		+81	+126	+167
$1^{3}/_{4}$-7BSF	7	3.629	+77	+123	+77	+38	+84	+38	+84	+130	+174
2-7BSF				+125			+86		+86	+134	+185
$2^{1}/_{4}$-6BSF	6	4.233	+83	+133	+83	+41	+91	+41	+91	+141	+198
$2^{1}/_{2}$-6BSF				+135			+93		+93	+145	+209
$2^{3}/_{4}$-6BSF				+137			+95		+95	+148	+218
3-5BSF	5	5.080	+91	+146	+91	+45	+100	+45	+100	+155	+231
$3^{1}/_{4}$-5BSF				+148			+102		+102	+158	+241
$3^{1}/_{2}$-$4^{1}/_{2}$BSF	$4^{1}/_{2}$	5.644	+96	+154	+96	+48	+106	+48	+106	+164	+253
$3^{3}/_{4}$-$4^{1}/_{2}$BSF				+155			+107		+107	+167	+262
4-$4^{1}/_{2}$BSF				+157			+109		+109	+169	+271

表 3-9　统一螺纹粗牙（UNC）丝锥螺纹尺寸极限偏差表

<table>
<tr><th rowspan="3">螺纹代号</th><th rowspan="3">25.4 mm 上牙数</th><th rowspan="3">螺距 P mm</th><th colspan="4">大　径 d/μm</th><th colspan="8">中　　径 d_2/μm</th></tr>
<tr><th colspan="2">1 级~3 级</th><th colspan="2">切制</th><th colspan="2">1 级</th><th colspan="2">2 级</th><th colspan="2">3 级</th><th colspan="2">切制</th></tr>
<tr><th>下偏差 Js (+)</th><th>上偏差 Jm (+)</th><th>下偏差 Js (+)</th><th>上偏差 Jm (+)</th><th>下偏差 Em (+)</th><th>上偏差 Es (+)</th><th>下偏差 Em (+)</th><th>上偏差 Es (+)</th><th>下偏差 Em (+)</th><th>上偏差 Es (+)</th><th>下偏差 Em (+)</th><th>上偏差 Es (+)</th></tr>
<tr><td>No. 1-64</td><td>64</td><td>0.397</td><td>15</td><td>51</td><td>25</td><td>64</td><td rowspan="2">7</td><td>17</td><td>12</td><td>26</td><td rowspan="8">—</td><td rowspan="8">—</td><td>5</td><td rowspan="3">30</td></tr>
<tr><td>No. 2-56</td><td>56</td><td>0.454</td><td>18</td><td>58</td><td>30</td><td>69</td><td>19</td><td>13</td><td>28</td><td>8</td></tr>
<tr><td>No. 3-48</td><td>48</td><td>0.529</td><td>23</td><td>69</td><td>33</td><td>71</td><td rowspan="3">8</td><td>20</td><td>14</td><td>30</td><td rowspan="3">5</td></tr>
<tr><td>No. 4-40</td><td rowspan="2">40</td><td rowspan="2">0.635</td><td rowspan="2">33</td><td rowspan="2">81</td><td rowspan="2">41</td><td rowspan="2">91</td><td>22</td><td rowspan="2">15</td><td>33</td><td rowspan="2">43</td></tr>
<tr><td>No. 5-40</td><td>23</td><td>34</td></tr>
<tr><td>No. 6-32</td><td rowspan="2">32</td><td rowspan="2">0.794</td><td rowspan="2">53</td><td rowspan="2">104</td><td rowspan="2">56</td><td rowspan="2">107</td><td>9</td><td>25</td><td>17</td><td>37</td><td rowspan="11">13</td><td rowspan="4">51</td></tr>
<tr><td>No. 8-32</td><td>10</td><td>26</td><td>18</td><td>39</td></tr>
<tr><td>No. 10-24</td><td rowspan="2">24</td><td rowspan="2">1.058</td><td rowspan="2">69</td><td rowspan="2">137</td><td rowspan="2">71</td><td rowspan="2">122</td><td rowspan="2">11</td><td>29</td><td>20</td><td>44</td></tr>
<tr><td>No. 12-24</td><td>30</td><td>21</td><td>45</td></tr>
<tr><td>1/4-20</td><td>20</td><td>1.270</td><td>84</td><td>165</td><td>81</td><td>145</td><td>12</td><td>33</td><td>23</td><td>49</td><td>43</td><td>73</td><td rowspan="3">64</td></tr>
<tr><td>5/16-18</td><td>18</td><td>1.411</td><td>91</td><td>158</td><td>89</td><td>152</td><td>13</td><td>36</td><td>24</td><td>53</td><td>46</td><td>80</td></tr>
<tr><td>3/8-16</td><td>16</td><td>1.588</td><td>102</td><td>206</td><td>99</td><td>163</td><td>14</td><td>38</td><td>26</td><td>58</td><td>50</td><td>86</td></tr>
<tr><td>7/16-14</td><td>14</td><td>1.814</td><td>119</td><td>236</td><td>112</td><td>188</td><td rowspan="2">16</td><td>42</td><td>28</td><td>62</td><td>54</td><td>93</td><td rowspan="4">76</td></tr>
<tr><td>1/2-13</td><td>13</td><td>1.954</td><td>127</td><td>254</td><td>119</td><td>196</td><td>44</td><td>30</td><td>66</td><td>57</td><td>98</td></tr>
<tr><td>9/16-12</td><td>12</td><td>2.117</td><td>137</td><td>274</td><td>127</td><td>203</td><td>17</td><td>46</td><td>32</td><td>69</td><td>60</td><td>103</td></tr>
<tr><td>5/8-11</td><td>11</td><td>2.309</td><td>150</td><td>300</td><td>137</td><td>213</td><td>18</td><td>48</td><td>33</td><td>73</td><td>63</td><td>108</td></tr>
<tr><td>3/4-10</td><td>10</td><td>2.540</td><td>168</td><td>330</td><td>150</td><td>252</td><td>19</td><td>52</td><td>36</td><td>78</td><td>67</td><td>116</td><td>89</td></tr>
<tr><td>7/8-9</td><td>9</td><td>2.822</td><td>183</td><td>366</td><td>178</td><td>279</td><td>21</td><td>56</td><td>38</td><td>83</td><td>72</td><td>124</td><td rowspan="6">25</td><td rowspan="2">102</td></tr>
<tr><td>1-8</td><td>8</td><td>3.175</td><td>206</td><td>412</td><td>198</td><td>300</td><td>22</td><td>59</td><td>41</td><td>89</td><td>77</td><td>133</td></tr>
<tr><td>$1^{1}/_{8}$-7</td><td rowspan="2">7</td><td rowspan="2">3.629</td><td rowspan="2">236</td><td rowspan="2">472</td><td rowspan="2">221</td><td rowspan="2">335</td><td rowspan="2">24</td><td>64</td><td>44</td><td>96</td><td>83</td><td>143</td><td rowspan="4">114</td></tr>
<tr><td>$1^{1}/_{4}$4-7</td><td>65</td><td>45</td><td>98</td><td>84</td><td>146</td></tr>
<tr><td>$1^{3}/_{8}$-6</td><td rowspan="2">6</td><td rowspan="2">4.233</td><td rowspan="2">277</td><td rowspan="2">551</td><td rowspan="2">254</td><td rowspan="2">368</td><td>26</td><td>70</td><td>48</td><td>105</td><td>91</td><td>157</td></tr>
<tr><td>$1^{1}/_{2}$-6</td><td>27</td><td>71</td><td>49</td><td>107</td><td>93</td><td>159</td></tr>
</table>

表 3-10　统一螺纹细牙（UNF）丝锥螺纹尺寸极限偏差表

螺纹代号	25.4 mm 上牙数	螺距 P mm	大　径 d/μm				中　　径 d_2/μm							
			1 级～3 级		切制		1 级		2 级		3 级		切制	
			下偏差 Js（+）	上偏差 Jm（+）	下偏差 Js（+）	上偏差 Jm（+）	下偏差 Em（+）	上偏差 Es（+）	下偏差 Em（+）	上偏差 Es（+）	下偏差 Em（+）	上偏差 Es（+）	下偏差 Em（+）	上偏差 Es（+）
No. 0-80	80	0.318	13	41	23	61	6	16	11	23	—	—	8	31
No. 1-72	72	0.353	15	46	25	64		17		25				
No. 2-64	64	0.397		51			7	18	12	27			5	
No. 3-56	56	0.454	18	58	10	69		19	13	29				
No. 4-48	48	0.529	23	69	33	84	8	21	14	31				43
No. 5-44	44	0.577	33	76	—	—		22	15	33			—	—
No. 6-40	40	0.635	33	81	41	91	9	23	16	35	—	—	5	43
No. 8-36	36	0.706	38	91	43	94		25	17	37				
No. 10-32	32	0.794	53	104	56	107	10	26	18	40			13	51
No. 12-28	28	0.907	58	117	61	112	11	28	19	43				
1/4-28						124		29	20	44	38	65		
5/16-24	24	1.058	69	137	71	135	12	32	22	48	42	72		
3/8-24							13	34	23	50	43	75		
7/16-20	20	1.270	84	165	81	158	14	37	25	55	48	82		64
1/2-20								38	26	57	49	84		
9/16-18	18	1.411	91	183	89	165	15	40	27	60	52	90		
5/8-18					76			41	28	61	53	92		
3/4-16	16	1.588	102	206	99	201	17	44	30	66	57	99		76
7/8-14	14	1.814	119	236	124	226	18	48	33	72	62	107	25	89
1-12	12	2.117	137	274	140	241	19	52	35	77	67	115		
11/8-12						254	20	53	36	79	69	118		102
11/4-12								54	37	81	70	121		
13/8-12							21	55	38	83	72	124		
11/2-12								57	39	85	73	126		

3. 丝锥螺纹尺寸

（1）丝锥大径

丝锥大径的磨损比中径严重，这是因为牙顶比较尖，切削时散热情况不佳，工作条件较差所致。为此，必须在丝锥大径上给出一定的磨损预备量。

1）普通螺纹丝锥大径

普通螺纹丝锥大径上偏差由制造商自行决定，下偏差 Js 见表 3-5，也可以按式（3-19）计算。

$$\mathrm{Js}=0.4t \tag{3-19}$$

a）普通螺纹丝锥最小大径 $d_{\min}$，按式（3-20）计算：

$$d_{\min}=d+\mathrm{Js} \tag{3-20}$$

b）$d<3$ mm 普通螺纹机用丝锥最大大径 $d_{\max}$，按式（3-21）计算：

$$d_{\max}=d_{\min}+\mathrm{H8} \tag{3-21}$$

c）$d\geqslant 3$ mm 普通螺纹机用丝锥最大大径 $d_{\max}$，按式（3-22）计算：

$$d_{\max}=d_{\min}+\mathrm{H9} \tag{3-22}$$

d）普通螺纹手用丝锥最大大径 $d_{\max}$，按式（3-23）计算：

$$d_{\max}=d_{\min}+\mathrm{H10} \tag{3-23}$$

式中：　　d——普通螺纹丝锥公称直径；

H8、H9、H10——按丝锥公称直径自 GB/T 1800.2 中选取。

2）惠氏螺纹丝锥大径

惠氏螺纹丝锥大径上偏差由制造商自行决定；下偏差 Js 见表 3-7 和表 3-8。

a）惠氏螺纹丝锥最小大径 $d_{\min}$，按式（3-24）计算：

$$d_{\min}=d+\mathrm{Js} \tag{3-24}$$

b）惠氏螺纹机用（磨制）丝锥最大大径 $d_{\max}$，按式（3-25）计算：

$$d_{\max}=d_{\min}+\mathrm{H9} \tag{3-25}$$

c）惠氏螺纹手用（切制）丝锥最大大径 $d_{\max}$，按式（3-26）计算：

$$d_{\max}=d_{\min}+\mathrm{H10} \tag{3-26}$$

式中：d——惠氏螺纹丝锥公称直径。

3）统一螺纹丝锥大径

统一螺纹丝锥大径上偏差和下偏差见表 3-9 和表 3-10。

a）统一螺纹丝锥最小大径 d_{min}，按式（3-27）计算：

$$d_{min}=d+Js \tag{3-27}$$

b）统一螺纹丝锥最大大径 d_{max}，按式（3-28）计算：

$$d_{max}=d_{min}+Jm \tag{3-28}$$

式中：d——统一螺纹丝锥公称直径，可自表 3-3 查得或按式（3-13）计算（寸制表示统一螺纹）。

（2）丝锥中径

1）丝锥最小中径 $d_{2\ min}$，按式（3-29）计算：

$$d_{2\ min}=d_2+Em \tag{3-29}$$

2）丝锥最大中径 $d_{2\ max}$，按式（3-30）计算：

$$d_{2\ max}=d_2+Es \tag{3-30}$$

式中：d_2——螺纹基本中径。

普通螺纹基本中径计算式见表 3-1；惠氏螺纹基本中径计算式见表 3-2；统一螺纹基本中径计算式见表 3-4。

其中普通螺纹丝锥中径公差 Td_2，上偏差 Es，下偏差 Em 数值是按 t（5 级内螺纹中径公差 TD_2）的百分比计算得出，见表 3-11。

表 3-11　普通螺纹丝锥螺纹中径公差计算式

丝锥公差带代号	丝锥中径下偏差 Em	丝锥中径公差 Td_2	丝锥中径上偏差 Es
H1	0. 10t	0. 20t	0. 30t
H2	0. 30t		0. 50t
H3	0. 50t		0. 70t
H4	0. 15t	0. 50t	0. 65t

从表 3-11 中可看出，H1、H2、H3 机用丝锥的中径公差 Td_2 是相同的，即 Td_2 等于 0. 20 t。丝锥中径公差带相对于内螺纹中径公差带的关系见图 3-6。

国家标准 GB/T 968—2007 各级丝锥中径公差带对应所能够加工的内螺纹公差带如表 3-12 所示。由于影响螺纹加工精度的因素很多，表中所列仅能作为选择丝锥时参考。使用者可按加工条件根据生产经验或通过试验，在标准所列范围内选用最适当的丝锥。

例如，在中碳钢工件上加工 6H 螺纹时，可选用 H2 丝锥；而加工铸件时，由于丝锥中径磨损快，螺孔扩张量小，则选用 H3 丝锥较好。再如加工锌合金件时，由于螺孔收缩，也以选用 H3 丝锥为宜。

表 3-12　各种公差带的普通螺纹丝锥所能加工的内螺纹公差带

丝锥公差带代号 （GB/T 968—2007）	适用于内螺纹公差带代号
H1	4H、5H
H2	5G、6H
H3	6G、7H、7G
H4	6H、7H

总之，选择丝锥中径公差带时，必须考虑到丝锥中径本身的制造误差、丝锥螺纹的螺距误差和牙型角误差；丝锥前刃面在使用过程中磨损导致中径减小，以及铲背丝锥在重磨过程中的中径减小等因素。还要考虑到螺孔加工过程中的扩张量与切削液的影响等因素。

（3）丝锥小径

丝锥牙底不应参加切削工作，这一原则适用于本节中提到的各种丝锥。国家标准或行业标准对丝锥小径没有规定具体公差，而由丝锥制造厂自行规定。但有一原则是各级丝锥小径 d_1 均应小于被加工螺母的最小小径，而且丝锥牙底圆弧亦不应超过螺母的最小小径，即图 3-4 和图 3-5 中的 *AB* 线位置。*AB* 线以上牙型为直线部分，*AB* 线以下部分为圆弧或任意形状。为保证丝锥小径不参加切削（只起修光毛刺的作用）以减小丝锥折断的危险，丝锥制造厂一般都会将丝锥最小小径赋予一定值的减小量。

1）丝锥小径最小小径 $d_{1\,min}$，按式（3-31）计算：

$$d_{1\,min}=d_1-0.025P \tag{3-31}$$

2）丝锥最大小径 $d_{1\,max}$，按式（3-32）计算：

$$d_{1\,max}=d_1（即\ AB\ 线位置） \tag{3-32}$$

式中：d_1——螺纹基本小径。

普通螺纹基本小径计算式见表 3-1；惠氏螺纹基本小径计算式见表 3-2；统一螺纹基本小径计算式见表 3-4。

（4）螺纹牙型角 α 和牙侧角 $\alpha/2$ 偏差

如果只规定牙型角的偏差而不规定牙侧角的偏差，则牙型就有可能偏向一边。所以，国家标准和行业标准给定的是牙侧角偏差，其偏差值对牙型角和牙侧角都适用。

1）普通螺纹牙侧角 $\alpha/2$ 偏差见表 3-13。

表 3-13　普通螺纹丝锥牙侧角偏差

螺　距 P/mm	H1、H2、H3 牙侧角偏差	螺　距 P/mm	H4 牙侧角偏差
0. 20~0. 25	±70′	0. 20~0. 25	±70′
0. 30~0. 40	±50′	0. 30~0. 45	±60′
0. 45~0. 60	±35′	0. 50~1. 25	±50′
0. 70~0. 80	±30′	1. 50~1. 75	±45′
1. 00~1. 50	±25′	2. 00~2. 50	±40′
1. 75~3. 00	±20′	3. 00	±35′
3. 50~6. 00	±15′	—	—

2）惠氏螺纹牙侧角 $\alpha/2$ 偏差见表 3-14。

表 3-14　惠氏螺纹丝锥牙侧角偏差

<table>
<tr><td colspan="2" rowspan="2">每 25. 4 mm 上牙数</td><td colspan="4">牙侧角偏差</td></tr>
<tr><td colspan="2">2 级、3 级（磨制）</td><td colspan="2">切制</td></tr>
<tr><td>BSW</td><td>BSF</td><td>BSW</td><td>BSF</td><td>BSW</td><td>BSF</td></tr>
<tr><td>40</td><td>—</td><td>±35′</td><td>—</td><td>±50′</td><td>—</td></tr>
<tr><td>—</td><td>32</td><td rowspan="3">—</td><td>±30′</td><td rowspan="3">—</td><td rowspan="3">±50′</td></tr>
<tr><td>—</td><td>28</td><td rowspan="2">±25′</td></tr>
<tr><td>—</td><td>26</td></tr>
<tr><td>24</td><td>—</td><td>±25′</td><td>—</td><td>±50′</td><td>—</td></tr>
</table>

续表

<table>
<tr><th colspan="2" rowspan="2">每 25.4 mm 上牙数</th><th colspan="4">牙侧角偏差</th></tr>
<tr><th colspan="2">2 级、3 级（磨制）</th><th colspan="2">切制</th></tr>
<tr><th>BSW</th><th>BSF</th><th>BSW</th><th>BSF</th><th>BSW</th><th>BSF</th></tr>
<tr><td>—</td><td>22</td><td>—</td><td rowspan="4">±25′</td><td>—</td><td rowspan="2">±50′</td></tr>
<tr><td>20</td><td>20</td><td rowspan="3">±25′</td><td>±50′</td></tr>
<tr><td>18</td><td>18</td><td rowspan="3">±45′</td><td rowspan="3">±45′</td></tr>
<tr><td>16</td><td>16</td></tr>
<tr><td>14</td><td>14</td><td rowspan="6">±20′</td><td rowspan="6">±20′</td></tr>
<tr><td>12</td><td>12</td><td rowspan="3">±40′</td><td rowspan="3">±40′</td></tr>
<tr><td>11</td><td>11</td></tr>
<tr><td>10</td><td>10</td></tr>
<tr><td>9</td><td>9</td><td rowspan="4">±35′</td><td rowspan="2">±35′</td></tr>
<tr><td>8</td><td>8</td></tr>
<tr><td>7</td><td>7</td><td rowspan="9">±15′</td><td rowspan="4">±15′</td><td>±30′</td></tr>
<tr><td>6</td><td>6</td><td rowspan="3">±25′</td></tr>
<tr><td>5</td><td>5</td><td rowspan="6">±35′</td></tr>
<tr><td>$4^1/_2$</td><td>$4^1/_2$</td></tr>
<tr><td>4</td><td>—</td><td rowspan="4">—</td><td rowspan="4">—</td></tr>
<tr><td>$3^1/_2$</td><td>—</td></tr>
<tr><td>$3^1/_4$</td><td>—</td></tr>
<tr><td>3</td><td>—</td></tr>
</table>

3）统一螺纹牙侧角 $\alpha/2$ 偏差见表 3-15。

表 3-15　统一螺纹丝锥牙型半角（牙侧角）偏差

<table>
<tr><th rowspan="2">每 25.4 mm 上牙数</th><th colspan="2">牙侧角偏差</th><th rowspan="2">每 25.4 mm 上牙数</th><th colspan="2">牙侧角偏差</th></tr>
<tr><th>1 级、2 级、3 级</th><th>切制</th><th>1 级、2 级、3 级</th><th>切制</th></tr>
<tr><td>80</td><td rowspan="6">±30′</td><td rowspan="2">±65′</td><td>40</td><td>±30′</td><td rowspan="3">±60′</td></tr>
<tr><td>72</td><td>36</td><td rowspan="5"></td></tr>
<tr><td>64</td><td rowspan="4">±60′</td><td>32</td></tr>
<tr><td>56</td><td>28</td><td rowspan="3">±45′</td></tr>
<tr><td>48</td><td>24</td></tr>
<tr><td>44</td><td>20</td></tr>
</table>

续表

<table>
<tr><th rowspan="2">每 25.4 mm 上牙数</th><th colspan="2">牙侧角偏差</th><th rowspan="2">每 25.4 mm 上牙数</th><th colspan="2">牙侧角偏差</th></tr>
<tr><th>1 级、2 级、3 级</th><th>切制</th><th>1 级、2 级、3 级</th><th>切制</th></tr>
<tr><td>18</td><td rowspan="7">±30′</td><td rowspan="7">±45′</td><td>9</td><td rowspan="6">±25′</td><td rowspan="4">±40′</td></tr>
<tr><td>16</td><td>8</td></tr>
<tr><td>14</td><td>7</td></tr>
<tr><td>13</td><td>6</td></tr>
<tr><td>12</td><td>5</td><td>±35′</td></tr>
<tr><td>11</td><td>$4^{1}/_{2}$</td><td></td></tr>
<tr><td>10</td><td>—</td><td>—</td><td>—</td></tr>
</table>

（5）螺距偏差

螺距偏差是指在一定数量螺距上的测量值对公称值的偏差。国家标准和行业标准按螺距不同分别规定了不同的螺距偏差。

1）普通螺纹丝锥螺距偏差见表 3-16。

表 3-16　普通螺纹丝锥的螺距偏差

<table>
<tr><th rowspan="2">螺　距
P/mm</th><th rowspan="2">测量牙数
个</th><th colspan="2">螺距偏差/mm</th></tr>
<tr><th>H1、H2、H3</th><th>H4</th></tr>
<tr><td>0.20~0.60</td><td>12</td><td rowspan="3">±0.008</td><td>±0.020</td></tr>
<tr><td>0.70~1.25</td><td>9</td><td>±0.025</td></tr>
<tr><td>1.50</td><td rowspan="12">7</td><td rowspan="3">±0.035</td></tr>
<tr><td>1.75</td><td>±0.009</td></tr>
<tr><td>2.00</td><td rowspan="2">±0.010</td></tr>
<tr><td>2.50</td><td rowspan="2">±0.050</td></tr>
<tr><td>3.00</td><td>±0.012</td></tr>
<tr><td>3.50</td><td>±0.013</td><td rowspan="7">—</td></tr>
<tr><td>4.00</td><td>±0.014</td></tr>
<tr><td>4.50</td><td>±0.015</td></tr>
<tr><td>5.00</td><td>±0.016</td></tr>
<tr><td>5.50</td><td>±0.017</td></tr>
<tr><td>6.00</td><td>±0.018</td></tr>
</table>

2）惠氏螺纹丝锥螺距偏差：在 25.4 mm 长度上，2 级、3 级磨制丝锥为 0.011 mm，切制丝锥为 0.076 mm。

3）统一螺纹丝锥螺距偏差：在 25.4 mm 长度上，1 级、2 级、3 级磨制丝锥为 0.012 7 mm，切制丝锥为 0.076 mm。

二、板牙组合丝锥

板牙组合丝锥是加工板牙螺纹的专用工具，而板牙是加工外螺纹的刀具，这使得组合丝锥的设计计算有着不同于普通丝锥的特点：不仅要考虑板牙螺纹加工在断续切削条件下的高精度和低粗糙度要求，还要考虑板牙的切削特性，以使其能加工所需的外螺纹。

1. 组合丝锥的形式

1）组合丝锥的形式见图 3-10、图 3-11，基本尺寸见表 3-17、表 3-18、表 3-19。

2）板牙组合丝锥的长度由切削部分 l_1、校正部分长度和柄部长度组成。切削部分 l_1 主要起切削螺纹的作用。校正部分长度对已成型螺纹起校正作用。

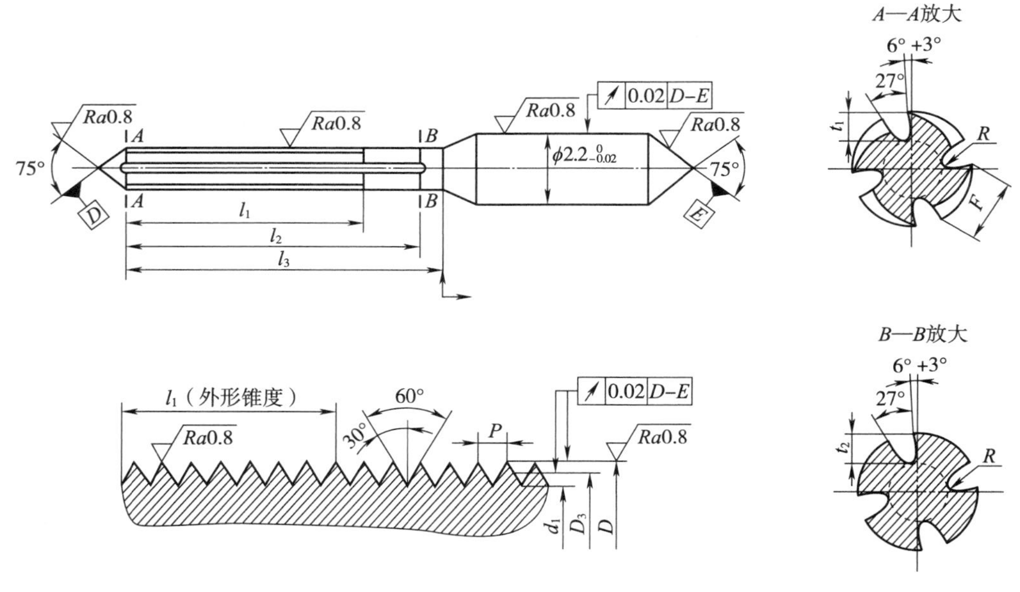

技术条件

1. 硬度：螺纹部分 63~65HRC，柄部 35~50HRC。 2. 螺距误差在 10 牙长度内为±0. 007 mm。

3. 螺旋沟圆周齿距误差为 0. 1 mm。 4. 铲磨量：切削部分外径为 K。

5. 冰冷处理。 6. 材料：HSS。 7. 标志：规格、编号。

图 3-10 M1~M1.8 的组合丝锥

表 3-17　M1~M1.8 的组合丝锥尺寸表　　单位：mm

代 号	l_1	l_2	l_3	R	t_1	t_2	F（参考）
M1×0.25	10	14	15	0.05	0.23	0.21	0.52
M1.2×0.25	10	14	15	0.05	0.28	0.22	0.58
M1.4×0.30	12	16	17	0.05	0.33	0.23	0.68
M1.6×0.35	13.5	19	21	0.1	0.37	0.28	0.78
M1.8×0.35	13.5	19	21	0.1	0.38	0.29	0.88

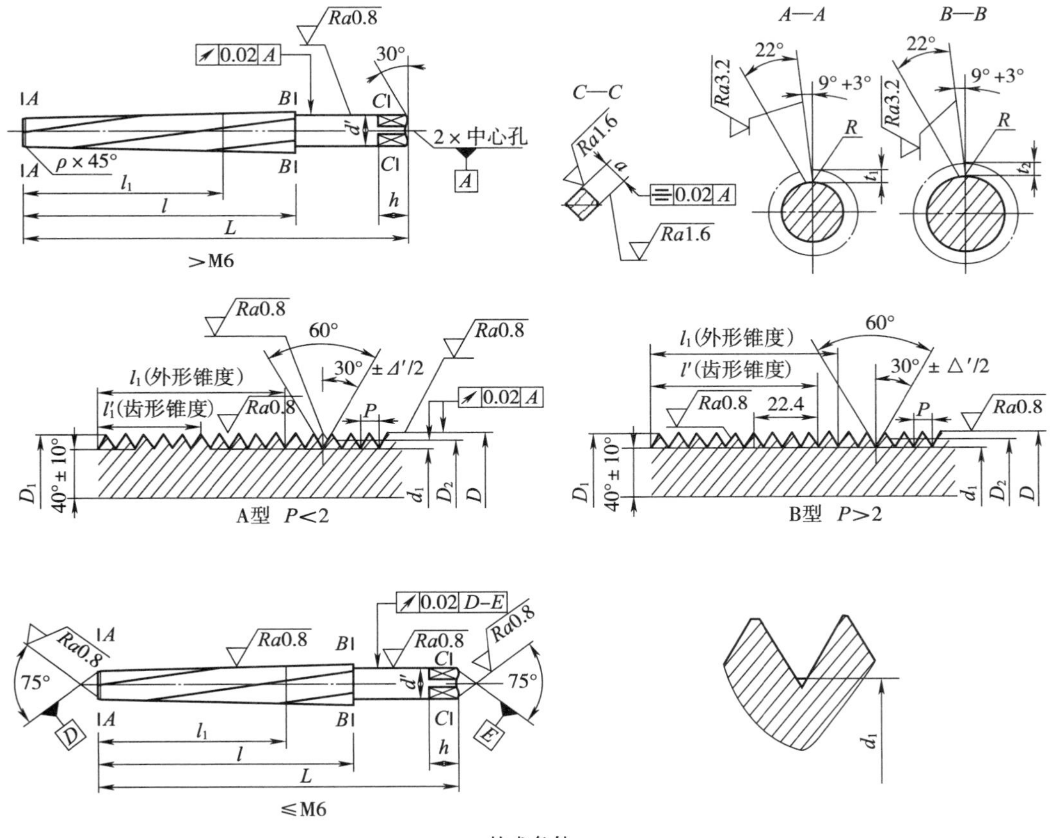

技术条件

1. 硬度：螺纹部分 63~66HRC，柄部 40~50HRC。　2. 螺距误差在 2.5 mm 长度内为±0.01 mm。

3. 螺旋沟圆周齿距误差为 0.1 mm，最大累积误差为 0.2 mm。

4. 铲磨量：切削部分外径为 K，校正部分外径、中径不允许有正锥度。

5. 右旋丝锥的沟为左旋，左旋丝锥的沟为右旋，刃沟数为 8。

6. 螺距 $P\geqslant16$ 牙时，丝锥其校正部分末端必须去掉 1/3 不完整牙或倒角 $P\times45°$。

7. 齿形刃口应锋利，不得有钝口和退火现象。　8. 标志、规格、编号。

图 3-11　M2~M27 的组合丝锥

表 3-18　粗牙普通螺纹用组合丝锥尺寸表（M2～M52）　单位：mm

规格	L	l	l_1	l_1'	d'	a	h	n	R	t_1	t_2
M2×0.4	35	23	19	12	$1.0_{-0.02}^{0}$	$1.1_{-0.06}^{0}$	4	4	0.2	0.45	0.35
M2.2×0.45	38	25	21	13	$1.6_{-0.02}^{0}$	$1.2_{-0.06}^{0}$	4	4	0.25	0.50	0.40
M2.5×0.45	38	25	21	13	$1.9_{-0.02}^{0}$	$1.5_{-0.06}^{0}$	4	4	0.25	0.60	0.50
M3×0.5	45	28	23	14	$2.2_{-0.02}^{0}$	$1.6_{-0.06}^{0}$	5	4	0.3	0.75	0.65
M3.5×0.6	50	32	27	17	$2.5_{-0.02}^{0}$	$2.1_{-0.06}^{0}$	5	4	0.3	0.85	0.70
M4×0.7	56	37	32	19	$2.9_{-0.02}^{0}$	$2.4_{-0.06}^{0}$	6	4	0.3	1.05	0.90
M4.5×0.75	58	39	34	20	$3.5_{-0.025}^{0}$	$2.7_{-0.06}^{0}$	6	4	0.3	1.10	0.95
M5×0.8	65	44	37	22	$3.7_{-0.025}^{0}$	$3.0_{-0.08}^{0}$	6	5	0.3	1.2	1.05
M6×1	75	52	44	26	$4.5_{-0.025}^{0}$	$3.4_{-0.08}^{0}$	6	5	0.35	1.5	1.30
M7×1	75	52	44	26	$4.5_{-0.025}^{0}$	$3.4_{-0.08}^{0}$	6	5	0.35	1.5	1.3
M8×1.25	90	65	55	33	$5.9_{-0.025}^{0}$	$4.9_{-0.08}^{0}$	8	5	0.5	1.85	1.55
M9×1.25	90	65	55	33	$5.9_{-0.025}^{0}$	$4.9_{-0.08}^{0}$	8	5	0.5	1.85	1.55
M10×1.5	108	79	67	40	$7.2_{-0.03}^{0}$	$5.5_{-0.08}^{0}$	8	5	0.6	2.25	1.95
M11×1.5	108	79	67	40	$8.5_{-0.03}^{0}$	$7.0_{-0.10}^{0}$	10	5	0.6	2.25	1.95
M12×1.75	124	92	78	47	$9.4_{-0.03}^{0}$	$7.0_{-0.10}^{0}$	10	5	0.6	3.2	2.8
M14×2	136	104	88	53	$10.5_{-0.035}^{0}$	$8.0_{-0.10}^{0}$	10	6	0.7	2.8	2.2
M16×2	142	104	88	53	$12.5_{-0.035}^{0}$	$10_{-0.10}^{0}$	13	5	0.7	2.8	2.5
M18×2.5	172	129	109	66	$12.5_{-0.035}^{0}$	$10_{-0.10}^{0}$	13	6	1.0	3.5	2.8
M20×2.5	172	129	109	66	$15_{-0.035}^{0}$	$12_{-0.12}^{0}$	15	7	1.0	3.5	2.8
M22×2.5	175	129	109	66	$18_{-0.035}^{0}$	$14.5_{-0.12}^{0}$	17	6	1.0	3.5	2.8
M24×3	208	154	130	78	$18_{-0.035}^{0}$	$14.5_{-0.12}^{0}$	17	7	1.2	4.0	3.15
M27×3	208	154	130	78	$23_{-0.035}^{0}$	$18_{-0.12}^{0}$	21	6	1.2	4.0	3.5

表 3-19　细牙普通螺纹用组合丝锥尺寸表（M2～M52）　单位：mm

规格	L	l	l_1	l_1'	d'	a	h	n	R	t_1	t_2
M2×0.25	28	15	13	8	$1.6_{-0.02}^{0}$	$1.2_{-0.06}^{0}$	4	4	0.2	0.45	0.39
M2.2×0.25	28	15	13	8	$1.6_{-0.02}^{0}$	$1.2_{-0.06}^{0}$	4	4	0.25	0.50	0.46
M2.5×0.35	35	20	17	10	$1.9_{-0.02}^{0}$	$1.5_{-0.06}^{0}$	4	4	0.25	0.60	0.51
M3×0.35	35	20	17	10	$2.5_{-0.02}^{0}$	$2.1_{-0.06}^{0}$	5	4	0.3	0.75	0.66
M3.5×0.35	38	21	18	11	$2.9_{-0.02}^{0}$	$2.4_{-0.06}^{0}$	5	4	0.3	0.85	0.71
M4×0.5	48	28	24	14	$2.9_{-0.02}^{0}$	$2.4_{-0.06}^{0}$	6	4	0.3	1.05	0.94

续表

规格	L	l	l_1	l_1'	d'	a	h	n	R	t_1	t_2
M4. 5×0. 5	48	28	24	14	$3.7_{-0.025}^{0}$	$3.0_{-0.08}^{0}$	6	4	0. 3	1. 10	0. 98
5×0. 5	48	28	24	14	$3.7_{-0.025}^{0}$	$3.0_{-0.08}^{0}$	6	5	0. 3	1. 2	1. 09
M5. 5×0. 5	50	31	27	16	$4.5_{-0.025}^{0}$	$3.4_{-0.08}^{0}$	6	5	0. 35	1. 5	1. 41
M6×0. 75	62	41	35	21	$4.5_{-0.025}^{0}$	$3.4_{-0.08}^{0}$	6	5	0. 35	1. 5	1. 36
M7×0. 75	62	41	35	21	$5.9_{-0.025}^{0}$	$4.9_{-0.08}^{0}$	6	5	0. 35	1. 5	1. 33
M8×0. 75	64	41	35	21	$5.9_{-0.025}^{0}$	$4.9_{-0.08}^{0}$	8	5	0. 5	1. 85	1. 69
M8×1	78	52	44	26	$5.9_{-0.025}^{0}$	$4.9_{-0.08}^{0}$	8	5	0. 5	1. 85	1. 64
M9×0. 75	64	41	35	21	$7.2_{-0.03}^{0}$	$5.5_{-0.08}^{0}$	8	5	0. 5	1. 85	1. 69
M9×1	78	52	44	26	$7.2_{-0.03}^{0}$	$5.5_{-0.08}^{0}$	8	5	0. 5	1. 85	1. 64
M10×0. 75	66	42	36	22	$7.2_{-0.03}^{0}$	$5.5_{-0.08}^{0}$	8	5	0. 6	2. 25	2. 08
M10×1	78	53	45	27	$7.2_{-0.03}^{0}$	$5.5_{-0.08}^{0}$	8	5	0. 5	2. 25	2. 03
M10×1. 25	95	67	57	34	$7.2_{-0.03}^{0}$	$5.5_{-0.08}^{0}$	8	5	0. 5	2. 25	2. 0
M11×0. 75	68	42	36	22	$8.5_{-0.03}^{0}$	$7.0_{-0.10}^{0}$	10	5	0. 6	2. 25	2. 08
M11×1	80	53	45	27	$8.5_{-0.03}^{0}$	$7.0_{-0.10}^{0}$	10	5	0. 5	2. 25	2. 03
M12×1	85	54	46	28	$9.4_{-0.03}^{0}$	$7.0_{-0.10}^{0}$	10	5	0. 6	3. 2	2. 97
M12×1. 25	95	67	57	34	$9.4_{-0.03}^{0}$	$7.0_{-0.10}^{0}$	10	5	0. 6	3. 2	2. 92
M12×1. 5	115	80	68	41	$9.4_{-0.03}^{0}$	$7.0_{-0.10}^{0}$	10	5	0. 6	3. 2	2. 86
M12×1. 75	124	92	78	47	$9.4_{-0.03}^{0}$	$7.0_{-0.10}^{0}$	10	5	0. 6	3. 2	2. 8
M14×1	85	54	46	28	$10.5_{-0.035}^{0}$	$8.0_{-0.10}^{0}$	10	6	0. 7	2. 8	2. 57
M14×1. 25	95	67	57	34	$10.5_{-0.035}^{0}$	$8.0_{-0.10}^{0}$	10	6	0. 7	2. 8	2. 52
M14×1. 5	115	80	68	41	$10.5_{-0.035}^{0}$	$8.0_{-0.10}^{0}$	10	6	0. 7	2. 8	2. 46
M14×2	136	104	88	53	$10.5_{-0.035}^{0}$	$8.0_{-0.10}^{0}$	10	6	0. 7	2. 8	2. 2
M16×1	88	54	46	28	$12.5_{-0.035}^{0}$	$10_{-0.10}^{0}$	13	5	0. 7	3. 1	2. 5
M16×1. 5	118	80	68	41	$12.5_{-0.035}^{0}$	$10_{-0.10}^{0}$	13	5	0. 7	3. 4	2. 5
M18×1	90	55	47	29	$16_{-0.035}^{0}$	$12_{-0.10}^{0}$	15	6	1. 0	3. 5	3. 28
M18×1. 5	120	81	69	42	$16_{-0.035}^{0}$	$12_{-0.10}^{0}$	15	6	1. 0	3. 5	3. 15
M18×2	145	105	88	53	$16_{-0.035}^{0}$	$12_{-0.10}^{0}$	15	6	1. 0	3. 5	3. 09
M20×1	90	55	47	29	$16_{-0.035}^{0}$	$12_{-0.10}^{0}$	15	7	1. 0	3. 5	3. 28
M20×1. 5	120	81	69	42	$16_{-0.035}^{0}$	$12_{-0.10}^{0}$	15	7	1. 0	3. 5	3. 15
M20×2	145	105	88	53	$16_{-0.035}^{0}$	$12_{-0.10}^{0}$	15	7	1. 0	3. 5	3. 09
M22×1	90	55	47	29	$18_{-0.035}^{0}$	$14.5_{-0.10}^{0}$	19	7	1. 0	3. 5	3. 28

续表

规格	L	l	l_1	l'_1	d'	a	h	n	R	t_1	t_2
M22×1.5	125	81	69	42	$18_{-0.035}^{0}$	$14.5_{-0.10}^{0}$	17	6	1.0	3.4	3.0
M22×2	148	105	88	53	$18_{-0.035}^{0}$	$14.5_{-0.10}^{0}$	17	6	1.0	3.5	3.0
M24×1	90	55	47	29	$20_{-0.045}^{0}$	$16_{-0.12}^{0}$	19	7	1.2	4.0	3.76
M24×1.5	125	81	69	42	$20_{-0.045}^{0}$	$16_{-0.12}^{0}$	19	7	1.2	4.0	3.65
M24×2	155	108	89	54	$20_{-0.045}^{0}$	$16_{-0.12}^{0}$	19	7	1.2	4.0	3.56
M27×1	90	56	48	30	$20_{-0.045}^{0}$	$16_{-0.12}^{0}$	19	7	1.2	4.0	3.76
M27×1.5	125	81	69	42	$23_{-0.045}^{0}$	$18_{-0.12}^{0}$	21	7	1.2	4.0	3.65
M27×2	155	108	89	54	$23_{-0.045}^{0}$	$18_{-0.12}^{0}$	21	6	1.2	4.2	3.5

注：n 为组合丝锥沟槽数。

2. 板牙组合丝锥的结构设计

（1）刃沟数 n

板牙丝锥刃沟数一般取板牙的容屑孔数加 1，以增加攻螺纹时的稳定性，并确保螺纹与板牙的位置偏差。

$$n=N_{板}+1$$

式中：$N_{板}$——圆板牙容屑孔数。

（2）切削部分长度 l_1 及切削锥角 κ_r（见图 3-12）

在板牙丝锥外径切削锥 l_1 长度上，有切削锥角 κ_r。切削锥长度和切削锥角按下式计算：

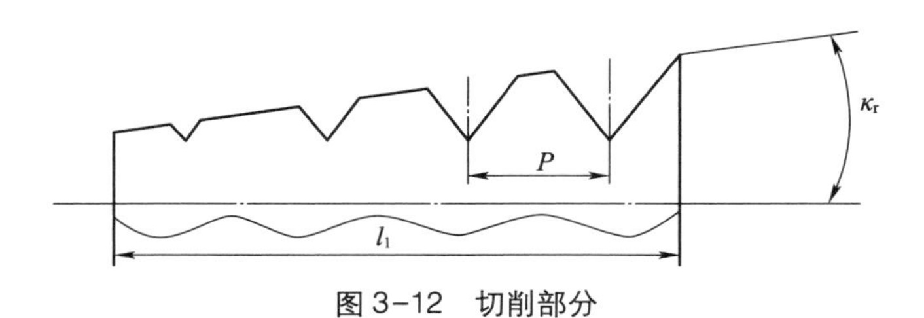

图 3-12　切削部分

$$l_1=E/2+(D-d_{孔})/2\ \tan\kappa_r,$$

$$\tan\kappa_r=n\cdot a_z/P$$

式中：D——板牙螺纹大径，详见后面介绍；

$d_{孔}$——圆板牙攻螺纹前孔径，$d_{孔}=D_1-(0.1\sim0.2)$ mm，D_1 为板牙螺纹小径；

$E/2$——圆板牙厚度的一半；

a_z——单刃切削厚度（螺距 $P=0.2\sim5$ mm，a_z 取 $0.009\sim0.017$ mm）；

n——刃沟数。

将分别选取的 a_z 代入以上公式得：

$d=1\sim1.8$ mm，$\kappa_r=1°8'47''$（切削部分锥度为 1∶25）

$d=2\sim52$ mm，$\kappa_r=57'18''$（切削部分锥度为 1∶30）

$d=1\sim1.8$ mm，$l_1=25(D-d_{孔})+E/2$

$d=2\sim52$ mm，$l_1=30(D-d_{孔})+E/2$

（3）牙型锥度 l_1'

为了使丝锥的小径参加切削，以保证螺纹的大径、中径和小径的同轴度，在牙型锥度 l_1'长度上（一般取 $0.6l_1\sim0.8l_1$，特殊情况也有取 $0.9l_1\sim0.95l_1$），切削锥角固定为 $\kappa_r'=0°40'$，如 $P\geqslant2$ mm 的丝锥则增加一段 $0°15'$的双重锥角。

（4）丝锥前端直径 D_x

$$D_x=d_{孔}-0.5E/25(d=1\sim1.8\ \text{mm})$$

$$D_x=d_{孔}-0.5E/30(d=2\sim52\ \text{mm})$$

（5）刃沟螺旋角 ω 及导程 T

板牙丝锥螺旋槽应做成正锥度，确保切削时的强度、稳定性和切屑的流向。螺旋槽的宽度既要满足铲磨工艺的加工需要，又不因螺旋槽过宽而影响使用寿命。

取沟槽的螺旋角 ω 等于螺纹升角 λ，刃沟与螺纹垂直，减少切削时螺纹牙侧角的干涉。

$$\tan\omega=\tan\lambda=P/(\pi D_2)$$

$$T=\pi\cdot D_2/\tan\omega\ （T\ 较大时可制成直槽）$$

以往铣槽的导程必须和螺纹磨床上的差动挂轮的导程一致。现在的 CNC 沟槽磨床已经能够满足热处理之后直接磨槽，这一问题已经解决了。

（6）外径铲磨量 K 和中径铲磨量 K_1

板牙丝锥切削部分外径铲磨量以下公式计算：

$$K=\pi\cdot D\cdot\tan\alpha/n$$

式中：α——$2°\sim3°$；

n——沟槽数。

板牙丝锥中径铲磨量：

$$K_1=0.01\sim0.03\ \text{mm}。$$

（7）牙侧角的偏差

见表 3-20。

表 3-20　牙侧角偏差

螺距 P/mm	0.4	0.45	0.5	0.6	0.7~0.75	0.8	1.00	1.25	1.50	1.75	2.00	2.50~5.00
$\pm\Delta\alpha$	45′	40′	35′	30′	25′	17′	14′	13′	12′	11′	10′	9′

（8）柄部直径 d 和方头尺寸

$$d=d_1-(0.2\sim8.0)$$

式中：d_1——板牙组合丝锥的螺纹小径。

柄部直径 d、方头尺寸 a 和方头长度 h，应按相关标准选取（见表 3-21）。

表 3-21　柄部直径和方头尺寸　　单位：mm

d	1.4	1.6	1.9	2.2	2.5	2.9	3	3.7	4.5	5.9	7.2	8.5	9.4
a	1.2	1.2	1.5	1.6	2.1	2.4	2.4	3.0	3.4	4.9	5.5	7.0	7.0
h	4	4	4	5	5	6	6	6	6	8	8	10	10
d	10.5	12.5	15.0	18.0	20.0	23.0	26.0	28.0	32.0	34.0	37.0	38.0	42.0
a	8.0	10.0	12.0	14.5	16.0	18.0	20.0	22.0	24.0	26.0	29.0	29.0	32.0
h	11	13	15	17	19	21	23	25	27	29	32	32	35

3. 板牙丝锥螺纹公差的计算

组合丝锥的螺纹公差如图 3-13 所示。

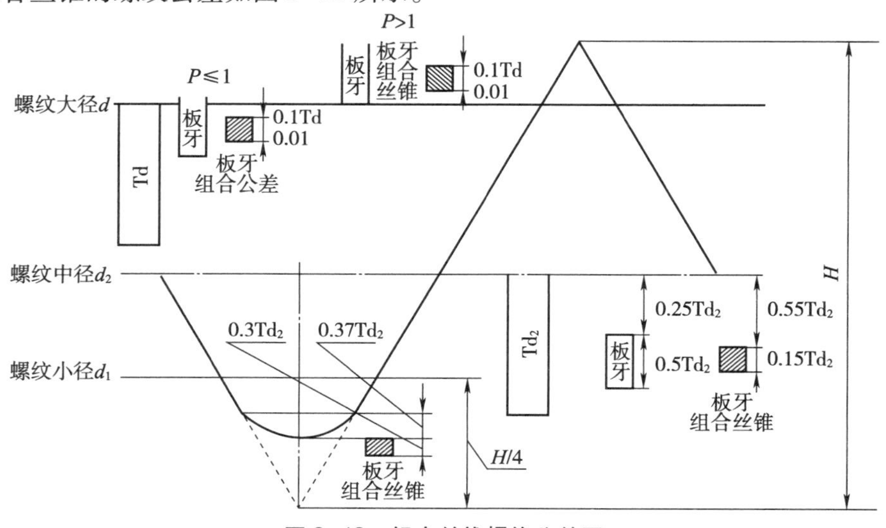

图 3-13　组合丝锥螺纹公差图

（1）螺纹大径 D

确定板牙丝锥大径 D 时：

1）板牙螺纹大径一般不作规定，板牙丝锥螺纹大径上偏差越高，磨损储备量越大。但又不宜取得过大，以免板牙丝锥因中径磨损而报废。

2）板牙丝锥大径下偏差应以工件不参加切削为限（仅允许其修光毛刺）。

3）板牙丝锥大径上偏差选择时，应当使丝锥齿顶宽不小于 0.04 mm。

$P\leqslant 1$ mm　　$D=d-0.1\mathrm{Td}$　　偏差为（$-0.01\sim-0.1$）Td

$P\leqslant 1.25$ mm　　$D=d+0.1+0.1\mathrm{Td}$　　偏差为 -0.01Td

式中：d——工件外螺纹大径；

Td——工件外螺纹大径公差。

（2）螺纹中径 D_2

确定板牙丝锥螺纹中径 D_2 时：

1）为保证板牙有足够的磨损储备量和制造板牙时的扩张量，板牙丝锥中径上偏差应与公称中径相差（0.45~0.70）Td_2，即最大中径 $D_{2\max}$ 为：

$$D_{2\max}=d_2-(0.45\sim0.70)\mathrm{Td}_2$$

式中：d_2——外螺纹中径；

Td_2——外螺纹中径公差。

2）确定板牙丝锥中径下偏差时，应考虑中径磨损储备量和板牙开始切削时工件螺纹尺寸的减小量以及制造的经济精度。综合考虑，板牙丝锥中径制造公差一般取（0.10~0.15）Td_2，其中径下偏差在此范围确定。

（3）螺纹小径 D_1

$D_1=d_1-0.1443P-0.37\ \mathrm{Td}_2$　　偏差为 $-0.3\ \mathrm{Td}_2$

式中：d_1——外螺纹小径；

P——螺距；

Td_2——外螺纹中径公差。

小径圆弧接点处直径不得大于 D_i：

$$D_i=d_1-(H/4-H/6)=d_1-0.0722P$$

式中：d_1——外螺纹小径；

P——螺距；

D_i——小径圆弧与螺纹斜线的接点处直径。

第二节　常用螺纹刀具设计基础

常用螺纹刀具有：丝锥、螺纹车刀、螺纹梳刀、圆板牙、螺纹铣刀、滚丝轮、搓丝板等。

一、设计原则

1）适应与满足实际加工要求。

2）合理选择刀具材料、结构与几何参数。

3）高效、方便安全可靠。

4）提高劳动生产率，保证加工精度。

5）满足节能降耗及环境保护需求。

二、设计内容

1）合理确定结构形式与尺寸。

2）针对性选择材料和几何参数。

3）技术要求。

4）适当的制造工艺与检测方法。

5）合适的切削规范。

三、设计实例

丝锥是加工内螺纹并能直接获得螺纹尺寸的一种螺纹刀具。丝锥的参数设计，主要包括螺纹参数与切削几何参数两部分。螺纹参数有：外径、中径、底径、螺距、牙侧角等，这些参数应由被加工螺纹的规格与精度要求来确定。

切削几何参数有：切削锥半角、前角、后角、槽斜角、齿槽数等，这些参数应考虑到被加工材料、尺寸、切削方式等因素合理选择。

在设计丝锥的具体参数时，由于被加工螺纹的精度不仅仅取决于丝锥本身，还受使用情况等诸多因素的影响，因此，不能仅根据被加工螺纹的精度等级来确定丝锥的螺纹精度等级，应考虑众多综合因素（人、机、料、法、环、测），以满足用户需求为前提，合理精确地设计丝锥。

1. 普通螺纹丝锥设计计算

已知：有一 M10-6H 的内螺纹（通孔）需加工，被加工材料为 40Cr，调质硬度为 36~40HRC，设计一种标准的高性能机用丝锥。

1）M10 螺纹的相关尺寸：

螺距 $P=1.5$ mm；

螺纹的三径尺寸，可以按表 3-1 计算，也可以在 GB/T 196 中查得：

$$d=10\ \text{mm},\ d_2=9.026\ \text{mm},\ d_1=8.376\ \text{mm}。$$

2）丝锥的形式尺寸：

采用细柄结构，可在 GB/T 3464.1 中查得：丝锥总长 $L=80$ mm，柄部直径 $d_1'=8$ mm，刃部长度 $l=24$ mm，方头长度 $l_2=9$ mm，方头宽度 $a=6.3$ mm。

3）丝锥螺纹公差：

由于 H2 丝锥满足加工 6H 螺纹精度，在 GB/T 968 中可查得：

中径 d_2（H2）的上偏差 Es=+70 μm，下偏差 Em=42 μm；

大径 d 下偏差为+56 μm，上偏差自行规定；

小径 d_1 的上、下偏差自行规定；

螺距偏差为±8μm 或测量牙数为 7；

牙侧角偏差：±25′。

从而可得丝锥螺纹尺寸：

$d_{2\max}=9.026\ \text{mm}+0.07\ \text{mm}=9.096\ \text{mm}$，$d_{2\min}=9.026\ \text{mm}+0.042\ \text{mm}=9.068\ \text{mm}$；

$d_{\min}=10\ \text{mm}+0.056\ \text{mm}=10.056\ \text{mm}$，$d_{\max}$ 由制造厂根据实际需求制定；

$d_{1\max}=8.376$ mm（等于螺纹的小径 d_1）。

4）技术条件：

①丝锥表面粗糙度：螺纹表面 *Ra*0.8 μm、前面 *Ra*0.8 μm、后面 *Ra*1.6 μm、柄部 *Ra*0.8 μm。

②丝锥对公共轴线的圆跳动：切削锥的斜向圆跳动≤0.022 mm；校准部分的径向圆跳动≤0.018 mm；柄部径向圆跳动≤0.03 mm。

③材料：采用 W6Mo5Cr4V2Co5，热处理硬度≥65HRC。

④丝锥总长 L 的公差按 h16，螺纹部分长度 l 的上/下偏差为：0/-3.2 mm。

⑤高性能机用丝锥方头尺寸 a 的公差按 GB/T 4267 的规定为 h12，包括形状和位置误差（建议制造公差为 h11）。

⑥丝锥柄部公差：h9。

5）丝锥的槽形设计：可采用两圆弧一直线槽形、U 型槽形等，可根据加工对象确定。以直槽/螺尖槽/螺旋槽磨床 FTX7 的操作界面为例（见图 3-14）进行介绍。

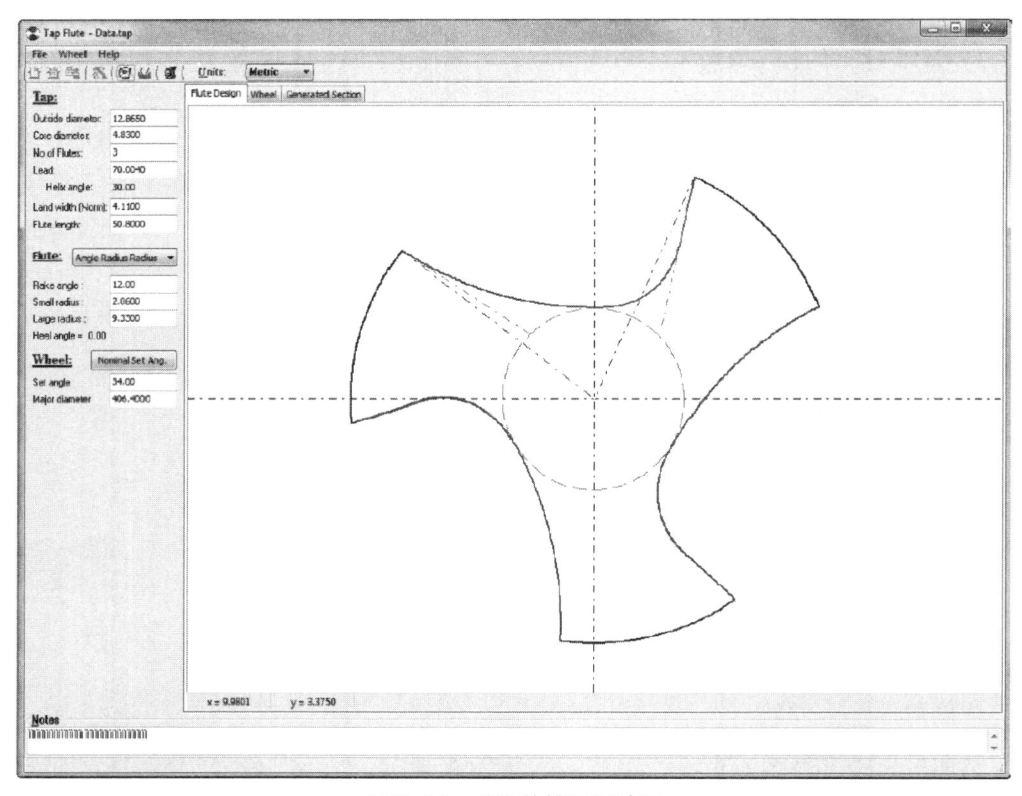

图 3-14　丝锥的槽形设计图

在此界面中输入需要的丝锥参数，即可得到需要的槽形。本设计计算实例选择直槽，一直线两圆弧的槽形：

设定：前角 $\gamma_p=7°$，芯厚 $d_4=4.15$，刃宽 $F=3.95$。

然后在计算机提示下选择与前角直线段相切的小圆弧 R_1 以及连接到后面的大圆弧 R_2 的数值，屏幕上就会出现图 3-14 所示的槽形（丝锥的端面截形），根据需要在图中进行适当的调整，即可得到一个所需的丝锥槽形，计算机会自动生成修整砂轮的程序，确保砂轮的截形能够磨出与图 3-14 完全一致的丝锥槽形。

2. 梯形螺纹丝锥设计计算

已知：有一 Tr10×2-7H 的内螺纹需加工，被加工材料为 30 号钢，调质硬度为 28~32HRC，设计一种普通级的梯形螺纹丝锥（见图 3-15）。

1）Tr10×2 梯形螺纹的相关尺寸：

螺距 $P=2$；螺纹的三径尺寸，可以在相关标准中查得：$d=10.500$ mm，$d_2=9.000$ mm，$d_1=8.000$ mm。

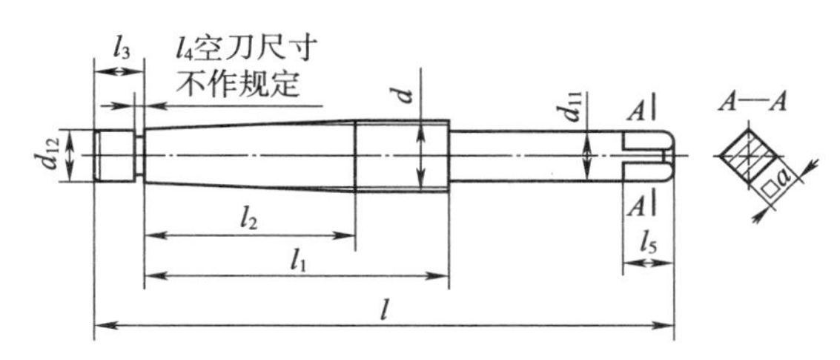

图 3-15　梯形螺纹丝锥示意图

2）丝锥的形式尺寸：

丝锥采用的形式和尺寸，可在 GB/T 28256 中查得。

采用Ⅰ型（短型），丝锥总长 $L=80$ mm，柄部直径 $d_{11}=7.1$ mm，前导部分直径 $d_{12}=8$ mm，刃部长度 $l=40$ mm，切削锥长度 $l_1=28$ mm，方头长度 $l_5=8$ mm（见 GB/T 28256—2012，图 1），方头 $a=5.6$ mm。

3）丝锥螺纹公差：

由于丝锥 H7 满足 7H 螺纹精度，故可在 GB/T 28256 中查得：

大径 d 下偏差为+158 μm，上偏差自行规定；

中径 d_2（H7）的上偏差 Es=+126 μm，下偏差 Em=+95 μm；

小径 d_1 的上、下偏差自行规定；

螺距偏差为±15 μm，测量牙数为 7；

牙侧角偏差：±20′。

从而可得：

丝锥大径 $d_{min}=10.5$ mm+0.168 mm=10.668 mm，d_{max} 由制造厂根据实际需求制定；

丝锥中径 $d_{2max}=9.0$ mm+0.126 mm=9.126 mm，$d_{2min}=9.0$ mm+0.095 mm=9.095 mm；

丝锥小径 $d_{1max}=8.000$ mm（等于螺纹的小径 d_1）。

4）技术条件：

可在相关标准中查得：

丝锥表面粗糙度：螺纹表面 $Rz3.2$ μm；

前面 $Rz3.2$ μm；

后面 $Rz3.2$ μm；

前导部表面 $Ra0.63$ μm；

柄部 Ra1.25 μm。

丝锥对公共轴线的圆跳动：

切削锥的斜向圆跳动：≤0.03 mm；

校准部分的径向圆跳动：≤0.02 mm；

前导部分的径向圆跳动：≤0.015 mm；

柄部径向圆跳动：≤0.02 mm。

材料：采用 W6Mo5Cr4V2，热处理硬度≥63HRC，丝锥柄部离柄端两倍方头长度范围内的硬度应不低于 40HRC。

丝锥总长 L 的公差按 h16，螺纹部分长度 l 的上/下偏差为：0/−3.2 mm。

普通梯形螺纹丝锥方头尺寸 a 的公差按 h12，方头对柄部轴线的对称度不应超过其尺寸公差的 1/2。

丝锥的前导部 d_{12} 的公差为 h8，柄部直径公差为 h9。

5）丝锥的槽形设计，可采用两圆弧一直线槽形、U 型槽形等，可根据加工对象确定，故不再赘述。

3. 螺纹铣刀

螺纹铣削是通过数控机床的多轴联动，以铣刀的旋转作为主运动，产生螺纹的复合运动，从而按铣刀形式和所加工的螺纹确定参数的加工方法。

近些年随着数控加工技术的发展，三轴至五轴联动数控机床的广泛应用，形成了一种更为先进的螺纹加工方式，即采用螺纹铣刀加工方式，借助三轴至五轴联动数控机床进行的螺纹铣削加工，如单齿螺纹铣刀加工螺纹、多齿螺纹铣刀加工螺纹。

螺纹铣削加工方式与其他加工螺纹的方式相比，优势为：螺纹铣削是通过主轴高速旋转并做圆弧插补的方式加工螺纹。只要通过改变程序就可以实现不同直径的螺纹、左旋或右旋内外螺纹的加工。一把螺纹铣刀可以加工直径不同、牙型相同的螺纹。如牙型角为 60°，螺距为 1 mm 的多齿铣刀可以加工 M16×1、M18×1、M24×1 的螺纹，用一把螺纹铣刀通过改变插补半径来加工，可减少刀具数量，节省换刀时间，提高效率，方便刀具管理。数控螺纹铣削具有柔性好、铣削线速度高、排屑顺畅、加工精度高、表面粗糙度小等优点。在使用寿命方面，螺纹铣刀能够达到一般丝锥工具的十多倍或数十倍，采用螺纹铣刀加工螺纹时切出的螺纹牙型也较为美观。螺纹铣削凭借其诸多优势，越来越被广泛地应用在航空、航天、汽车、机械制造、能源等领域。

螺纹铣刀有盘形、梳形、铣刀盘、整体通用形（包括单齿和多齿形）、可换刀片形等。

螺纹铣刀的参数模型设计：通过收集和分析国内外资料及相关参数，根据螺纹铣削加工原理，结合生产经验和切削理论分析，应用三维实体设计软件进行螺纹铣刀的结构设计。

仿真模型试验：根据有限元方法在铣削切削过程中的应用原理，采用单一变量法分别选取进给量、切削速度作为仿真变量，应用有限元分析软件对螺纹铣刀的切削加工过程模进行模拟。考虑在不同切削参数下，螺纹铣刀加工工件时切削力及温度的曲线关系，采取试验模拟与实际相结合的方法，应用有限元仿真软件及切削试验。

螺纹铣刀分为加工内螺纹、加工外螺纹两种。

以下仅以单扣（单齿）、三扣（三齿）、大于三扣（多齿）、复合铣螺纹倒角、可换刀片螺纹铣刀为例进行介绍。

1）单扣螺纹铣刀：

加工螺距范围：0.25～1 mm；螺纹铣刀直径范围：0.72～4 mm；柄部直径：3～6 mm；总长度：50～100 mm；缩颈长度：3.1～45 mm；牙型：三角形 55°、60°；螺纹铣刀螺旋角：15°；材料：硬质合金；适宜加工：内螺纹，材料硬度不大于 48HRC 的工件（见图 3-16）。

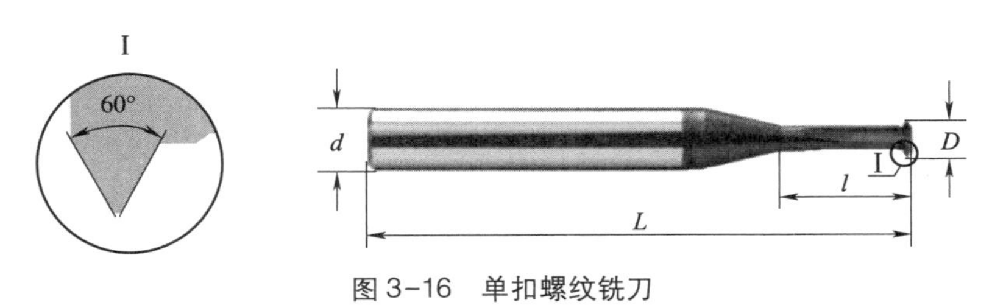

图 3-16　单扣螺纹铣刀

2）三扣螺纹铣刀：

加工螺距范围：0.25～1.75 mm；螺纹铣刀直径范围：0.72～9.5 mm；柄部直径：4～10 mm；总长度：50～100 mm；缩颈长度：3.74～44 mm；牙型：三角形 55°、60°等；螺纹铣刀螺旋角：15°；材料：硬质合金；适宜加工：M1～M12、细牙 0-80UNF 到粗牙 1/2-13UNC，以及细牙 1/2-20UNF 的内螺纹，材料硬度不大于 48HRC 的工件（见图 3-17）。

图 3-17　三扣螺纹铣刀

3）大于三扣螺纹铣刀：

加工螺距范围：0.5～3 mm；螺纹铣刀直径范围：13～20 mm；柄部直径：6～20 mm；螺纹铣刀齿数：3~4 齿；总长度：50～110 mm；牙型：三角形 60°；螺纹铣刀螺旋角：15°；材料：硬质合金；适宜加工：M3～M24、UNC 粗牙、UNF 细牙、UNEF 超细牙的内螺纹、NPT 内外螺纹，材料硬度不大于 48HRC 的工件（见图 3-18）。

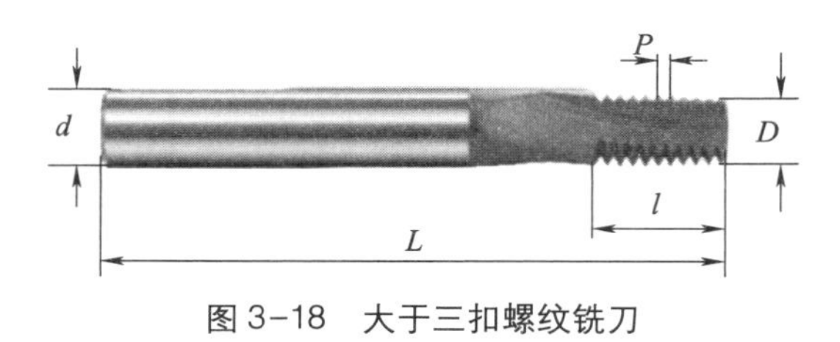

图 3-18　大于三扣螺纹铣刀

4）复合铣螺纹倒角铣刀：

加工螺距范围：0.5～2 mm；螺纹铣刀直径范围：2.4～13 mm；柄部直径：6～18 mm；螺纹铣刀齿数：3~4 齿；总长度：50～100 mm；牙型：三角形 60°；螺纹铣刀螺旋角：15°；材料：硬质合金；适宜加工：M3～M24、UNC 粗牙、UNF 细牙、UNEF 超细牙的内螺纹，材料硬度不大于 48HRC 的工件（见图 3-19）。

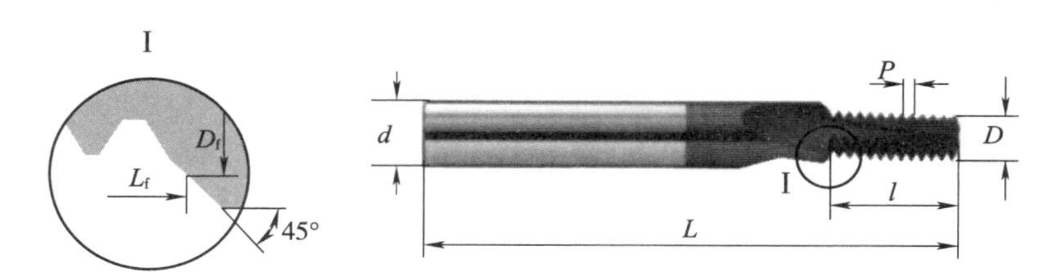

图 3-19　复合铣螺纹倒角铣刀

5）可换刀片螺纹铣刀：

由可重复使用的刀杆和可方便更换的刀片组成（见图 3-20）。如加工锥螺纹，可采用加工锥螺纹的专用刀杆与刀片，这种刀片上带有多个螺纹切削齿，刀具沿螺旋线加工一周即可一次加工出多个螺纹齿，如用一把 $P=2$ mm 的 5 齿螺纹切削齿的铣刀，沿螺旋线加工一周就可加工出 10 mm 的有效螺纹长度。为了进一步提高加工效率，可选用多刃机夹式螺纹铣刀。通过增加切削刃数量，可显著提高进给率，但分布于圆周上的每个刀片之间的径向和轴向定位误差会影响螺纹加工精度。在设计机夹式螺纹铣刀时，应根据被加工螺纹的直径、深度和工件材料等因素，尽量选用直径较大的刀杆，以提高刀具刚性。机夹式螺纹铣刀的螺纹加工深度由刀杆的有效切削深度决定（图 3-20 中 L_1）。由于刀片长度小于刀杆的有效切削深度，因此当被加工螺纹深度大于刀片长度时需要分层进行加工。

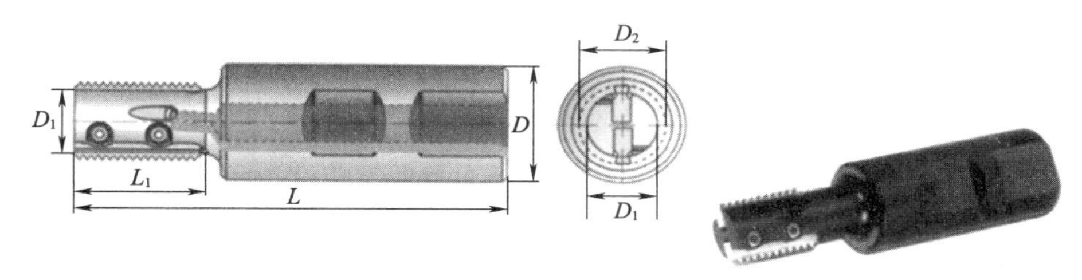

图 3-20　可换刀片螺纹铣刀

6）可换刀片螺纹铣刀片各主要参数：

①刀片分布。一般采取刀片槽均匀分布在刀杆周围的方式，均匀分布可以实现刀片与刀片之间的角度间隔相同，可使螺纹铣刀在加工工件时，前一个刀片切出后，等待下一个刀片进入切削区域的时间相同。

②工作前后角。螺纹铣刀片装在刀杆上后，所形成的刀具前后角的大小是影响刀具性能的非常关键的因素，由于螺纹铣刀属于成型铣刀的范畴，所以螺纹铣刀切削刃的形状决定被加工螺纹牙型的形状，成型铣刀的前角取为 3°～6°，该前角范围在修磨中导致的齿形误差对螺纹配合互换性影响有限。

刀具工作角度由刀片角度和刀槽角度共同决定，为了形成所需要的刀具工作前角与后角，将刀片的中心线，相对于螺纹铣刀刀杆的对称线偏离一定距离。此时螺纹铣刀刀体的中心与螺纹铣刀片刀尖的连线，同螺纹铣刀片前刀面所形成的角度即为刀具的工作前角，其大小取 3°～6°。同时为了保证刀具有足够的强度，选择 12°作为工作后角（见图 3-21）。

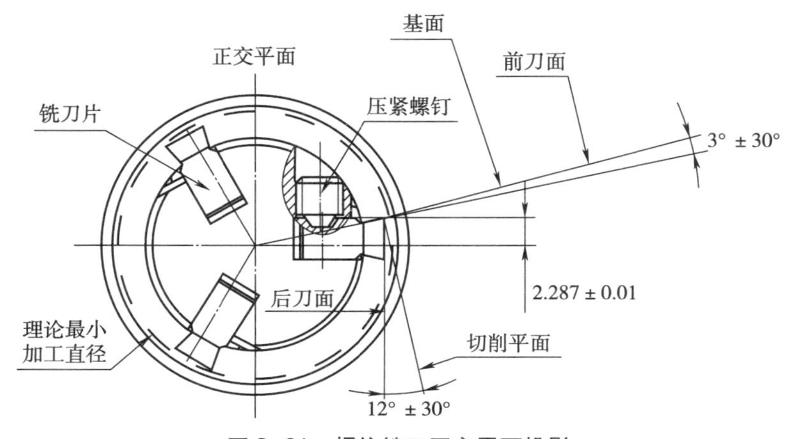

图 3-21　螺纹铣刀正交平面投影

③刀片长度。螺纹铣刀刀片应根据加工场合来设计，这样在深孔加工时可以使刀具进给量很少就完成螺纹加工，推荐采用 20 mm、24 mm、25 mm、30 mm、40 mm、50 mm 等长度规格的刀片。

④刀片厚度。厚度将会影响刀片装在刀杆上的位置、加工半径、刀槽的设计和布置等，所以必须综合考虑厚度参数。厚度的选择应综合考虑刀杆直径大小、刀具的工作前角等因素，推荐厚度为 2.5 mm、3 mm、3.5 mm、4 mm 等多种系列。

⑤刀片宽度。螺纹铣刀片宽度设计需考虑到螺纹铣刀片拥有不同的牙型标准，为了保证牙型刃的完整，有足够的压紧空间，刀片宽度的设计，应综合考虑螺纹牙型参数、刀具的工作前角等因素，推荐宽度为 6 mm、6.5 mm、7.5 mm、8 mm、8.5 mm、9 mm、9.5 mm、10 mm 等多种系列。

7）机夹式螺纹铣刀片的夹紧：

螺纹铣刀片在夹紧时必须要获得较高的刚性及稳定性，同时保证刀片与刀杆装配后具有较高定位精度和互换性。如单齿多刃螺纹铣刀通常采用刀片底面和两侧面定位、螺钉压紧的方式（见图 3-22）。多齿单刃螺纹铣刀通常也采用刀片底面和两侧面定位、螺钉压紧的方式，但不同的是，设计制造中必须保证多齿刀尖在同一截面上（见图 3-23）。

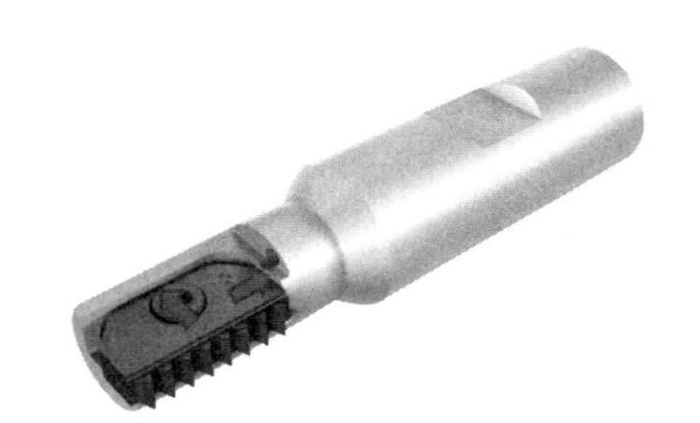

图 3-22　单齿多刃螺纹铣刀刀片定位夹紧方式

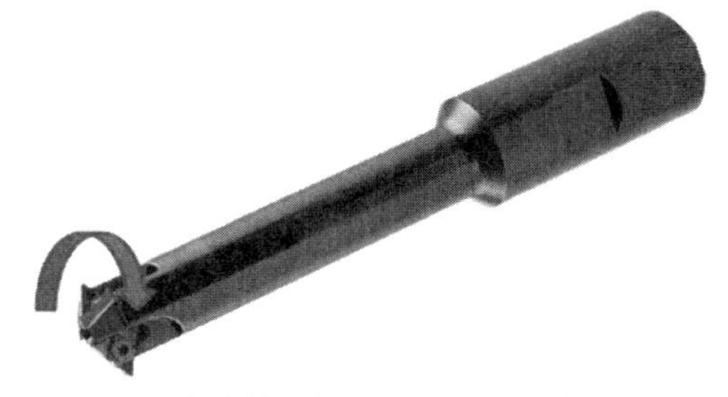

图 3-23　多齿单刃螺纹铣刀刀片定位夹紧方式

多齿多刃螺纹铣刀原理与多齿单刃铣刀相近，通常采用刀片底面、上面和侧面定位、螺钉压紧的方式，设计制造中必须保证刀片的牙尖到定位面的一致性，且多齿刀片牙尖在同一截面上（或轴向定位面处于同一截面上）（见图 3-24）。如可换头两齿多刃内冷螺纹铣刀，通常采用刀片底面和两侧面定位、螺钉压紧的方式（见图 3-25）。

套式三齿多刃机夹式外螺纹套铣刀，通常采用刀片底面和两侧面定位、螺钉压紧的方式（见图 3-26）。

图 3-24　多齿多刃螺纹铣刀刀片定位夹紧方式

图 3-25　可换头两齿多刃内冷螺纹铣刀刀片定位夹紧方式

图 3-26　套式三齿多刃机夹式外螺纹套铣刀刀片定位夹紧方式

第四章

常用螺纹刀具制造装备

第一节　螺纹刀具制造装备的发展趋势

随着产品升级需要以及智能技术和计算机技术的飞速发展与广泛应用，我国的内外螺纹刀具制造技术与装备水平得到了显著提升，其主要发展趋势如下。

一、高效磨削

传统螺纹刀具加工，通常将有着较大余量的型面，分为粗加工和热处理后的精加工，逐步成型，如丝锥沟槽就是经过热处理前的铣槽和热处理后的磨槽完成加工。随着现代磨削技术的发展，磨料、修整、驱动、平衡和冷却及密封等相关技术的进步，带动出现了各种高效磨削机床。磨削速度由以前常见的 35 m/s，提高到 50 m/s、80 m/s、120 m/s；磨削厚度也由几十微米、几百微米，增加到数毫米。使原本需要分粗、精加工逐渐成型的加工，可在高效磨床上单机实现，不仅提高了加工效率，还明显提升了产品质量。目前主流的磨沟机、磨方机、螺纹磨床等螺纹刀具专用加工机床，均具有高效磨削特征，以至于“全磨制、整体磨削”等概念已成为螺纹刀具行业的主流。

二、广泛数控化

近代机床传动及控制的发展可大致归纳为三个阶段：20 世纪 70 年代及以前的机械、液压传动与控制模式，20 世纪 80 年代以 PLC 为代表的数控模式和 20 世纪 90 年代及以后的计算机数控模式。螺纹刀具制造机床同样由传统的机械、液压传动的控制方式，发展为目前的计算机数控模式。不仅机床主运动及检测反馈系统数控化，其修整、冷却、上下料等系统也逐渐实现了数控化。传统丝锥磨床都是通过普通电动机、齿轮等机械结构完成砂轮、头架和铲磨轴的运动组合。随着数控化的进步，出现了新型的数控丝锥磨床。其核心是各个运动轴由数字控制，通过联合运动生成更加复杂的运动。这样使机械结构简化、参数的输入人性化，如螺距的改变只要一组数字，无须更换挂轮组合。更重要的是能磨削以往难以加工的产品，如挤压丝锥等。并且数控化还向前延伸到实际加工前的优化设计和三维模拟制造，向后拓展到加工检测及反馈修正，以前因为需要进行高频率联动，可采用凸轮控制的丝锥螺纹铲磨，也可用直线电动机数控方式可靠实现（见图 4-1）。

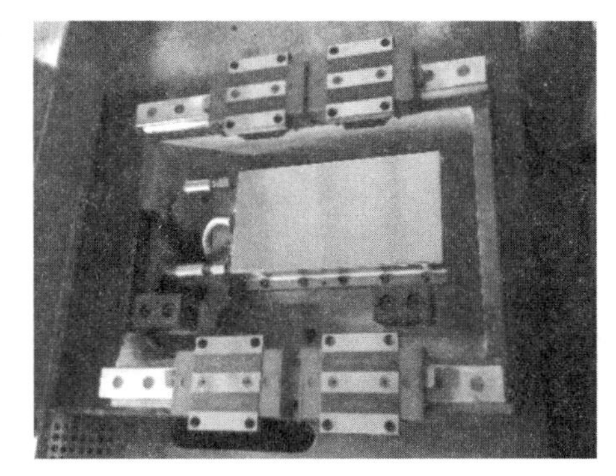

图 4-1　螺纹铲磨的直线电动机

三、集成和柔性化

近几年螺纹刀具的制造装备又开始向高效复合集成化、柔性化趋势发展，设备的功能越来越强大，已有从丝锥毛坯到成品的连贯的加工解决方案，从毛坯—倒角、外形轮廓磨削、切断—磨槽、磨方—磨螺纹、铲磨切削锥—螺纹和铲磨切削锥的测量—最终产品，只需要 4 个可连接的数控复合加工单元就可完成丝锥的所有加工工序，不仅提高了生产效率和加工的稳定可靠性，还减少了生产流程及人工成本。又如已在国外推出的 TapX 及 TapXCell 高效五轴的通用丝锥磨床，采用了全新的 iTap 软件，在一台机床上，通过一次装夹，完成丝锥从毛坯到成品的整个制造过程，使丝锥的制造摆脱了须使用多台专用机床逐渐成型的局限，实现单机制造丝锥的解决方案。iTap 软件还可以使用直觉和逻辑的方法完成丝锥的设计，能够完整模拟丝锥磨削过程并进行最优化处理。机床的设计和制造都非常灵活，能够生产各种类型的丝锥。

四、自动化和智能制造

自动化是现代螺纹刀具制造设备的重要特征，不仅如磨沟机、螺纹磨床等加工刀具特征结构的主流机床为全自动机床，而且下料的冲床、锯床以及加工柄部的外圆磨床等，均有自动化的趋势。螺纹刀具生产设备的自动化不仅是装备制造业发展的必然趋势，也是刀具生产行业应对国内外竞争实现产业升级的内在需求。

随着创新驱动、产业技术转型升级，智能制造已成为国内螺纹刀具行业的发展

图 4-2　标准化机械手

趋势。智能制造是一个综合、系统工程，对应其具体生产模块的装备制造，不能只研究单机自动化、数控化，而是需要实现整个生产线的自动化运行和智能控制。这种趋势已得到螺纹刀具装备制造业许多有识之士的关注，他们有的拓展设备品种、开发工序间的物流装置，力争提供成套设备解决方案；有的采用图 4-2 所示的标准化的上下料装置，为联机自动化和智能化做好准备；还有的研究增加在线检测装置，使生产单元更可靠、智能化程度更高。应该说，实现智能化还有较长的路要走，现在不仅有许多薄弱环节要攻克，整个生产线的智能集成，还需业内广泛研讨、统一认识、建立标准，避免流程中出现“孤岛”现象。

五、先进部件的应用

螺纹加工中的铲磨，铲磨量的大小、铲磨速度的快慢都会影响丝锥产品的精度、工件生产效率。丝锥生产过程的铲磨工艺需要高速往返运动来提高加工效率，传统机械结构的往返运动存在一定的极限值，只有采用新的技术才能实现铲磨频率的提高。比如直线电动机和压电陶瓷，新技术的应用使得机构往返周期由传统的 300~600 次/min 提高到 1 200 次/min。

1. 直线电动机的应用

直线电动机就是利用电磁作用原理，将电能直接转换成直线运动动能的设备，实现高加速度获取，满足了机构运动的快节拍要求，如图 4-3 所示。在实际的应用中，为了保证在整个行程之内初级与次级之间的耦合保持不变，一般要将初级与次级制造成不同的长度。

直线电动机按工作原理可分为：直线直流电动机、直线感应电动机、直线同步电动机、直线步进电动机、直线压电电动机及直线磁阻电动机；按结构形式可分为平板式、U 型及圆筒式。

2. 压电陶瓷应用

压电陶瓷作为机电换能器能将电信号转换成机械位移并应用于调节控制系统，如图 4-4 所示。压电陶瓷微位移技术是目前应用最为广泛的一种微定位技术，因为压电陶瓷具有体积小、出力大、分辨率高和频响高的优点，并且不发热、无噪声、易于控制，是理想的微定位器件。采用压电陶瓷器件对丝杠螺母驱动的精密机床进行定位补偿，以提高机床定位精度。现有产品的叠加使用，可以达到运动自由度从一维至六维，运动行程从几微米至几千微米，承载能力从几百克至几百千克，推拉力从几牛至几千牛，定位精度、分辨率和稳定性可以显著改善。

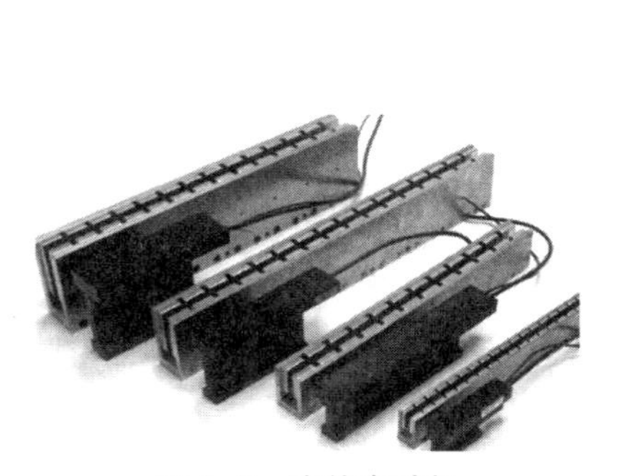
图 4-3　直线电动机

图 4-4　机械式封装压电陶瓷

六、螺纹刀具制造装备的未来发展趋势

（一）高端装备国产化需求增加，技术实力将成未来竞争关键

随着国内制造装备的转型升级，对高品质、高性能的螺纹刀具智能制造装备的需求也在不断增加，这为高端装备国产化提供了广阔的市场前景，虽然国产化装备自给率一直在提高，但总体而言仍面临着核心技术储备较弱，高端装备领域水平仍待提高的境况。

高端螺纹刀具装备领域是以高新技术为引领，处于价值链高端和产业链核心环节，是推动工具行业转型升级的引擎，未来企业的竞争将体现为技术积累的竞争，技术实力将成为未来竞争的关键要素。

（二）技术创新驱动发展

从制造业市场需求趋势来看，市场需求趋于多元化、个性化，工业自动化成为工厂提高生产效率的绝佳选择。自动化升级为智能工厂，通过物联网技术优化生产工艺和改进设计方案，最终实现整体效率的最大化，技术创新驱动发展是大势所趋。

（三）智能制造装备定制化需求不断提升

面对市场不断变化的产品需求，工厂需要实现个性化产品的高效化、批量化生产，就产生了大量的智能制造装备方面的定制化需求。对客户的需求进行定制化的产品研发和实施方案设计，以便更好地服务客户。所以，丰富的实施经验以及定制化研发、设计、制造、实施能力是行业的客观需求和长期发展趋势。

（四）绿色环保成为发展重点

随着环保意识的不断提升，智能制造装备的发展也更加注重绿色环保。越来越多的企业及其供应链开始采取更加环保的技术和设备，减少生产过程中的环境污染，推广先进适用技术，着力提升高端化、智能化、绿色化水平，实现可持续发展。

第二节　螺纹刀具制造装备的发展进程

螺纹刀具传统加工，一般采用通用设备加工刀具的普通型面，如常用普通车床、无心磨床和外圆磨床加工刀具柄部；对于一些刀具特殊结构型面，则用以机械传动为主的专用机床加工，如加工丝锥螺纹的螺纹磨床。随着装备制造业技术水平的不断发展，特别是计算机数控技术的广泛应用，螺纹刀具制造设备也逐渐发展，不仅适应新型刀具的生产，提高了效率和质量，还可改变工艺流程。下面以丝锥为例，介绍主要生产设备的发展进程。

一、丝锥生产的主要工艺及设备

各时期丝锥主要生产工艺、设备及典型应用见表 4-1。

表 4-1　主要生产工艺及设备

丝锥加工工序	20 世纪 80 年代以前		20 世纪 90 年代		21 世纪以来	
	工序设备类型	典型设备	工序设备类型	典型设备	工序设备类型	典型设备
毛坯加工	冲床、无心磨床、普通车床、普通铣床、滚丝机等	冲床 J23/无心磨床 M1050/车床 C616	冲床、无心磨床、数控车床	冲床 J23/无心磨床 M1050/车床 C616	数控走芯机	A12/A16
热处理	盐浴	盐浴炉等	盐浴 + 真空炉	盐浴炉、真空炉	盐浴、真空炉、预硬化棒料	QPQ 盐浴复合处理设备真空炉

续表

丝锥加工工序	20 世纪 80 年代以前		20 世纪 90 年代		21 世纪以来	
	工序设备类型	典型设备	工序设备类型	典型设备	工序设备类型	典型设备
方头加工	铣床（立铣刀或三面刃铣刀）	X62W	简易手动磨方机、自动送料磨方机	MB9716/MZ9720	全自动数控磨方机、全自动车方机	MK9720、SQ-100
磨柄	普通外圆磨床	MA1420A	高速外圆磨床	MS1320E/MS1332A	数控全自动外圆磨床、数控成型无心磨床	MZK1332、Royal Master TG12X4
磨槽	手工磨槽机、工具磨床	66 磨沟机/M6025	仿型版为主的自动磨槽机	SF-400/FG-D525/GP-125/FTX2	可以输入槽型参数的智能化全数控磨槽机	LD420CNC/470CNC、MK9624、F57C/FTX7、JUMAXIMAT
磨螺纹	单线磨，钢滚轮多线磨	Y7520W/SB722A/725D/英国 79 磨	简易数控单线及钢滚轮多线磨	SB725F/SB725G、SB722K、GT77/MX16、GBA	带机械手智能化的数控螺纹磨（采用单线与多线金刚石滚轮）	SK728FZ、GBA/NRK-T（HG）/GBA203/US500、GS：TEM-LM/GS：TE、TAPOMAT1000/3000
铲磨切削锥	手工开口及简易开口机	自制	专用铲磨切削锥机	M9527	全自动多功能铲磨切削锥机	MK9524、TC75

二、改变工艺过程的设备发展

生产装备的发展可使原先粗、精加工的工序高效合并，精简不需要的辅助工序，甚至可将主要生产过程浓缩在一台机床上完成。具体变化详见表 4-2。

表 4-2　改变工艺过程的设备发展

20 世纪 80 年代以前工序	20 世纪 90 年代		21 世纪以来	
	典型新设备	工序变化	典型新设备	工序变化
断料→通磨外圆→车加工成型→铣方→滚丝→铣槽→去毛刺、校直→热处理→抛槽→磨刃→磨柄→磨螺纹→铲磨切削锥→检验打字包装	磨方机：MB9716 磨沟机：SF-400/FG 螺纹磨：GT77	断料→通磨外圆→车加工成型→热处理→磨方→磨槽→磨刃→磨柄→磨螺纹→铲磨切削锥→检验打字包装	丝锥磨床：TapX/TapX-Cell、JUSTER	第 1 种工艺流程：毛坯成型→热处理→丝锥成型磨削（成型磨→磨方→磨槽→磨螺纹→铲磨切削锥）→检验打字包装 第 2 种工艺流程： 毛坯成型→热处理→成型磨→磨方→复合丝锥磨床（磨槽、磨螺纹、铲磨切削锥）→检验打字包装 第 3 种工艺流程（单机）： 已经热处理的长棒料→成型磨→磨方→切断→磨槽→磨螺纹→铲磨切削锥→检验打字包装（其他工位）

第三节　国内外典型的螺纹刀具制造装备

螺纹刀具制造装备原有传统的铣、抛、滚丝加工工艺基本被全磨制所替代，由传统的通用简单专用机床向数控自动化、智能化转变，产品的转型升级及工艺流程的改进，推动了制造设备的更新换代，如丝锥制造已广泛采用整体磨削工艺，利用高速磨、高压冷却、自动操作及自动上下料等先进工艺手段使丝锥外形一次成型，生产效率大幅度提高。本节主要对丝锥的生产工艺流程设备做简单的介绍。

一、丝锥毛坯加工设备

丝锥的毛坯加工由传统的断料、粗磨外圆、平端面车尖、车外形等数道工序发展为现在的丝锥毛坯加工中心加工，只要一套机床即可从钢材直接加工成丝锥毛坯，而且形状位置偏差小，精度高，余量均匀。典型的丝锥毛坯加工设备有 A12/A16 V 等，并配置了 OS12-I 油膜式送料机。近年来一些企业生产了自动上料、车外圆、车端面、打中心孔、倒角多工序为一体的丝锥毛坯加工设备，能实现丝锥毛坯高效制备。

二、丝锥成型磨床

制备好的丝锥毛坯经热处理后，可直接用成型无心磨床加工，目前成型无心磨床生产厂家较多，这类成型无心磨床可以是仿型板的也可以是自动成型修整的，各有优势，前者单规格批量加工有优势，后者换规格加工较方便。典型的丝锥成型磨床有TG12X4 标准型（仿型板）磨床，该设备具有送料系统及冷却过滤系统、弹夹式自动送料系统、气动电器系统。

三、丝锥方头磨床

丝锥的方头是丝锥所有后序加工的基准，在方头磨制后进行的磨槽、磨螺尖、铲磨切削锥及磨螺纹等工序均需要通过方头进行定位，是丝锥生产的质量保证。

将加工好的丝锥毛坯转入磨方（头）工序，目前丝锥方头磨床国外以 SQ-100 丝锥磨方机为主；国内中小规格的以全自动丝锥磨方机 M9720 为主，大规格的以半自动丝锥磨方机 M9716 为主，小规格的以半自动方头磨床为主。典型的丝锥方头磨床如SQ-100 丝锥磨方机，加工规格范围为 M3～M20，配置 3 油缸式自动上下料系统，电器配置为 380 V、50 Hz，主机为 PLC 控制，工件由夹头及顶尖夹紧，砂轮修整实行自动修整自动补偿；加工效率：M6 规格 600 件/h，M10 规格 480 件/h，M20 规格 300 件/h。

四、丝锥外圆磨床

磨削加工丝锥的柄部、刃部及颈部，除了成型无心磨床以外，必须依靠外圆磨床，目前国内各丝锥生产厂家还是以外圆磨床为主，传统的外圆磨床以 MS1320E 高速外圆磨床为主，大规格的以高速外圆磨床 MS1332A 为主，小规格的以万能外圆磨床 M1420 为主。随着数控全自动的技术进步，加之丝锥生产厂家劳动力的紧缺，以机器代替人的步伐正在加快。目前，国内全自动 CNC 外圆磨床以迅猛的势头正在取代传统的外圆磨床，一批国内数控机床厂家的产品已大量进入国内的丝锥生产领域，如以下两款国产数控外圆磨床：

MK1320-T 数控外圆磨床：磨削范围为螺旋槽丝锥、直槽丝锥、螺尖丝锥，磨削直径 M3～M12，磨削方式采用树脂砂轮强力磨削工艺，砂轮线速度为 60 m/s，冷却方式为强力油冷，采用 10～15 号机械油，砂轮形状的修整及补偿只需在数控系统上编辑即可，多轴联动数控系统控制方式为机床亮点，定位方式为工作柄部外圆与刃部外圆磨削定位，自动上下料，一人可同时操作 2~3 台机床。

MZK132 数控外圆磨床：磨削直径 M3~M20，磨削长度 0~130 mm，工件转速 0~1 000 r/min，砂轮直径 ϕ600 mm，砂轮厚度 20 mm，砂轮线速度 100~120 m/s，主轴功率 11 kW，滚轮直径 ϕ150 mm，Spindle 伺服主轴。机床亮点：适用于 M3~M20 丝锥外圆的自动上下料磨削，机床采用 FAGOR—8055i 数控系统，系统配置 3 个伺服主轴，实现三轴两联动；该磨床与传统外圆磨床结构布局不同，砂轮主轴固定不动；金刚石滚轮两轴联动对 CBN 砂轮实现数控插补修整；*X* 轴（工件径向进给轴）配备有光栅尺，使工件外径加工和砂轮修整尺寸控制更精确；该外圆磨床是由上料机构、头架、尾座机构、修整机构、砂轮主轴、工作台进给机构、控制主机等组成；步进送料器实现工件的自动上下料，减少人工成本（亦可选配机器人上下料系统）；工件 *X*、*Y* 轴向移动进行磨削，可实现切入和走刀两种磨削方式；CBN 砂轮（可选配在线动平衡单元）高速磨削极大地提高磨削的效率，减少修整次数，从而提高了生产效率。

五、丝锥磨槽机

丝锥的槽形是丝锥性能好坏的重要指标，所以磨槽工序是丝锥的主要工序，也是丝锥生产厂家考虑的关键。20 世纪 80 年代以前，国内各丝锥生产厂还是以铣槽和抛槽工艺为主，主要设备以国内传统的66 磨沟机为主，但66 磨沟机手工修整砂轮，不能保证槽形的一致性，给丝锥的寿命和可靠性带来很大影响，制约了丝锥的质量。20 世纪末，美国的 SF400 及德国的 NAJ 仿型板全自动磨槽机进入国内丝锥生产厂家，使槽形的一致性得到了保证，丝锥质量明显提升。由于仿型板加工困难，规格不一致，换规格不方便等因素，CNC 全自动磨槽机渐渐取代了原有的仿型板磨槽机。目前进入国内丝锥生产领域的国外磨槽机主要机型有德国的 FLUTEMAT、JUMAXMAT、GS635，美国的 FTX7、F57C。国内 CNC 全自动丝锥磨槽机以天津的 LD420/LD470、台州的 SNOKO MC4T/MC6-T 为主。

1. FLUTEMAT（德国）丝锥磨槽机

FLUTEMAT 丝锥磨槽机可以加工直槽、螺尖槽、左右螺旋槽。加工工件直径 2~16 mm，工件长度 40~250 mm，磨削长度最大 200 mm，磨削主轴最大回转为向左-53°/向右+60°，磨削主轴的驱动功率 11 kW。机床亮点：极大地提高了生产率，降低了成本，实现了“三合一”，为了对刀具上的直槽、螺旋槽、螺尖槽进行磨削，过去需要 3 台不同的 JUNKER 机床，现在只需要一台 FLUTMAT 机床就能胜任。全方位的精密刀具加工，采用弹簧夹头或者弹性内四棱锥夹具，与尾架顶尖进行刀具装夹，而且通过尾架上的固定止挡，确保了槽起始位置的一致性。借助陶瓷结合剂的刚玉砂轮进行强力磨削，在砂轮上可以最多安装 4 片砂轮，砂轮的垂直、水平和轴向进给以及摆动和工件驱动都由 CNC 控制；内置的修整系统，通过旋转的金刚石修整轮，刚玉砂轮可以被快速而精密地修整成型。由于修整装置是安装在砂轮轴后方，可以在磨削或者上下料循环期间进行修整（即便在磨削过程中亦可以修整），因此生产效率得以大幅提升。编制有中央 CNC 数控方案，所有的输入和信息交流都通过由 JUNKER 开发的控制平台实现。这是一个功能强大的控制系统，配置有彩色显示器和集成的个人电脑。软件采用 JUWOP/W（WT），机床各个轴和控制系统通过 JUWOP/W（WT）软件包的连接相互协调作用，可执行带图像支持的编程和图像模拟，以满足任意段曲线所设定的沟槽截形。

丝锥磨槽机配置有开放式的接口，允许用户自由选择自动化系统。用户可选择应用 JUNKER 系统或者任意其他系统，全面可兼容性的 JUNKER 内置上料系统（编码孔方案），运输系统，托板，料盒以及 JUNKER 料箱转盘等，实现自动上下料及无人操作。

2. GS 635（德国）高速丝锥磨槽机

加工直径范围 M3～M20。带料斗的最大长度 210 mm，不带料斗的最大长度 230 mm，带料斗的最大槽长 110 mm，不带料斗的最大槽长 140 mm。切削速度：最大 70 m/s，进刀速度 10～4 000 mm/min。砂轮为树脂基普通磨料砂轮。数控轴分为 Y 轴（砂轮 FG），V 轴（水平砂轮），X 轴（工件直线横向进给），A 轴（旋转工件），X_1 轴（水平修整），Y_1 轴（垂直修整），X_2 轴（衬套夹持）。旋转角的范围+47°～−35°；功率 55 kW。

丝锥可自动放入工件送料系统的方形夹头中，三角头旋转 120°定位工件；丝锥的开槽是通过带导向的衬套在封闭式的液压舱里来完成；磨螺尖是通过装在主轴上的另一个砂轮来完成；导套的前后移动自动执行，以符合砂轮磨削时的随动要求；磨削结束后，工件送料系统后退并旋转 120°进入卸料位置，此时夹头打开，可取出丝锥；再装入另一个丝锥，准备继续磨削。机床亮点：一次装夹完成磨槽和磨螺尖；动力非常强劲，适用于右旋和左旋螺旋丝锥的单个直槽或多个直槽磨削；配置高效六角装夹系统，可实现快速加工；可选配机械手自动上下料装置；机床控制系统配置先进，适用于高速磨削。

3. F57C CNC5（美国）轴螺旋槽磨床

F57C CNC5 轴螺旋槽磨床是专门加工丝锥的螺旋槽磨床。用于加工高速钢精密丝锥螺旋槽，工件的直径 M3~M20，工件全长 180 mm，最大工件槽长 125 mm，工件螺旋 15°~55°（右旋），沟槽数 2~16。机床的生产效率平均为 100~160 件/h。

机床具有 5 个 CNC 轴，其中两个用于金刚石滚轮修正砂轮，另外 3 个轴分别用于工件轴的横向运动、工件轴的转动及砂轮轴的升降。机床采用计算机系统，实行全自动控制。机床配置有全自动步进式上料器，下料采用缓动式传送带将加工完毕的工件传送到料盒内。机床的工件夹持采用弹簧夹头及导套支承形式。由于机床为 CNC 控制，因此机床的螺旋导程行进不再采用导程丝杠，工件的多刀切削也不再采用切削深度分度机构。机床配置有内装式液压站，上料器采用液压传动。

机床配置 CNC 砂轮修整器，修整轮为盘式金刚石滚轮。金刚石滚轮根据砂轮截形的要求进行自动 CNC 修正，砂轮实行全自动补偿。砂轮形式可采用多圆弧相切的任意组合。机床采用 406 mm 直径的砂轮，磨削腔室为全密封，磨削时无任何油雾污染。机床采用集中式润滑系统，自动对机床进行润滑。机床工作要求使用油质冷却液进行冷却及润滑。冷却油流量为 150 L/min，压力为 10 Pa。

机床的主要运动特征是砂轮移动、定位和砂轮修正，所有机床的动作均由随机 FANUC32i-A CNC 计算机控制系统执行自动控制。软件分为控制系统软件及菜单人机对话软件两部分。工作软件包包括工件的技术参数，如螺旋槽长度、磨削深度、磨削次数、砂轮修正方式及砂轮的几何形状参数，该软件可以根据加工要求自行编制填写。砂轮的修正形状如单圆弧可以由计算机 CNC 菜单直接输入，多圆弧及圆弧加直线截形则可以辅助设计 CAD 输入。数据库中向用户提供了大约上百种标准丝锥产品的加工软件存储空间，也可以使用 USB 扩展或附加软件的存储空间，以满足用户要求。

4. LD420/LD470（国产）CNC 直槽、螺尖丝锥磨沟机

机床采用成型磨削方法，磨削 M3~M20 标准直槽丝锥的槽沟，机床具有一次装夹磨出直槽和螺尖槽的功能。磨头电动机功率 7.5 kW、11 kW，液压电动机功率 3 kW，砂轮直径范围 150~200 mm，机床采用了先进的控制系统和精密可靠的伺服驱动装置，自主开发的软件具有良好的人机界面和人机对话功能，不需要专业的数控人员操纵机床，机床提供标准的丝锥磨削形式，也可以把用户的专有加工技术编制到程序中以加工出独特的产品。机床具有 4 个数控轴，实现工件分度、工件进给、砂轮进给、砂轮修整和砂轮磨沟与磨螺尖的对位等功能。砂轮修整由金刚石滚轮完成，可以修出任何曲线。机床配有步进式上料器，节省了劳动力成本，一个人可以操作 4 台机床。

5. SNOKO MC4T/MC6-T（国产）数控丝锥槽磨床

（1）SNOKO MC4T 数控丝锥槽磨床

磨削范围：机用丝维的直槽，磨削直径 M3～M12，磨削长度≤100 mm，磨削方式为强力磨削工艺。砂轮线速度为 60 m/s，冷却方式为强力油冷，采用 10～15 号机械油。砂轮的修整及补偿只需在数控系统上编辑即可。主轴功率为 3.7 kW/5.5 kW（电主轴），冷却功率为 1.1 kW，整机功率为 10.0～12 kW。控制方式为 4 轴联动数控系统控制，工件芯厚、增量、槽形、槽长、槽数等数据只需在电脑上设置即可。定位方式：工作柄部与刃部中心孔或工艺尖作磨削定位。操作方式：自动上下料，一人可同时操作 3～5 台机床。

（2）SNOKO MC6-T 数控丝锥螺旋槽磨床

磨削范围：机用丝锥的螺旋槽、直槽。磨削直径：M3～M12。磨削长度：槽长≤100 mm。磨削方式：采用树脂砂轮强力磨削工艺。砂轮线速度：60 m/s。冷却方式：强力油冷，采用 10～15 号机械油。砂轮形状的修整及补偿只需在数控系统上编辑即可。主轴功率为 5.5 kW（电主轴），冷却功率为 3.0 kW，整机功率为 10.0 kW。控制方式：多轴联动数控系统控制，工件芯厚、增量、槽长、槽数、导程等数据只需在电脑上设置即可。定位方式：工作柄部外圆与刃部外圆作磨削定位。操作方式：自动上下料，一人可同时操作 2～3 台机床。

六、丝锥螺纹磨床

丝锥螺纹磨床（简称丝锥磨）是丝锥加工的核心设备，用于磨削丝锥的螺纹部分。丝锥螺纹磨床是外螺纹磨床衍生的一种丝锥专用磨床，主要满足丝锥加工时高效率生产和操作简便的要求。自中华人民共和国成立以来，我国制造的丝锥磨床按照砂轮磨削线数分为单线丝锥磨床和多线丝锥磨床。单线丝锥磨床有一条砂轮磨削线，可用金刚笔修正器随时修正砂轮，保证砂轮良好地成型，从而磨出高质量的丝锥牙型。多线丝锥磨床有多条砂轮磨削线，用滚轮挤压成型砂轮，生产效率高，成本低，是丝锥大规模生产的必要设备。多线丝锥磨床设有挂轮板，可以减少传动系统中的薄弱环节。同时，对应加工的每一种螺距使用两个专用齿轮，齿轮装在固定的传动轴上，一定程度上减少了传动误差。

上述传统丝锥磨床都是通过齿轮等机械结构完成砂轮、头架和铲磨轴的运动组合。随着数控化的进步，出现了新型的 CNC 数控丝锥磨床。其核心的进展是各个运动轴由数字控制，通过联合运动生成更加丰富多样的运动。这样，参数的输入大大简化，如螺距的改变只要输入所需要的螺距，而无须更换挂轮组合，更重要的是能磨削以往难以加工的产品，如挤压丝锥等。

进入 21 世纪以来，丝锥螺纹磨床得到迅速发展，改造升级步伐加快，传统的机械传动已被数控智能化所代替，直线电动机、直线导轨、金刚石成型滚轮、电子凸轮、智能机器人上下料等相继融入新的丝锥磨床，传统的单线及多线磨床都相继进行了升级换型，出现了以 CNC 全自动上下料为主的数控丝锥磨床。

国产丝锥磨床发展的同时，进口丝锥磨床也大举进入国内丝锥生产厂家。下面介绍几款典型机床的特点，供需要的用户选择。

1. SB722A/K 型（国产）半自动丝锥磨床

机床用途：SB722A/K 型半自动丝锥磨床，专供磨削直槽、螺旋槽机用和手用丝锥的左右旋螺纹。磨削的丝锥可达到 2 级精度。机床采用单线砂轮磨削。由于机床有单向和双向自动循环，并且采用了单轴数控系统集中控制，伺服电动机-凸轮机构对加工丝锥中径误差的系统误差部分进行了定量补偿，所以机床加工丝锥的中径一致性较好，生产效率较高。

机床主要用于工具厂及标准件厂成批生产丝锥，也可用于一般机械制造厂加工丝锥、小丝杠以及其他带外螺纹的工件。该机床磨削丝锥的直径为 1~20 mm，磨削螺距范围为 0. 25~2. 5 mm（1/8~3/4 寸），最大磨削长度 110 mm，铲磨量 0. 05 mm、0. 10 mm、0. 15 mm、0. 2 mm，铲磨槽数直槽 2~6 槽、螺旋沟槽 2~6 槽（根据特殊订货），铲磨丝锥螺旋槽左右螺旋角 1°~45°（根据特殊订货），铲磨丝锥螺旋槽导程、螺纹导程比（L/S）7000（根据特殊订货），砂轮直径 300~400 mm，砂轮宽度 10 mm，砂轮转速 2 147 r/min、2 520 r/min，砂轮圆周角速度 45 m/s，工件主轴转速范围 32~300 r/min，自动进给量范围 0~1. 6 mm，砂轮主轴电动机功率 2. 2 kW，其转速 2 800 r/min。配有砂轮主轴润滑电动机、液压系统电动机、吸雾气电动机、冷却泵电动机。

2. SB725G-Ⅱ（国产）半自动丝锥磨床

SB725G-Ⅱ型半自动丝锥磨床，适用于工具厂磨削公制、英制右旋丝锥的细纹，可磨削锥管丝锥。机床采用多线砂轮高速磨削。机床采用数控系统，控制两个步进电动机分别操控砂轮进给运动和滚压砂轮时的滚压轮进给运动，可以有多种磨削循环方式，供使用者选择。为了改善冷却效果，机床采用上下两个冷却嘴进行冷却。主要规格：磨削直径 8~50 mm，最大工件长度 300 mm，磨削长度 270 mm。可磨削螺距范围：公制 1~2. 5 mm，英制 2~8 牙/in，铲磨槽数 3~4 槽。铲磨量 0~0. 09 mm，砂轮直径 300~

400 mm，砂轮宽度 20 mm，砂轮转速 2 650 r/min，砂轮线速度 50 m/s，工件主轴转速 0~300 r/min（无级），砂轮电动机功率 7.5 kW（2 900 r/min），工件电动机功率 0.9 kW（1 500 r/min），机床质量 4 t。

3. SK728FZ（国产）全自动丝锥螺纹磨床

SK728FZ 全自动丝锥螺纹磨床是由 CNC 控制，通过配置的 SYNTEC 数控系统可实现多轴联动的加工运动。机床系统软件具备较多的功能，参数编写人性化、易操作，采用金刚石滚轮修整，具有三径同时铲磨功能，适合于大批量生产，是一款可替代进口机床的国内丝锥螺纹设备。同时还可加工高速钢材料和硬质合金材料的直槽丝锥、螺旋槽丝锥、锥管丝锥、挤压丝锥、多头螺纹丝锥、环形扣、螺纹铣刀等。磨削高速钢丝锥采用刚玉砂轮，可用金刚石滚轮修整砂轮。磨削硬质合金丝锥采用陶瓷结合剂的金刚石砂轮，用高速钢滚轮挤压修整金刚石砂轮。国产全自动丝锥螺纹磨床分为四轴数控丝锥螺纹磨床和五轴数控丝锥螺纹磨床两种配置。四轴数控丝锥螺纹磨床用于多线金刚石滚轮修正。采用一个数控轴运动以下压形式对砂轮进行修整，修整砂轮时间为 2~6 s（可调），效率较高。五轴数控丝锥螺纹磨床可用于单线金刚石滚轮修整和多线金刚石滚轮修整。单线金刚石滚轮修整时，有两个数控轴同时运动，以仿型修整形式对砂轮进行修整，其牙型角度任意设置。全自动四轴、五轴丝锥螺纹磨床均可配四轴水平关节机械手和六轴多关节机械手（可选配），可实现一人多机，降低劳动强度，节省人员成本，极大地提高生产效率。该机床主要用于工具厂及标准件厂成批生产丝锥，也可用于一般机械制造厂加工丝锥、小丝杠以及其他带外螺纹的工件。

机床技术规格，磨削丝锥最大直径 80 mm，磨削螺距范围公制 0.5~3.5 mm/英制 5~127 牙，磨削刀数 1~20 刀（可任意设粗磨与精磨），最大磨削长度 150 mm，铲磨量 0.02~0.5 mm，铲磨槽数 2~8 槽，螺旋角度右旋 7°左旋 7°，砂轮直径 310~400 mm，砂轮厚度 10~25 mm，砂轮转数 2 870 r/min，砂轮线速度 60 m/s，头架旋转转数（*A* 轴）5~300 r/min，电动机功率及转数：砂轮主轴电动机，功率 5.5 kW，转数 2 880 r/min。配有砂轮主轴润滑电动机、自动润滑泵、吸雾气电动机、冷却泵电动机、*A* 轴伺服电动机、*X* 轴伺服电动机、*Y* 轴伺服电动机、*Z* 轴伺服电动机、*Z* 轴修正滚轮电动机。

4. GT77 CNC（美国）4 轴全自动高速丝锥螺纹磨床

该机床主要用于大批量丝锥的螺纹加工。因此，机床的机械结构设计重点保证了大批量及稳定可靠生产机型的需要。机床配置了工作极其稳定的 CNC 计算机伺服控制系统。机床主轴功率大，设备工作稳定，操作简单，工作可靠；机床结构紧凑，占地面积小，无噪声，无污染。机床可加工各种丝锥，如直槽丝锥、螺旋丝锥、螺尖丝锥、挤压丝锥、管螺纹丝锥等。工件的直径 3～20 mm，工件全长 115 mm，螺纹长度 75 mm，机床采用步进式上料器上下料，工作可靠稳定。全自动砂轮轴平衡器为某新型号平衡器。砂轮直径为 460～400 mm，孔径为 228.6 mm（或采用 254 mm 内孔），厚度为 10～32 mm。主轴为电动机直接驱动，可以无级变速，砂轮最大转速为 80 m/s。主轴电动机功率为 7.5 kW（感应电动机）。砂轮不可以反向转动。砂轮修正采用金刚石滚轮切入式修正。滚轮规格为 70 mm×31.75 mm（外径×内孔），可随意采用单线滚轮或多线滚轮进行修正。滚轮不可以任意调整旋转方向。滚轮转速固定，速度为 3 400 r/min，滚轮驱动电动机功率为 0.75 kW。金刚石滚轮的修正参数可以根据用户要求通过加工参数修正页面进行任意改变。

机床的主要运动特征是砂轮移动及定位，砂轮修正，所有机床的动作均由随机 FANUC 32i-A CNC 计算机控制系统执行自动控制。软件分为控制系统软件及菜单人机对话软件两部分。工作软件包括工件的技术参数，如螺纹长度、磨削方式及砂轮的几何形状参数，即砂轮修正的技术参数，这些软件都可以根据加工要求由操作者自行编制填写。在计算机数据库中向用户提供了上百种标准丝锥产品的加工软件存储空间，也可以使用 USB 扩展及附加软件的存储空间，从而满足用户的要求。

机床随机提供各种丝锥的加工软件，如切削丝锥、挤压丝锥、管螺纹丝锥、螺母丝锥等。

随机包括：机床自动润滑系统，特种精密机床专用防震隔震垫块，机床油雾分离收集器，随机工具，全套机床操作说明书。机床工作要求使用油质冷却液进行冷却及润滑，冷却油流量为 150 L/min，压力为 10 Pa，供油及过滤系统不包括在机床之中。

5. MX16/T16 型（美国）4 轴 CNC 万能螺纹磨床

机床参数性能：工件加工直径 2～76 mm，工件全长 450 mm，螺纹长度可达 200 mm。螺纹导入角 0～15°，可加工右旋及左旋螺纹。机床配置全自动砂轮平衡器。MX16 机床装备有新型六轴法兰克 LR 迈特型 200iD 工业上料机械手自动上料，加工工件全长 172 mm，螺纹长度可达 89 mm，螺纹导入角 0～15°，可加工 M1～M42 右旋及左旋螺纹。采用手动上料，可加工 M1～M77 丝锥，工件全长 215 mm，螺纹长度可达 121 mm。砂轮直径为 400～460 mm，孔径为 228.6 mm（或采用 254 mm 内孔），厚度为 10～25 mm。主轴为电动机直接驱动，带有无级变速，主轴转速为 80 m/s，电动机功率为 7.5 kW。砂轮不可以反向转动。砂轮修正采用金刚石滚轮切入式修正，滚轮规格

70 mm×31.75 mm（外径×内孔），可随意采用单线滚轮或多线滚轮进行砂轮修正。金刚石滚轮轴采用功率为0.75 kW的电动机直接驱动，滚轮转动方向不可改变。金刚石滚轮的转速固定为3 400 r/min。MT16金刚石滚轮轴由数控伺服电动机直接驱动，滚轮转动方向可以改变，金刚石滚轮的转速可以根据需要调整，最高为5 500 r/min。砂轮形状可根据用户的要求通过计算机屏幕显示。

机床随机提供各种丝锥的加工软件（切削丝锥、挤压丝锥、管螺纹丝锥、螺母丝锥等）。螺纹牙型后角可以由CNC控制系统根据工件参数要求直接修正砂轮进行加工，或是通过USB从外部将加工参数输入进行加工。在计算机数据库中具有上百种标准丝锥产品的加工软件存储能力，也可以使用USB扩展及附加软件的存储能力，以满足用户要求。

随机包括：机床自动润滑系统，特种精密机床专用防震隔震垫块，随机工具，全套机床操作说明书。机床工作要求使用油质冷却液进行冷却及润滑。冷却油流量为150 L/min，压力为10 Pa，供油及过滤系统不包括在机床之中。

6. GBA-CNC/GBA-S-CNC（德国）全自动高效高精度丝锥磨床

GBA-CNC型设备为5轴高效全自动丝锥磨床、GBA-S-CNC型设备为6轴高效全自动丝锥磨床，可磨削加工高速钢丝锥、硬质合金丝锥、切削丝锥、挤压丝锥，此设备只能铲磨右旋丝锥。GBA-CNC 5轴磨床，加工范围M3～M16；GBA-S-CNC 6轴磨床，加工范围M1～M16，适合于大批量生产丝锥，可加工高速钢丝锥、硬质合金丝锥、直槽丝锥、螺旋槽丝锥，可同时铲磨切削锥。GBA-CNC配置5个数控轴，只能用多线金刚石滚轮，只需一个修砂轮行程，修砂轮时间1～2 s，效率极高。GBA-S-CNC配置6个数控轴，可用单线金刚石滚轮数控修整砂轮，实现柔性，也可用多线金刚石滚轮，实现高效加工。

铲磨：该型号两种机型配备有各种凸轮，可实现各种外径和中径铲磨，机械凸轮由数控伺服电动机驱动，可实现100次/s的铲背运动。同时铲背量可调，最大0.5 mm。高速钢丝锥采用刚玉砂轮，用金刚石滚轮修砂轮。铲磨硬质合金丝锥时采用陶瓷结合剂的金刚石砂轮，用高速钢滚轮挤压修整金刚石砂轮，修整挤掉磨钝的金刚石颗粒。

系统配置：该型号两种机型采用德国840D数控系统和伺服驱动，光栅尺实现全闭环反馈，从而实现高精度。软件功能强大，可进行参数编程，人机对话，人性化，易操作。该型号两种机型采用全自动上下料机构，提高了效率，降低劳动强度。

GBA-CNC型5轴磨床，没有修砂轮轴向进给的 *W* 轴。GBA-S-CNC磨床有6个数控轴：丝锥回转驱动 C 轴、丝锥往复运动 Z 轴、磨削进给 X 轴、铲背让刀凸轮驱动 B 轴、修砂轮径向进给 V 轴、修砂轮轴向进给 W 轴。

7. TAPOMAT1000/3000 磨床（德国）

TAPOMAT1000/ 3000 磨床可磨削右旋螺纹或左旋螺纹直槽丝锥、螺尖丝锥、（右旋槽/左旋槽）螺旋槽丝锥、管螺纹丝锥（包括圆柱管螺纹丝锥以及圆锥管螺纹丝锥）、螺母丝锥、挤压丝锥、螺纹成型刀具等。磨削螺纹时可有多线/单线磨削两个选择；加工的螺纹形式可以是标准常规的螺纹，亦可以是各种异形螺纹；既可在丝锥螺纹加工的同时进行切削锥的铲磨加工，亦可将螺纹以及切削锥分别独立加工。完成的切削锥可以是（常规的）一段切削锥（带有一段具有辅助导向功能的切削锥），亦可以是 2 段常规切削锥（还可以附加一段具有辅助导向功能的切削锥）。

借助于安装在工件轴上的金刚石修整轮，可得到量身定制的切削锥形状。可以是由 n 段曲线（阿基米德螺旋线、圆弧；或者是阿基米德螺旋线）与圆弧的组合；还可以是圆弧与直线段的组合等。依据机床所提供软件 JUWOP/W（WT），可执行带图像支持的编程和图像模拟，也可以在操作界面输入不同参数，还可以从 CAD 图导入机床控制系统，由机床的数控系统来实现所需要的截形。

该机床可对挤压丝锥任意设置不对称的截形高点而与采用何种截形无关，主要应用于加工条件较差的情况。不对称的量值可以根据需要任意改变，因此能够满足各种条件的需求。

TAPOMAT 3000 磨床采用两片砂轮工作，在一次装夹中进行螺纹和切削锥磨削。工件直径范围为 3~32 mm（>32~50 mm 手动上下料），采用全自动上下料系统。最大驱动功率 12 kW。采用 160 L/min 以及 20×10^6 Pa 的高压大流量冷却系统，大大提升了产品的表面质量以及生产效率。

TAPOMAT 1000 磨床具有高度加工柔性、较短的更换工装时间、便于操作和占地面积小的特点。工件直径范围为 0.8~8 mm，采用全自动上下料系统。最大驱动功率 5 kW。

8. GS TEM-LM Mini 高精度外螺纹磨床（美国）

GS TEM-LM Mini 高精度外螺纹磨床工作盖面仅为 100 mm×100 mm，主要面向切削工具、汽车、航空航天及医疗设备行业的高产量、精密螺纹零件制造商。可磨削小型丝锥、滚丝、螺纹、涡轮、滚珠螺杆、航空紧固件或外科接骨螺钉。融入先进的磨削特性：PartSmartTM 编程及程序开发，基于 GS TEM-LM 在出厂前进行了多功能编程，只要输入特定的零件变量并处理菜单提供的信息，即可加工零件。大型填充矿物质的硬钢外壳底座具有良好的减震性及热稳定性。Fanuc 伺服电动机在定位轴上配有高分辨率编码器及 Heidenhain 线性尺，可确保当前的精度及之后的多位移操作。金刚石滚轮外形修整功能可修整复杂的切削及非切削砂轮型面，包括整圆弧及尖拱形；完美处理顶部及齿根半径的顶点或切面以及 60°螺纹牙型、惠氏螺纹、ISO 螺纹、锯齿形螺纹及其他螺纹。具有可靠的 CNC 诊断及简化的机械系统确保最大限度地减少维护工作。

自动储存送料装置系统：自动摇杆式储存送料装置并入 CNC 系统。GS TEM-LM Mini 规格，*X* 轴：砂轮进给、最大零件直径自动上料 100 mm（4″）、10 m/min；*Z* 轴：磨削长度、最大零件长度 10 mm（0.4″）、10 m/min；*A* 轴砂轮螺旋角±10°；*C* 轴：工件旋转 10∶1、300 r/min；主轴 55 kW，转速 10 000 r/min；砂轮尺寸 205 mm（外径）×76.2 mm（内径）。

9. LD702CNC（国产）全自动数控丝锥螺纹磨床

LD702CNC 全自动数控丝锥螺纹磨床是国产自动化程度较高的专用数控磨床，可加工直槽、螺旋槽和挤压丝锥的左旋或右旋螺纹。机床主要参数：加工丝锥直径 M4～M16；磨削丝锥长度 80 mm；磨削工件长度 140 mm；磨削螺距范围 0.5～2 mm；多线金刚石滚轮；砂轮倾角±5°（左右旋均可）；砂轮直径 A 型 410～340 mm，B 型 500～410 mm；步进式自动上下料，机械手任选；机床总功率 10 kW。

主要结构特点：

1）直线电动机铲磨机构：该机床主要结构形式与传统螺纹磨床区别是砂轮做螺距进给，工件做进给和铲磨运动。工件进给轴采用沙迪克的直线电动机驱动（见图 4-5），由于工件部件质量比砂轮部件质量轻 1/3，故铲磨时惯性大幅降低，机床的稳定性大幅提高，铲磨次数可以达到 4 000 次/min，生产效率得以大幅提高。采用直线电动机驱动，特点是加速度响应高、精度高、无间隙、无磨损，大大优于丝杠传动。

图 4-5　沙迪克直线电动机

2）上下料机构：该机床配有两种上下料机构供用户选择，步进式上料器和机械手上料系统。步进上料器是该公司早年开发的由气动或液压驱动的上料机构，目前已被广泛采用，不同规格丝锥需要更换不同的上料托板，更换规格时需要精确调整。

机械手上料系统由国外机械手（见图 4-6）、国外气动手爪和托盘组构成（见图 4-7），一个托盘可装 M6 规格的丝锥 400 支，由机械手完成托盘与磨削位置的交换。其特点是更换规格调整方便，人工干预周期长，是组成丝锥智能制造生产线的基础。

图 4-6　国外机械手

图 4-7　交货托盘

3）双重密封：该机床采用磨削区密封和总体双重密封，有效地控制环境的污染并减少冷却油的损失（见图 4-8）。

图 4-8　磨削区密封

4）数控部分：采用 SYNTEC 11MB 数控系统（见图 4-9）、YASKAWA 伺服驱动，稳定可靠。机床采用菜单式编程方法及人机对话的交流形式（傻瓜式），操作简单易学（见图 4-10）。

5）多功能：该机床具有磨削多种丝锥的功能，可以磨削直槽丝锥、螺旋槽丝锥、锥管螺纹丝锥、挤压丝锥和左旋丝锥。由于机床具有三径铲磨功能，磨削丝锥省力耐用。

图 4-9　数控系统

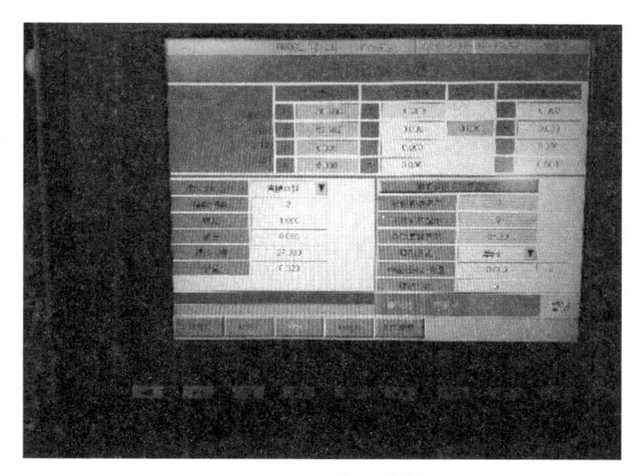
图 4-10　编程菜单

6）在线动平衡：该机床采用在线动平衡仪，更换砂轮时不需要进行离线平衡，在磨削过程中自动平衡砂轮并对砂轮的转速进行监控，大大提高了磨削质量和使用效率（见图 4-11、图 4-12）。

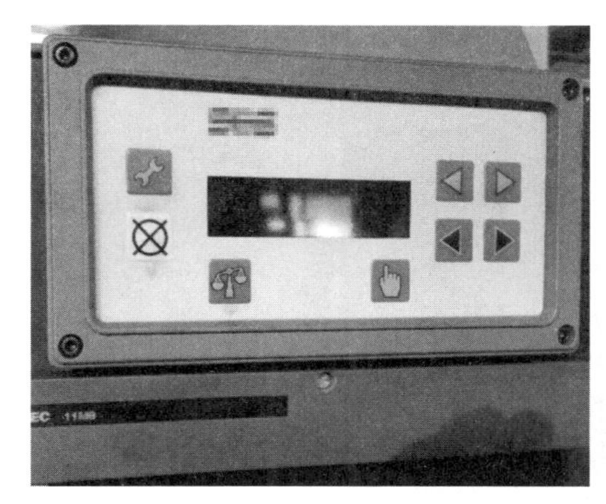
图 4-11　动平衡显示

图 4-12　在线平衡机构

7）电主轴：机床采用电主轴为砂轮提供动力，具有转速可调、精度高的特点，可以对粗磨和精磨自动变换不同转速，从而提高了磨削质量和效率。主轴配有与直线电动机共用的恒温冷却油箱。

8）砂轮及滚轮的利用：机床设计之初考虑了对不同螺纹磨床砂轮的充分利用和便于金刚石滚轮的通用，该机床目前根据用户具体情况，可以选择与国外机床和 GT77 机床砂轮通用。例如 GT77 砂轮直径可从 500 mm 用到 420 mm，而该机床砂轮直径可以从 420 mm 用到 340 mm，即可沿用 GT77 因到达最小直径而报废的砂轮，且金刚石滚轮完全通用，可大幅节省用户使用成本。

10. V600T-R 数控丝锥螺纹磨床

V600T-R 型数控丝锥螺纹磨床，具有独特的单线和多线磨削、机器人上下料的功能。专用于磨削直槽丝锥、螺旋槽丝锥、锥管螺纹丝锥、挤压丝锥的左、右旋螺纹，如图 4-13 所示。由于机床具有三径铲磨功能，生产出的丝锥在使用过程中省力耐用。V600T-R 型数控丝锥螺纹磨床机床如图 4-14 所示。

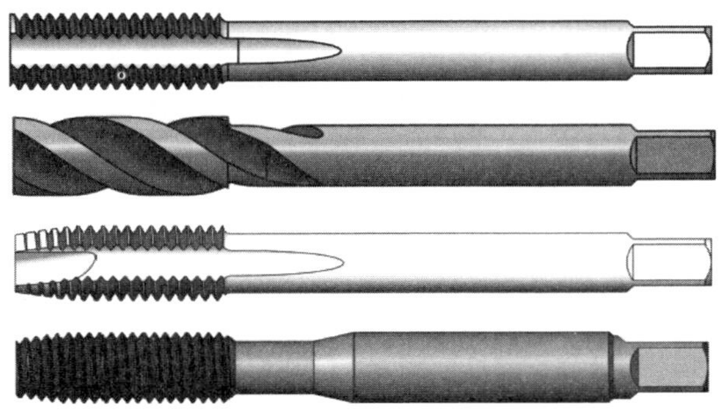

图 4-13 可磨削的各种丝锥

图 4-14 V600T-R 型数控丝锥螺纹磨床

（1）V600T-R 型数控丝锥螺纹磨床结构特点

1）床身结构：床身采用低热传导高刚性吸震人造花岗岩结构，具有良好的抗震性和密封性；台面采用双倾斜式下水槽设计，排削、排磨削油通畅，方便日常保养。

2）整机钣金：整机护罩采用全封闭式钣金结构，顶置式油雾收集口，外形美观大方，工作时安全环保；磨削区采用独立的内护罩防护，解决了高压磨削油到处喷射、飞溅等问题。

3）控制系统：采用国产6轴联动磨削专用数控系统控制，具有自动顶紧工件、自动进刀、自动粗磨/精磨、自动分度、自动退刀、自动故障报警等功能。

4）砂轮修整：采用上置式高速修整轮轴，具有高效多线成型修整和单线轨迹修整两种方式，由CNC系统自动控制，可实现砂轮自动成型、自动修整、自动补偿等功能。

5）运动部件：采用高刚性运动工作台，进口高刚性直线导轨和滚珠丝杠副与伺服电动机直联传动，工作时进给稳定、精度高、寿命长、灵敏度高，可实现较高的动态刚性和进给精度。

6）工件主轴：安装在运动工作台上，采用高刚性结构机械主轴，通过伺服电动机减速器单元驱动，此结构确保了主轴分度精度的同时，也保证了主轴的扭矩和动态刚性。

磨削主轴：磨头架采用高刚性卧式抗震结构；磨头采用高刚性气密封式内冷电主轴，外置式砂轮自动平衡装置，可实现恒线速度和在线砂轮动平衡功能。

7）整机润滑：各运动部位、滚珠丝杠、直线导轨等全部采用恒压式自动润滑系统集中定时定量供给。

8）电控单元：采用后置背包式恒温控制电柜，侧置热交换器，前置立式可旋CNC控制屏，设计合理且人性化，并符合相关标准。

9）送料方式：6轴工业机器人自动上下料，标配M3～M16自动上下料，M18～M52手动上下料。

10）加工软件：V600T-R软件根据丝锥沟槽加工特性而编写，具有人性化的人机对话界面，图形式加工显示，参数化数据输入框，操作界面简洁易懂，只需简单培训即可操作。

（2）技术参数表

磨削范围：直槽、螺尖、螺旋、挤压丝锥的螺纹；

磨削直径：M3～M24；

螺旋升角：±15°；

磨削长度：总长45～150 mm，刃长≤110 mm；

磨削方式：单线磨削/多线磨削；

铲磨方式：电子凸轮和机械凸轮；

上料方式：6轴机器人自动上下料；

装夹方式：柄部刃部两顶尖，方尾作分度驱动（两顶尖）；

定位方式：方尾作分度定位，两端中心作径向定位；

砂轮规格：406 mm×203 mm×（6～30）mm；

砂轮线速：35～75 m/s；

砂轮修整方式：单线金刚石滚轮轨迹修整/多线金刚石滚轮成型修整；

修整轴功率：1.1 kW；

修整轴转速：6 000 r/min；

磨削主轴功率：22.0 kW；

液压功率：0.75 kW；

整机功率：30.5 kW；

环境温度：5～50 ℃；

环境湿度：相对湿度45%～70%；

冷却方式：强力油冷；

冷却压力：15～20×10^5 Pa；

气源压力：≥7.0×10^5 Pa，排量1.0 m^3/min；

工作电压：380 V±10 V，50 Hz；

机床尺寸：2 360 mm×2 530 mm×2 000 mm；

机床质量：7 000 kg；

机床底座：人造花岗岩。

七、丝锥铲磨切削锥磨床

丝锥铲磨切削锥磨床（简称丝锥开口）是丝锥加工的关键设备，是丝锥刃口质量的保证，直接影响丝锥的切削效果，2000年以前，丝锥的铲磨切削锥主要以沈阳工业大学机电厂的M9527为主，进入21世纪以后，丝锥铲磨切削锥磨床得到迅速发展，改造升级步伐加快，传统的机械传动已被数控智能化所代替，下面分别进行介绍。

1. 丝锥铲磨切削锥磨床M9527（沈阳）

该机床专供铲磨丝锥直径M3～M27，长度为48～135 mm的未制丝锥切削锥后面。所加工表面呈阿基米德螺旋形，修磨丝锥切削刃前面使其后角不变；工件装夹为手动，工件回转为机动，可实现无级调速，通过变速开关实现丝锥工件粗、精加工时所需的两种不同速度。

机床参数：加工工件主要尺寸，直径3～27 mm，长度48～135 mm，槽数3/4/6。铲磨范围：0.4～3 mm。

顶尖系统：顶尖距离 48~150 mm，中心高 65 mm。工件转速：粗磨 30~100 r/min，精磨 7.5~40 r/min。

砂轮和操作系统：砂轮转速 3 660 r/min，砂轮规格 200 mm×25 mm×75 mm，砂轮纵向移动量 90 mm。电动机：功率 2.2 kW，转速 2 840 r/min。砂轮修整器：旋转角度 20°，最大行程 60 mm。

2. LD701CNC（天津）全自动数控丝锥铲磨机

LD701CNC 全自动数控丝锥铲磨机如图 4-15 所示，主要用于铲磨公称直径 M3~M20 丝锥的切削锥。该机床采用数控装置对机床各种运动进行控制，机床自动完成上下料、铲磨、进给、补偿和砂轮修整，节省了劳动力成本，一个人可以操作 4 台机床。机床配有彩色触摸显示屏，并配有人机对话、生产率显示和报警功能。机床主要参数和生产效率简介如下。

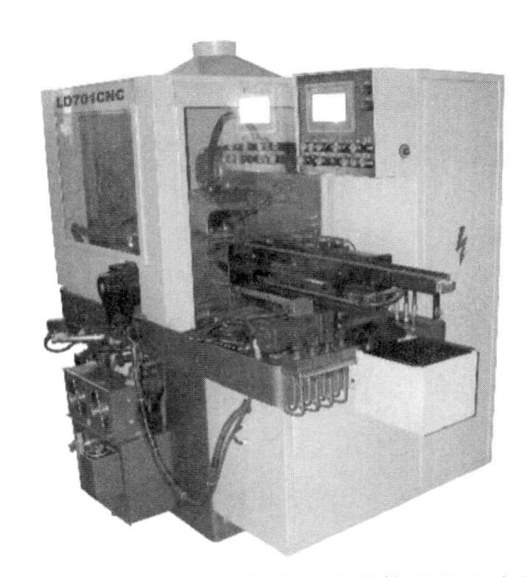

图 4-15　LD701CNC 全自动数控丝锥铲磨机

机床主要参数：磨削丝锥公称直径 M3~M20；铲磨切削锥角度 0°~30°；可铲磨丝锥槽数 2、3、4；磨头电动机功率 2.2 kW；液压电动机功率 2.2 kW；砂轮直径范围 200~250 mm；砂轮内孔尺寸 76.2 mm。

生产效率：机床可连续加工丝锥的切削锥，其效率见表 4-3。

表 4-3　加工丝锥的切削锥效率表

公称直径/mm	3~5	>5~8	>8~12	>12~16	>16~20
效率/（支/h）	300~350	350~400	300~350	200~300	150~200

3. SNOKO CM4T（台州）数控丝锥铲磨切削锥磨床

磨削范围：机用丝锥的切削锥；磨削直径 M3～M12；磨削长度：≤130 mm；磨削方式：采用树脂砂轮强力磨削工艺；砂轮线速度：60 m/s；冷却方式：油冷 10～15 号机械油；砂轮修整及补偿只需在数控系统上编辑即可；主轴功率3.0 kW（电主轴/机械）；冷却功率0.45 kW；整机功率6.0 kW；控制方式：4 轴联动数控系统控制，工件的切削锥度数、铲背量等数据只需在电脑设置即可；定位方式：工件两端中心孔及沟槽作磨削定位；操作方式：自动上下料，一人操作 3~5 台机床。

4. TC75（美国）数控自动丝锥铲磨切削锥磨床

TC75 型数控自动丝锥铲磨切削锥磨床是专用于精磨丝锥螺纹前部铲磨切削锥的，是目前国内外经典的丝锥铲磨切削锥磨床，其性能优越，质量稳定，效率高，可实现全自动上下料，适合于批量生产。加工范围 M3～M20；铲磨切削锥锥度 0°～30°；锥度对称性小于0.01 mm；加工槽数：2、3、4、5；砂轮修整为全自动进给补偿；机床头架可实行自动径向后角磨削；机床配置有自动润滑系统，具有独立的液压站，电器配置 380 V、50 Hz、三相；主轴电动机：1.5 kW。

第四节　螺纹刀具制造装备的特点及选用

目前市场上主要螺纹刀具包括丝锥和板牙，丝锥产品的需求量大，其相关工艺和设备的发展也较快。相对而言，板牙设备的更新较慢，其中部分设备仍采用传统专用机床。设备的发展是跟随相关工业产品技术和工艺技术的进步而不断发展的。以下针对丝锥和板牙相关工艺及选用的设备进行简述。

一、丝锥

1. 传统工艺

（1）丝锥规格 M6 及以下工艺流程

下料→毛坯加工→冲方→滚丝→热处理→磨刃部外圆→磨沟→磨柄→磨螺纹→铲磨切削锥。

典型工艺选用机床如下：

1）冲方：采用设备是在 60t 冲床上加装模具，实现冲压成型。

2）滚丝：主要采用滚丝机，如图 4-16 所示。

3）磨沟：采用设备为 66 磨沟机，如图 4-17 所示，该设备通过手动上下料。

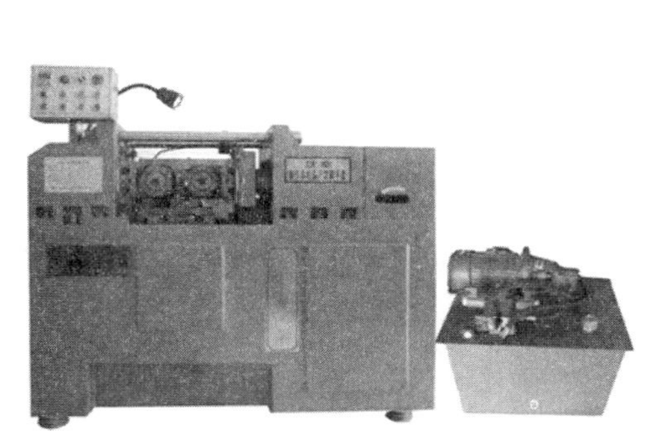

图 4-16 滚丝机

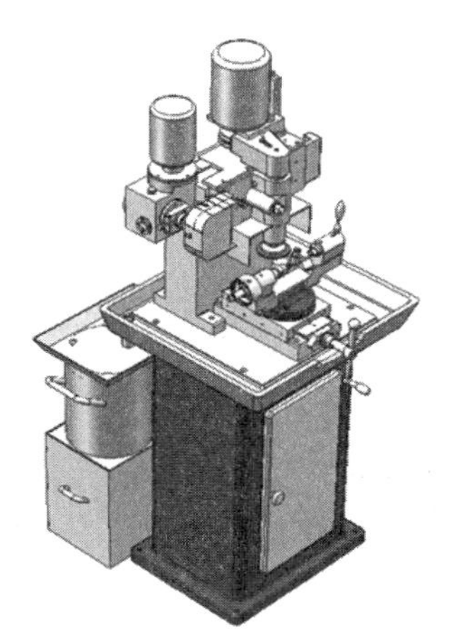

图 4-17 66 磨沟机

（2）丝锥规格 M8 及以上工艺流程

下料→毛坯加工→方头加工→滚丝→铣槽→热处理→磨沟→抛沟→磨柄部外圆→磨刃部外圆→磨螺纹→磨前刃面→铲磨切削锥。

典型工艺选用机床如下：

1）铣方：传统方法是在机床 X61W 上增加 3 组手动或自动分度装置实现工件加工分度，在铣头主轴上加装 3 组三面刃铣刀来对丝锥方头的相对两面进行同时铣削加工，可以同时加工三件丝锥。

2）车方：该机床用于 M8～M20 丝锥方头车削，车方的基本原理是依靠刀具与工件的转速差，使刀尖在切削段的复合运动轨迹为近似的直线段。其车削成型面为一椭圆弧面，车方原理如图 4-18 所示，当工件规格太大时，方头面的平面度达不到公差要求，车方机外形如图 4-19 所示。

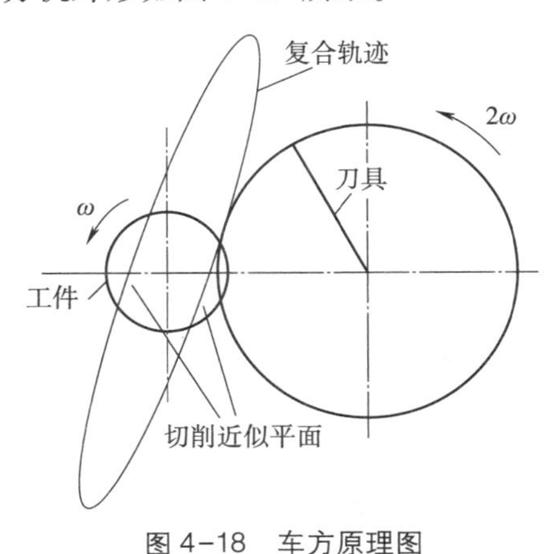

图 4-18 车方原理图

图 4-19 车方机

3）多头铣沟：该设备主要完成丝锥沟槽加工，传统方法是在机床 X62W 上增加三轴分度头，实现三轴同时加工工件，其三轴分度头原理如图 4-20 所示。其工件夹持方式为反顶尖与正顶尖共同作用实现顶紧，如图 4-21 所示。

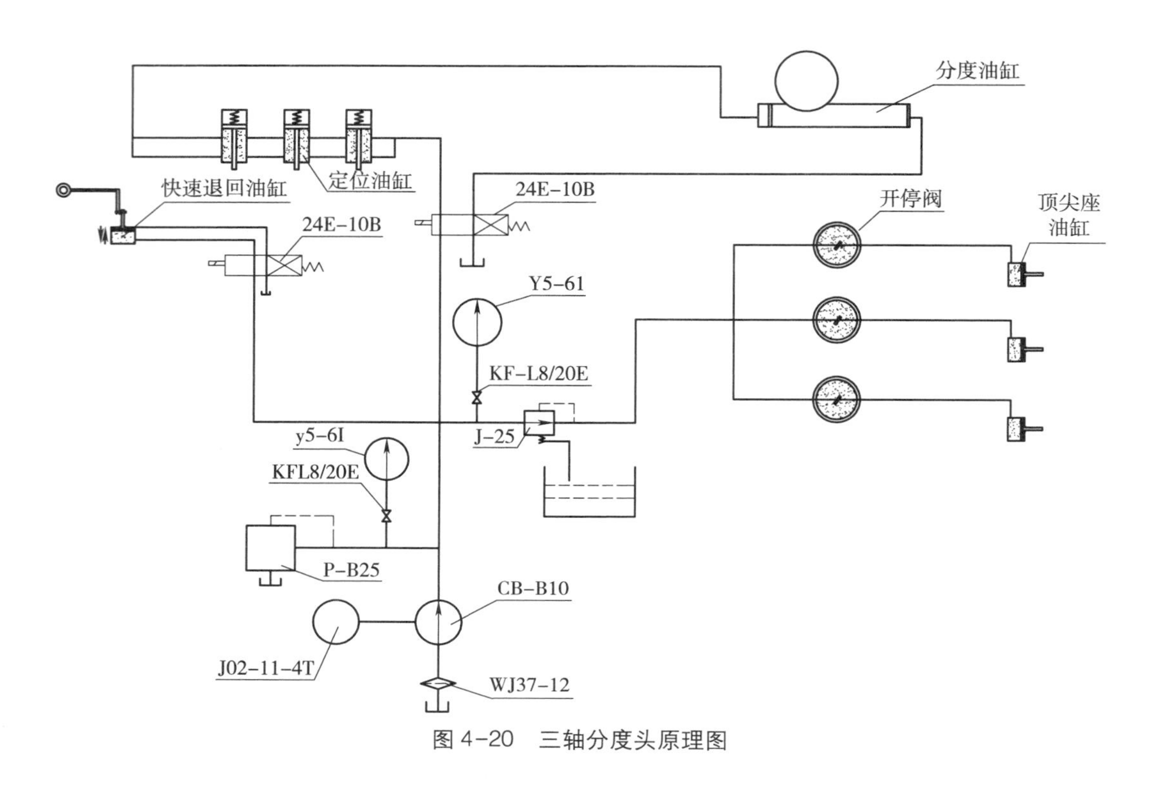

图 4-20　三轴分度头原理图

4）数控铣槽：该设备主要完成丝锥的沟槽加工，现代生产对机床的自动化要求在提高，新的铣沟机一般加有自动上下料装置，如步进上料器，采用简易数控系统，典型机床如 XZ8138 全自动丝锥铣沟机，如图 4-22 所示。

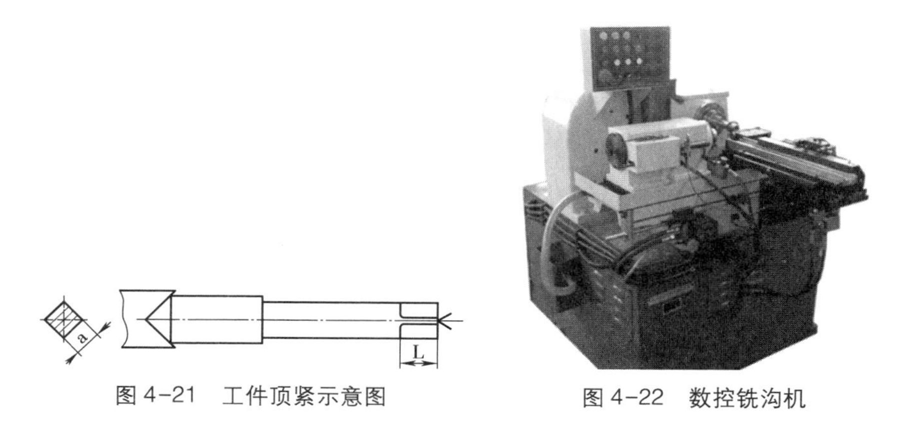

图 4-21　工件顶紧示意图

图 4-22　数控铣沟机

5）抛沟：该设备主要完成丝锥沟槽表面的抛光，各工具厂一般自制专用设备。

6）磨前刃面：该设备主要用于丝锥沟开前刃，传统方法是在工具磨 MQ6025A 进行开前刃，该工艺劳动强度大，产生粉尘多。

2. 磨制工艺

随着现代生产加工精度不断提高，原有丝锥产品已无法满足生产需求，丝锥生产厂家不断调整生产工艺，改进生产设备，将传统的铣制工艺改为全磨制工艺，提高了丝锥的产品精度、外观质量，延长了加工寿命。

1）磨外圆：该设备主要完成丝锥柄部及刃部的外圆磨削。若采用柄刃分序磨削，传统的外圆磨床以 MS1320E 高速外圆磨床为主，大规格的主要以高速外圆磨床 MS1332A 为主，小规格的主要以万能外圆磨床 M1420 为主。目前，国内全自动 CNC 外圆磨床正在以迅猛的势头取代传统的外圆磨床，一批国内数控机床厂家的产品已大批量进入国内的丝锥生产领域，如 MK1320-T 数控外圆磨床、MZK132 数控外圆磨床。若成型一次性柄刃加工，成型磨如图 4-23 所示。后期为提高精度和效率出现专用设备，如 MK1320 数控自动外圆磨床（见图 4-24）。

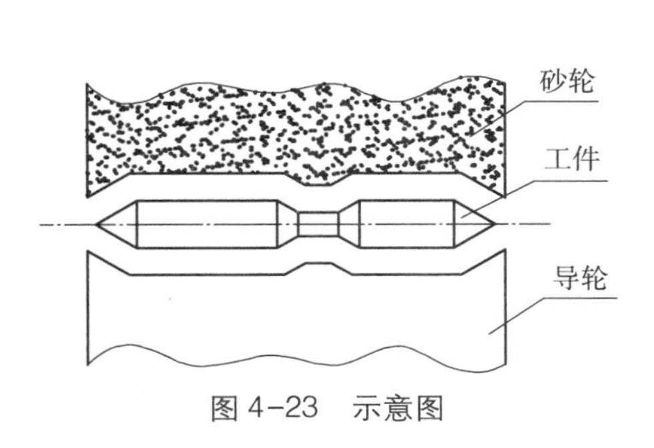

图 4-23 示意图

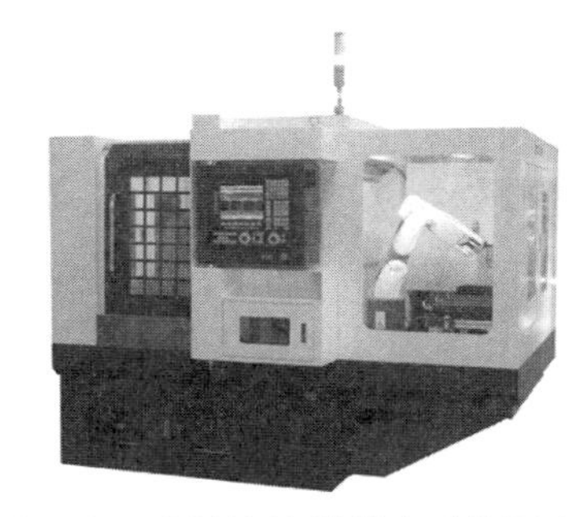
图 4-24 MK1320 数控自动外圆磨床

2）磨方：丝锥方头在丝锥工作时用于传递扭矩，同时也可作为加工丝锥的基准。加工丝锥时，对丝锥方头有一定的尺寸、表面粗糙度及形位公差要求，如国家标准规定普通丝锥的方头对柄部轴线对称度不超过尺寸公差的 1/2。采用磨削工艺加工丝锥方头精度及效率较高，磨方示意图如图 4-25 所示。目前丝锥方头磨床国外主要以美国 SQ-100 丝锥磨方机为主，国内磨方机>M6 规格以全自动丝锥磨方机 MK9720 为主，大规格主要以半自动丝锥磨方机 M9716 为主，≤M6 规格磨方以半自动方头磨床为主。美国 SQ100 机床、国产 MK9720 分别如图 4-26、图 4-27 所示。

3）磨沟：该设备主要完成丝锥沟槽磨削，生产中针对不同加工件对丝锥沟槽的形式种类要求越来越多，传统磨沟机主要采用靠模修整沟型，不具有沟槽形调整的柔性，而数控修整可以实现任意沟槽样式的调整。现代机床均能达到自动上下料、自动修整沟型。针对不同丝锥沟槽磨削要求可选择以下机床：FTX2（美国）可磨削直槽和螺尖丝锥（见图 4-28），F575（美国）可加工螺旋槽丝锥（见图 4-29），GS 635 磨沟机（德国）可生产直线槽和螺旋槽丝锥（见图 4-30），MK9624 磨沟机（国产）可加工直槽丝锥（见图 4-31）、MK9630（国产）可生产螺旋槽丝锥（见图 4-32）。

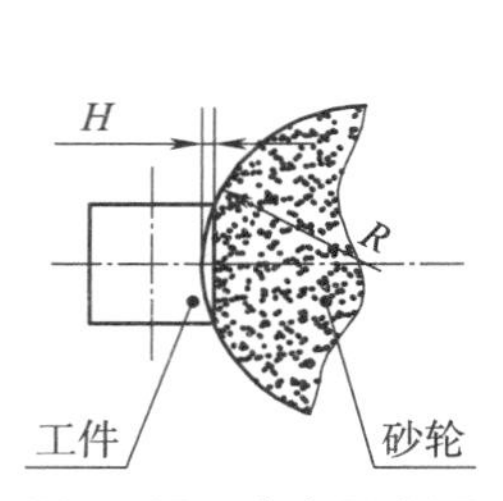

图 4-25　磨方示意图

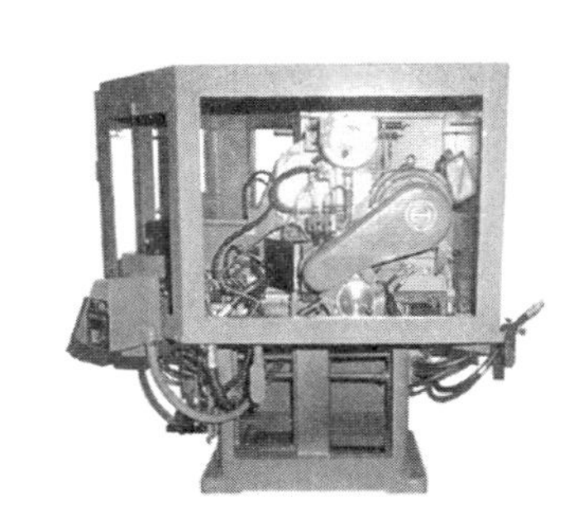
图 4-26　SQ100（美国）机床

图 4-27　MK9720（国产）磨方机

图 4-28　FTX2（美国）可磨削直槽和螺尖丝锥

图 4-29　F575（美国）可加工螺旋槽丝锥

图 4-30　GS 635（德国）磨沟机

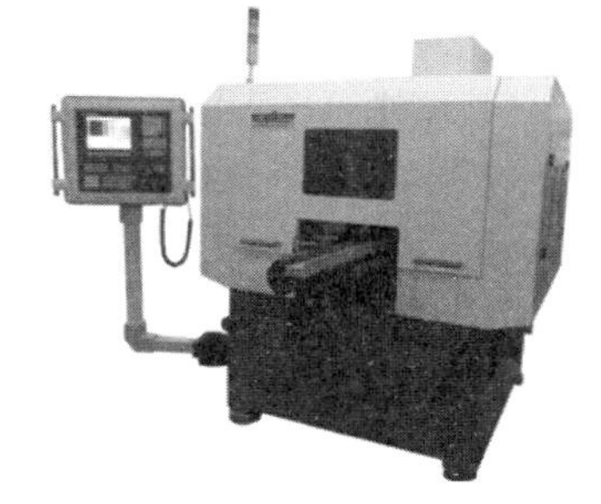
图 4-31　MK9624（国产）直槽磨沟机

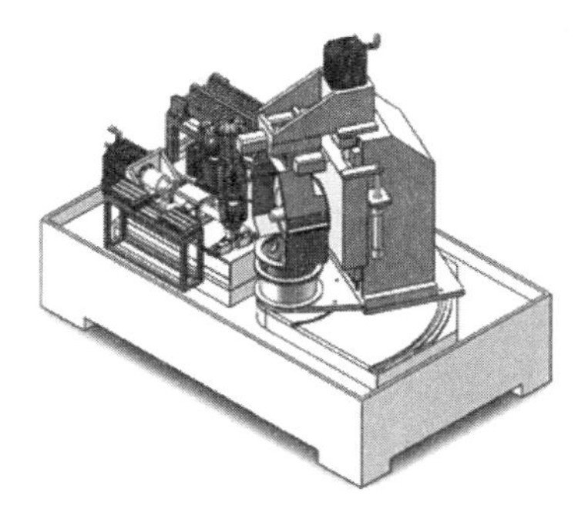

图 4-32　MK9630（国产）螺旋槽磨沟机

4）螺纹磨：丝锥螺纹磨床是丝锥加工的核心设备，用于磨削丝锥的螺纹部分。丝锥磨床是外螺纹磨床衍生的一种丝锥专用磨床，主要满足丝锥加工时生产效率高和操作简便的要求。丝锥磨床按照砂轮磨削线数分为单线丝锥磨床（见图 4-33）和多线丝锥磨床（见图 4-34）。由于受产品尺寸大小和生产工艺的限制，多线磨削主要采用跳牙原理，图 4-34a）中阴影部分为砂轮每个齿的磨削量，可以看到多线砂轮，磨削量分配到每个齿上，这样对砂轮的损耗更小，磨削效率更高，而且砂轮可以附带铲大径的功能。

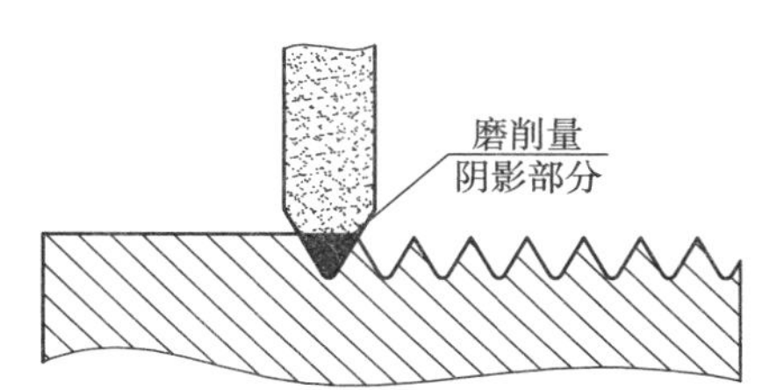

图 4-33　单线磨削示意图

以 CNC 全自动上下料为主的数控丝锥磨床目前被普遍认可的有国产的 LD701 和 SK728F。进口的丝锥螺纹磨床主要有英国的 79、美国 GT77、德国的 GBA 等。德国 GBA 螺纹磨床如图 4-35 所示，国产 SK721 螺纹磨床如图 4-36 所示。

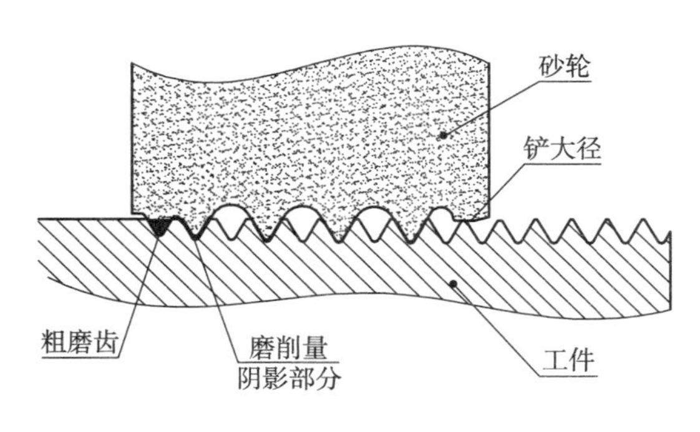

a）多线磨削示意图

b）多线砂轮图

图 4-34　螺纹磨

图 4-35　GBA 螺纹磨床

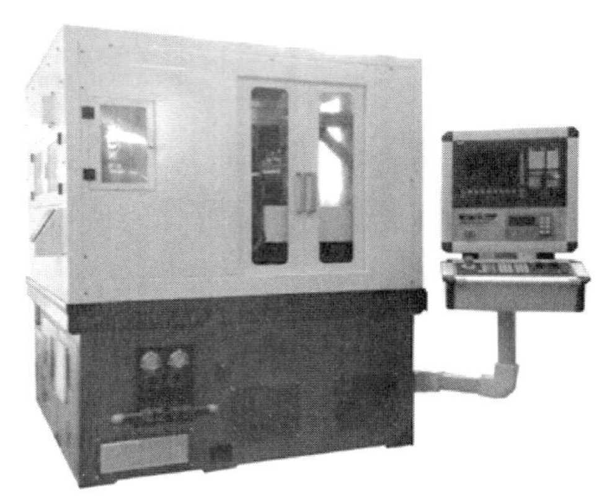

图 4-36　SK721 螺纹磨床

5）铲磨切削锥：该设备主要用于丝锥切削锥部分的铲磨加工，由于其每一个刃加工出来的切削锥分别对应的是一段阿基米德曲线，而非传统的圆锥，因此每一个刃的加工需要对机床实现一个周期的循环动作，对设备运行的效率和稳定性要求较高。早期传统的机床有 4M 铲磨切削锥机，该机床主要采用手工上料、手动修整，由于其存在工作强度大、砂轮修型做不到一致性的缺陷而被逐步淘汰。2000 年以前，丝锥的铲磨切削锥主要以 M9527 为主。进入 21 世纪后，国内的数控丝锥铲磨切削锥磨床主要有天津的 LD701、台州的 SNOKO CM4T、成都的 MK9524 等在市场上得到认可。进口的丝锥铲磨切削锥磨床主要有美国的 TC75。TC75 丝锥铲磨切削锥磨床（见图 4-37），可以加工直槽与螺旋槽底锥的铲磨切削锥，成都的 MK9524 可以加工直槽铲磨切削锥（见图 4-38）。

图 4-37　TC75（美国）

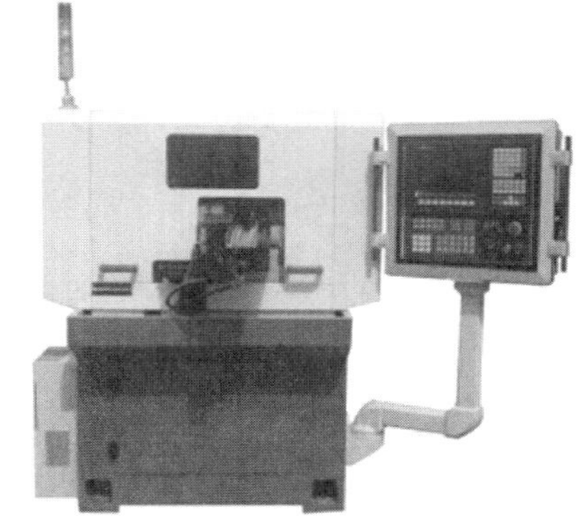

图 4-38　MK9524（国产）

6）丝锥刃口精细强化（俗称钝化）：丝锥在制造过程中，经过精密磨削，螺纹齿

形表面粗糙度达到 $Ra0.4\ \mu m$ 以下，看似非常光洁，但在微观观察下（如在100倍的工具显微镜下检查），可以清晰地看到丝锥刃口仍有微小的缺陷，如毛刺、尖边、锯齿、豁牙、裂纹等。这些微小的缺陷肉眼很难识别，而这些缺陷随着丝锥使用时间的延长，刃口会不断地磨损，其缺陷会造成刃口处豁口延伸，磨损加剧，崩齿、崩刃现象发生，切削性能不断地下降，导致丝锥快速磨损而报废。

在金属切削过程中，合适的刃口形式能有效消除磨损初期由于切削不稳定所导致的刀具裂纹扩展、崩刃甚至断齿等非常规失效情况，提高刃口强度和切削稳定性，从而提高刀具使用寿命。合适的刃口半径也能减轻刀具切削时产生的切削热。刃口经精细强化处理，可以光整刀面。丝锥是加工内螺纹最为主流的刀具之一。由于切削条件极其恶劣，切削液在切削过程中有时无法正常发挥降温作用，丝锥切削齿受到严重热变形以及剧烈磨损，这些都会缩短丝锥使用寿命。普通高速钢材料耐磨性能较差，高速钢丝锥的失效报废率居高不下，工作周期很短。金属刀具切削遇到的难解决问题在丝锥这种精密刀具上更加放大，因而需要寻求更加稳定的切削性能和更长的使用寿命。

丝锥刃口精细强化可以大大改善丝锥刃口刀面的微观缺陷，使之光洁平整，刃口的丝锥刃口精细强化程度直接决定了刃口半径，间接决定了高速钢丝锥的生命周期。丝锥刃口精细强化后的丝锥刃口尺寸应均匀，具有足够的可靠性，满足丝锥刃口精细强化的需要。适当增大刃口半径能增大散热面积，减小刀-屑接触面积，从而降低切削温度。因此，在丝锥经过精密磨削之后，需要对其螺纹齿形型面进行丝锥刃口精细强化处理，使原来有缺陷的丝锥刃口成为光滑平整带圆弧状的刃口，这样，切削过程就会变得轻快，工件表面就更加光洁，丝锥的寿命就能得到提高。早期采用手工丝锥刃口精细强化，抛光时又采用手工操作，抛光力度全靠手感，螺纹型面复杂，抛光不均匀，效果差。现常用的机械式丝锥刃口精细强化手段，是采用毛刷抛光和磨粒丝锥刃口精细强化工艺。磨粒丝锥刃口精细强化是把磨粒放入砂盘内，丝锥插入在磨粒中，丝锥旋转时通过磨粒对其表面进行丝锥刃口精细强化。

丝锥刃口精细强化机主要机械结构形式有：行星式丝锥刃口精细强化、毛刷式丝锥刃口精细强化、磁粉式丝锥刃口精细强化等。图4-39a）所示为毛刷式丝锥刃口精细强化机局部图，图4-39b）所示为毛刷式丝锥刃口精细强化机。图4-40a）所示为磁粉式去毛刺丝锥刃口精细强化机局部图，图4-40b）所示为磁粉式去毛刺丝锥刃口精细强化机。

a）毛刷式丝锥刃口精细强化机局部图

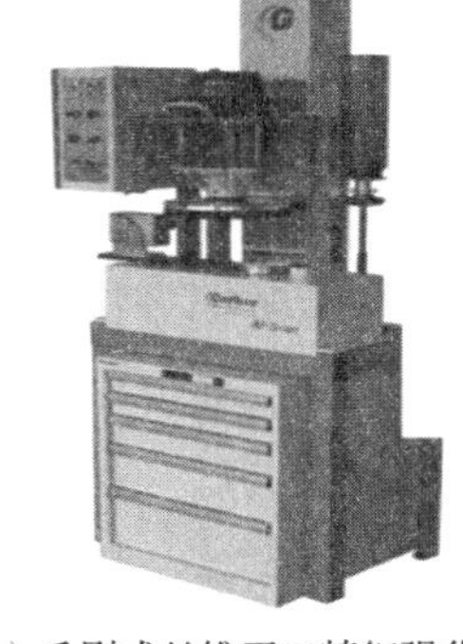

b）毛刷式丝锥刃口精细强化机

图 4-39　毛刷式

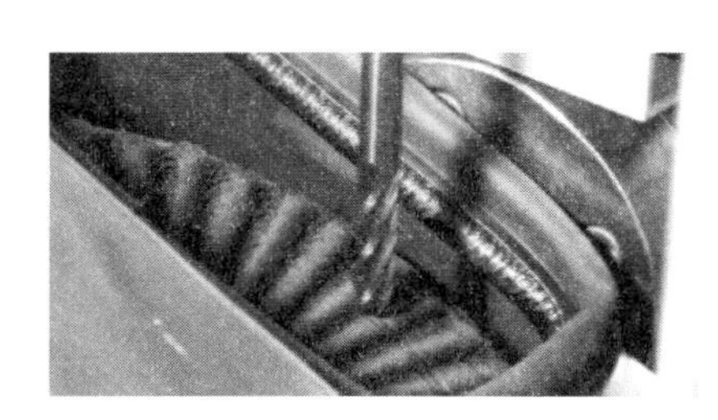

a）磁粉式去毛刺丝锥刃口精细强化机局部图

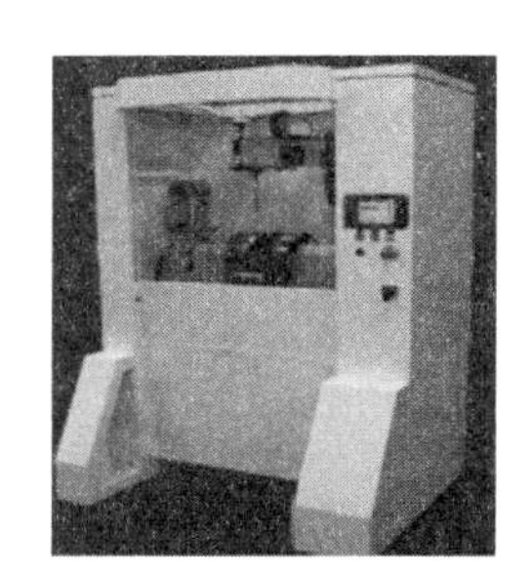

b）磁粉式去毛刺丝锥刃口精细强化机

图 4-40　磁粉式

二、板牙

传统生产中板牙加工主要涉及的机床较多，数控技术在机床上的应用对专用机床的机械结构实现了简化，其加工工艺及机床选择如下：

1）车加工，早期采用四、六轴自动车床，现在主要采用全自动数控车床。

2）磨端面，采用加工设备如 M7130 平面磨床（见图 4-41）。

3）磨外圆，采用加工设备如 M1080 无心磨床（见图 4-42）。

4）铣 60°槽，采用加工设备如 X61W 卧式铣床（见图 4-43）。

5）粗攻螺纹，采用加工设备如立式铰丝机。

6）钻容屑孔，采用加工设备如 CC49 四轴钻床。

7）去毛刺，采用加工设备如平面磨光机、立钻、冲床。

8）磨两端面，采用加工设备如 M7130 平面磨床。

9）精攻螺纹，采用加工设备如立式铰丝机。

10）组合攻螺纹，采用加工设备如 CH272 双头立式铰丝机。

图 4-41　M7130 平面磨床

图 4-42　M1080 无心磨床

11）铲后面，采用加工设备如 M9936B 铲床。

12）钻边孔，采用加工设备如半自动边孔机、2A125 立钻。

13）抛光外圆，采用加工设备如无心抛光机设备（见图 4-44）。

图 4-43　X61W 卧式铣床

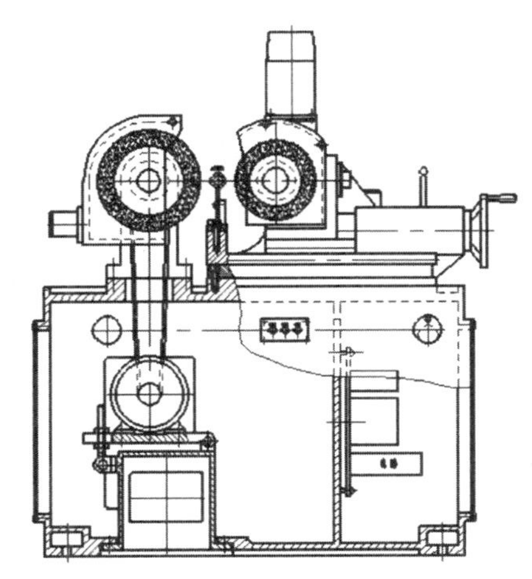
图 4-44　无心抛光机

14）磨前面，采用加工设备如 2M6152 板牙刃磨机。

15）铲磨后面，采用加工设备如 M9936B 铲磨床。

16）研净螺纹毛刺，采用加工设备如研磨机。

17）精磨两端面及去磁，采用加工设备如 M7130 平面磨床。

第五节　螺纹刀具的检测装备

丝锥产品切削效果提升的控制参数主要包括丝锥的沟型、前角、铲磨量，其相关的配套仪器是整个丝锥生产过程的核心设备。

1. 前角测量

数字式丝锥前角检查仪用于测量切削丝锥的前角 γ_p（见图4-45），测量丝锥包括各种用途（机用、手用、螺母）、各种柄型（粗柄、细柄、长柄）、各种制式（米制、美制、锥管）及各种槽形（直槽、螺旋槽、螺尖）。在早期丝锥生产过程中，工厂主要采用专用角度尺，通过万能工具显微镜等方法进行测量，后来逐步出现光学式测量仪，如MC030-1601型丝锥前角检查仪（见图4-46）就是结合光学刻度盘对直槽丝锥进行测量。QS 30型数字式丝锥前角检查仪可对直槽和螺旋槽丝锥进行前角测量（见图4-47）。

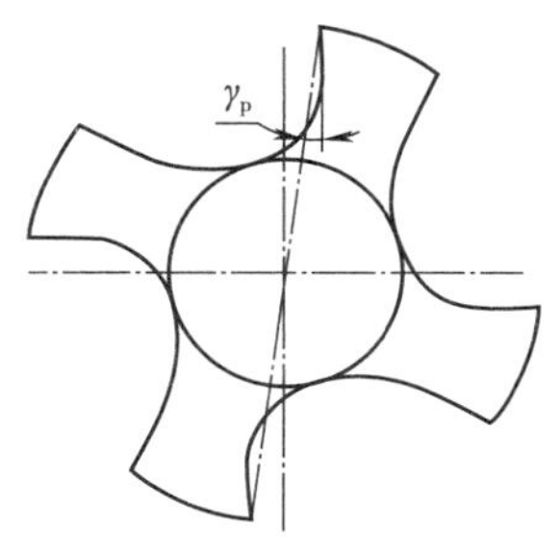

图4-45　前角测量

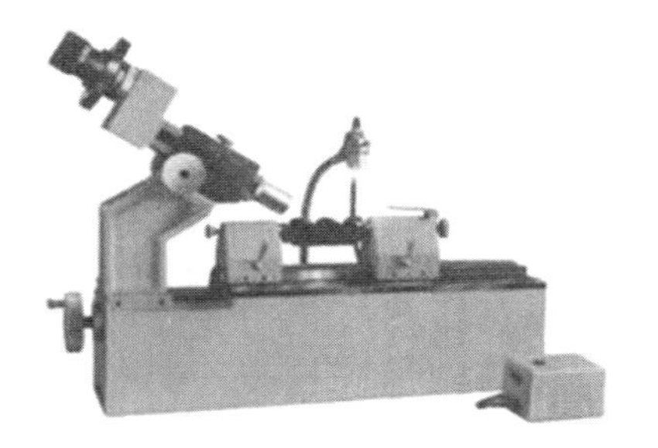
图4-46　MC030-1601型丝锥前角检查仪

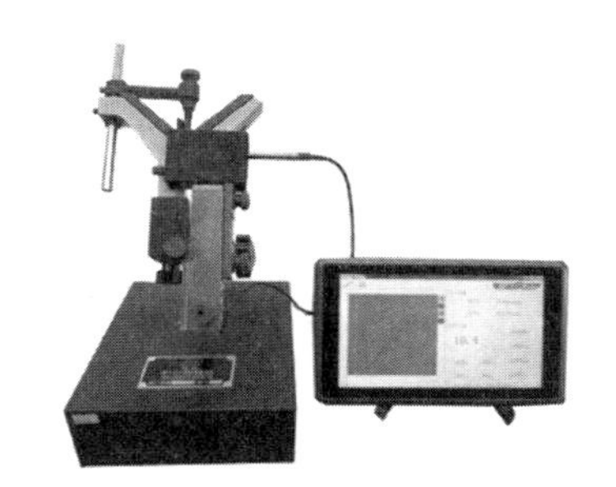
图4-47　QS 30型数字式丝锥前角检查仪

2. 槽（沟）形测量

槽（沟）形测量的传统方法是采用光学投影仪结合分画板对丝锥槽（沟）形进行测量，然后逐步过渡到将光学元件替换为CCD相机，结合软件实现对沟形的数字化测量，如EF-2010光电影像测绘仪（见图4-48）。随着检测技术的发展又出现了通过针形接触式测量采集数据并传输到软件后对丝锥沟形数据进行分析（见图4-49）。但测量小规格丝锥时，受空间限制，无法进行测量。精密轮廓仪CONTOURECORD 2600G如图4-50所示。国内又研发了采用激光三角法扫描（见图4-51）和点激光取样拟合法（见图4-52）对丝锥沟形进行数据采集和测量，可以避免接触式测量过程中测头的损坏带来的误差，同时适合较小规格丝锥沟形的测量。

图 4-48　EF-2010 光电影像测绘仪

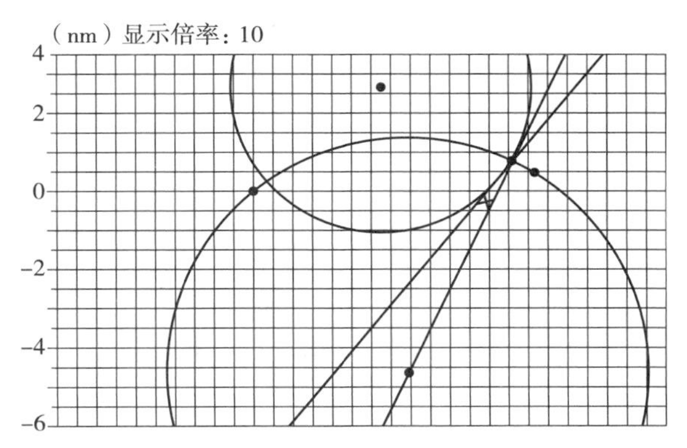

图 4-49　丝锥沟形数据分析

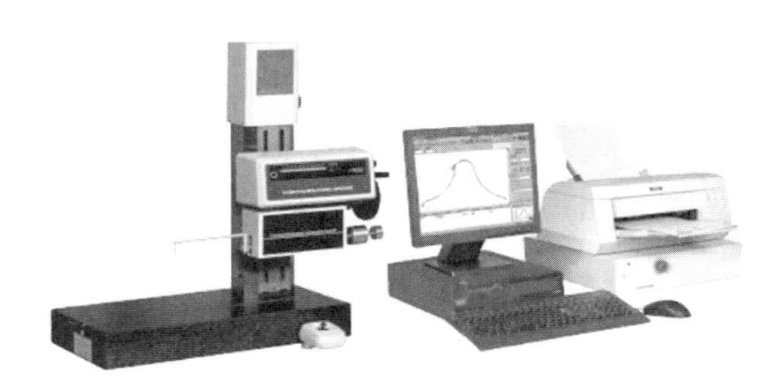

图 4-50　精密轮廓仪 CONTOURECORD 2600G

图 4-51　激光三角法扫描

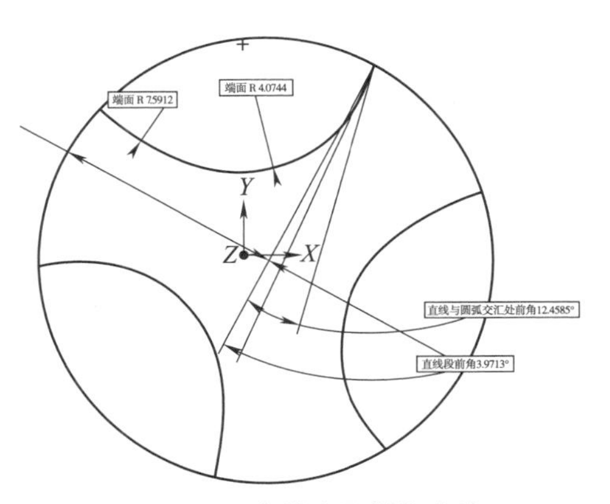

图 4-52　点激光取样拟合法

对于一个生产厂家来说，想要提高或者改进产品质量，就需要对成品丝锥进行精确测量，或者进行逆向工程——仿真，但对丝锥而言，由于螺纹存在螺旋线，任意一个投影面或者（剖切）截面都是不完整的，因此绝大多数仪器都不能够精确地测量出（切削丝锥的）槽形以及（挤压丝锥的）截面曲线。

图 4-53 所示为 G5+AdviancedReal 3D 测量仪，具有精确测量的功能。

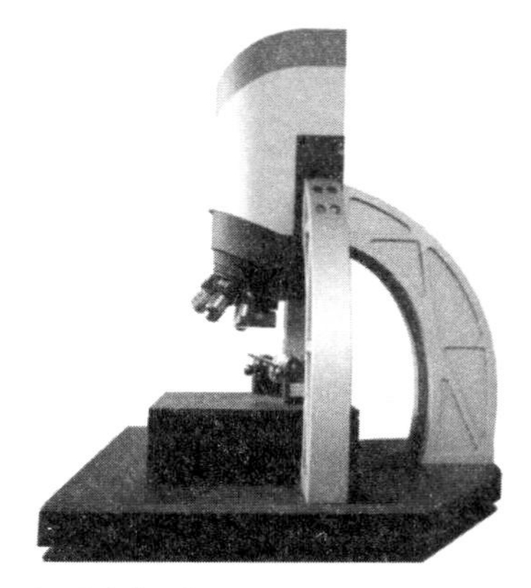

图 4-53　G5+AdviancedReal 3D 测量仪

G5+AdviancedReal 3D 测量仪进行仿真时，首先对产品进行扫描，然后截取若干个不同位置的截面，再将这些截面揉合为产品的（消除了螺纹螺旋线影响的）真实截形。从而对丝锥的各种槽形进行测量，包括挤压丝锥的截形。图 4-54a）所示为扫描后的挤压丝锥的三维图像；图 4-54b）所示为在揉合后的丝锥截形上测量油槽的参数；图 4-54c）所示为挤压丝锥的截面曲线的测量结果。

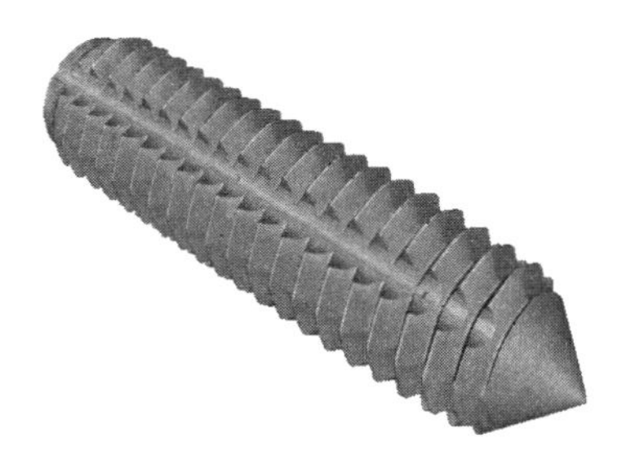

a）扫描后的挤压丝锥的三维图像

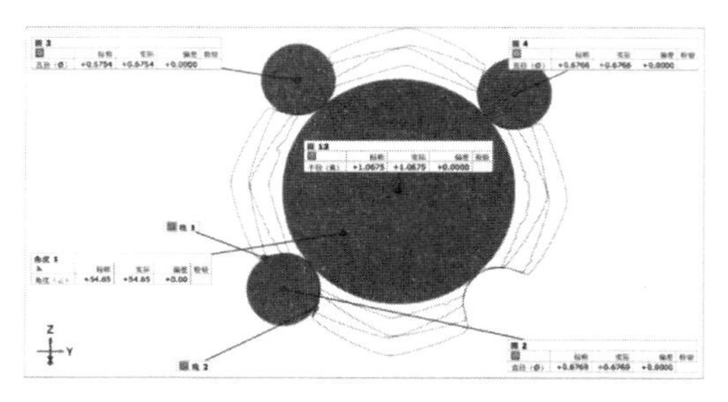

b）在揉合后的丝锥截形上测量油槽的参数

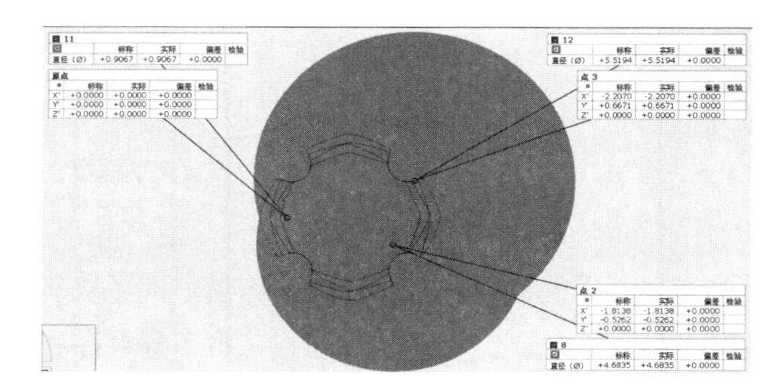

c）挤压丝锥的油槽及截形

图 4-54　各种槽形测量

图 4-55 所示为针对螺旋槽丝锥的槽形的测量结果。

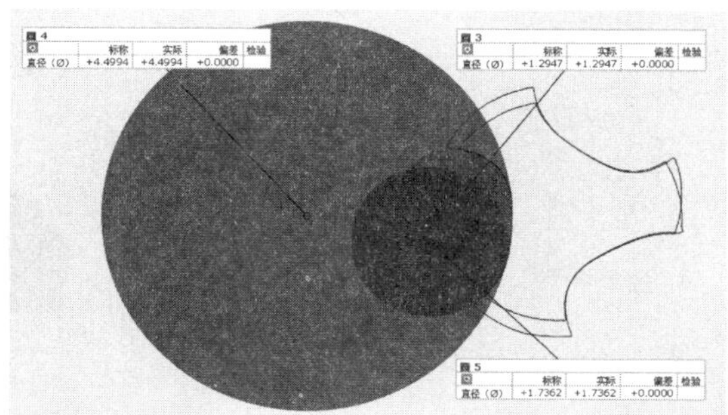

图 4-55　螺旋槽丝锥的槽形的测量

该测量仪由于具有无限放大功能，其垂直分辨率可以达到 10 nm，因此能够测量极微小的产品。第四章第四节所述的丝锥刃口精细强化可以达到很好的效果，但是如何测量丝锥刃口精细强化的量，没有给出方法及手段。如何衡量丝锥刃口精细强化的“度”是一个十分重要的问题，丝锥刃口精细强化量小了，丝锥的缺陷还没有完全去除，没有起到丝锥刃口精细强化应有的作用；丝锥刃口精细强化量大了，破坏了丝锥应有的锋利程度，也就是改变了原有的几何参数，降低了丝锥的性能。然而 G5+AdviancedReal 3D 测量仪可以测出纳米级的变化，能够较好地控制和把握住丝锥刃口精细强化的“度”。

3. 铲背量测量

丝锥铲背量检查仪专用于测量切削丝锥在大径及中径上的铲背量。丝锥的每一个刃顶径和中径均为阿基米德曲线（见图 4-56），根据相关测量设备数据可知，使用中丝锥经常出现曲线陡变的问题。目前国外生产设备有 TESTICORD 6142 圆度测量仪（见图 4-57）、SM-50 铲背量测量仪（见图 4-58），国内主要有 QSC24 丝锥综合测量仪（见图 4-59）、QSCJ64 型丝锥铲背量检查仪（见图 4-60）。

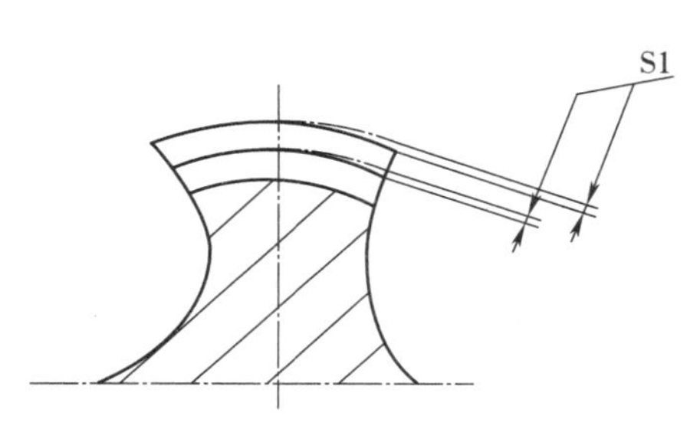

图 4-56　丝锥顶径和中径铲形测量

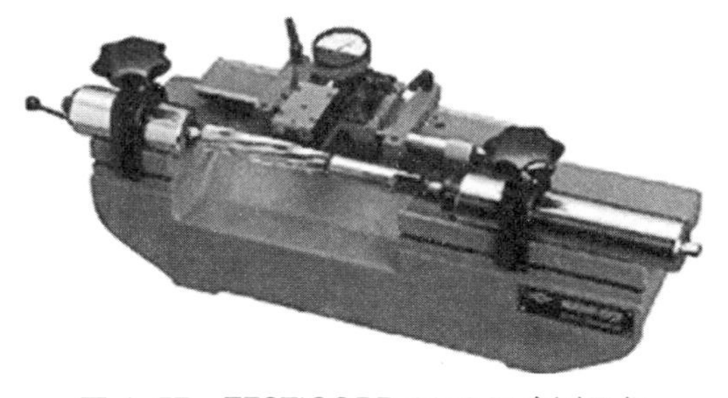

图 4-57　TESTICORD 6142 圆度测量仪

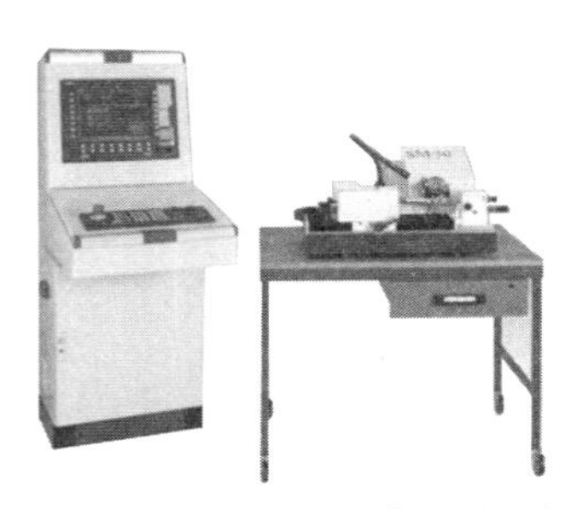

图 4-58　SM-50 铲背量测量仪

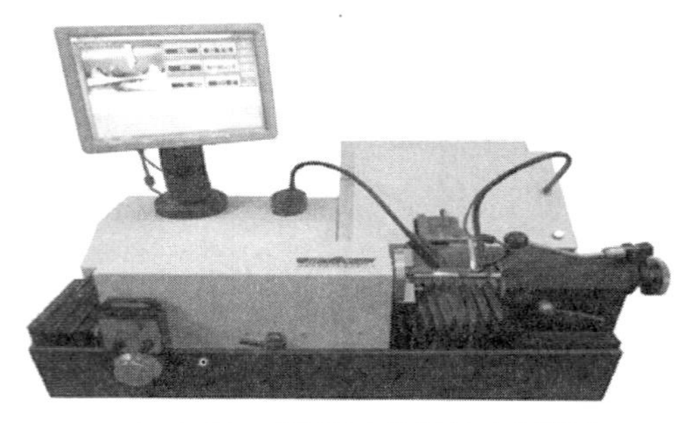

图 4-59　QSC24 丝锥综合测量仪

图 4-60　QSCJ64 型丝锥铲背量检查仪

4. 丝锥综合检测仪

丝锥综合检测仪是近年来开发的一种丝锥专业检测装置（见图 4-61），该检测仪采用的是可调支架，摄取相机采用 200 万像素 CMOS 传感器，1～640 倍镜头，根据丝锥的结构特征，采用横向检测，该装置配套 VMM 二次元测量软件，可以检测直槽丝锥、螺尖丝锥、螺旋槽丝锥的牙型角、前角、槽形、切削锥角、刃宽尺寸及丝锥的磨损情况，其中最重要的是可以根据精确的槽形获取，使用 CAD 软件，对槽形进行比对、设计、改进，如图 4-62～图 4-68 所示。

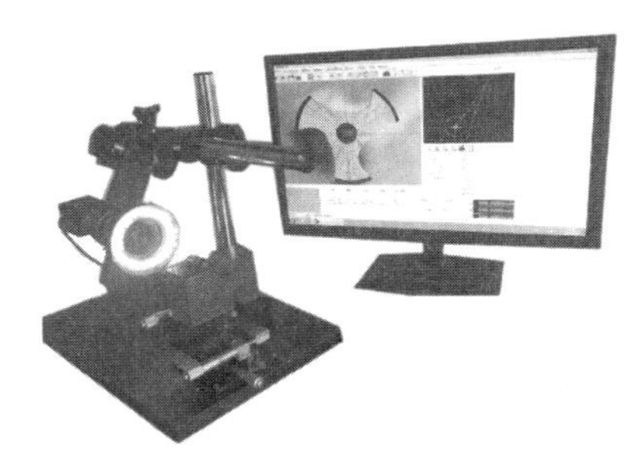

图 4-61　丝锥综合检测

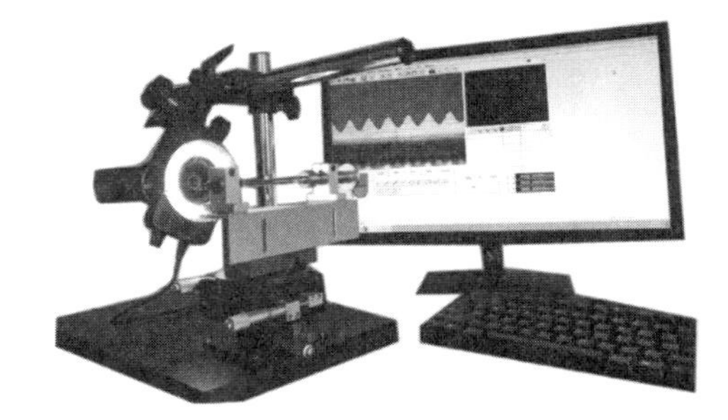

图 4-62　丝锥综合检测仪检测牙型角

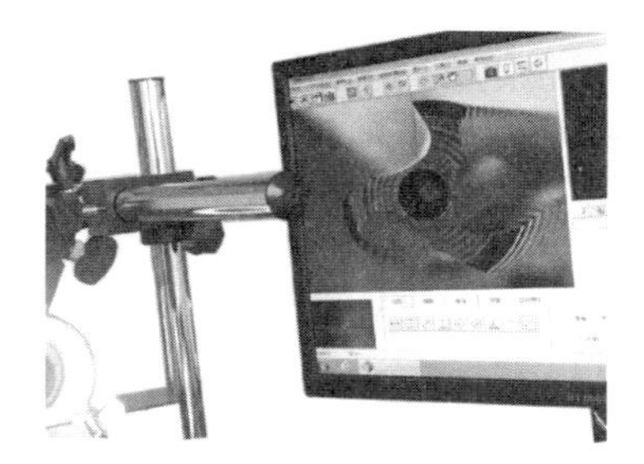

图 4-63　丝锥综合检测仪检测螺尖槽形

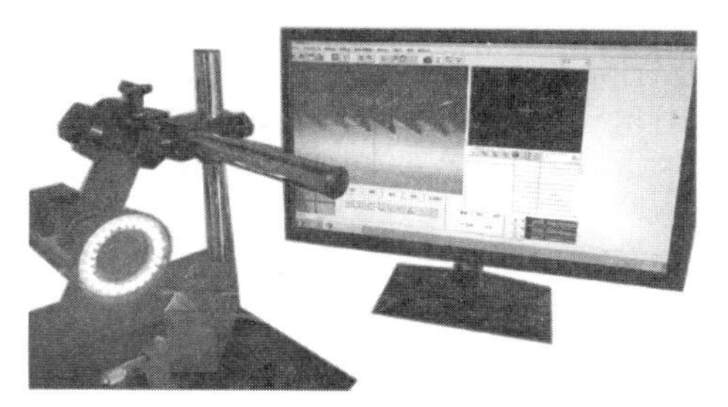

图 4-64　丝锥综合检测仪检测丝锥磨损情况

图 4-65　丝锥综合检测仪检测螺旋槽法向槽形

图 4-66　丝锥综合检测仪检测丝锥前角

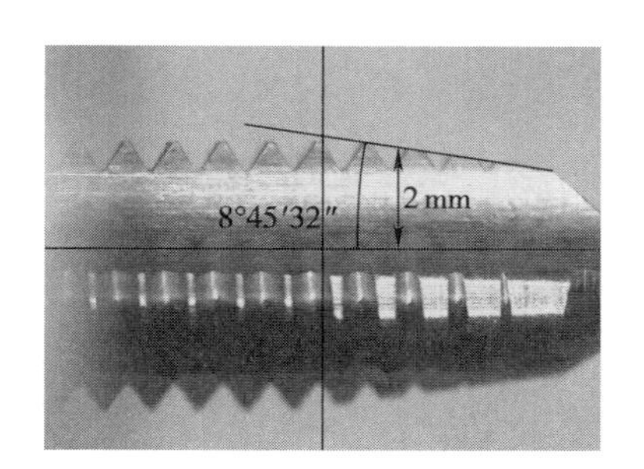

图 4-67　丝锥综合检测仪检测切削锥角

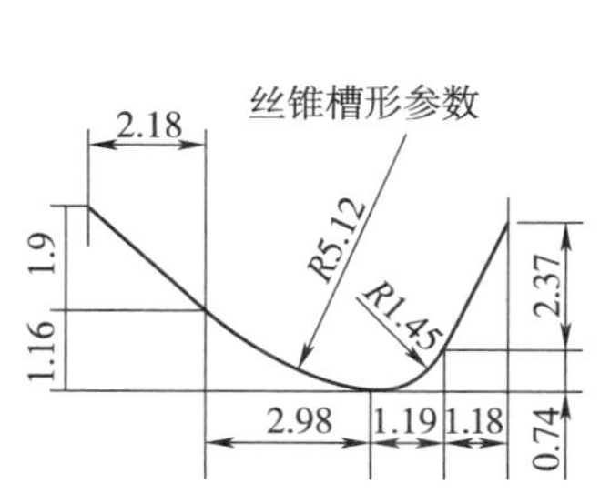

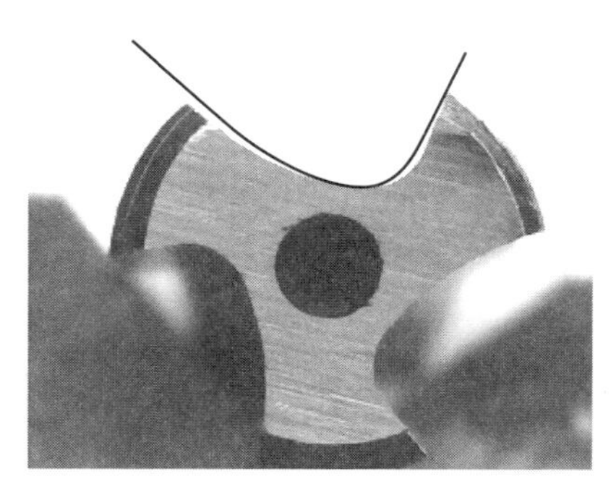

图 4-68　丝锥综合检测仪检测槽形比对

5. 智能化工业视觉技术丝锥检测装备

随着电子检测技术的发展，具有智能性的检测装置将会被开发出来，如采用工业视觉技术，通过机器视觉产品（即图像摄取装置，CMOS或CCD等）将被摄取目标转换成图像信号，传送给专用的图像处理系统，根据像素分布和亮度、颜色、轮廓等信息，转变成数字化信号；图像系统对这些信号进行各种运算，根据预设的参数进行自动比对、判定、检测。

第五章 常用螺纹刀具的夹持工具及工具系统

第一节 概述

螺纹加工是机加工中必备的工序，螺纹刀具的夹紧定位关系到螺纹加工效率、螺纹加工精度、螺纹刀具的寿命，数控自动化换刀系统是实现快速夹紧定位的高效模式。常用螺纹刀具的夹持工具及工具系统主要包括：手用丝锥铰手、圆板牙架、机用丝锥攻丝夹头、螺纹铣刀刀柄、工具系统等。攻丝用工具及工具系统又可分为手用工具、机用工具、数控机床用工具系统。手用工具主要有丝锥铰手和板牙铰手架。机用工具主要分为刚性攻丝刀柄和柔性攻丝刀柄。数控机床用工具主要有工具系统刀柄。

一、常用手用螺纹工具

1. 丝锥铰手的形式

见图 5-1。

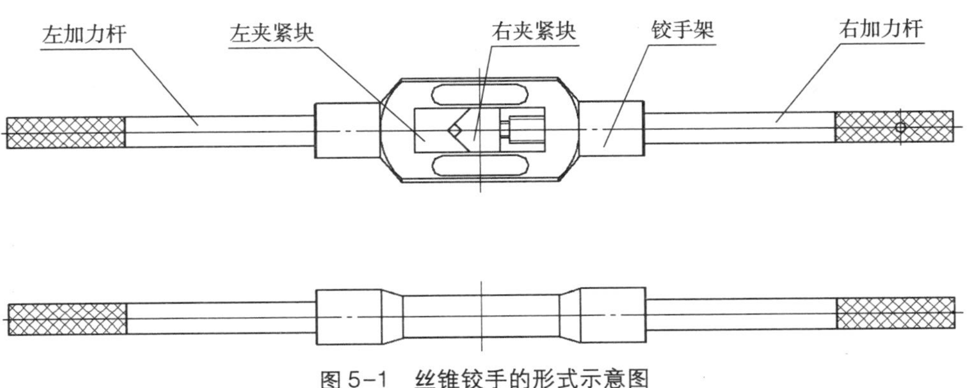

图 5-1 丝锥铰手的形式示意图

2. 板牙架

板牙架依据板牙形状分圆板牙架（见图 5-2）和六角形板牙架，GB/T 970.1 规定了圆板牙架形式和互换尺寸。

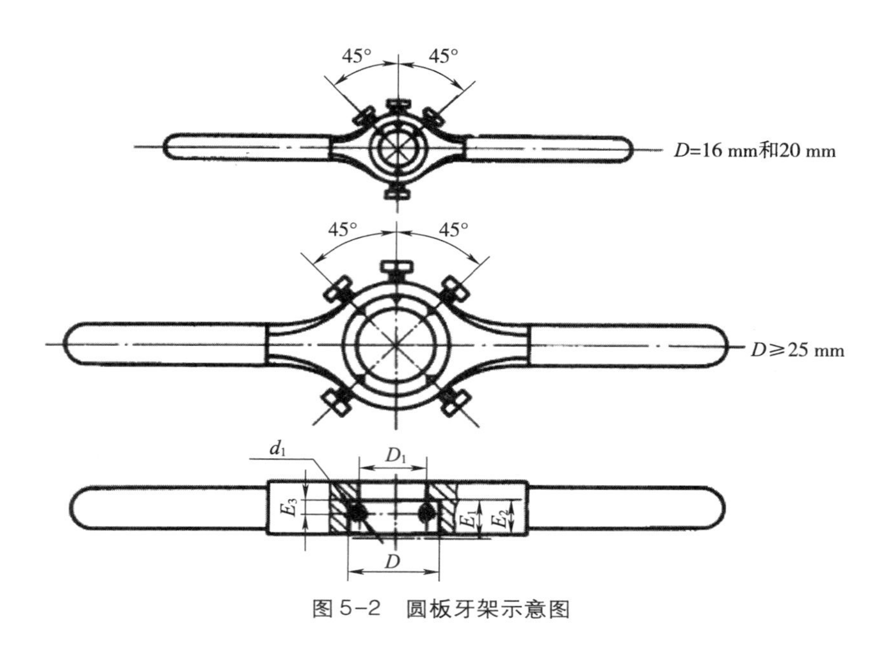

图 5-2　圆板牙架示意图

二、常用机用攻丝刀柄

机用攻丝刀柄应能保证丝锥在机床上的对中，便于丝锥的更换和传递圆周扭矩，并能对丝锥与螺纹底孔的不同轴度做少量补偿。丝锥在攻丝刀柄上的定位基准是其圆柱柄，柄上的方头、平面或槽用于传递圆周扭矩。

（一）常用刚性攻丝刀柄

常用刚性攻丝刀柄有两种：丝锥用直柄接杆、丝锥用莫氏锥柄接杆。

1. 丝锥用直柄接杆（JB/T 3411.76）的形式

见图 5-3。

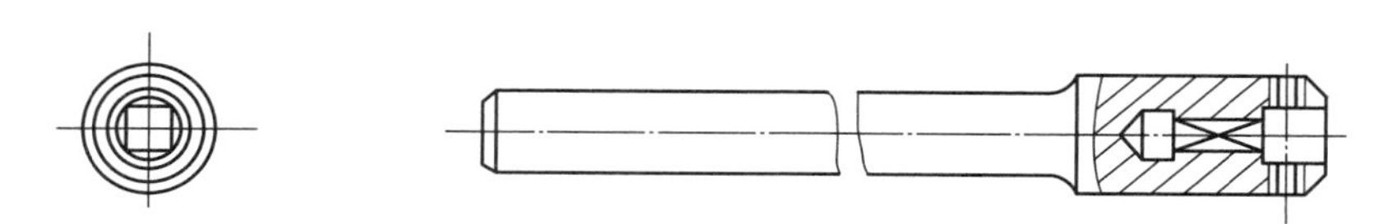

图 5-3　丝锥用直柄接杆的形式示意图

2. 丝锥用莫氏锥柄接杆（JB/T 3411.75）的形式

见图 5-4。

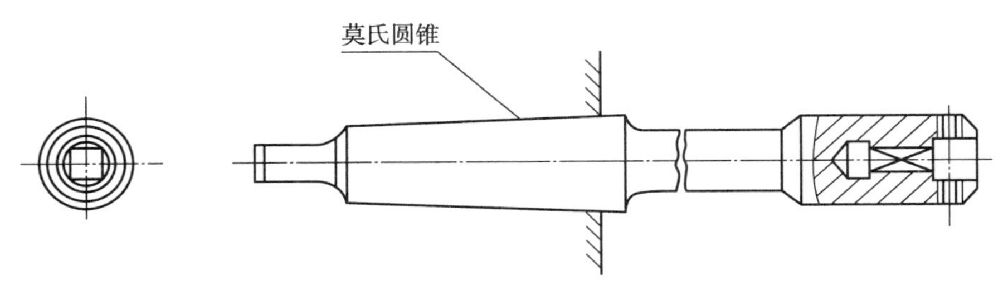

图 5-4　丝锥用莫氏锥柄接杆的形式示意图

（二）柔性攻丝刀柄

柔性攻丝刀柄按柄的形式可分为：直柄（见图 5-5）、莫氏锥柄（见图 5-6）、7∶24 锥度柄（见图 5-7）、自动换刀机床用 7∶24 锥柄丝锥夹头（见图 5-8）。刀柄主要由夹头柄部和丝锥夹套组成。其中莫氏锥柄式丝锥安全夹套的夹头形式和尺寸按 JB/T 3411.82；丝锥用安全夹套形式和尺寸按 JB/T 3411.81；丝锥用快换套形式和尺寸按 JB/T 3411.80。

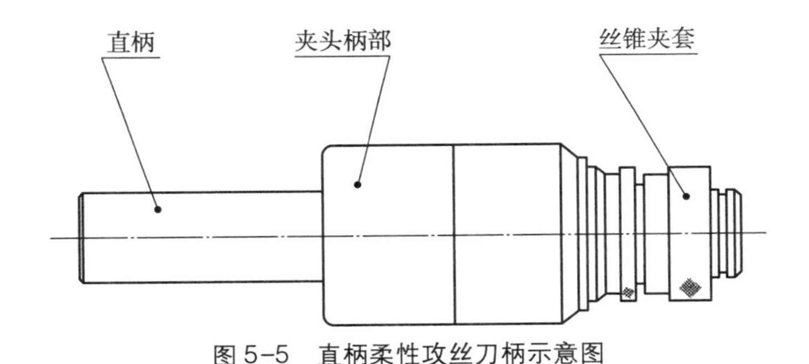

图 5-5　直柄柔性攻丝刀柄示意图

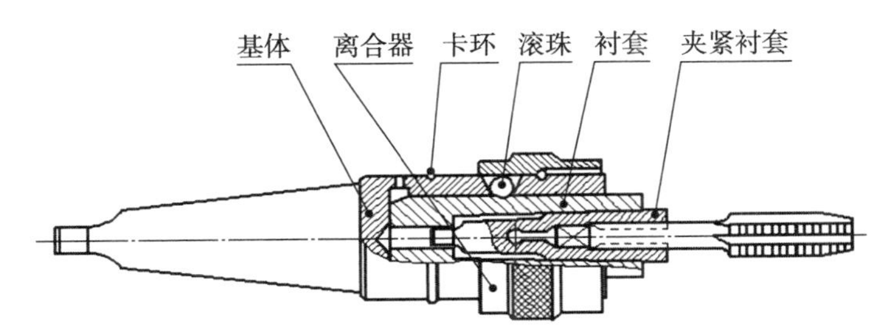

图 5-6　莫氏锥柄柔性攻丝刀柄示意图

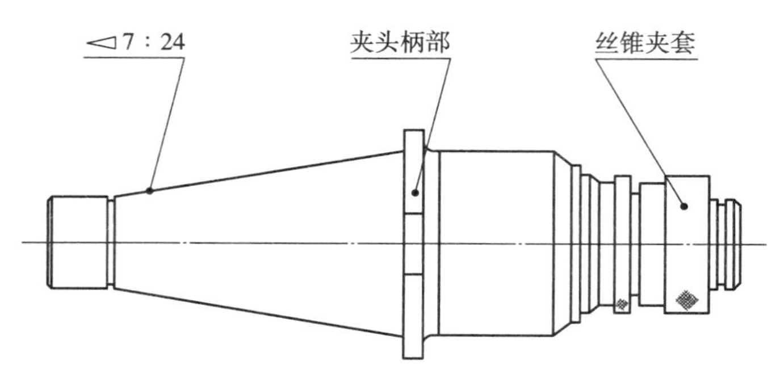

图 5-7　7：24 锥柄柔性攻丝刀柄示意图

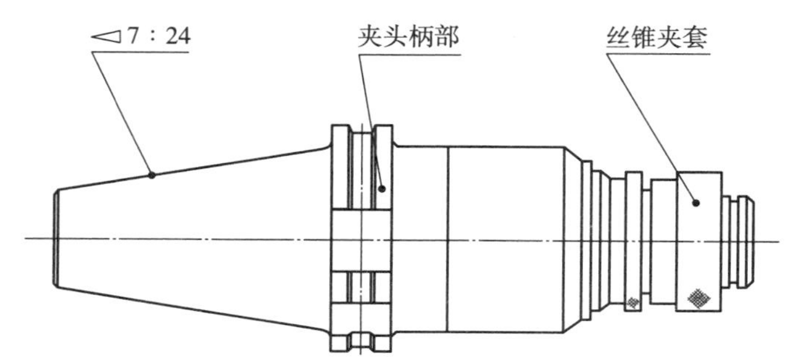

图 5-8　自动换刀机床用 7：24 锥柄丝锥刀柄示意图

柔性攻丝刀柄前端丝锥夹紧套的作用是自动定心（见图 5-9）。常见的一种开槽弹性锥套（见图 5-10），丝锥装入锥套后，可以一起装入图 5-6 所示的柔性攻丝刀柄中进行工作。当需要更换丝锥时，可以向上推动离合器，使钢球退出离合器的圆环槽内，便可以从刀柄上取下夹持丝锥的衬套并夹紧衬套，进而更换丝锥。这种柔性攻丝刀柄的结构较为典型。丝锥夹套形式尺寸及丝锥夹套技术要求可参见 JB/T 9939《丝锥夹头》标准。

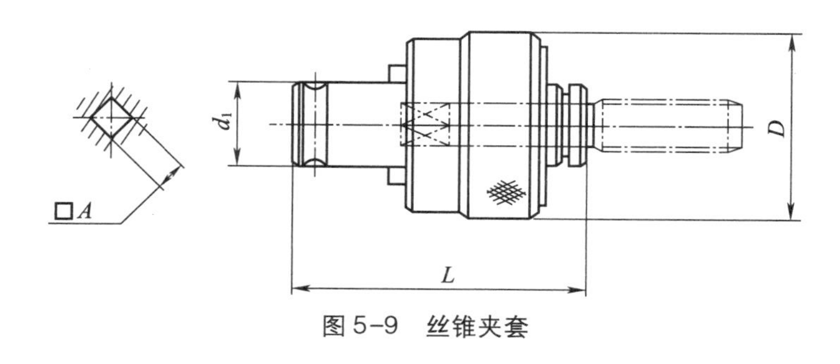

图 5-9　丝锥夹套

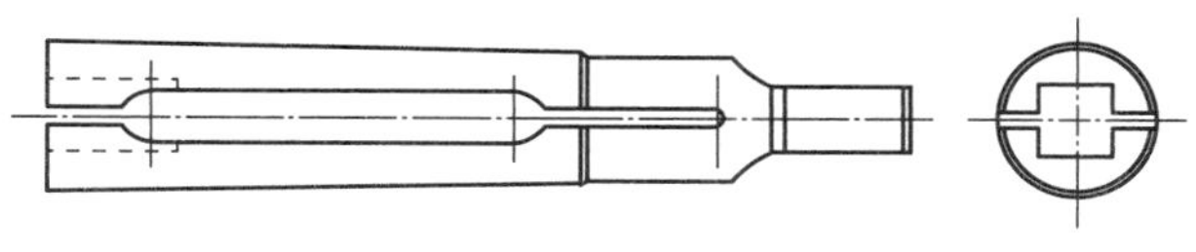

图 5-10　开槽弹性锥套示意图

三、数控刀具装夹机构

随着数控机床向自动化和智能化方向发展，刀具装夹机构也在发展创新。数控自动化刀具装夹机构在生产中发挥着重要作用。

数控自动化刀具装夹机构的作用是充分发挥数控加工设备应有的效率，实现快速自动换刀。因此必须要配备一套标准的装夹机构，建立一套标准的工具系统。工具系统是针对数控机床要求与之配套的刀具可快换、高效切削而发展起来的，是刀具与机床的接口。如镗铣类数控机床用工具系统（简称 TSG 系统）、车床类数控机床用工具系统（简称 BTS 系统）等，由与机床主轴孔相适应的工具柄部、与工具柄部相连接的工具装夹部分和各种刀具部分组成。工具系统主要由刀具的柄部（刀柄）、接杆（接柄）和夹头等部分组成。

工具系统中规定了刀具与装夹工具的结构、尺寸系列及其连接形式。更完善的工具系统还包括自动换刀装置、刀库、刀具识别装置和刀具自动检测装置等。

工具系统攻丝刀柄（见图 5-11）配夹持安装丝锥的工具部分，可选用数控工具系统柄型（如 BT 柄、HSK 柄等），夹套部分开发出了具有同步误差补偿机构的同步攻螺纹刀柄。刀柄是在本体与攻丝纹夹头之间增加了一个弹性体，当在攻丝过程中发生不同步时，弹性体受力在轴向方向发生细微变形，进行误差补偿，这样将使因不同步而产生的轴向力大幅降低。

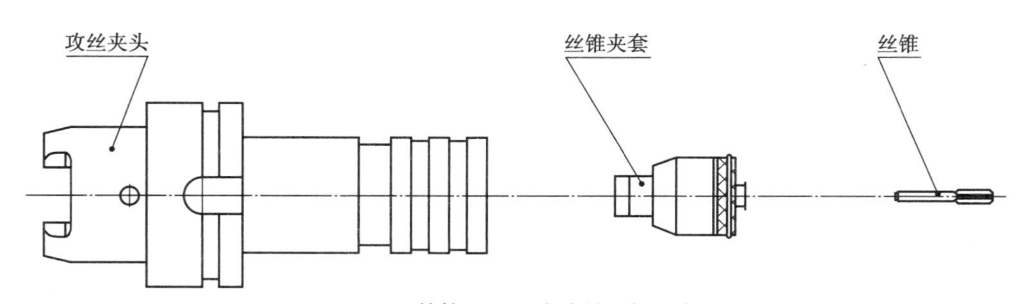

图 5-11　数控工具系统攻丝刀柄示意图

第二节 数控自动化换刀系统

一、换刀装置的类型和组成

常用的自动换刀装置有如下几种形式。

1. 主轴与刀库合为一体的自动换刀装置

这种自动换刀装置的刀库与主轴合为一体，机床结构较为简单，且由于省去了刀具在刀库与主轴间的交换等一系列复杂的操作过程，从而缩短了换刀时间，并提高了换刀的可靠性，即若干根主轴安装在一个可以转动的转塔头上，每根主轴对应装有一把可以旋转的刀具。根据加工要求可以依次将装有所需刀具的主轴转到加工位置，实现自动换刀，接通主运动，主轴带动刀具旋转（见图5-12、图5-13）。自动换刀装置的特点：主轴转塔头可看作是一个转塔刀库，结构简单，换刀时间短，仅为2 s左右。但由于受到空间位置的限制，主轴数目不能太多，主轴部件的结构刚度也有所下降。适用于工序较少，精度要求不高的数控机床。

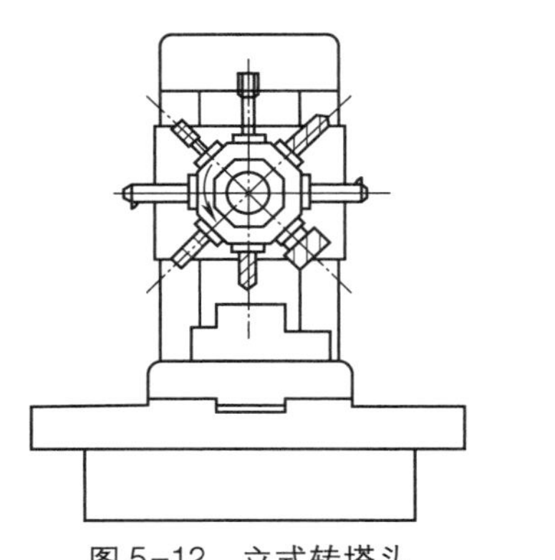

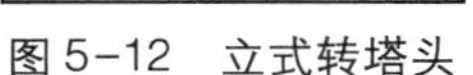
图5-12 立式转塔头

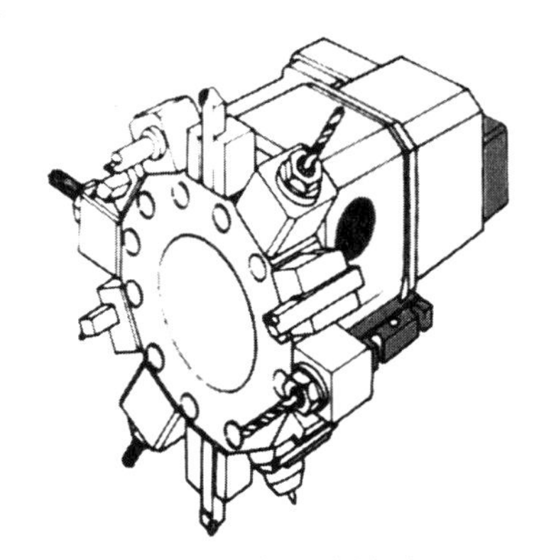

图5-13 多工位转塔头

2. 主轴与刀库分离的自动换刀装置

这种换刀装置配备有独立的刀库，因此又称带刀库的自动换刀装置。它由刀库、刀具交换装置以及主轴等组成。

二、刀库

自动换刀系统一般由刀库、自动换刀装置、刀具传送装置、识刀装置等几个部分组成。刀库是自动换刀系统中最主要的装置之一，其功能是贮存各种加工工序所需的刀具，并按程序指令快速、准确地将刀库中的空刀位和待用刀具送到预定位置，以便接受主轴换下的刀具并便于刀具交换装置进行换刀，其容量、布局以及具体结构对数控机床的总体布局和性能有很大影响。

1. 刀库类型

常用刀库有盘式刀库、链式刀库和格子式刀库。盘式刀库结构简单、紧凑，在钻削中心上应用较多，一般存放刀具数目较少，有径向取刀式和轴向取刀式两种。链式刀库是在环形链条上装有许多刀座，刀座的孔中装夹各种刀具，链条由链轮驱动，链式刀库有单环链式和多环链式等，当链条较长时，可以增加支承链轮的数目，使链条折叠回绕，提高空间利用率。格子盒式刀库，其刀具分几排直线排列，由纵、横向移动的取刀机械手完成选刀运动，将选取的刀具送到固定的换刀位置刀座上，由换刀机械手交换刀具。这种形式刀具排列密集，空间利用率高，刀库容量大（见图 5-14）。

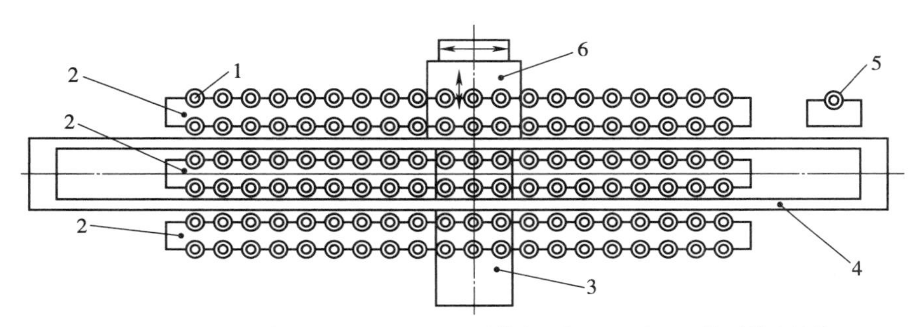

1—刀座；2—刀具固定板架；3—取刀机械手横向导轨；4—取刀机械手纵向导轨；5—换刀位置刀座；6—换刀机械手。

图 5-14 格子式刀库

2. 刀具的选择方式

根据数控系统的选择指令，从刀库中将各工序所需的刀具转换到取刀位置，称为自动选刀。自动选刀方式有两种。第一种为顺序选刀方式：将所需刀具严格按工序先后依次插放在刀库中，使用时按加工顺序指令一一取用。第二种为任意选择方式：可根据程序指令的要求任意选择所需要的刀具，刀具在刀库中可以不按加工顺序而任意存放，并利用控制系统来识别、记忆所有的刀具和刀座。

3. 刀具运送装置

当刀库容量较大，布置得离机床主轴较远时，就需要安排两只机械手和刀具运送装置来完成新旧刀具的交换工作。一只机械手靠近刀库，称后机械手，完成拔刀和插刀的动作；另一只机械手靠近主轴，称前机械手，也完成拔刀和插刀的动作。

4. 刀具的识别

刀具的识别是指自动换刀装置对刀具的识别，通常可采用刀具编码法和软件记忆法进行识别。

（1）刀具编码法

采用了一种特殊的刀柄结构（见图 5-15），并对每把刀具进行编码。换刀时通过编码识别装置，根据换刀指令代码，在刀库中寻找所需要的刀具。在刀柄尾部的拉紧螺杆 3 上套装着一组等间隔的编码环 1，并由锁紧螺母 2 将它们固定。编码环的外径有大小两种不同的规格，每个编码环的大小分别表示二进制数的“1”和“0”。通过对两种圆环的不同排列，可以得到一系列的代码。通过编码环，就能够区别出各种刀具。缺点是每把刀具上都带有专用的编码系统，刀具长度加长，制造困难，刚度降低，刀库和机械手的结构变复杂。

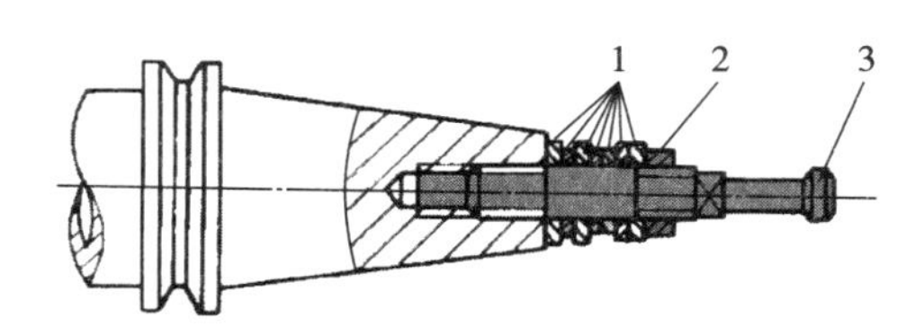

1—编码环；2—锁紧螺母；3—拉紧螺杆。

图 5-15　编码刀柄示意图

（2）软件记忆法

由于计算机技术的发展，可以利用软件选刀，它代替了传统的编码环和识刀器。在这种选刀与换刀的方式中，刀库上的刀具能与主轴上的刀具任意地直接交换，即随机换刀。主轴上换来的新刀号及还回刀库的刀具号，均被 PLC 内部相应的存储单元记忆。随机换刀控制方式需要在 PLC 内部设置一个模拟刀库的数据表，其长度和表内设置的数据与刀库的位置数和刀具号相对应。将刀库上的各个刀座编号，得到各个刀座的地址；将刀库中的各个刀具再编一个刀具号；然后在控制系统内部建立一个刀具数据表，将原始状态刀具在刀库中的地址一一填入，并不得再随意变动。

刀库上装有检测装置，可以读出刀库在换刀位置的地址。取刀时，控制系统根据刀具号在刀具数据表中找到该刀具地址，按优化原则转动刀库，当刀库的检测装置读出地址与取刀地址相一致时，刀具便停在换刀位置，等待换刀；若欲将换下的刀具送回刀库，也不必寻找刀具原位，只要按优化原则送到任一空位即可，控制系统将根据此时换刀位置的地址更新刀具数据库，并记住刀具在刀库中新的位置。优化原则：在刀库机构中通常设有刀库零位，执行自动选刀时，刀库可以正反方向旋转，每次选刀时刀库转动不会超过1/2圈。

三、自动化换刀机构

数控机床的自动换刀装置中，实现刀库与机床主轴之间刀具传递和刀具装卸的装置称为自动化换刀机构（刀具交换装置）。自动换刀的刀具可固紧在专用刀夹内，每次换刀时将刀夹直接装入主轴。刀具的交换方式通常分为回转刀架、通过主轴换刀、利用机械手换刀。

1. 回转刀架

回转刀架常用于数控车床，是用转塔头各刀座来安装或夹持各种不同用途的刀具，通过转塔头的旋转分度来实现机床的自动换刀动作。它的形式一般有立轴式和卧轴式。一般说来，回转刀架定位可靠、重复定位精度高、分度准确、转位速度快、夹紧刚性好，能保证数控车床的高精度和高效率。

2. 通过主轴换刀

在小型数控加工中心中，通常利用机床主轴作为过渡装置，将容纳少量刀具（5~10把）的装载刀架设计得便于主轴的抓取，先由刀具运载工具将该装载刀架送到机床工作台上，然后利用主轴和工作台的相对移动，将刀具装入机床主轴，再通过机床自身的自动换刀装置，将刀具一个一个地装入机床刀库。这种方法简单易行。

3. 利用机械手换刀

机械手换刀，因具有灵活性大的特点，所以应用较为广泛，缺点是换刀时间较长。换刀机械手按刀具夹持器的数量，又可分为单臂式机械手和双臂式机械手。这些机械手能够完成抓刀、拔刀、回转、换刀以及返回等全部动作过程。

第三节　螺纹刀具夹持工具及工具系统的特点及选用

一、刚性攻丝刀柄的特点

（一）刚性攻丝刀柄的优点

刚性攻丝刀柄普遍使用于带转速与进给同步的机床上，而刚性攻丝相比柔性攻丝具有如下优点：

1）攻丝效率提高；

2）螺纹深度可控；

3）可以使用挤压丝锥。

（二）刚性攻丝刀柄的缺点

刚性攻丝刀柄不具备补偿功能，存在如下不足：

1）丝锥磨损快，寿命相比柔性攻丝要低；

2）由于数控系统响应速度不够，造成加工效率不够高；

3）刚性攻丝对设备、刀具的精度要求高。

二、柔性攻丝刀柄的特点和不足

柔性攻丝刀柄具有很大的轴向补偿功能，能很好地解决机床主轴转速与进给不同步的问题，特别是在摇臂钻上使用时。但是随着 CNC 机床的普及，柔性攻丝刀柄的缺点开始逐渐显现：

1）攻丝效率低下；

2）攻丝深度无法准确控制（因轴向浮动距离往往大于 10 mm）；

3）柔性攻丝不能使用挤压丝锥。

三、数控工具系统的特点

数控工具系统配有一套夹持丝锥的工具系统，有时还可在刚性攻丝的同时提供轴向的微量补偿，即补偿机床主轴转速与进给的不同步实现完美的攻丝加工，并具有如下优点：

1）降低对机床的精度要求；

2）可以使用挤压丝锥；

3）显著提高加工效率；

4）提高丝锥使用寿命；

5）提高螺纹精度及螺纹表面质量。

四、螺纹刀具夹持工具及工具系统的选用

螺纹刀具夹持工具及工具系统的选用见表 5-1。

表 5-1　螺纹刀具夹持工具及工具系统的选用

工具名称	简　　图	选用及使用要求
1. 钢球式丝锥快换夹头	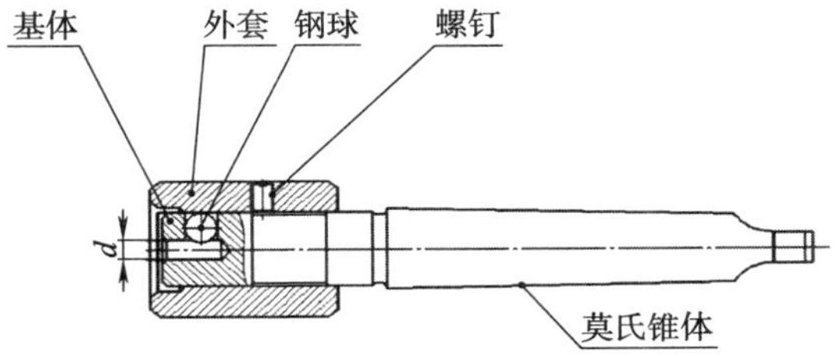 基体 外套 钢球 螺钉 d 莫氏锥体	适用于钻床或攻丝机上采用长柄螺母丝锥加工 M3～M10 的螺母孔
2. 双销式丝锥快换夹头	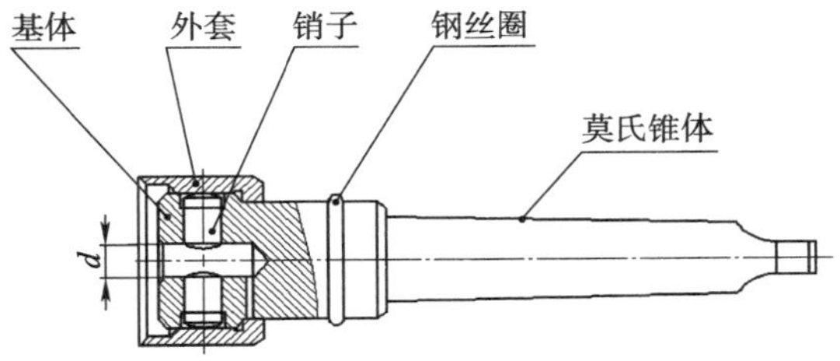 基体 外套 销子 钢丝圈 莫氏锥体 d	适用于钻床或攻丝机上采用长柄螺母丝锥加工 M12～M36 的螺母孔
3. 丝锥用接杆	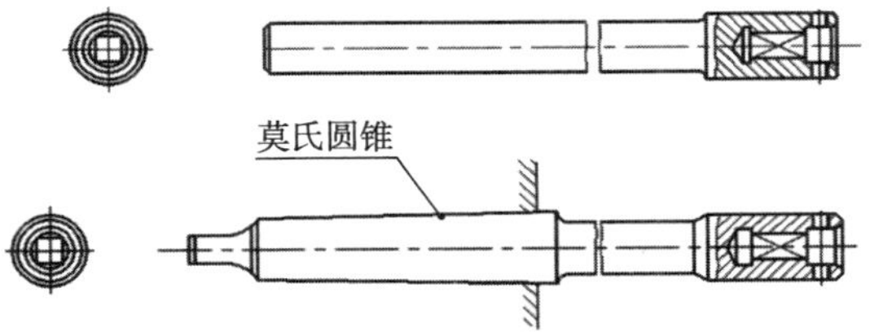 莫氏圆锥	通用性工件在钻床上或攻丝机上加工螺纹，一般适用于手动进刀。依据机床主轴孔的形状不同而选取相对应的柄型
4. 利用摩擦力传递扭矩的夹头	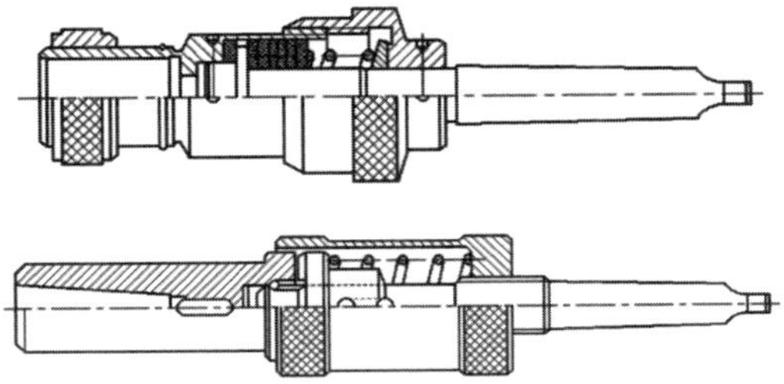	在钻床上加工螺纹时，可依据螺孔大小调节摩擦力，减少了丝锥的折断，一般适用于手动进刀
5. 正反转丝锥夹头	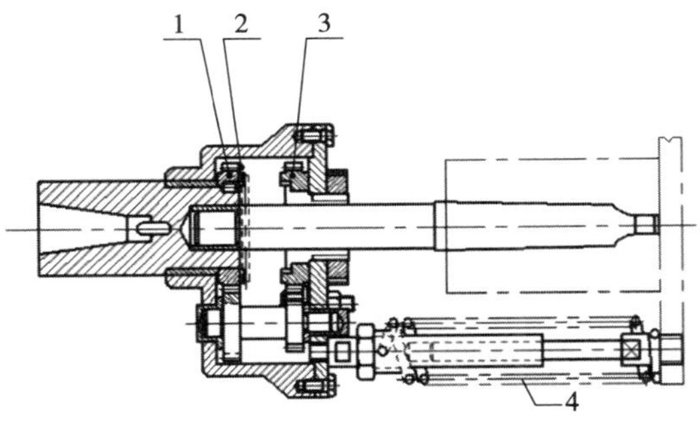 1 2 3 4 1，3—齿轮；2—连接销；4—弹簧	用于单轴钻床，当主轴向下时连接销 2 与齿轮 1 啮合，则夹头正转；当主轴向上时，连接销 2 与齿轮 3 啮合，通过一套中间齿轮的作用，夹头反转，丝锥从螺孔中退出。这样机床的电动机就不必正反转了。当不工作时靠弹簧 4 的作用，连接销 2 悬于齿轮 1 和 3 之间，夹头不转动

续表

工具名称	简　　图	选用及使用要求
6. 弯柄丝锥夹头	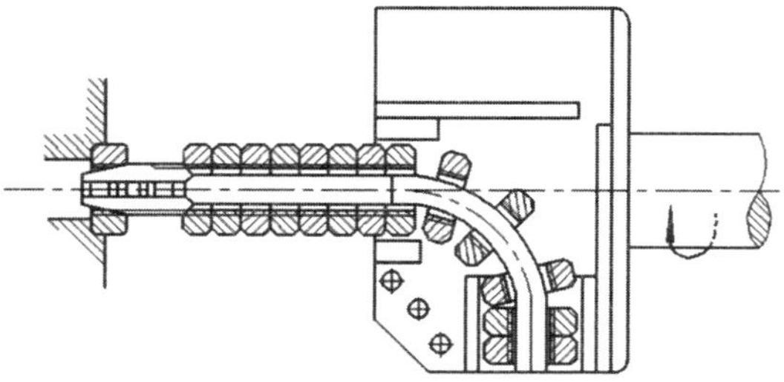	用于单轴钻床，使用前丝锥上穿满螺母，手动进刀，螺母自动掉落
7. 浮动夹头	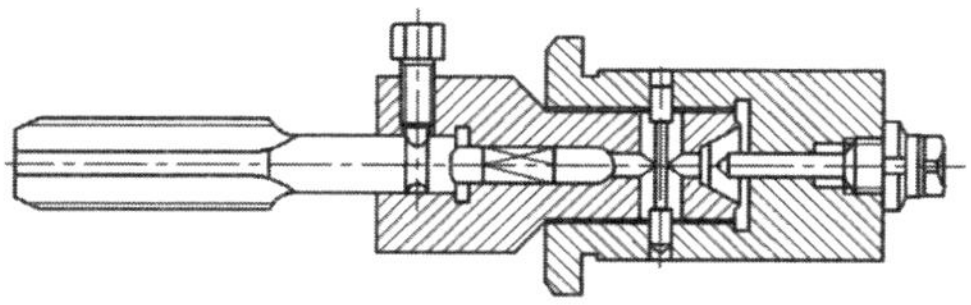	用于多轴车床，有浮动自定心作用
8. 攻丝夹头	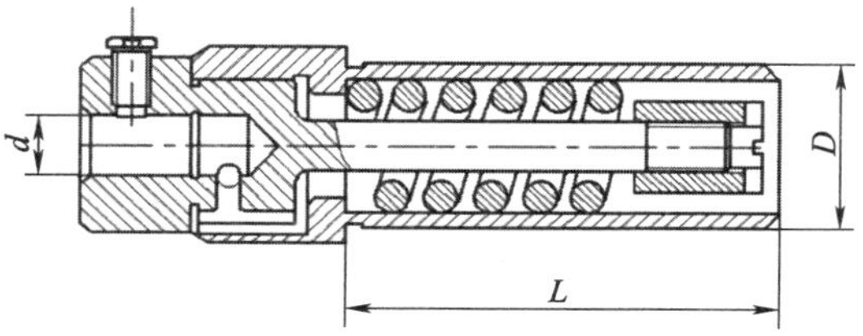 d　D　L	用于单轴自动车床，进刀靠凸轮控制，按0.9倍螺距进刀。在切削过程中，零件随丝锥向前滑动，对螺距与走刀量误差起到自动补偿作用
	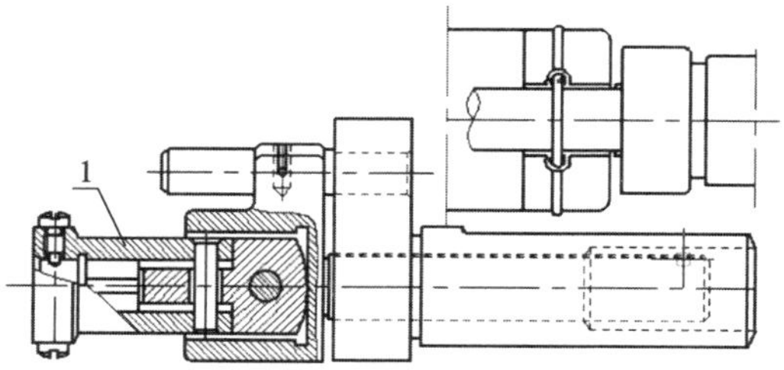 1	用于六角车床上，有自动定心和浮动作用，在切削过程中是自由进给，零件随丝锥一起移动
	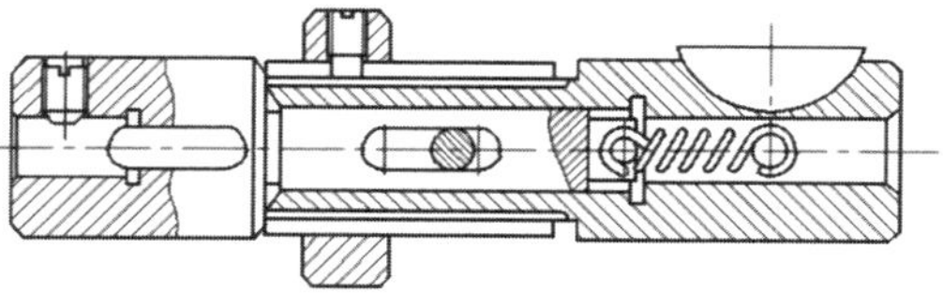	装于组合机床，进给量小于螺距时采用，可自动补偿螺距误差
	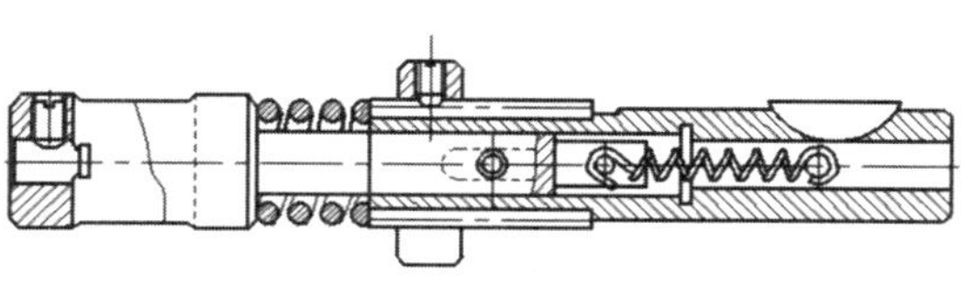	装于组合机床，不论走刀量大于或小于螺距均可采用

续表

工具名称	简　　图	选用及使用要求
9. 快换夹头	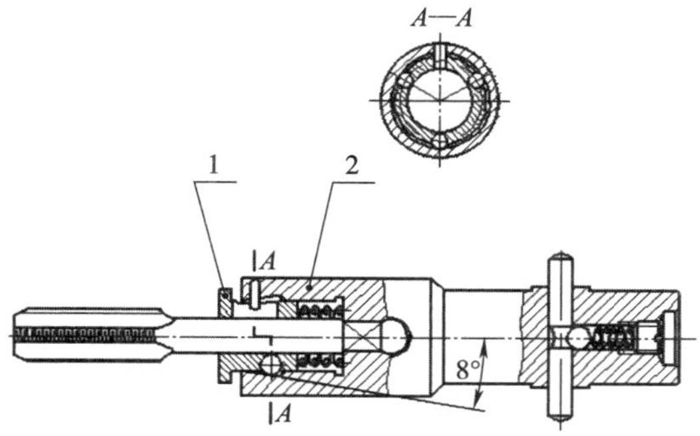 A—A　1　2　A　A　8°	适用于组合机床及自动生产线上，快换丝锥时只需把零件 1 用手压入零件 2 内，丝锥就可以取下
	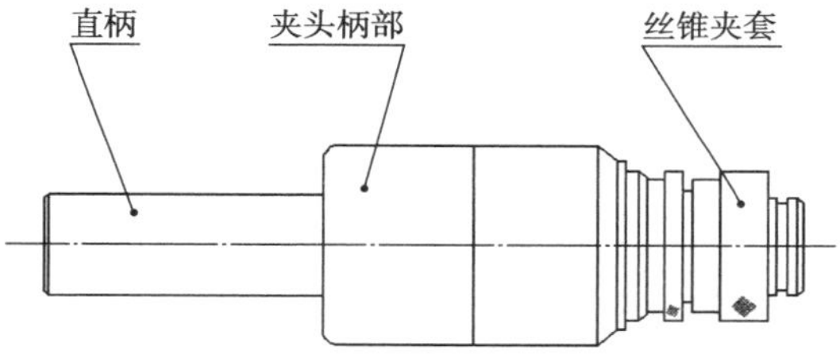 直柄　夹头柄部　丝锥夹套	通用的机床攻丝刀柄。有浮动自定心作用。依据机床主轴孔的形状不同而选取相对应的柄型
10. 柔性攻丝刀柄	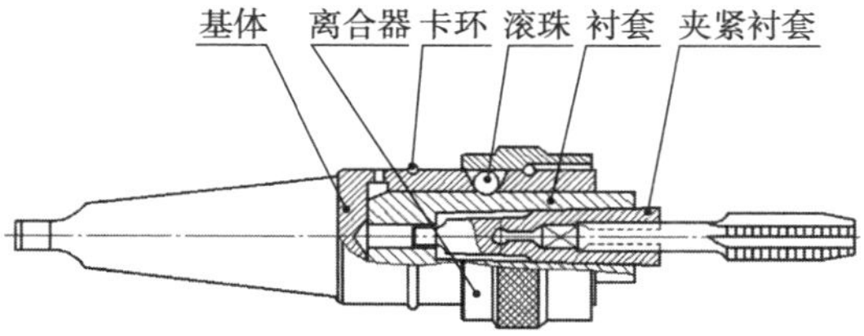 基体　离合器　卡环　滚珠　衬套　夹紧衬套	适用于主轴转速与进给设有严格同步成比例要求，是通用的机床攻丝刀柄，有浮动自定心作用
	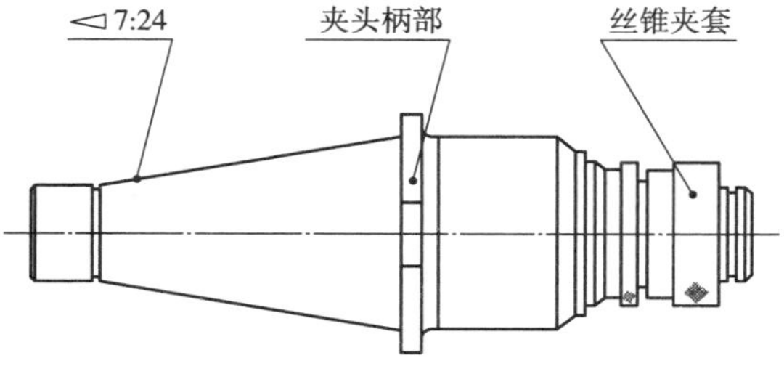 ◁7:24　夹头柄部　丝锥夹套	适用于承受较高转速和较高力矩的自动换刀机床。其锥度柄直接安装于机床主轴锥孔中，在刀柄的顶部有连接螺栓钉向上拉，将刀柄拉入机床主轴中，同时主要靠刀柄与机床主轴壁间的摩擦力夹固

续表

工具名称	简　图	选用及使用要求
11. 工具系统刀柄	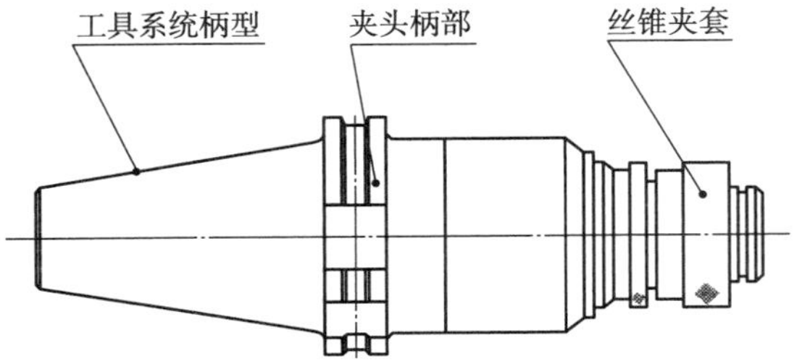 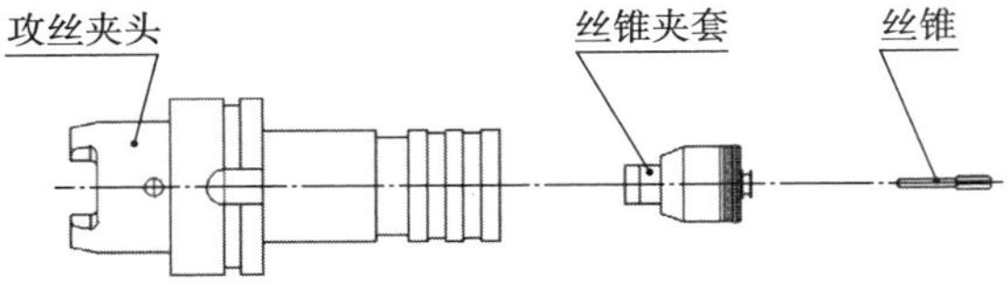 工具系统柄型　夹头柄部　丝锥夹套 攻丝夹头　丝锥夹套　丝锥	适用于高速高精切削加工螺纹，并获得满意的加工精度。工具系统柄型根据机床接口（HSK、CAPTO、KM、BIG - PLUS、NC5、BTS、FTS 等）选取
12. 丝锥铰手	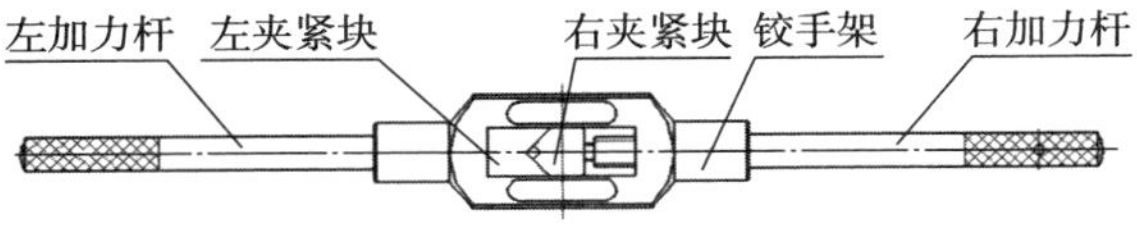 左加力杆　左夹紧块　右夹紧块　铰手架　右加力杆	选取与工件螺孔相配的丝锥，手工攻丝
13. 板牙铰手架	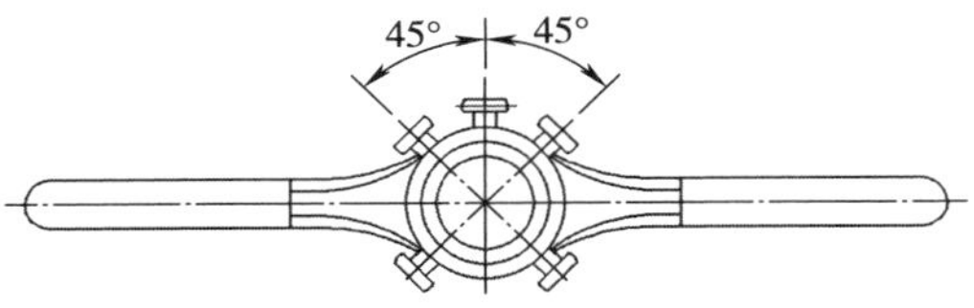 45°　45°	选取与工件外螺纹相配的板牙，手工加工外螺纹

第六章

螺纹刀具的管理

第一节 螺纹刀具管理的意义和特征

一、螺纹刀具管理的意义

切削加工系统是技术与管理相结合的一个系统，刀具管理系统是切削加工系统中的一个重要的子系统，而螺纹刀具管理是刀具管理系统中的一个重要组成部分。

螺纹刀具管理包含技术管理、计划与物流管理、质量管理、信息与数据库管理、成本控制与管理等多个方面的工作，涉及螺纹刀具的选用、试验、采购、调整、刃磨、修理、库存设置及控制、螺纹刀具的使用寿命控制、生产中加工问题的跟踪分析和解决、螺纹刀具的优化和改进等。

螺纹刀具对机械加工的重要性是显而易见的，机械制造中涉及大量螺纹切削加工，需要采用各种类型的螺纹刀具，其特点是数量大、品种繁杂、规格多、精度高，应用了大量的高新技术，螺纹刀具的性能与质量直接影响到能否顺利加工出所要求的合格产品。螺纹的尺寸、形状、精度、表面形貌等都与螺纹刀具有关。螺纹刀具是机械加工中和工件发生直接接触、去除材料或使材料发生变形、达到所需要的螺纹尺寸、精度和表面粗糙度的加工工具，机床等设备要通过螺纹刀具才能实现加工螺纹的功能，而螺纹加工问题除螺纹刀具本身的设计、选材、刃磨、涂层等还涉及工艺过程和工艺方法的选定、工件毛坯、切削液、设备、夹具等一系列问题。包括螺纹刀具的选用、采购、物流、刃磨、调整、优化等在内的螺纹刀具管理直接影响到加工的质量和效率，关系到切削加工水平的提高，也与使用螺纹刀具的切削加工企业的管理水平紧密相关。

螺纹刀具的管理直接关系到生产中表现出来的螺纹刀具的精度、性能和耐用度以及是否能保证及时的换刀与生产的持续正常进行。

对于中、小批量生产的企业，良好的螺纹刀具管理可以优化螺纹刀具的选用，提高切削加工效率，改善生产现场的管理，提高采购和库存系统的效率，降低物流和制造成本。

对于大批量生产的企业特别是汽车制造企业，螺纹刀具管理的状态则直接影响到加工节拍和生产效率，而能否按时和保证质量地将调整或修磨好的螺纹刀具提供给生产线将直接关系到生产能否正常持续地进行下去，特别是由于现在不断实施精益生产，中间在制品及缓冲区很少，因而汽车制造企业在大批量切削加工中，关键的螺纹刀具如不能按时供应或不能满足加工要求，会造成整条机加工生产线停产，而如果没有应急措施或不能快速反应，还有可能造成总成装配线停产，由此可见螺纹刀具及其管理对生产的重大影响。

当前先进的机械制造企业正向着数字化制造和信息化的方向发展，先进的螺纹刀具管理需要建立在计算机技术和数据库技术的基础上，这将促进企业管理信息化水平的提高，有利于向数字化制造方向发展。

螺纹刀具及其管理费用是螺纹工件加工制造费用中相当重要的组成部分，与制造成本的高低紧密相关，另外螺纹刀具和刀辅具库存还要占用大量流动资金，在目前市场竞争日益激烈的情况下，产品制造成本的降低就显得格外迫切和重要，成为能否战胜竞争对手、在市场竞争中获胜的重要因素，降低螺纹刀具费用就是一项十分重要、迫切而又难度颇大的任务，而螺纹刀具费用的降低又与新螺纹刀具、新工艺、新技术、新材料的采用紧密相关，与螺纹刀具管理工作紧密相连，而生产线开动率的提高也依赖于螺纹刀具加工性能的提高和螺纹刀具工作寿命的延长。

高速、高效加工和螺纹刀具新技术的应用需要有先进的螺纹刀具管理才能发挥应有的作用。螺纹刀具需要预调整、维护和保养，螺纹刀具寿命需要得到有效控制，需要有完善的系统和一系列的管理来确保生产线及时得到符合要求的、数量足够的螺纹刀具，并在产生加工问题或螺纹刀具问题时得到快速的响应和支持，能够迅速分析和解决出现的问题，以使生产正常进行，并且包含螺纹刀具费用在内的制造成本应具有足够的市场竞争力，以真正实现高速加工可能带来的高效益。

二、管理的特征

在现代机械制造业特别是在大批量生产中，螺纹刀具的管理已不再是简单地采购螺纹刀具、库存管理以及等待生产线人员来领取螺纹刀具的传统概念。伴随制造业大批量、柔性化生产和高新技术的大量采用，螺纹刀具的应用及其管理已发展成为一门专业。需要有全新的理念和方法，有一套完善的体系来运作和控制，以达到预定的目标。

螺纹刀具管理涉及企业管理、质量管理、物流管理、螺纹刀具技术、制造工程、信息与数据库技术、财务与成本控制、人力资源管理等多个方面的工作，包含螺纹刀具的选用、试验、采购、调整、刃磨、修理、库存设置及控制、螺纹刀具的使用寿命控制、生产中加工问题的跟踪分析和解决、螺纹刀具的优化和改进等。

只要是进行螺纹切削加工，不论是单件、小批量的生产或是中、大批量的生产都会遇到选择什么样的螺纹刀具进行加工以及如何进行选择的问题，还会遇到能否及时获得所需的理想螺纹刀具的问题，而这又涉及螺纹刀具的采购及如何储存螺纹刀具的问题；在螺纹刀具的使用过程中有些需要对螺纹刀具进行预调整或修磨，还经常会遇到如何提高螺纹刀具寿命及解决螺纹刀具的异常损耗问题，而对于绝大多数机械加工企业来说，控制和降低包括螺纹刀具成本在内的制造成本都是一项非常迫切和重要的任务，在数控加工机床广泛应用和高速、高效加工技术不断发展的情况下，传统的单纯依靠经验来解决这些问题的方法已远远不能满足要求，特别是对于大批大量生产来说，切削加工高度的稳定性和一致性，都要求采用科学的管理方法和相应的管理系统来解决以上问题。

高层次的螺纹刀具管理与切削加工这个机械制造企业的核心业务紧密相关。螺纹刀具是机械加工中和工件发生直接接触、去除材料或使材料发生变形从而达到所需要的螺纹尺寸、精度和表面粗糙度的加工工具，螺纹刀具的选择、刃磨、调整质量直接影响到加工后工件的质量，而螺纹刀具的性能和耐用度及是否有足够量的合适的螺纹刀具保证及时的换刀又直接关系到生产能否正常进行以及生产的成本。

由于切削加工的系统性特点，螺纹刀具管理所要处理的与螺纹刀具有关的切削加工问题的分析和解决以及螺纹刀具的优化问题大部分都是系统性的问题，系统的问题要用系统工程的方法来解决，要有系统分析、系统改进、系统设计和试验。

螺纹刀具管理系统本身又是切削加工系统中的一个子系统，需要完善其子系统的构成和运行，同时需要与切削加工系统中的其他子系统相协调。

进行螺纹刀具管理要站在系统的高度来分析和解决问题，善于分析和抓住系统中的薄弱环节和各主要影响因素之间的相互影响，通过协调和组织各方面的资源对系统进行试验和改进，包括与整个大系统中其他系统的协调沟通以及对内部各子系统的设计、控制与协调。这对承担螺纹刀具管理任务的管理者来说是个很大的挑战。

第二节　螺纹刀具管理的发展状况

传统的国内外的机械制造企业之前并无刀具管理的完整概念，刀具仅被作为一般的工具或辅料来对待和处理，螺纹刀具如同普通工具被采购、贮存，工人需要时可去库房领取，螺纹刀具的选用、更换、调整、刃磨、物流、成本控制等并无很严格的管理要求。

自20世纪70年代开始，随着CIMS系统的研究开发，人们发现在CIMS系统中刀具的信息及实物管理是不可缺少的组成部分，出现了刀具管理的初步概念，并逐步被应用。随着数控加工中心机床的广泛使用，高速切削也随之出现。特别是在生产批量大又要求能快速适应市场需求变化的柔性化生产中，采用了高速、高效加工和柔性生产线以后，如何及时、按需、高效又低成本地向生产线供应高性能、高质量螺纹刀具与先进的螺纹刀具管理理念和管理系统紧密相关，如无可靠、受控、有效的螺纹刀具管理系统，不仅不能实现高速、高效加工，而且有可能影响正常生产，也可能造成严重的产品质量问题并增加制造成本。

随着众多类型精密螺纹刀具的出现和使用，螺纹刀具已不是传统概念上的螺纹刀具，螺纹刀具需要精确选用，刃磨需要严格控制，螺纹刀具的更改需要经过严格的试验和管理，螺纹刀具的供应需要快速、准确、及时，螺纹刀具的成本需要被有效控制，这一系列的要求导致螺纹刀具管理的概念逐渐深化并在实践中不断成熟，逐步形成了有关螺纹刀具的规划、试验、选用、采购、库存、调整、刃磨、修理、加工问题解决、螺纹刀具优化、成本控制等多方面内容的螺纹刀具管理的概念、理论和实际运作方法。

随着市场竞争的日益激烈，出于对市场竞争快速反应、提高效率、降低制造成本和发展与保持竞争优势的需要，要求重新分析组合产业增值链，对螺纹刀具涉及的方方面面进行一体化的管理，对有关业务流程进行重新整合，进而能够利用社会资源进行管理。

在各工厂进行螺纹刀具管理的实践过程中，又出现了将螺纹刀具管理这一需要专门技术和多种资源支持的工作作为一种支持性的工作外包出去的做法。为实现资源优化配置，获取差异化的竞争优势，严格成本控制，以求获得更高的效率、更高的质量、更低的成本和最大的投资回报，从而形成了螺纹刀具外包管理这种管理模式。螺纹刀具管理实行外包后又出现了一系列的新特点。

螺纹刀具管理的探索和实践，引起了越来越多的人的注意和重视，不少工厂、研究单位、大学都在进行螺纹刀具管理的理论和实施方法的研究和探索，并将其与切削加工系统的特性、供应链管理、物流管理、业务外包理论、数字化制造等方面的研究和实践联系起来，不少工厂在实施螺纹刀具管理的同时也探索了螺纹刀具管理的其他模式。

螺纹刀具及其管理是现代管理科学与高新技术应用的有机结合，面对汽车制造柔性化、高效率、高速加工、多变量控制的发展和挑战，螺纹刀具及其管理对制造业的重要性、对生产效率和制造成本的重大影响正引起越来越多的制造业企业高层管理者的重视和思考。在当今如此激烈的市场竞争中，哪一家制造企业能更好地进行管理，更好地提高生产效率，更有效地降低制造成本，就将在竞争中处于有利地位。

第三节　螺纹刀具管理的构架

一、螺纹刀具管理的类别

螺纹刀具管理根据不同的应用需求和不同的制造型企业，有不同的管理模式和管理系统，从应用需求来说，可以分成两大类。

一类是应用于产品设计、工艺设计和生产准备阶段，主要任务是通过螺纹刀具管理系统可以与 CAD、CAM、CAPP 进行对接，对螺纹刀具的选用、切削参数的设置、螺纹刀具寿命的预估、投资的估算和长期消耗成本的评估、潜在供应商初选、各切削工艺方案的比较等提供一系列的支持，产生螺纹刀具和刀辅具清单、调整布置图等工艺文件，并支持在生产准备和新项目启动阶段对螺纹刀具的管理。

另一类，也是更主要的一类，是应用于生产制造阶段，其主要任务是对影响切削加工系统输出的重要因素进行有效的管理，包括螺纹刀具的更新、采购、物流和仓储、调整、刃磨、成本控制、生产现场与螺纹刀具有关的切削加工问题的分析与解决、螺纹刀具的试验与优化等，确保向切削加工系统提供及时、质量稳定、数量充足、反应快捷、成本合适的螺纹刀具及相关服务。

应用于生产制造阶段的螺纹刀具管理，又可根据其应用的生产类型不同，分为面向大批大量生产的螺纹刀具管理和面向多品种小批量生产的螺纹刀具管理。前者包括制造业中的螺纹刀具管理，以及航空、航天、模具、汽轮机、舰船等行业中所应用的螺纹刀具管理，而由于行业的不同特点，航空、模具、汽轮机等行业所应用的螺纹刀具管理体系和管理方法又有很大差异。

目前，第一类的螺纹刀具管理系统还在发展创新阶段，仍处于逐步积累、完善和发展的过程中。

而第二类的螺纹刀具管理系统，是目前机械制造切削加工中需要的、对切削加工系统影响重大，也是各机械制造企业高度关注的系统，其中制造业中的螺纹刀具管理的应用发展较迅速，相对来说也较为成熟。

二、螺纹刀具管理的体系和结构

螺纹刀具管理体系的基础是质量控制体系、环境工作体系、安全工作体系，这些体系的健全和正常运行，是螺纹刀具管理体系能正常运行的基础。为现代制造和切削加工生产服务的螺纹刀具管理体系必须在满足人员安全、健康工作和对环境友好的条件下进行运作。而质量控制体系的建立和完善是获得较好的螺纹刀具管理工作质量、螺纹刀具实物质量必需的体系保证。

螺纹刀具管理的信息系统和管理数据库是螺纹刀具管理能高效、准确地运作的前提，需要建立包括螺纹刀具编号、名称、规格、使用工序、使用机床、切削参数、螺纹刀具各组成零部件、材料、涂层、图号、订货号、寿命、供应商、采购价格等多方面信息和数据，这样的螺纹刀具数据库范围和功能都已远远超出了原来的螺纹刀具和刀辅具明细表的作用，包含了螺纹刀具技术和管理方面的多种信息，是先进的螺纹刀具管理必须建立的基础条件。

在此基础上，需建立一系列基本的工作制度和工作模块，以支撑螺纹刀具管理的运行，即螺纹刀具试验和更改控制、成本控制、图纸等技术文件的管理和控制、螺纹刀具调整、刃磨等设备的维护管理、所用检具的计量检定管理、物流控制和管理。

螺纹刀具管理的核心是计划、协调和控制，要形成这样的几种机制：预警机制、应急机制和快速响应机制，即对螺纹刀具管理所涉及的方方面面进行科学的预见和计划，进行有效的协调和控制，对由于生产计划的变动、生产中发生的螺纹刀具非正常损耗等可能引起的螺纹刀具短缺能有预警信号发出，以便提前安排应对措施；在发生可能影响生产正常进行的螺纹刀具方面问题时，能事先有应急预案并采取及时的应急行动；而不论是对螺纹刀具的短缺或与螺纹刀具有关的切削加工问题，都必须进行快速响应，从而高效和快速地解决问题，确保切削加工生产的正常进行。

螺纹刀具管理中的一条主线就是从螺纹刀具的选用和采购开始，经过螺纹刀具的物流管理、刃磨、调整直至送上生产线，进行切削加工，其上游是各螺纹刀具供应商，下游是各生产线，也即螺纹刀具管理所要服务和支持的对象，螺纹刀具可为生产线的正常运行提供可靠支持和保障。

围绕这条主线，需要有螺纹刀具供应商评估和供应商质量控制、检测、调整、周转和库存管理等工作模块的支持。

螺纹刀具管理中另一条主线，是不断分析和解决切削加工中发生的螺纹刀具技术问题，进行各类螺纹刀具试验和螺纹刀具优化，不断提高切削加工效率和降低制造成本。

围绕这条主线，需要螺纹刀具寿命设定和控制、试验和更改控制、成本控制等工作模块的支持。

螺纹刀具管理体系中各部分相互联系，相互支持，形成一个完整的系统。螺纹刀具管理系统的正常和高效运作，是切削加工系统正常和高效运行的重要条件之一。

第四节　螺纹刀具管理的实施措施

一、螺纹刀具的采购及其管理

螺纹刀具的采购是螺纹刀具管理中非常重要的一项工作，它关系到生产线能否及时获得足够数量的螺纹刀具，而不至于由于螺纹刀具的短缺造成生产的停顿；采购的螺纹刀具的性能是否满足切削加工系统的要求，影响到切削加工效率和加工质量；螺纹刀具的采购价格及其性能价格比关系到螺纹刀具的消耗费用，影响制造成本。而螺纹刀具的采购又与螺纹刀具的技术要求、管理及其库存管理体系、最低库存量的设置和采购批次及批量、螺纹刀具的技术支持服务体系等系统中的其他因素紧密相关。

1. 螺纹刀具的采购

包括下列内容：

1）对技术要求的理解；

2）潜在供应商的发现和评估；

3）向供应商的询价；

4）在螺纹刀具切削试验结果合格的基础上，对螺纹刀具的价格和供货条件进行评估；

5）签订供货合同、发出订单以及供应商对订单的确认；

6）订单的管理与供货进度跟踪；

7）螺纹刀具的验收与入库检验；

8）出现质量问题时的索赔和要求供应商进行技术支持。

螺纹刀具采购已不是简单的商品买卖，它实质上采购的是针对切削加工系统具体情况和需求的（包括螺纹刀具硬件在内的）一整套支持和服务，对用于如汽车制造这样的大批量生产的螺纹刀具的选购不是仅根据图纸和比较价格所能确定的，相同的或类似的螺纹刀具的切削性能和工作可靠性在不同的切削加工系统的实际使用中可能有很大的差异。所以螺纹刀具的选用和更改必须经过切削加工试验和获得相关技术部门的同意，在此基础上才能进行不同螺纹刀具供应商所供螺纹刀具的价格比较。而且这种比较还必须包括对于供应商分析解决螺纹刀具问题的能力、支持服务的响应速度和稳定可靠供货的能力的比较。

螺纹刀具采购工作中还有相当重要的一部分工作是发现和发展潜在的优良螺纹刀具供应商，并对螺纹刀具供应商的质量体系和实物质量进行评估和控制，同时确保所采购的螺纹刀具的物流处于受控状态。一个合格的螺纹刀具供应商应该具有健全的、符合要求的质量保证体系，通过 ISO 9000 质量管理体系认证，能够向客户提供需要的切削加工解决方案，对客户的需求和生产中发生的问题快速响应，具有积极主动地为客户解决生产中发生的与螺纹刀具有关的切削加工问题的意愿和能力，能够配合进行各种有益的试验并快速响应开展各项必要的工作。

2. 螺纹刀具的采购中必须注意的事项

1）所采购的螺纹刀具必须经过切削加工试验和技术评估。只有通过技术评估，才能进行下一步的商务谈判，否则所采购的螺纹刀具可能无法满足该切削加工系统的要求，严重时甚至影响切削加工生产的正常进行。

2）与供应商建立起合作伙伴关系，充分了解与掌握供应商的各类信息，特别是技术能力信息。同时需要引进竞争机制，防止垄断的产生。

3）应该从性能、技术、服务、价格（性能价格比）、响应速度上对螺纹刀具供应商及其所提供的螺纹刀具进行全面的评估和比较，作出合适的选择。

4）了解和掌握螺纹刀具的真正成本以及当前市场的合理利润率，并要贯彻双赢的方针，要考虑对全局和长远利益的影响，坚持可持续发展。

5）现在螺纹刀具的采购已不再是简单的商品买卖关系，它要求的是螺纹刀具供应商提供一整套的切削问题解决方案，在提供螺纹刀具实物的同时，需要提供良好的售后服务和出现螺纹刀具问题时做出快速响应。

对于螺纹刀具供应商来说，也必须充分认识到，现在向机械制造企业特别是汽车制造这样的进行大批量连续生产的企业提供的已不仅仅是螺纹刀具，而是要设法提供完整的螺纹加工问题解决方案，同样要认识到螺纹加工的系统性特点，需要根据螺纹加工系统的具体情况，提供有针对性的、有力的支持和服务，需要与螺纹刀具的用户紧密配合起来共同工作。

二、螺纹刀具的物流和库存管理

螺纹刀具管理中一个最重要的任务就是要保证生产线在需要的时候得到质量合格的、数量足够的螺纹刀具，保证生产不停顿地正常进行，同时又要使螺纹刀具的库存和管理费用最低。而要做到这一点，就需要对螺纹刀具的物流和库存进行科学的管理，既要满足生产的需要，又要贯彻精益生产的原则，尽可能地降低库存和减少浪费。

1. 刀具自动仓库和立体仓库

针对不同的应用情况，螺纹刀具管理系统中应用了不同的螺纹刀具物流管理的方法，并将电子信息技术和自动化技术应用于螺纹刀具的物流和库存管理中，图 6-1 所示为一种名为 Toolboss 的刀具自动仓库，它可以设置在车间中或需要使用螺纹刀具的地方，其所有权可以属于使用螺纹刀具的企业或部门，也可以属于进行螺纹刀具管理的企业或部门。这种螺纹刀具自动仓库设有显示螺纹刀具存放内容和说明以及为存取螺纹刀具与使用者进行信息交换所需界面的显示屏，有存放各类螺纹刀具并自动上锁的一个个抽屉盒，该自动化仓库由计算机控制并通过网络连接到螺纹刀具管理部门，平时该仓库中存有由螺纹刀具管理部门预先存放的各类螺纹刀具，当使用者需要螺纹刀具时，在人机界面中输入所需螺纹刀具的代号及数量，使用者就可从自动打开的螺纹刀具抽屉中拿到所需的螺纹刀具，而螺纹刀具自动仓库也会记录所取走的螺纹刀具型号、规格、数量等信息并将有关信息送至螺纹刀具管理部门，螺纹刀具管理部门由此可控制并及时向螺纹刀具自动仓库补充螺纹刀具，同时还可根据此信息与螺纹刀具使用部门进行螺纹刀具费用的结算。这样，一方面大大方便了螺纹刀具使用者获取螺纹刀具，另一方面又方便了螺纹刀具管理部门对螺纹刀具的库存管理，节省了大量人力物力，也有利于对螺纹刀具消耗的成本控制。

为节约库房面积和提高仓库管理的效率，在不少螺纹刀具管理系统中还使用了图 6-2 所示的螺纹刀具立体仓库，这种螺纹刀具立体仓库同样由计算机控制，仓库中有多层可存放各类螺纹刀具的库盘，容量很大，平时一层叠一层立体排放，根据需要上层的刀盘可移动至下层以便存取螺纹刀具，这种立体仓库的一个重要特点是，各种螺纹刀具存放的具体位置及其数量信息都准确地存在立体仓库的信息系统中，当需要存取螺纹刀具时，只要在相关的计算机系统中输入所要的螺纹刀具的代号，该立体仓库就会自动将存有该螺纹刀具的库盘移送到立体仓库门口，很方便地就可取到所需的螺纹刀具，避免了通常先要根据螺纹刀具代号查找螺纹刀具所在的库号、架号、库位再去寻找相应位置取刀的麻烦，效率大为提高，而且由于螺纹刀具是立体存放，大大减少了各种螺纹刀具库架平面摆放所占的仓库面积，对于库房面积本来就较小的地方更显示出其优越性。

图 6-1　可设置在现场的刀具自动仓库

图 6-2　库房中使用的刀具立体仓库

2. 螺纹刀具最低库存量的设置

为了确保生产线的用刀需要，又使螺纹刀具库存资金占用尽量少，需要科学地设置螺纹刀具最低库存数量，当库存螺纹刀具数量低于所设置的数量时，螺纹刀具管理系统应立即发出报警信号，提示螺纹刀具数量已到了临界点，需启动螺纹刀具采购流程，进行新的螺纹刀具采购。而设定的螺纹刀具最低库存数量，应保证在新刀采购期间直到新采购的螺纹刀具进入生产现场的仓库为止，都不会出现因螺纹刀具短缺而影响生产的问题，同时也不会出现当新螺纹刀具采购回来时，仓库中还有大量原有螺纹刀具未用完的情形。

螺纹刀具的最低库存报警采购点的库存数量 Q，可根据式（6-1）计算：

$$Q=K\times V\times L\times C/1\,000 \tag{6-1}$$

式中：K——螺纹刀具的千件消耗率，即每加工一千件工件所消耗的螺纹刀具数量，如螺纹刀具寿命为加工 10 000 件工件，则千件消耗率为 0.1；

V——预计的每月需要加工的工件产量；

L——螺纹刀具的交货期，如一把刀从订单发出至螺纹刀具实物到达生产现场的时间为 3 个月，则 $L=3$；

C——安全系数，考虑可能发生的螺纹刀具非正常损耗，或螺纹刀具订单发出后由于供应商、运输过程等各个环节发生的延误，为保证螺纹刀具供应安全所设定的一个系数，这个系数取值的大小与整个系统的稳定性和可靠性有关，通常可根据积累的经验取值，一般为1.1~1.2。

通过应用运筹学的方法，可对螺纹刀具的采购批量和采购频次进行优化，如某种螺纹刀具每把每年的存储费为 C_1，每批次采购需要的管理等费用为 C_3，每年需要采购的螺纹刀具数量为 D，在螺纹刀具单价、汇率、所需加工的工件数量稳定的情况下，通过数学运算可求得经济采购批量 Q_0：

$$Q_0 = \sqrt{\frac{2C_3D}{C_1}}$$

使得在保证生产所需螺纹刀具不发生短缺的前提下，所花费的总费用最低，在螺纹刀具单价随采购量而变的情况下，也可通过进一步的数学运算和比较，求得合适的经济采购批量。

由于在实际生产中影响螺纹刀具消耗的因素很多，影响螺纹刀具供应的因素也很多，如生产加工的工件数量随市场需求而波动，螺纹刀具采购的品种多而数量相对较少，非标螺纹刀具多引起采购周期长，螺纹刀具的储存量大小又与可能发生的螺纹刀具更改及其所引起的死库存损失风险相关等，在目前的条件下，要将所有这些因素都用具有较高置信度的数学公式来表达还有相当的困难，所以在实际工作中还是采用了定量和定性相结合的方法，需在公式计算的基础上再根据经验和实际生产中已发生的螺纹刀具消耗状况来最终确定每次的螺纹刀具采购量。

3. 供应商处的备库

为了确保生产线的用刀，同时又尽可能地降低螺纹刀具库存，可以和各螺纹刀具供应商建立起较稳固的合作伙伴关系，让供应商保有所供应螺纹刀具的一定库存数量，只要有需求，可以立即从这部分库存中发运螺纹刀具至现场，而不需要等待从备料到制造的漫长时间，可大大提高响应速度。

同时应对螺纹刀具的使用、消耗和供应情况进行分析，对一些关键螺纹刀具建立应急计划，如让相应的供应商了解并作相应的准备，或多备一些螺纹刀具，也可掌握有可能取得帮助或支持的类似螺纹刀具的供应商或其他用户信息，以便应急。

为了确保切削加工生产的正常进行和缩短换刀时间，尽可能地避免任何由于等待螺纹刀具而产生的生产停顿和等待时间，一般情况下应确保有多套完整的螺纹刀具，其中一套在机床上，一套作为备刀，供换刀时可立即使用，一套是螺纹刀具已使用后处在重新刃磨、调整、检验的过程中，这三套刀应周而复始地循环，并有完善的体系对其状态进行跟踪，如缺少一套就必须赶紧补充，如缺少两套则需采取特别的应急行动，因为缺少两套刀就意味着生产线中使用的唯一的一套刀若再发生异常损坏，就会造成生产线停产。特别是由于某些螺纹刀具的订货、制造周期可能需要一至两个月的时间，如没有其他应急方案则会造成几周甚至几个月的停产，那是不可想象的，也是完全不能接受的。所以对于某些关键的、供货周期长的复杂螺纹刀具在必要时可能需要建立四套刀的循环或置备更多的备件。

螺纹刀具管理系统必须建立这样的多套刀循环的体系以确保其正常循环周转，对于多套刀循环的跟踪管理，看板是一种有用的工具，可加以利用，便于目视管理，即要求多套刀备刀库中的备刀架上凡没有螺纹刀具的时候都需有看板，在看板上写明螺纹刀具不在的原因，如正处于调刀、修理过程中，或螺纹刀具损坏等，这样螺纹刀具管理的相关人员可及时发现问题并及时采取相应的措施。

4. 螺纹刀具的调整管理

为了缩短停机换刀的时间，提高设备开动率，现代制造生产线切削加工所用螺纹刀具大多实行线外调整，采用螺纹刀具调整检测仪进行线外预调，包括调整和检测轴向尺寸或径向尺寸，只要将调整中检测得到的螺纹刀具补偿数据输入相应的机床，机床就可自动对刀并直接加工出合格工件，大大缩短了辅助时间，提高了生产效率；对于有些专机设备或传统的自动线，有时还需线上对刀，这时在机床上将刀片装入相应的刀体后，需要用专门的检具在机床上直接对刀并进行适当的调整。

现代机械制造企业特别是汽车制造企业都高度重视螺纹刀具的调整工作，投入大量资金置备了各种先进的螺纹刀具自动检测和调整设备。

螺纹刀具的调整管理对于保证螺纹刀具的调整质量，提高调刀一次合格率和加工设备的开动率，保证生产的高效、稳定运行都有重要意义。

不管是线外对螺纹刀具预调，还是在线上用检具对刀，都必须建立完善的检具检定和校准的制度，确保所用的螺纹刀具调整检测仪和检具的及时、正确校准，从而符合计量和检具管理的要求。

螺纹刀具调整的依据是螺纹刀具调整布置图。需确保螺纹刀具调整所用技术文件是最新的有效受控版本，其更新和修改都必须受到严格控制；根据螺纹刀具调整布置图，可向螺纹刀具调整检测仪输入待检测的螺纹刀具的编号、型号、规格和待测的角度、径向尺寸、轴向尺寸等要求，编制可自动检测的程序，螺纹刀具检测与调整程序的输入和修改、更新都需要受到严格控制；需制定完善的螺纹刀具调整作业指导书，并确保螺纹刀具的调整和检测严格按作业指导书的规定执行。调整、检测合格的螺纹刀具应有明显的检测合格标识并附有检测记录。

螺纹刀具调整中需要做到：

螺纹刀具必须在清洁的状态下进行调整，对于从生产线上取回的螺纹刀具，若还需要重复使用则应该进行清洗，然后才能重新装入刀片或刀头进行调整和检测。

可换螺纹刀具上的螺钉锁紧应尽可能地采用扭力扳手，并按照规定的扭矩对螺钉进行锁紧。

螺纹刀具放入调刀仪检测前，必须清洁螺纹刀具安装面，确保没有任何灰尘黏附在螺纹刀具的定位安装面上，以免影响测量精度。

严格按螺纹刀具调整作业指导书的规定进行螺纹刀具调整，并根据要求对螺纹刀具的轴向尺寸、径向尺寸、刀刃的径向圆跳动等进行检测，确保其符合螺纹刀具调整规范的要求，然后打印出螺纹刀具检测的结果，包括需要提供给数控机床的螺纹刀具补偿尺寸。

每次螺纹刀具调整、检测完毕，在放入备刀架进入螺纹刀具备用状态前，必须检查和确认：

1）各螺纹牙型是否正常，有无微小裂纹等缺陷；

2）刀柄有否磕碰痕迹；

3）如是带有内冷却孔的螺纹刀具，需检查内冷却孔是否畅通；

4）是否已贴好调刀合格标签并附上了螺纹刀具检测记录单。

通过这一系列的措施和管理可获得较高的螺纹刀具调整一次合格率，确保进入切削加工系统的螺纹刀具状态良好，满足高效加工的要求。

5. 螺纹刀具的修磨管理

可调、可换刀片螺纹刀具的修磨管理是否完善，对于可调、可换螺纹刀具的修磨质量、修磨后螺纹刀具在加工中的表现和螺纹刀具寿命都有着重要影响，也影响到螺纹刀具的成本。

需要建立完善的螺纹刀具刃磨技术规范，编制作业指导书、检验标准。螺纹刀具检验标准的建立和更改都必须通过相应的流程审核和批准。为了保证螺纹刀具修磨后的切削性能与加工质量的稳定，便于控制螺纹刀具费用，掌握螺纹刀具的实际消耗情况，需要控制螺纹刀具的修磨极限长度，必要时也可直接控制螺纹刀具的修磨次数。

对于螺纹刀具刃磨广泛采用的数控螺纹刀具刃磨机床的数控程序的输入、更改都要进行有效的控制，确保应用的程序正确和在刃磨不同的螺纹刀具时的程序调用正确。所有应用程序和软件都需要做好备份。

螺纹刀具刃磨设备和检测仪器都必须建立完善的设备预防性维护制度，检测仪器和各种检具都需要按照规定进行校准。

不能继续刃磨或改作他用而必须报废的螺纹刀具，需要通过螺纹刀具报废流程，经过检查和批准后进行报废，并作好相应的记录。已经报废的螺纹刀具必须作好标识，同时需根据环境保护的要求将硬质合金、高速钢等不同材质的螺纹刀具按材质分类摆放，然后送交具有相应资质的部门或企业进行废刀的处理和回收利用。

6. 螺纹刀具管理的不同模式

随着市场竞争的日趋激烈和螺纹刀具管理对现代机械加工生产的重大影响为越来越多的人所认识，各企业对螺纹刀具管理的重视正在不断提高，并试图在螺纹刀具管理方面作出新的探索。

螺纹刀具管理可以有不同的实现模式，可以通过外包的方式实现高层次的螺纹刀具一体化管理，或实现螺纹刀具管理的部分外包，也可以由需要螺纹刀具管理的企业自营一体化管理，还可以由发包企业参股设立的螺纹刀具管理公司来进行。其共同点是要构建统一、和谐的系统，并要确保该系统受控和高效运转。

由于各企业在技术、经济、管理等各方面条件相差很大，所以在螺纹刀具管理中也存在着不同的管理模式，有的企业还停留在较低层次的螺纹刀具管理上，有的企业已进行高层次一体化的螺纹刀具管理，也有的企业为了更专注于其核心业务，将螺纹刀具管理这一需要专门技术和多种资源支持的工作外包出去。而在实现螺纹刀具管理外包的要求和做法上以及在管理的层次上又视不同企业的内外部条件和发展阶段的不同而存在着不少差异。根据所承担任务的多少和进行管理的复杂程度及对生产制造支持的力度，螺纹刀具管理外包一般可分为不同层次（见表6–1）。

表6–1　螺纹刀具管理外包的层次

层次	工作范围和内容
第1级	螺纹刀具刃磨管理
第2级	螺纹刀具刃磨管理，库存管理
第3级	螺纹刀具刃磨管理，库存管理，调整管理
第4级	螺纹刀具刃磨管理，库存管理，采购管理，调整管理，送刀至生产线
第5级	螺纹刀具刃磨管理，库存管理，采购管理，调整管理，送刀至生产线，成本控制，与螺纹刀具有关切削加工问题的分析和解决、试验和优化

续表

层次	工作范围和内容
第6级	螺纹刀具刃磨管理，库存管理，采购管理，调整管理，送刀至生产线，成本控制，与螺纹刀具有关切削加工问题的分析和解决、试验和优化，切削技术知识管理，向切削加工新项目提供技术支持

其中第5级、第6级是高层次的螺纹刀具外包管理，它要求螺纹刀具管理系统承担起切削加工系统对螺纹刀具所要求的各方面任务，解决所遇到的相关问题，同时控制和降低螺纹刀具的成本，避免由于管理不当可能造成的螺纹刀具非正常消耗所引起的经济损失，同时按照精益生产的理念构建和运行螺纹刀具管理系统，使螺纹刀具管理系统有力地支持整个切削加工系统的运行，获取理想的切削加工系统输出。

为了能充分利用外包的优点，同时又避免对螺纹刀具外包管理承包供应商的过度依赖，一些汽车制造企业仅是将螺纹刀具刃磨以及螺纹刀具供货、库存管理等工作外包了出去，而有关螺纹刀具的加工、螺纹刀具的优化与改进等业务仍由本企业做，以充分利用螺纹刀具外包管理供应商灵活、高效的采购和物流体系、先进的螺纹刀具刃磨设施以及各种支持资源，从而减少本企业的一次性投资及其相应风险，降低螺纹刀具库存和流动资金占用，同时与螺纹刀具有关的重要技术工作由本企业的人员掌握，但螺纹刀具的成本控制则主要由发包方负责。国内已有企业以这种方式外包了螺纹刀具管理任务。

与此同时，想承接螺纹刀具管理外包任务的公司也越来越多，国外著名的螺纹刀具制造商或螺纹刀具服务商都已开展螺纹刀具管理服务方面的业务，已承接了一些航空、机械加工等企业的螺纹刀具管理工作，并正试图将此业务扩大；国内的一些螺纹刀具制造和服务企业等也表达了想从事螺纹刀具管理业务的愿望，大家都认识到了螺纹刀具管理在今后的发展势头会越来越强，而服务业则有很大的市场和发展空间，机械制造企业和螺纹刀具制造、销售企业都需要螺纹刀具管理及其相应的服务。

螺纹刀具管理的不同的模式，各有其特定的应用条件，关键是要适合本企业的内外部条件，依据具体情况，采取相应的对策，以达到预期的目标，获得理想的效果。对于采用哪一种模式进行管理，需要综合考虑多方面的因素，如项目的性质、企业的供应链管理方法、建立和更新过程的成本、螺纹刀具方面设备的投资、人力资源的考虑和安排、物流成本、螺纹刀具库存成本的考虑和死库存风险的大小、设备维修的成本、对由于螺纹刀具供应或螺纹刀具质量造成的生产损失的风险控制等，还要考虑外包市场的成熟度和可供选择的外包供应商的数量和质量等多方面情况。不同的模式各有优缺点，需要依据企业的自身情况和战略考虑，采用最有利于提高企业核心竞争力的做法。

完整的螺纹刀具管理应是在一个项目的规划阶段即介入，从螺纹刀具的选用、采购起，伴随整个生产过程，直至螺纹刀具寿命用尽的全过程，不断改进、不断优化，其目标应是确保生产线在需要螺纹刀具的时候及时地得到满足加工要求和质量标准、预调好的螺纹刀具，有足够的螺纹刀具耐用度从而能降低换刀频次并提高设备开动率，保证生产高效正常地进行，还要求这样的螺纹刀具是经过精心选用、严格试验且具有很高性价比的螺纹刀具，并通过其管理有效地控制和降低螺纹刀具使用成本。

螺纹刀具管理的概念和创新正不断向纵深发展，在管理模式、管理方法、控制机制、绩效评估上都有很多问题需要回答，需要进一步的探索和实践。

第五节　螺纹刀具管理的互联网+信息系统

为适应现代制造业信息化发展的要求，螺纹刀具管理的信息化和网络化正在快速发展，一方面是现代制造企业的信息化管理要求将螺纹刀具管理纳入企业的信息系统中，另一方面是螺纹刀具管理本身越来越需要先进的、可靠的基于计算机技术、网络技术和信息技术的螺纹刀具管理信息系统提供强有力的支持。

一、螺纹刀具管理系统信息交互特点

螺纹刀具管理需要建立起包括有关螺纹刀具的技术信息、应用信息、商务信息和管理信息等在内的完整、准确的数据库。螺纹刀具管理需要实现采购、物流、调整、刃磨、生产线之间的网络化通信与管理，调刀设备与加工设备之间在必要时进行直接的螺纹刀具信息交换，实现实时的螺纹刀具寿命设定、换刀控制、性能跟踪以及螺纹刀具成本分析的控制，并实现现场、备刀、库管、采购、修磨、技术、图纸及文件控制和更改等螺纹刀具有关的各个方面的交互联系、动态跟踪和及时的反应与控制，还要实现与企业其他有关部门的联系和协调管理。

目前，已有不少先进的标识螺纹刀具身份和记录螺纹刀具信息的方法被应用于很多企业的螺纹刀具管理系统中。如在螺纹刀具上附上条形码以便于快速识别和管理螺纹刀具，条形码是用一组黑白相间、粗细不同的条状符号来表示螺纹刀具的名称、产地、价格、种类等信息的工具。条形码是迄今为止最经济实用的一种自动识别技术。在螺纹刀具管理系统中，条形码的主要优点是成本低、应用灵活；缺点是易撕裂、污

损或脱落，信息存储量有限，每次只能识别一个条码。近年来在螺纹刀具管理中又出现了二维码的应用，将二维码作为螺纹刀具的身份证，并用激光直接刻在螺纹刀具上，同样也可标注在螺纹刀具包装的标签上，以便进行自动识别。通过这个螺纹刀具“身份证”，大大方便了螺纹刀具用户的螺纹刀具质量溯源、物流过程控制、螺纹刀具全寿命管理和获取附加信息等，用户可以借助螺纹刀具二维码准确地知道，在生产哪个工件时使用了哪把螺纹刀具，有利于更快察觉到生产中可能存在的弱点并提高其过程质量。同时借助于二维码，并与螺纹刀具管理信息系统相结合，能够准确地记录并以统计的方式评估螺纹刀具的总寿命和剩余寿命，即使螺纹刀具与刀柄分离，用户也能知道螺纹刀具的剩余寿命，有利于完全利用整个螺纹刀具寿命。

而近年来发展起来的 RFID（radio frequency identification，射频识别）技术是一种自动识别技术，是 RFID 利用射频信号通过空间耦合实现无接触信息传递并通过所传递的信息达到识别目的的技术。一套完整的 RFID 系统，是由读写器、电子标签及应用软件系统三个部分所组成，目前螺纹刀具管理系统中所应用的 RFID 技术通过在螺纹刀具的刀柄上埋入芯片，在机床和螺纹刀具调刀仪上设置读写器，可方便地将螺纹刀具的名称、型号、规格、调刀尺寸、螺纹刀具使用寿命以及其他技术和管理信息记录在螺纹刀具上，并将相关信息在调刀仪、机床和螺纹刀具管理系统之间进行传递。RFID 技术在螺纹刀具管理系统应用中的主要优点是耐污染、可读取距离大、可识别高速运动物体、可擦写信息、储存数据容量大、可同时识别多个标签等；其缺点是价格较高。要发挥 RFID 技术在螺纹刀具管理系统中的作用还需要相应软件系统的有力支持。

由此可见，对螺纹刀具管理信息系统的要求是很高的，其不仅需要处理管理类型的信息，还需要能够处理技术类型的信息。目前国内外已有的很多 ERP 软件，用于处理企业管理的很多方面的事务，可是还没有能完善处理螺纹刀具管理这个特殊领域的软件模块，而一些信息公司包括螺纹刀具制造公司开发出的专用的螺纹刀具管理软件，目前还不完善，其与企业的 ERP 软件的连接也有待开发和改进，但这将是螺纹刀具管理中极为重要和具有极大发展潜力的一个领域。

信息技术的发展和应用有力地促进了螺纹刀具管理水平和切削效率的提高。目前有不少螺纹刀具公司研发出了一些实用的螺纹刀具应用软件，可以帮助螺纹刀具用户找到理想的螺纹刀具，其程序中还包含详细的二维或三维螺纹刀具图，也可以调用螺纹刀具数据表并通过电子邮件发送给相关人员。通过链接供应商在线门户，可以查看螺纹刀具价格和所需的螺纹刀具是否有货，完成订购后，用户的手机将收到订购确认。用户可以根据所需进行的加工任务，方便地获取螺纹刀具进给和切削速度的数值；系统还提供所选螺纹刀具的信息及其应用范围；同时可以在系统中将不同加工任务相互关联，在为螺纹加工寻找螺纹刀具时，用户还可以让系统显示适用的底孔钻头；同样，也可以将所用机床和确定合适的螺纹刀具解决方案联系起来加以考虑。

二、螺纹刀具管理系统在制造业信息化中的作用

为适应制造业信息化的发展，需要制定关于螺纹刀具产品描述和信息交换的标准，以便提供一个统一的格式来描述有关螺纹刀具的信息，实现螺纹刀具信息在各应用领域之间的无障碍交换和利用，从而提高信息交换的速度和准确性。这将有利于选择螺纹刀具和使用螺纹刀具，为螺纹刀具制造、螺纹刀具应用和螺纹刀具研究提供方便的平台。同时，进一步发展面向对象的新型数控编程数据接口标准，实现 CAD、CAM 与 CNC 之间的双向数据流动，这将会对螺纹刀具管理提出新的挑战和新的要求。

在产品和工艺设计阶段，通过信息化技术在 CAD、CAM、CAPP 和切削加工数据库的基础上产生正确的螺纹刀具清单和螺纹刀具调整布置图，并输出螺纹刀具二维图纸和三维造型。螺纹刀具管理系统应能支持工艺创新、选用螺纹刀具、提供切削参数，并提供螺纹刀具的应用技术，如走刀的策略、螺纹刀具装夹、螺纹刀具安全、螺纹刀具动平衡等方面的信息。

在螺纹刀具管理对生产制造过程的支持阶段，通过信息化技术在螺纹刀具的物流管理中的应用，可以跟踪螺纹刀具物流的全过程，提供螺纹刀具的正确位置和数量及采购信息，动态反映螺纹刀具的采购、库存和使用状态，能优化设置螺纹刀具的最低库存量和报警限，能对螺纹刀具管理的效果进行评估和监控。螺纹刀具管理系统必须能获得和产生正确的螺纹刀具信息并对相应的信息进行有效管理。

通过科学的管理和螺纹刀具管理的信息化可以降低螺纹刀具的库存，减少对人员、资金、厂房、设备的占用，提高螺纹刀具调整、修磨等方面的质量，可显著地降低螺纹刀具费用，更好地实现把合适数量的合适螺纹刀具在合适的时间送到合适的地方并合适地使用。

第六节　螺纹刀具管理实例——信息化平台可视化生产管理系统

一、螺纹刀具管理项目实施意义及现状

解决传统制造业的落后与弊端，实现自动化与信息化的融合。在提升企业生产效

率、降低生产成本的同时，推动制造业产业升级。

1. 螺纹制造企业目前现状

多数常规企业不能够完全脱离纸质单传递信息，同时，信息准确性不能够保证。最为严重的是数据不一致。毛坯料与成品和损耗数量的和无法相等。

（1）各制造分厂或车间信息不能共享

订单从下计划到销售整个生命周期不能够让相关部门有更加详细的了解。

（2）管理层不能把控订单

当有紧急情况发生，需要增加、减少订单数量，或者订单需做特殊工艺处理时，不能够了解订单的生产状况，从而无法调整。

（3）工艺资料查阅不便

工人加工产品查阅工艺资料不方便，同时资料的保存与安全性不能够保证。

（4）车间纸质文件传达信息准确性不足

订单信息与相互传达通过纸质单进行交流，在油雾比较严重的车间容易污染，不能够保证信息准确性。

（5）订单入出不能对应

订单从下毛坯料到成品，数量对不上，不能够具体了解某道工序损耗，也不能具体了解工人损耗，无法获取废品率、损耗率等数据。

2. 传统螺纹刀具制造业的短板

（1）纸介质传递信息落后

大多数生产车间还存在用纸介质进行信息交互，这样信息有可能在传递过程中丢失或信息不能够保存。

（2）生产过程不能够透明化

生产车间不能将生产过程直观体现出来，造成管理层不能根据实际情况作出相应调度。如果需要调度会耗费精力，耗费时间。

（3）人员功能职责划分不清晰

传统生产车间人员的功能划分不够明确，不能使具体事情由具体相关负责人负责，由相关人员去处理。

二、螺纹刀具管理采用信息化平台的优势

1. 信息化平台-可视化生产管理系统

1）信息化平台-可视化生产管理系统可为企业提供全面的生产信息化管理，生产

全过程以大屏幕方式呈现于生产车间，使工作人员能够清晰地掌握工作节奏，有效地利用系统设计的生产管理流程提升工作效率。

2）信息化平台智能人事管理系统，覆盖了 HR 人员日常工作的方方面面，自动生成数据，管理层可以随时了解各部门情况，易于管理。

3）根据信息化平台考勤、排班机制可以对生产车间人员进行调度，专项负责更加定向化。

4）根据信息化平台组织架构，可以对系统进行权限管理，保证了数据安全，同时更加便捷管理相应人员负责的区域。

2. 解决产业升级中的问题

1）企业人才结构更新。自动化与信息化融合不仅仅会减少一定劳动力，同时会产生一些新型技术岗位，基于自我培养的模式来适应人才结构更新。

2）降低生产成本。企业自动化与信息化融合从生产经营来讲，企业产品的单件成本呈下降趋势，最终导致生产成本下降，提升企业产品竞争力。

3）提升生产效率。自动化设备投入一定是建立在企业生产工艺和工序优化上，而这种优化又是以当前的自动化技术发展现状为基础。

4）功能职责明显。自动化与信息化融合，使企业每个人定位以及职责划分更加详细、明确。遇到问题可以直接找到相应负责人。

5）生产实时性。自动化与信息相互融合，企业生产过程会更加透明化，相关负责人可以根据信息化建设的硬件实时了解生产具体情况，从而做出相应调整。

3. 信息化平台的角色划分

1）主任：可以了解全面的生产信息，生产过程时刻体现出来。对一些特殊的工序、工艺可以实时做调整，工艺审核更加完善。权限管理更加健全，做到专事有专人负责，遇到问题可以第一时间找到相关负责人。

2）技术员：最大的益处是设计图纸管理较为方便，对特定订单的下单与加工情况也可以一目了然，可以做到客户与产品对接。

3）工长（组长）：该系统针对工长（组长）而言，不需要过多操作，也不需要长时间往返于车间与办公室了解订单详情。而且工时统计与产值的计算更加便利。对调度员与工人的工作可以随时进行调整。有利于车间秩序化生产，更加省时省力，方便快捷。

4）调度员（分配员）：该系统针对调度员首先可以省去纸质订单信息填写，以及订单信息保存，与此同时可以实时根据加工数量进行合理分配，不至于遗漏订单，省去了纸质的信息传递，同时可以更长久保存订单信息，还可以实时了解工人操作情况并进行合理分工，可根据订单紧急程度进行相关调度，对企业有极大好处。

5）检查员：该系统针对检查员操作比较简单，当有工人需要检查产品时，只需要针对该产品进行检查，然后严格提交检查信息，因为工长（组长）会根据检查员提交信息对工人进行工时计算，因此检查员必须填写正确。

6）工人：该系统针对工人，首先可以直观看到自己的工作任务、工艺图纸，其次可以查看到自己当天、当月的工时统计，这样透明化的方式让工人对自己的目标更加明确，工时查看更加便捷、透明化。有利于激励工人，增加产品成品量，提升工作效率，提高企业产值。

4. 功能亮点

1）加工过程透明化。分配详情可以实时查看到工人操作情况，以及订单进展情况，有利于管理者对订单实时把控。

2）工时统计。工长（组长）对工人工时的统计更加便捷。不需要用纸来记录该信息，防止信息丢失的同时更加便捷了解工人工作情况，做出合理安排。

3）权限管理。权限管理更加方便，做到一一对应。同时一些重要信息只对需要的人员开放，这样可保证信息安全。

4）图纸管理：设计员对图纸管理更加方便快捷。工人查看图纸权限开启使得工人不需要来回往返查看，减少不必要时间的浪费，提高生产效率。

三、信息化平台在螺纹刀具管理中的应用

1）车间大屏效果见图 6-3、图 6-4。

图 6-3　订单和工艺要求

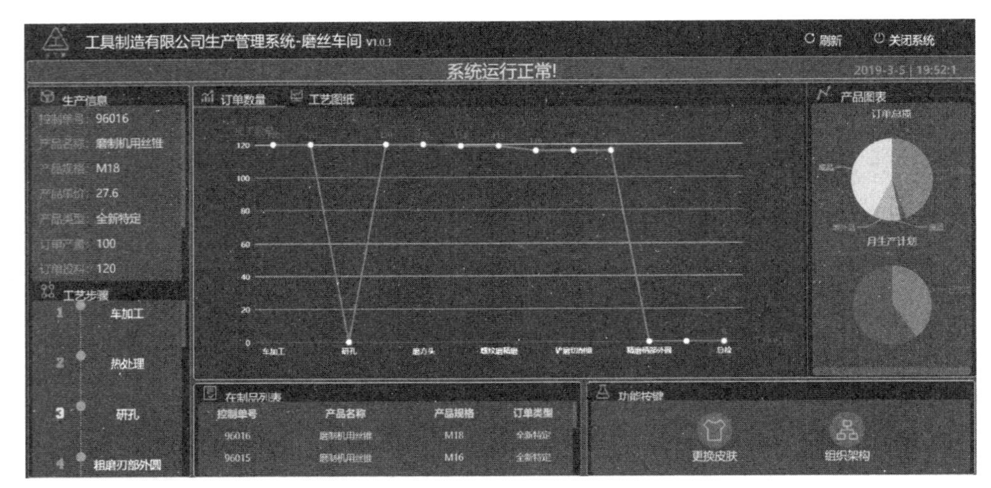

图 6-4　订单及工序情况

2）工作台页面：打开工作台（见图 6-5），每个角色对应一个微应用功能，由系统管理员开放角色对应功能。一个角色只开放所属自己的功能。

图 6-5　角色的微应用功能

3）分配详情：分配详情页面可以直观展示出订单具体分配情况以及工人具体加工情况（见图 6-6）。例如：控制单号 96005，分配数量 35 件，工序磨沟，工人谭××，正常品 35 件，耗时 3 天。

4）权限管理：权限管理页面，方便主任级别将工序—工长—调度员（分配员）—检查员—所属工作组一一对应（见图 6-7）。同时也便于专事专人负责，这样有利于车间生产效率提升。

任务分配　正常品来料　待出入库　特定品来料　外委上账　图纸查看　分配详情

关键字查找　产品名称/规格/控制单号/操作员　搜索　分配日期　开始日期 - 结束日期

控制单号	产品名称	产品规格	订单类型	投料总数量	工序	工人	分配数量	分配时间	分配类型	分配人	检查时间	检查人	正常品	H1	H2
96005	磨制螺旋槽丝锥	M16	全新特定	36	6:磨沟	谭红涛	35	2019-02-15	正常产品	王秀平	2019-02-18	宋亚军	35	0	0
95028	磨制螺尖丝锥	M16X1.5	全新特定	24	7:磨螺尖槽	马云华	22	2019-02-15	正常产品	王秀平	2019-02-18	宋亚军	20	0	0
95023	磨制机用丝锥	M12X1.5	全新特定	12	7:磨沟	开宇兰	12	2019-02-15	正常产品	王秀平	2019-02-18	宋亚军	12	0	0
95012	磨制机用丝锥	M10	全新特定	500	8:磨沟	孙亮	477	2019-02-15	正常产品	王秀平	2019-02-18	宋亚军	477	0	0
62524T4	磨制螺旋槽丝锥	M24X1.5	改制特定	60	2:粗磨刃部外圆	谢永刚	60	2019-02-15	正常产品	王秀平	2019-02-17	赵冰	60	0	0
96004	磨制螺旋槽丝锥	M16	全新特定	12	6:磨沟	刘小州	11	2019-02-15	正常产品	王秀平	2019-02-18	宋亚军	10	0	0
90002	磨制机用丝锥	M12	普通订单	10200	6:磨方头	贺锋	543	2019-02-15	正常产品	王秀平	2019-02-18	宋亚军	543	0	0
82893	磨制机用丝锥	M22	普通订单	3000	2:热处理	---	2040	2019-02-01	正常产品	王秀平	---	---	---	---	---
95018	磨制螺尖丝锥	M9X1	全新特定	307	7:磨螺尖槽	马云华	304	2019-02-01	正常产品	王秀平	2019-02-15	宋亚军	300	0	0
95021	磨制螺旋槽丝锥	M10	全新特定	500	8:磨沟	殷志勇	100	2019-02-01	正常产品	王秀平	2019-02-01	宋亚军	99	0	0

图 6-6　订单具体分配情况

在制品订单　特定工艺审核　库存查看　月计划上传　权限管理　图纸查看　分配详情

序号	工序名称	工长	分配员	检查员	所属工作组	操作
1	打中心孔	火granted工长	分配员1	检查员4	研孔组	修改
2	下料	火崩工长	分配员1	检查员2	车工组	修改
3	磨尖	火崩工长	分配员1	检查员4	研孔组	修改
4	车加工	火崩工长	分配员1	检查员2	车工组	修改
5	车顶	火崩工长	分配员1	检查员2	车工组	修改
6	打穿孔	火崩工长	分配员1	检查员2	车工组	修改
7	铣方头	火崩工长	分配员1	暂未分配	暂未分配	修改
8	预铣沟	火崩工长	分配员1	暂未分配	暂未分配	修改
9	热处理	火崩工长	分配员1	暂未分配	暂未分配	修改
10	研孔	火崩工长	分配员1	检查员4	研孔组	修改
11	研尖	火崩工长	分配员1	检查员4	研孔组	修改

图 6-7　订单具体分配情况

5）工艺图管理：工艺图管理页面主要针对设计员开放。工艺图管理模块不仅仅更加方便技术员对工艺图进行编辑、修改、删除，同时也有效保存了工艺图，解决了车间纸质版工艺图易损坏、易丢失问题（见图 6-8）。

6）工艺图查看：工艺图对应工序直观可见。开放给操作者的工艺图更清晰、直观。便于操作者加工过程中随时参考工艺图纸的工序及参数（见图 6-9）。

7）工时统计页面：工时统计页面针对工长开放。工长在工作台打开该模块，可以随时随地了解每一位工人具体操作情况，根据加工工序只需输入单件工时就能计算出相应工时，该工时也会在工人工时查看页面展示，尽量做到透明化处理（见图 6-10）。

全新特定　改制特定　特定制作　工艺图管理　图纸查看　分配详情　库存查看　导出报表

关键字查找　图纸型号/图纸名　搜索　添加图纸

图纸名称	图纸编号	添加日期	规格	价格	操作
磨制粗柄带颈机用丝锥	S243-05-2	2019-01-20 09:47:05	M8	7.65	编辑 删除
磨制粗柄带颈机用丝锥	S243-05-2	2019-01-20 09:47:05	M10	9.0	编辑 删除
磨制粗柄螺尖丝锥	S235-05-2	2019-01-17 16:05:53	M8	10.18	编辑 删除
磨制粗柄螺尖丝锥	S235-05-2	2019-01-17 16:05:53	M9	12.15	编辑 删除
磨制粗柄螺尖丝锥	S235-05-2	2019-01-17 16:05:53	M10	12.15	编辑 删除
磨制粗柄带颈螺尖丝锥	S211-05-2(M8-M10)	2019-01-17 08:11:35	M8	10.35	编辑 删除
磨制粗柄带颈螺尖丝锥	S211-05-2(M8-M10)	2019-01-17 08:11:35	M8X1	10.8	编辑 删除
磨制粗柄带颈螺尖丝锥	S211-05-2(M8-M10)	2019-01-17 08:11:35	M9	10.8	编辑 删除
磨制粗柄带颈螺尖丝锥	S211-05-2(M8-M10)	2019-01-17 08:11:35	M9X1	12.15	编辑 删除
磨制粗柄带颈螺尖丝锥	S211-05-2(M8-M10)	2019-01-17 08:11:35	M10	10.8	编辑 删除
磨制粗柄带颈螺尖丝锥	S211-05-2(M8-M10)	2019-01-17 08:11:35	M10X1	12.15	编辑 删除

第1/6页　总记录数:261　每页显示 50　[1] [2] [3] [4] [5] [6]　下一页 尾页

图 6-8　工艺图管理模块

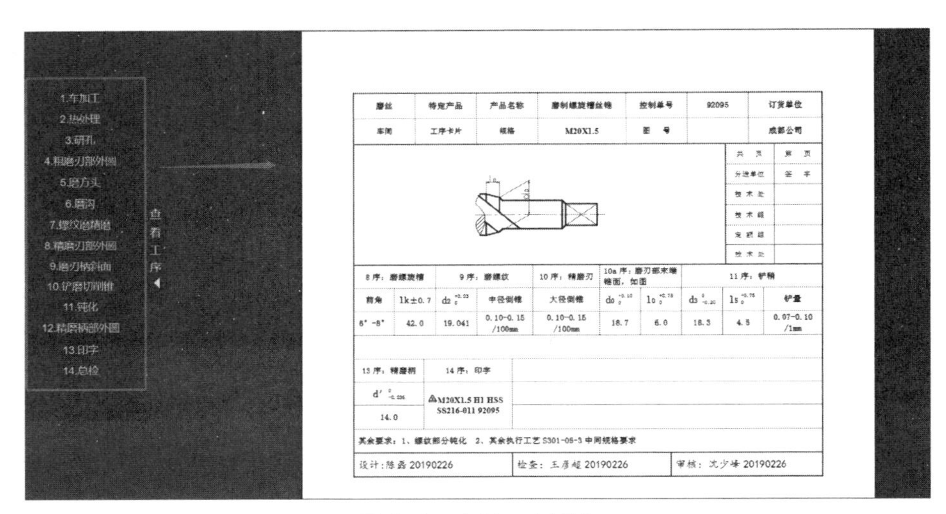

图 6-9　查看工序要求

订单查看　在制品查看　工时统计　图纸查看　分配详情

关键字查找　控制单号/订单号/名称　搜索　工序查找 --请选择工序--　日期查找　开始日期 - 结束日期　类型查找　生产工时　补录工时

控制单号	产品名称	产品规格	产量	操作人	加工数量	检查日期	工序	合格数	废品数	非本人废品数	等外品	单件工时	工时	操作
95028	磨制螺尖丝锥	M16X1.5	20	马云华	22	2019-02-18 16:11	7:磨螺尖槽	20	2	0	0		---	提交
92046	磨制自锁丝锥	M16X1.5	2000	胥利利	1268	2019-02-18 10:06	3:研孔	1268	0	0	0		---	提交
92046	磨制自锁丝锥	M16X1.5	2000	刘冬妹	1120	2019-02-18 10:06	3:研孔	1120	0	0	0		---	提交
92047	磨制自锁丝锥	M16X1.5	500	胥利利	500	2019-02-18 10:05	3:研孔	500	0	0	0		---	提交
95026	磨制螺旋槽丝锥	M10	15	胥利利	15	2019-02-18 10:05	4:研孔	15	0	0	0		---	提交
62524T3	磨制螺旋槽丝锥	M24	100	孙亮	7	2019-02-18 09:17	3:磨沟	0	7	0	0		---	提交
96004	磨制螺旋槽丝锥	M16	10	刘小州	11	2019-02-18 09:16	6:磨沟	10	1	0	0		---	提交
95023	磨制机用丝锥	M12X1.5	10	开宇兰	12	2019-02-18 09:15	7:磨沟	12	0	0	0		---	提交
90002	磨制机用丝锥	M12	10200	谢锋	543	2019-02-18 09:14	6:磨方头	543	0	0	0		---	提交
95012	磨制机用丝锥	M10	500	孙亮	477	2019-02-18 09:14	8:磨沟	477	0	0	0		---	提交
96005	磨制螺旋槽丝锥	M16	30	谭红涛	35	2019-02-18 09:13	6:磨沟	35	0	0	0		---	提交

第1/4页　总记录数:180　每页显示 50　[1] [2] [3] [4]　下一页 尾页

图 6-10　工时统计页面

8）在制品订单：在制品订单页面针对主任开放。主任只需打开自己工作台，使可以看到车间加工具体情况。也可以将某些产品及时进行调度，例如：拆单，只需要在订单详情中进行拆单即可（见图 6-11）。

在制品订单　特定工艺审核　库存查看　月计划上传　权限管理　图纸查看　分配详情

关键字查找　产品名称/规格/控制单号　搜索　订货日期　开始日期 - 结束日期　导出

控制单号	产品名称	产品规格	产量	单价	类型	原料数量	磨方	磨沟	H1	H2	H3	等外品	废品	断裂	操作
95015	刀具毛坯	φ9.4	200	6.0	全新特定	200	----	----	----	----	----	----	----	----	查看详情
95014	磨制螺尖丝锥	5/8-11	5	113.0	全新特定	7	0	----	----	----	----	0	5	0	查看详情
90013	磨制机用丝锥	M4	200	6.3	普通订单	200	----	----	----	----	----	0	4	0	查看详情
80442	磨制机用丝锥	M4	10500	6.3	普通订单	10500	----	----	----	----	----	----	----	----	查看详情
80455	磨制机用丝锥	M4	147	6.3	普通订单	147	----	----	----	----	----	----	----	----	查看详情
80282	磨制机用丝锥	M4	10500	6.3	普通订单	10500	----	----	----	----	----	----	----	----	查看详情
80111	磨制机用丝锥	M4	2456	6.3	普通订单	2456	----	----	----	----	----	----	----	----	查看详情
80150	磨制机用丝锥	M5	750	6.3	普通订单	75	----	----	----	----	----	----	----	----	查看详情
80284	磨制机用丝锥	M5	9665	6.3	普通订单	9665	----	----	----	----	----	----	----	----	查看详情
80381	磨制机用丝锥	M5	300	6.3	普通订单	300	----	----	----	----	----	----	----	----	查看详情

第1/6页　总记录数:59　每页显示:10　[1] [2] [3] [4] [5] [6]　下一页|尾页

图 6-11　制品订单页面

信息化平台-可视化生产管理系统，在某公司螺纹刀具生产中的应用，取得了显著的效果，螺纹刀具管理对生产制造过程的支持，通过信息化技术在螺纹刀具的过程管理中的应用，跟踪螺纹刀具生产的全过程、提供螺纹刀具的正确位置和数量及质量信息，动态反映螺纹刀具的生产进度、库存状态。因此螺纹刀具管理系统必须能获得和产生正确的螺纹刀具信息并对相应的信息进行有效的管理。信息化平台-可视化生产管理系统的可视屏幕在车间现场见图 6-12、图 6-13。针对系统汇集的数据，进行数据分析，用数据预测订单生产制造场景，推算出从订单下达到生产和入库所用的时间，分析出生产过程损耗，有利于节能降耗、降低生产成本。

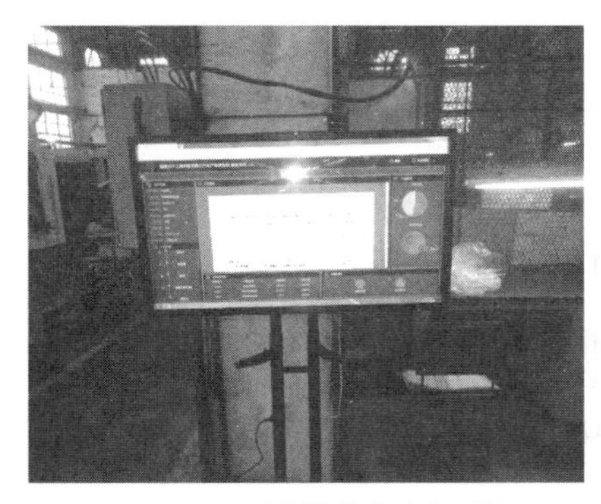

图 6-12　可视屏幕在车间现场

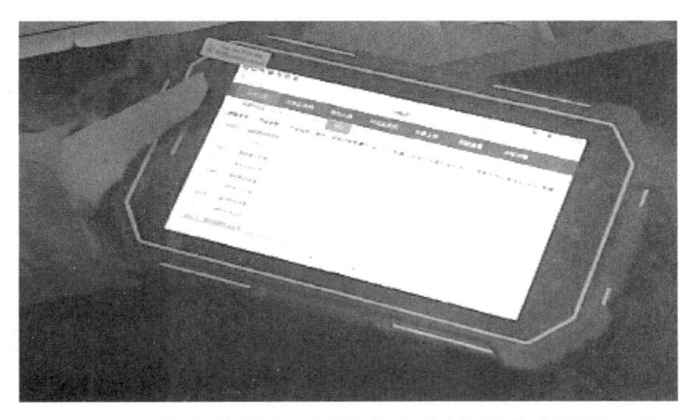

图 6-13　信息化平台-可视化生产管理系统现场查询

第七章 常用螺纹刀具的测量技术及方法

螺纹刀具的测量技术及方法，关系到螺纹刀具的质量、精度、使用性能。常用的螺纹测量包括：综合测量法（量规测量法）、三针测量法、仪器测量法等。现在又发展了计算机影像测量技术。常用螺纹刀具中丝锥、板牙、搓丝板、滚丝轮等都以内、外螺纹的测量为基础。

第一节 螺纹的综合测量

一、圆柱螺纹的综合测量

1. 综合测量的基础

在工厂生产中，对螺纹工件的检验测量有两种，即综合测量和单项参数测量。目前，主要用螺纹极限量规对内、外螺纹工件进行综合检验，以保证螺纹结合件的互换性。使用的螺纹量规，一般按下列传递系统传递（见图 7-1）。

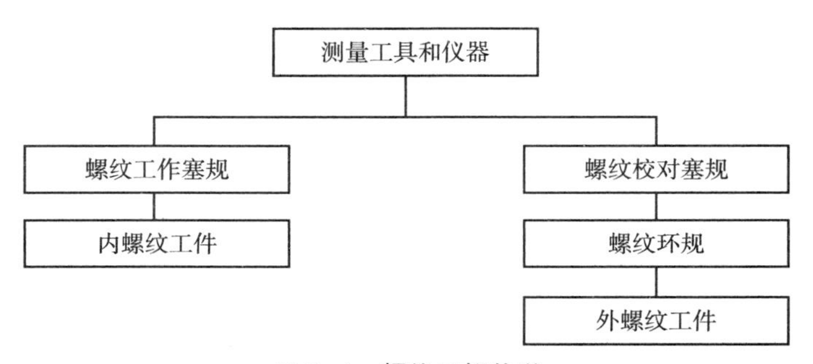

图 7-1 螺纹量规传递

从上述传递系统可以看出，内、外螺纹工件都是通过一种合格的螺纹量规以旋合的方法进行检验。其基本要点是：

1）螺纹尺寸的控制集中在螺纹量规上，这样，可使控制内、外螺纹的尺寸简单化，并容易达到足够的准确度。

2）螺纹量规（塞规或环规）与工件旋合构成一组理想的螺纹副，这时检验工件的量规就是传递尺寸的理想标准，满足度量学的基本原则，即量规仅用来比较基准尺寸与被检工件。

2. 圆柱螺纹的主要几何参数

圆柱螺纹的主要几何参数有外径、中径、小径、螺距和牙型角等。

3. 综合测量

一般采用螺纹量规进行综合检验（控制作用中径）。

二、圆锥管螺纹的综合测量

1. 圆锥管螺纹的主要几何参数

圆锥管螺纹的外径、中径及小径的尺寸均在给定的基准面上测量。沿垂直于轴线方向量得相应圆锥面的直径；对外径（或小径），这个圆锥面通过螺纹牙顶或牙底；对中径，这个圆锥面是假想的，在此圆锥母线上，它把螺纹牙型切成牙顶高与牙底高相等的两部分。在此给定的基准面上的圆锥管螺纹直径（外径、中径、小径）与同一尺寸的圆柱管螺纹直径完全相同。

圆锥管螺纹的螺距是相邻两全牙牙顶间的距离，在圆锥轴线这段投影长度上，沿轴线量得的螺距 P 和沿母线量得的螺距 P'之间的关系为 $P'=\dfrac{P}{\cos\varphi}$。

圆锥管螺纹代号及尺寸：60°圆锥管螺纹按国家标准 GB/T 12716 的规定执行；55°圆锥管螺纹按国家标准 GB/T 7306.2 的规定执行。

示例：NPT 3/4-14　表示公称直径为 3/4，每英寸[①] 14 牙的 60°圆锥管螺纹；

Rc3/4-14　表示公称直径为 3/4，每英寸 14 牙的 55°圆锥管螺纹。

2. 综合测量

圆锥管螺纹工件与圆柱螺纹一样，在制造过程中均采用螺纹工作量规进行综合检验（控制作用中径）。环规端面应与校对塞规台肩面（基准面）重合或不到台肩面，但间隙不得大于 0.1 mm。圆锥管螺纹工件用螺纹量规端面台肩的位置偏差来决定螺纹工件的作用中径偏差，如图 7-2 和图 7-3 所示。对牙型角 60°的螺纹工件端面和螺纹工

---

① 1 in = 25.4 mm。

作量规端面不重叠的允许偏差为$\pm\Delta l_2$，在制造过程中检验时是±1 圈，验收时是±1.5 圈。考虑量规的制造公差及其磨损公差的影响，放大制件验收公差。对牙型角 55°的螺纹工件端面和螺纹量规端面不相叠合的允许偏差为$\pm\Delta l_2$，在制造过程中检验时不应超过表 7-1 所示的规定。

表 7-1 牙型角 55°的允许偏差表

公称直径 d	1/8″	1/4″~3/8″	1/2″~3/4″	1″~2″
l_2 的极限偏差$\pm\Delta l_2$	±0.75 mm	±1.0 mm	±1.5 mm	±2.0 mm

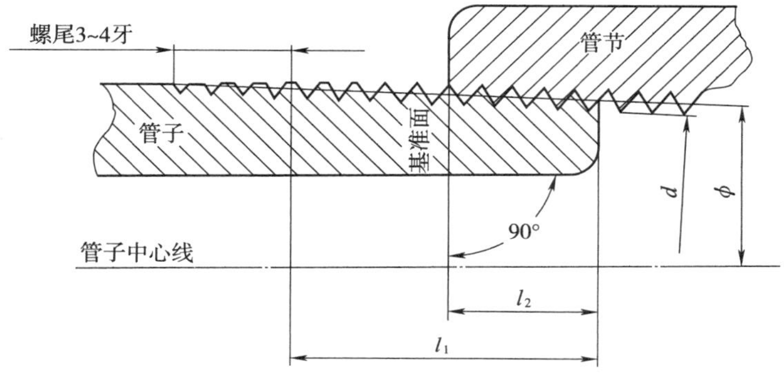

l_1—管子端面至基准面长度，l_2—管子端面至基准面的距离。

图 7-2 牙型角 60°的圆锥管螺纹工件配合图

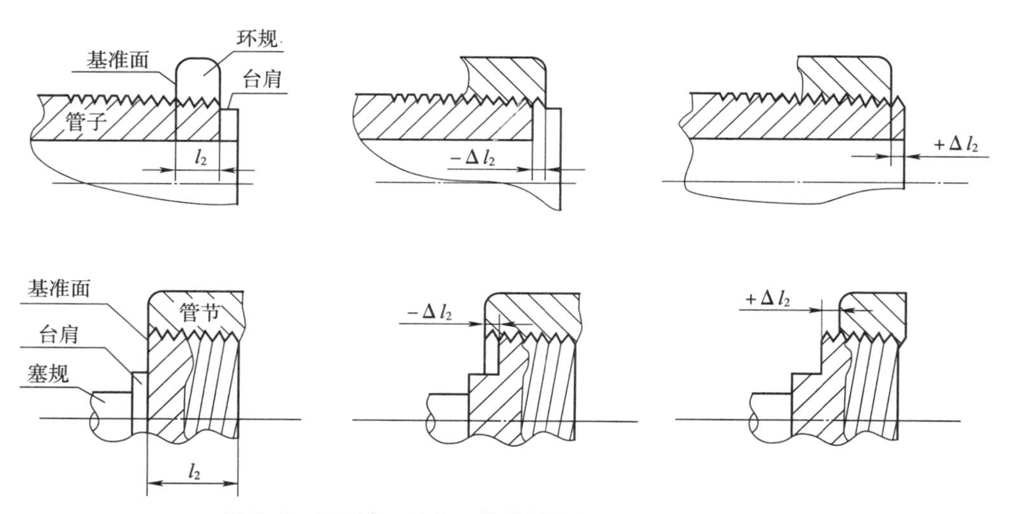

图 7-3 牙型角 60°的圆锥管螺纹与工作量规的位置图

第二节　螺纹的单项参数测量

一、中径的测量

1. 用螺纹中径千分尺测量中径

用于测量工件的螺纹精度要求不高的外螺纹中径时，可以使用带测头的螺纹中径千分尺进行测量。这种千分尺带有一套可换的测头，如图 7-4 所示。图 7-5 表示螺纹中径千分尺测量工件时的接触情况。每对测头只能用来测量一定螺距范围的螺纹中径。

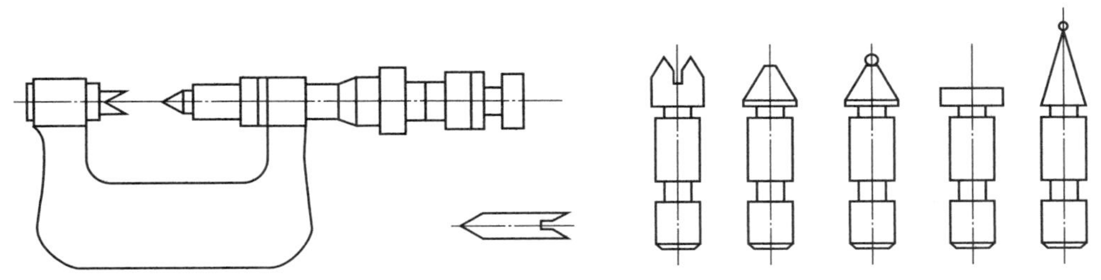

图 7-4　螺纹中径千分尺示意图

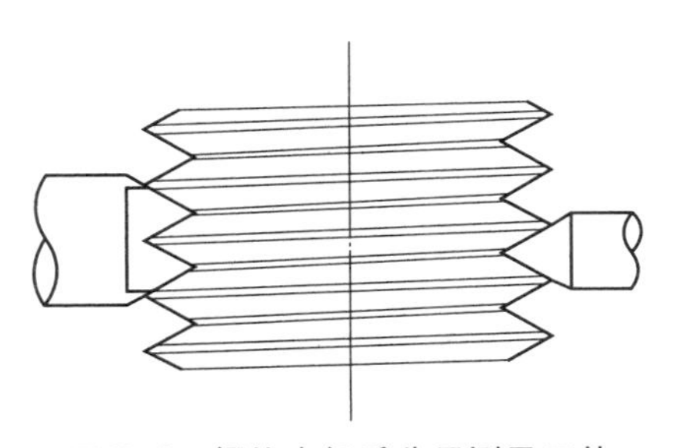

图 7-5　螺纹中径千分尺测量工件

2. 用螺纹中径比较仪测量外螺纹中径

在测量外螺纹中径前，首先制造一个标准的螺纹中径校对棒，将螺纹中径比较仪与螺纹中径校对棒的中径保持在相对位置，而后测量工件的中径，读出数据。

3. 用内螺纹指示表测量内螺纹中径

内螺纹指示表由主体、固定测量砧座、活动测量砧座、三棱形测头、圆锥形测头和指示表组成，如图 7-6 所示。

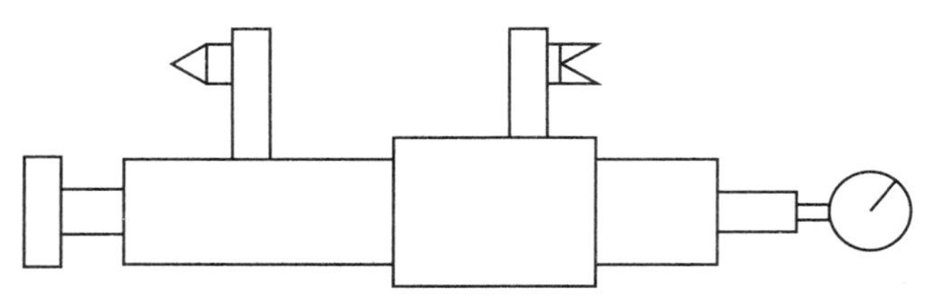

图 7-6　内螺纹指示表测量内螺纹中径示意图

使用时根据被测内螺纹螺距来选取圆锥形和三棱形测头一对，用螺纹中径千分尺校对零位，然后对内螺纹中径进行测量。

4. 三针测量法

（1）三针测量螺纹中径的计算原理

三针测量法是一种精确的间接测量法，即将直径相同的三根量针（或圆棒）按图 7-7 所示的要求放在螺纹牙槽中间，用接触式仪器或测微量具（千分尺）测得尺寸 M 值，通过换算求出中径 d_2。

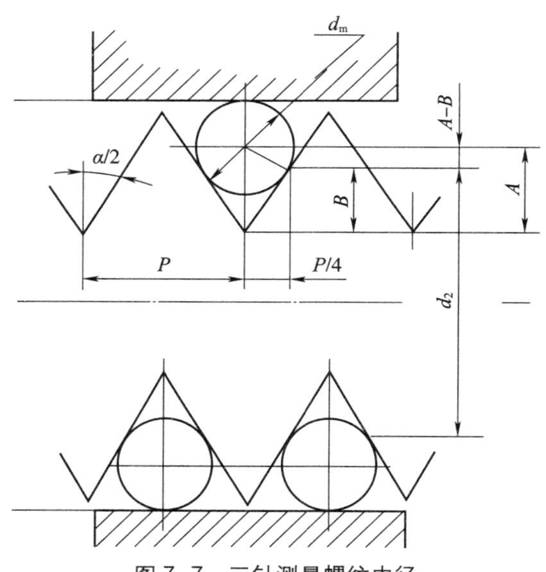

图 7-7　三针测量螺纹中径

假设有相同直径的三根量针（或圆棒），放在螺纹牙槽中间与牙型角 α 和螺距 t 的牙型侧面相接触，由此形成的几何关系，可得出如下公式：

$$M=d_2+2(A-B)+d_m$$

而

$$A=\frac{d_m}{2\sin\frac{\alpha}{2}},\ B=\frac{P}{4}\cot\frac{\alpha}{2}$$

$$A-B=\frac{d_m}{2\sin\frac{\alpha}{2}}-\frac{P}{4}\cot\frac{\alpha}{2}$$

则：

$$M=d_2+d_m+\frac{d_m}{\sin\frac{\alpha}{2}}-\frac{P}{2}\cot\frac{\alpha}{2}$$

$$d_2=M-d_m\left(1+\frac{1}{\sin\frac{\alpha}{2}}\right)+\frac{P}{2}\cot\frac{\alpha}{2} \tag{7-1}$$

式中：d_m——量针（或圆棒）的直径；

P——螺距；

α——牙侧角；

M——实测尺寸；

d_2——中径。

式（7-1）是对称牙侧角的基本计算公式。

为了避免牙侧角误差影响测量结果，选择的量针直径放置在螺纹沟槽中，与螺纹牙侧角的接触点恰好在中径线上（见图 7-8），并可由下列公式求出量针直径：

$$\angle CAO=\frac{\alpha}{2},\ AC=\frac{P}{4},\ OA=\frac{d_m}{2}$$

因此

$$\cos\frac{\alpha}{2}=\frac{AC}{OA}=\frac{P}{4}\times\frac{2}{d_m}=\frac{P}{2d_m}$$

即

$$d_m=\frac{P}{2\cos\frac{\alpha}{2}}$$

式中：P——螺距；

α——牙侧角；

d_m^*——量针直径。

注： * 为计算方便，并扩大其应用范围，使用时应按国家有关标准选取量针直径（参见表 7-2、表 7-3、表 7-4）。

（2）三针测量螺纹中径的计算

1）计算公式：

$$d_2=M-A$$

当牙型角为 60°时　　$A=3d_m-0.866\ P$

为 55°时　　　　$A=3.1657d_m-0.9605P$

注1：d_2 为螺纹中径；M 为实测值；A 为系数（见表 7-2、表 7-3、表 7-4）。

注2：d_m 为量针直径，尺寸修整时，应按修整值计算。

2）计算表：米制螺纹计算表见表 7-2。

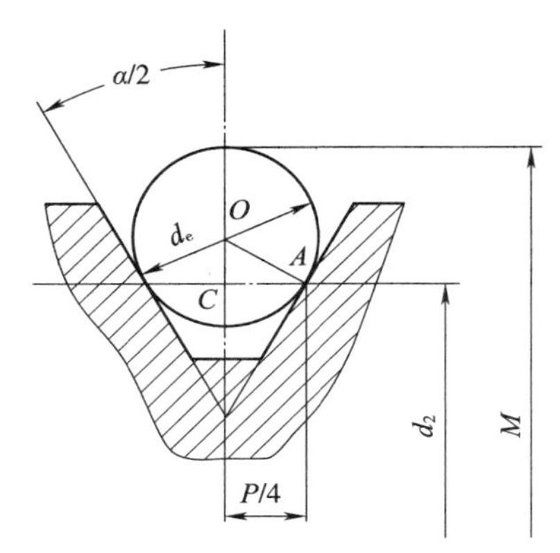

图 7-8　三针测量螺纹中径的计算图

表 7-2　米制螺纹计算表　　单位：mm

螺距 P	量针直径 d_m	A 值	螺距 P	量针直径 d_m	A 值
0.2	0.118	0.1808	1.25	0.724	1.0895
0.25	0.142	0.2095	1.50	0.866	1.2990
0.3	0.170	0.2502	1.75	1.008	1.5085
0.35	0.201	0.2999	2.0	1.157	1.7390
0.4	0.232	0.3496	2.5	1.441	2.1580
0.45	0.260	0.3903	3.0	1.732	2.5980
0.5	0.291	0.4400	3.5	2.020	3.0290
0.6	0.343	0.5094	4.0	2.311	3.4690
0.7	0.402	0.5998	4.5	2.595	3.8880
0.75	0.433	0.6495	5.0	2.886	4.3280
0.8	0.461	0.6902	5.5	3.177	4.7680
1.0	0.572	0.8500	6.0	3.468	5.2080

统一螺纹计算表见表 7-3。

表 7-3　统一制螺纹计算表　　单位：mm

25.4 mm 上牙数	螺距 P	量针直径 d_m	A 值	25.4 mm 上牙数	螺距 P	量针直径 d_m	A 值
80	0.318	0.170	0.234 6	16	1.588	0.866	1.222 8
72	0.353	0.201	0.297 3	14	1.814	1.008	1.453 1
64	0.397	0.232	0.352 2	13	1.954	1.157	1.778 8
56	0.454	0.260	0.386 8	12	2.117	1.157	1.637 7
48	0.529	0.291	0.414 9	11	2.309	1.302	1.906 4
44	0.577	0.343	0.529 4	10	2.540	1.441	2.123 4
40	0.635	0.343.	0.479 1	9	2.822	1.591	2.329 1
36	0.706	0.402	0.594 6	8	3.175	1.732	2.446 4
32	0.794	0.461	0.695 4	7	3.629	2.020	2.917 3
28	0.907	0.572	0.930 5	6	4.233	2.311	3.267 2
24	1.058	0.572	0.799 8	5	5.080	2.886	4.258 7
20	1.270	0.724	1.072 2	4.5	5.644	3.177	4.643 3
18	1.411	0.796	1.166 1	—	—	—	—

55°管螺纹计算表见表 7-4。

表 7-4　55°管螺纹计算表　　单位：mm

25.4 mm 上牙数	螺距 P	量针直径 d_m	A 值	25.4 mm 上牙数	螺距 P	量针直径 d_m	A 值
40	0.635	0.343	0.475 9	12	2.117	1.157	1.629 7
32	0.794	0.461	0.696 7	11	2.309	1.302	1.903 9
28	0.907	0.572	0.939 6	10	2.540	1.441	2.122 1
26	0.977	0.572	0.872 3	9	2.822	1.591	2.325 9
24	1.058	0.572	0.794 6	8	3.175	1.732	2.433 4
22	1.154	0.724	1.183 5	7	3.629	2.020	2.909 5
20	1.270	0.724	1.072 1	6	4.233	2.311	3.249 8
18	1.411	0.796	1.164 5	5	5.080	2.886	4.254 9
16	1.588	0.866	1.216 7	4.5	5.644	3.177	4.635 9
14	1.814	1.008	1.448 4	4	6.350	3.580	5.234 0

3）判定。为正确判定该螺纹中径是否合格，将各有关影响中径测量的因素归纳为下：牙侧角误差影响，螺距误差影响，量针直径误差影响，螺纹升角影响，测量压力影响等。

5. 单针测量法

单针测量法用于测量直径较大的螺纹工件（例如测量多线蜗杆），测量时利用已加工好的圆棒作为基准，如图 7-9 所示，为了消除外径、中径的椭圆度和螺纹偏心误差对测量结果的影响，可在 180°方向各测一次 M 值，取其算术平均值。

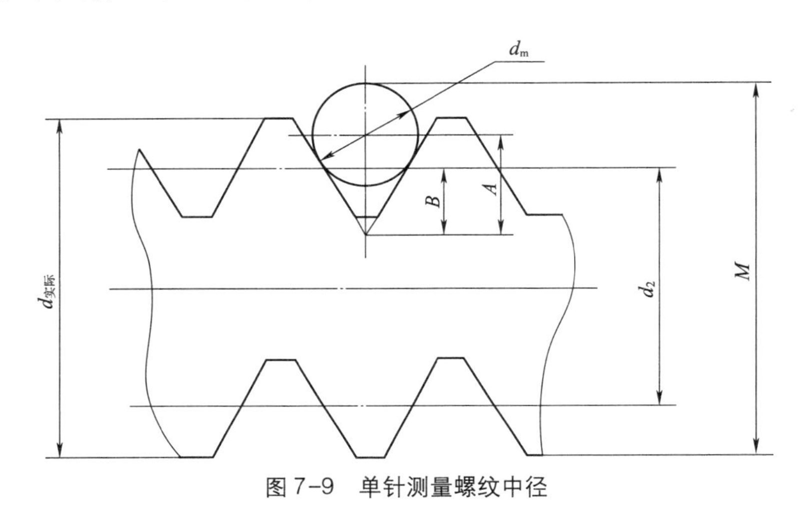

图 7-9　单针测量螺纹中径

对于中径的计算可按下式进行：

$$M=\frac{d_{实际}}{2}+\frac{d_2}{2}+(A-B)+\frac{d_m}{2}$$

$$A=\frac{d_m}{2\sin\frac{\alpha}{2}},\quad B=\frac{P}{4}\cot\frac{\alpha}{2}$$

$$A-B=\frac{d_m}{2\sin\frac{\alpha}{2}}-\frac{P}{4}\cot\frac{\alpha}{2}$$

由此可知

$$M=\frac{d_{实际}}{2}+\frac{d_2}{2}+\frac{d_m}{2\sin\frac{\alpha}{2}}-\frac{P}{4}\cot\frac{\alpha}{2}+\frac{d_m}{2}=\frac{1}{2}\left(d_{实际}+d_2+\frac{d_m}{\sin\frac{\alpha}{2}}-\frac{P}{2}\cot\frac{\alpha}{2}+d_m\right)$$

式中：M——两次测量的算术平均值；

$d_{实际}$——螺纹外径的实际尺寸。

对于米制螺纹及统一螺纹（$\alpha=60°$）：

$$M=\frac{1}{2}(d_2+3d_m-0.866P+d_{实际})$$

对于英制及圆柱管螺纹（$\alpha=55°$）：

$$M=\frac{1}{2}(d_2+3.1657d_m-0.9605P+d_{实际})$$

对于螺纹升角≤3°的梯形螺纹（$\alpha=30°$）：

$$M=\frac{1}{2}(d_2+4.8637d_m-1.866P+d_{实际})$$

对于螺纹牙型角$=2\alpha_0=40°$的阿基米德蜗杆：

$$M=\frac{1}{2}[d_2+3.9238d_m-2.7475(P-\varepsilon)+d_{实际}]$$

式中：ε——齿厚。

6. 用万能量具间接测量内螺纹中径

首先测出内螺纹内径尺寸，将被测内螺纹置于V型铁上，再放于平板上，用杠杆式指示表（0.002 mm）在内螺纹两端校准水平，然后将圆球放于牙型沟槽内，用带有杠杆式指示表（0.002 mm）的游标高度卡尺测出其圆球最高点的尺寸和牙型顶部尺寸之差，通过公式计算，求出中径尺寸。

由图7-10得：

$$d_2'=M+2H-2H_3$$

$$M=d_1'-2h$$

$$H=H_1+H_2$$

$$H_1=\frac{d_m}{2\sin\frac{\alpha}{2}}$$

$$H_2=\frac{d_m}{2}$$

$$H_3=\frac{P}{4}\times\frac{1}{\tan\frac{\alpha}{2}}=\frac{P}{4}\times\cot\frac{\alpha}{2}$$

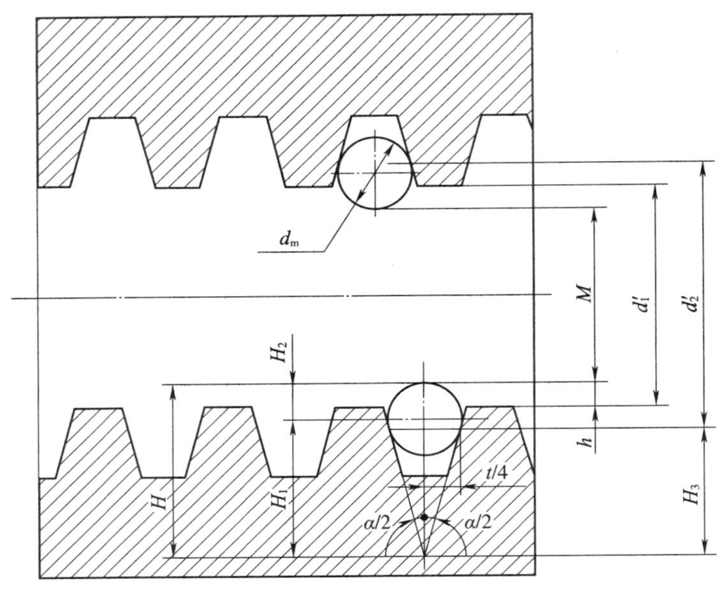

图 7-10　内螺纹中径测量

将表 7-5 中的数值代入得：

米制螺纹（$\alpha=60°$）$d_2'=M+3d_m-0.866P$

英制螺纹（$\alpha=55°$）$d_2'=M+3.1657d_m-0.9605P$

梯形螺纹（$\alpha=30°$）$d_2'=M+3.8637d_m-1.866P$

表 7-5　内螺纹中径测量参数

α	30°	55°	60°
H_1	$1.932d_m$	$1.083d_m$	$1.000d_m$
H_2	$2.432d_m$	$1.583d_m$	$1.500d_m$
H_3	$0.933P$	$0.4803P$	$0.433P$

这种方法适用于大的梯形内螺纹中径测量，牙面粗糙度值较小，测量精度也随之提高。

二、螺距的测量

1. 外螺纹螺距的测量

在万能工具显微镜上可用影像法、轴切法、干涉法、光学灵敏杠杆接触法和 R 目镜头套切法进行测量。下面介绍用影像法测量螺距。按仪器说明书所提供的光圈选择表调整好光圈，把螺纹牙型的影像放在轴线平面上调整清楚，同时将显微镜立柱倾斜一个螺纹升角后，即可使显微镜中目镜米字线中心虚线与螺纹牙型的影像相压（应将米字线的中心尽量选在牙型影像的中径线上，这样可减少由于牙型角之间的误差所产生的影响）。记下纵坐标读数，然后移动纵向导板，读出相邻同名牙面的纵坐标值，两读数之差就是螺距实际数值。在测量过程中横向导板不许移动。

用影像法测量螺距时，由于立柱倾斜了螺纹升角后，此时测出的螺距为法向数值，必须换算成为轴向的螺距，其关系式为：

$$P=\frac{P_{法}}{\cos\psi}$$

式中：$P_{法}$——在法向测得的螺距（mm）；

P——在轴向测得的螺距（mm）；

ψ——螺纹升角（°）。

2. 内螺纹螺距的测量

在万能工具显微镜上测量内螺纹螺距，先把光学灵敏杠杆套在显微镜的3X物镜滚花圈上加以固紧，装上如图7-11所示的专用附件（附件上的测球可借用万能测长仪的测头）或在滚花圈上安装杠杆式指示表（0.002 mm）（见图7-12），将内螺纹制件夹在角钢上，然后放置在显微镜的工作台上。

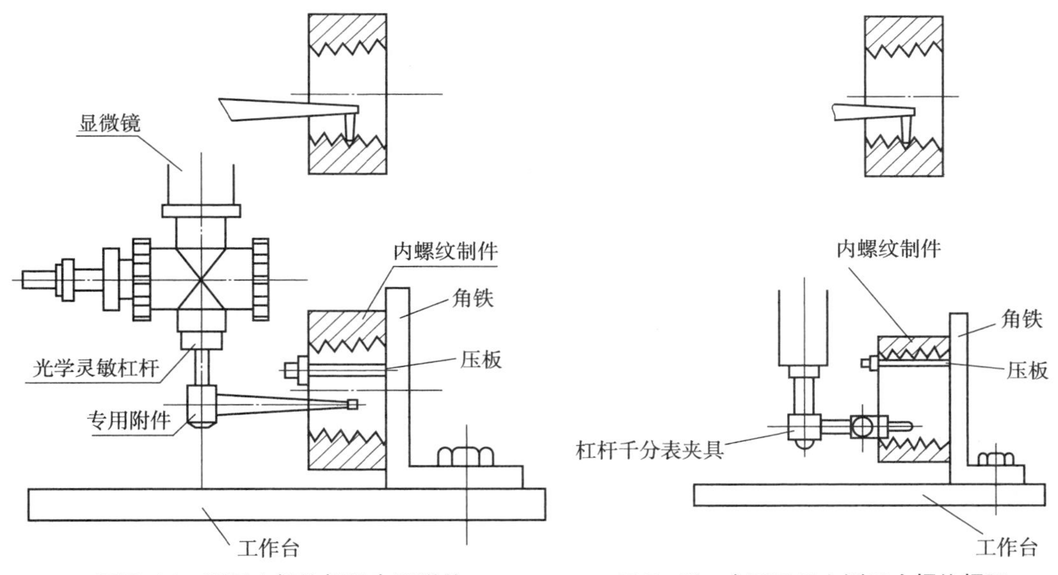

图7-11　测量内螺纹螺距专用附件　　图7-12　在万工显上测量内螺纹螺距

测量时，先调整工件轴线与测量轴线，使之相互平行，再使测头大致接触在螺纹牙面的中间位置上，这时就将零位对准，分别记下显微镜上纵向和横向读数，然后移动横向导板，使其回到第一次读数位置，这样就使测头移到下一牙的牙面上，这时如果螺距有偏差，就会在光学灵敏杠杆（杠杆式指示表）上反映出来。

三、牙型角的测量

测量牙型角，主要测量牙侧角，通常在万能工具显微镜上测量。

1. 用影像法测量

安装方法和测量中径及测量螺距时一样，所不同的是将目镜视场内米字线中心虚线沿牙型边缘的影像调定或带有光隙的调定（根据实践证明，在带有光隙的调定下，其测量精度比沿牙型边缘的影像调定时要高），其角度值即可直接在角度目镜头内读取。除在牙型左右都测量外，为了消除由于螺纹轴线和测量安装位置不平行所引起的系统误差，还要在螺纹另一侧进行重复测量（见图 7-13），将相对的两个左牙侧角和右牙侧角分别取代数和，求出被测左右牙侧角的数值。

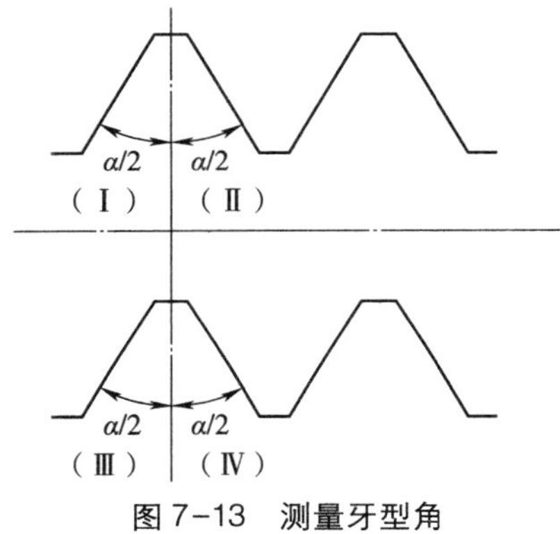

图 7-13　测量牙型角

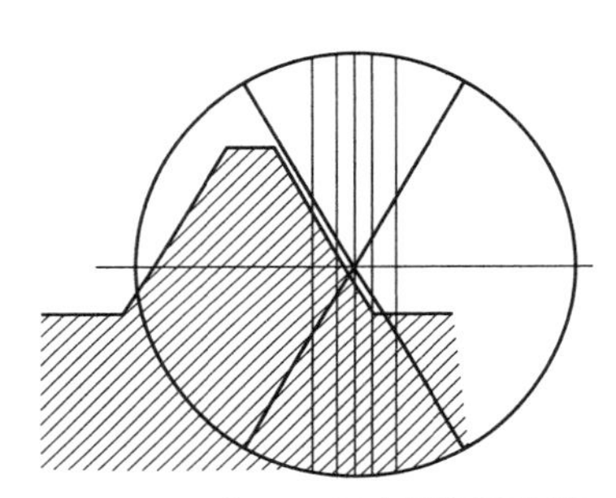

图 7-14　在万工显上测量牙型角

$$\frac{\alpha_{(右)}}{2}=\frac{\frac{\alpha}{2}(\mathrm{I})+\frac{\alpha}{2}(\mathrm{IV})}{2}\qquad\frac{\alpha_{(左)}}{2}=\frac{\frac{\alpha}{2}(\mathrm{II})+\frac{\alpha}{2}(\mathrm{III})}{2}$$

测出左、右牙两个侧角后与公称值进行比较得出牙侧角的偏差值：$\frac{\Delta\alpha_{(左)}}{2}$和$\frac{\Delta\alpha_{(右)}}{2}$，再把它们的绝对值进行平均，就得出被测螺纹牙侧角的偏差，即：

$$\frac{\Delta\alpha}{2}=\frac{\left|\frac{\Delta\alpha_{(左)}}{2}\right|+\left|\frac{\Delta\alpha_{(右)}}{2}\right|}{2}$$

在投影仪上也能应用影像法测量牙型角，其测量方法与上述基本相同，不再叙述。

用影像法和干涉法测量牙型角时，由于牙型的畸变（指螺纹升角较大的螺纹），立柱倾斜了螺纹升角后，此时测出的牙型角为法向数值，并有一定程度的畸变。当螺纹升角小时影响不大，如螺纹升角较大时，必须换算成为轴向的牙型角，其关系式为：

$$\tan\frac{\alpha_{(法)}}{2}=\tan\frac{\alpha}{2}\cdot\cos\psi$$

$$\tan\frac{\alpha}{2}=\frac{\tan\frac{\alpha_{(法)}}{2}}{\cos\psi}$$

式中：$\frac{\alpha_{(法)}}{2}$——法向牙侧角；

$\frac{\alpha}{2}$——轴向牙侧角；

ψ——螺纹升角。

2. 用目镜头中60°实线测量

用实线的测量方法，将60°实线与牙型边缘的影像靠拢，使实线与边缘的影像间留一条很窄而均匀的光带，如图7-14所示。此时可以从角度目镜内直接读出牙侧角的偏差。

四、圆锥管螺纹的单项几何参数测量

圆锥管螺纹的内螺纹各项几何参数，目前还无法进行全部测量，现只叙述牙型角平分线与螺纹轴线相垂直的外螺纹的各几何参数测量。对中径的测量方法和圆柱螺纹大致相同，不过测量的中径要在距端面指定的位置上。

1. 锥度和外径测量

对于锥度公差要求低的，可在万能工具显微镜上用影像法测量；对于锥度公差要求高的，可用轴切法测量，如图7-15所示，测量自小端面起，到第一牙牙顶的距离l_1和l_1处的外径$d_{(l_1)}$。后量取自小端面到大端面最后一牙（完整牙型）的距离l_2和l_2处的外径$d_{(l_2)}$。最后再量取小端面到基准面的距离$l_{基}$。

因为，锥度：

$$K=\frac{d_{(l_2)}-d_{(l_1)}}{l_2-l_1}$$

所以，基准面外径：

$$d_{基}=(l_{基}-l_1)K+d_{(l_1)}$$

也可用图7-16所示的轴切法，按下式计算。

$$\tan\varphi=\frac{H}{L},\ K=2\tan\varphi$$

式中：H——实际测量螺纹高低差；

L——实际测量螺纹长度；

φ——用锥半角（倾斜角）。

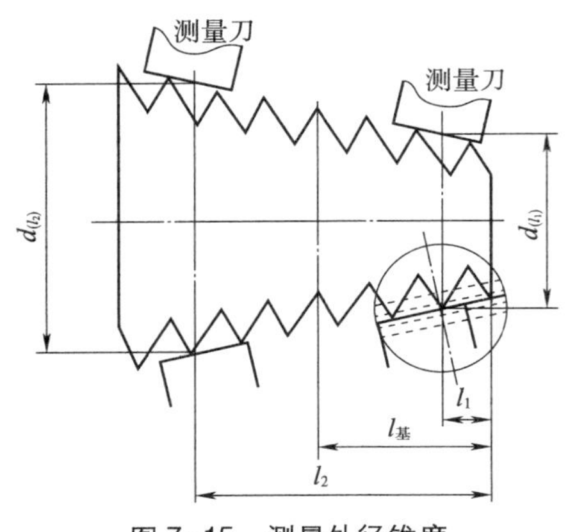

图 7-15　测量外径锥度

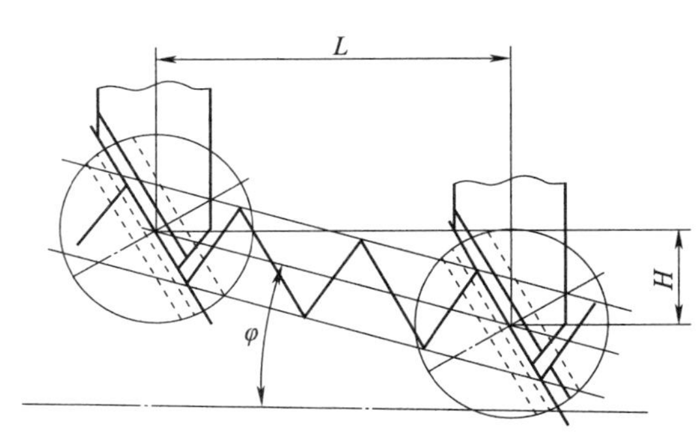

图 7-16　用轴切法测量锥度

2. 螺距及牙型角的测量

圆锥管螺纹的螺距及牙型角的测量方法与圆柱螺纹测量方法一样，但是一般采用轴切法测量，因为圆锥管螺纹的螺纹升角是沿着螺纹的长度方向而变化的，所以在螺纹的不同截面上的牙型影像的畸形程度也各不相同，使测量存在一定的误差（2~3 μm）。在万能工具显微镜上的测量方法和测量圆柱螺纹相同，不过当目镜米字线和第一把测量刀刻线对准，记下纵横位置的读数后，第二次显微镜纵横位置要按照下面数值移动。

导板在纵向移动的数值为：

$$L=P\cdot n$$

显微镜立柱在横向内移动的数值为：

$$H=P\cdot n\cdot \tan\varphi$$

式中：n——螺纹圈数；

φ——圆锥半角（倾斜角）。

若将纵横导板按照图 7-16 移动 L 和 H 的数值后，观察视场内米字线是否与第二把测量刀刻线相压，如目镜内的米字线尚未与测量刀上的刻线相压，此时应将导板沿着纵向做补充移动，此移动值即等于螺距的偏差。

3. 中径的测量

（1）轴切法测量

圆锥管螺纹的中径一般在万能工具显微镜上用轴切法进行测量，测量方法和圆柱螺纹相同，但测量的中径要在距端面指定的基面距离上。

用轴切法测量精度较高，测量前先把被测件顶在顶针之间，小端放在右面。自小端面起，量取到第一牙的距离 l_1 和 l_1 处的中径 $d_{2(l_1)}$，即：

$$l_1=\frac{l_{1(左)}+l_{1(右)}}{2},\qquad d_{2(l_1)}=\frac{d_{2(l_1左)}+d_{2(l_1右)}}{2}$$

用同样方法量取最后一个完整牙型处到小端面的距离 l_2 和 l_2 处的中径 $d_{2(l_2)}$，即：

$$l_2=\frac{l_{2(左)}-l_{2(右)}}{2},\qquad d_{2(l_2)}=\frac{d_{2(l_2左)}+d_{2(l_2右)}}{2}$$

再量取自小端面到基准面的距离 $l_{(基)}$。基准面中径 $d_{2(基)}$ 可按式（7-2）计算：

$$d_{2(基)}=(l_{(基)}-l_1)\times K+d_{2(l_1)} \tag{7-2}$$

$$K=\frac{d_{2(l_2)}-d_{2(l_1)}}{l_2-l_1}$$

式中：K——中径实际锥度。

如作精密测量时，$d_{2(l_2)}$ 及 $d_{2(l_1)}$ 需加修正量，F 可按式（7-3）计算：

$$F=\frac{K}{2}\left[\frac{\left(P+P\times\tan\varphi\times\tan\dfrac{\alpha}{2}\right)}{2}\times\sin\frac{\alpha}{2}-\frac{\left(P-P\times\tan\varphi\times\tan\dfrac{\alpha}{2}\right)}{2}\times\sin\frac{\alpha}{2}\right] \tag{7-3}$$

式中：K——中径圆锥度；

P——螺距公称尺寸；

α——牙型角；

φ——圆锥倾斜角。

（2）用专用角度块与三针组合测量中径

适用于中径小于 35 mm，螺纹全长小于 30 mm 的单线外圆锥螺纹。利用专用角度块与三针组合测量中径时，可不必测量出基准距 L，当螺纹圆锥角与角度块的 2φ 角度相同时，三针可以放在任意牙槽上；根据测得的 M 值，经过计算，能够得出基准距为 l 的任意基准面中径；还能够检查锥度的准确性。现按图 7-17 所示来求 M 与 $d_{2(基)}$ 的关系，d_0 为三针直径。

经计算和整理：

$$S=[d_{2(基)}+d_0(1/\sin\alpha/2+1/2)-P/2\cdot\tan\alpha/2-P/2\cdot\tan(\varphi)+d_0/2]\cdot\cos(\varphi)$$

$$OE=d_0/2$$

$$h'=T\cdot\sin2\varphi/\cos\varphi$$

式中：h——专用块定值（准确测得）。

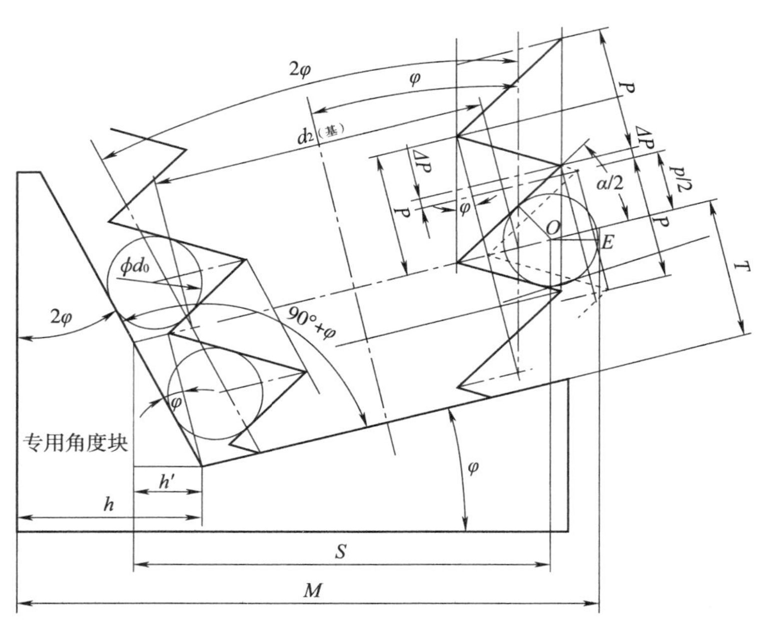

图 7-17　用专用角度块与三针组合测量中径

由于 $M=S+OE+h-h'$，

将以上公式代入 $M=S+OE+h-h'$ 得：

$M=[d_{2(基)}+d_0(1/\sin\alpha/2+1/2)-P/2 \cdot \tan\alpha/2-P/2 \cdot \tan\varphi+d_0/2] \cdot \cos\varphi+d_0/2+h-T \cdot \sin2\varphi/\cos\varphi$

可得 $d_{2(基)}=M/\cos\varphi-d_0(1/\sin\alpha/2+1/2)-P/2 \cdot \tan\alpha/2-P/2\tan\varphi+d_0/2-d_0/2\cos\varphi-h/\cos\varphi+T\sin2\varphi/\cos\varphi \cdot \cos\varphi$

为进一步简化计算：

a）当 $\alpha=60°$，$\varphi=1°47'24''$时，

$$d_{2(基)}=1.000\ 49M-2.5d_0-0.881\ 65P-1.000\ 5h+0.062\ 5T$$
$$=1.000\ 49M-1.000\ 5h+0.062\ 5T-(2.5d_0+0.881\ 65P)$$

在上式中，令 $2.5d_0+0.881\ 65P=A$

则
$$d_{2(基)}=1.000\ 49M-1.000\ 5h+0.062\ 5T-A$$

又
$$d_{2(基)}=1.000\ 49M-2.5d_0-0.881\ 65P-1.000\ 5h+0.062\ 5T$$
$$=1.000\ 49M-1.000\ 5h-(2.5d_0+0.881\ 65P-0.062\ 5T)$$

上式中，令 $2.5d_0+0.8816\ 5P-0.062\ 5T=A'$

则
$$d_{2(基)}=1.000\ 49M-1.000\ 5h-A'$$

现将 A，A'值计算好，列于表 7-6 中，以便查用。

b）同理，当 $\alpha=55°$，$\varphi=1°47'24''$时，

$$d_{2(基)}=1.000\,49M-2.665\,7d_0-1.056\,8P-1.000\,5h+0.062\,5T$$

$$=1.000\,49M-1.000\,5h-(2.665\,7d_0+1.056\,8P)+0.062\,5T$$

$$d_{2(基)}=1.000\,49M-1.000\,5h+0.062\,5T-B$$

又

$$d_{2(基)}=1.000\,49M-2.665\,7d_0-1.056\,8P-1.000\,5h+0.062\,5T$$

$$=1.000\,49M-1.000\,5h-(2.665\,7d_0+1.056\,8P-0.062\,5T)$$

$$d_{2(基)}=1.000\,49M-1.000\,5h-B'$$

B，B'值同样计算后，列于表 7-6 中，以便查用。

表 7-6　组合测量中径系数表　　单位：mm

螺距 P	每英寸牙数	推荐三针直径 d_0	距小端基准距离 T	A 值 ($2.5d_0+0.881\,65P$)	A'值 ($2.5d_0+0.881\,65P-0.062\,5T$)	B 值 ($2.665\,7d_0+1.056\,8P$)	B'值 ($2.665\,7d_0+1.056\,8P-0.062\,5T$)
0.941	27	0.572	4.064	2.259 6	2.005 6	2.519 2	2.265 2
			4.572	2.259 6	1.973 9	2.519 2	2.233 5
1.411	18	0.866	5.080	3.409 0	3.091 5	3.799 6	3.482 1
			6.096	3.409 0	3.028 0	3.799 6	3.418 6
1.814	14	1.008	8.128	4.119 3	3.611 3	4.604 1	4.096 1
			8.611	4.119 3	3.581 1	4.604 1	4.065 9
2.209	11.5	1.302	10.160	5.202 6	4.567 6	5.805 2	5.170 2
			—	—	—	—	—

第三节　常用螺纹刀具的检测方法

一、丝锥检测方法

1. 通用项目的检测

（1）外观、表面处理、标志、包装的检测

检测方法：目测。

（2）材料

按国家有关标准执行。

（3）表面粗糙度

1）检测器具：表面粗糙度比较样块、双管显微镜、表面粗糙度检查仪。

2）检测方法：用表面粗糙度比较样块与丝锥被测表面目测对比检查，发生争议时用双管显微镜或表面粗糙度检查仪。

（4）硬度

1）检测器具：洛氏硬度计或维氏硬度计。

2）检测方法：首先被检测的试件应预先加工以达到硬度检测的要求。硬度计应先用标准硬度块校准，然后在规定部位内均匀分布 3 点检测，取其算术平均值。当 3 点的算术平均值不符合标准规定时，可补测 2 点，取 5 点的算术平均值作为最后的检测结果。

对于公称直径小于或等于 3 mm 的丝锥应检测维氏硬度。

（5）后面最大磨损

1）检测器具：工具显微镜。

2）检测方法：对于手用、机用丝锥，将刀具置于工具显微镜两顶尖之间，调整仪器使刀具的轴心线与工具显微镜目镜米字线的水平线重合，转动刀具使切削牙齿顶刃口刚好与米字线的水平线重合，然后在垂直于刃口的方向逐牙测量主后面的最大磨损，取最大值 V_{Bmax}（后面磨损量），如图 7-18 所示。

（6）崩刃

1）检测器具：工具显微镜。

2）检测方法：将刀具置于工具显微镜两顶尖之间，调整仪器使刀具的轴心线与工具显微镜目镜米字线的水平线重合，转动刀具使切削牙齿顶刃口刚好与米字线的水平线重合，然后分别在平行和垂直于刃口方向测量崩刃的长度和宽度，取最大值 C_H（崩刃量），如图 7-19 所示。

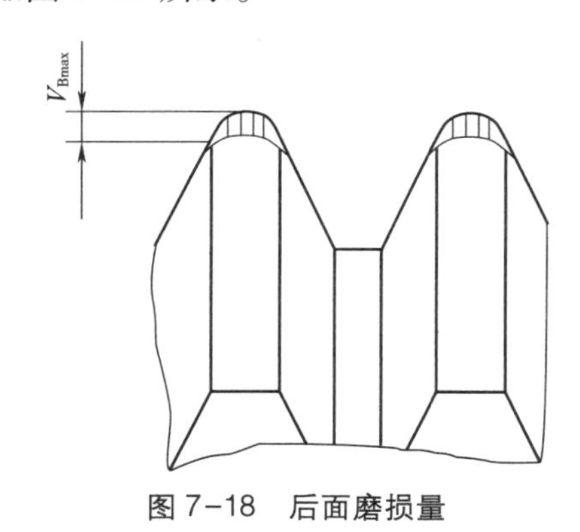

图 7-18　后面磨损量

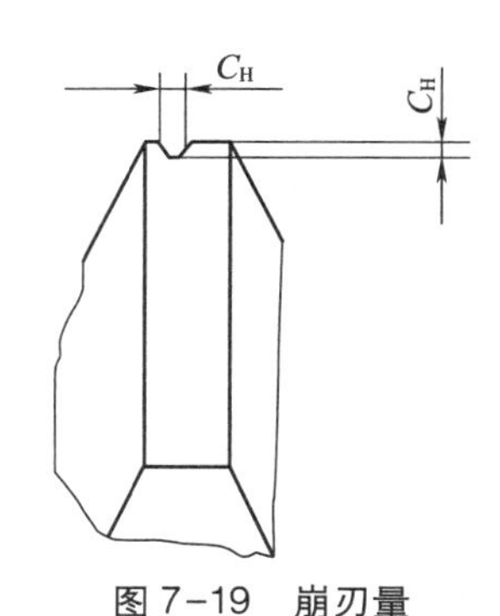

图 7-19　崩刃量

2. 切削锥角 κ_γ 的检测

（1）检测器具

万能工具显微镜。

（2）检测方法

丝锥装在两顶尖上，镜头米字线的水平虚线与丝锥切削部分牙顶相切，测量出丝锥轴线与切削部分之间的夹角为切削锥角 κ_γ，如图 7-20 所示。

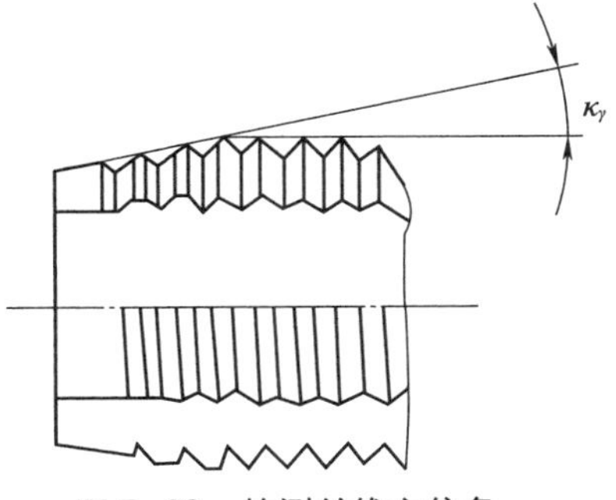

图 7-20 检测丝锥主偏角

3. 前角 γ_p 的检测

（1）检测器具

丝锥前角检查仪。

（2）检测方法

从丝锥螺纹部分向柄部方向观测，在校准部分第一个完整牙型上测量，如图 7-21a）所示，调整仪器使牙尖与镜头十字线中心重合，转动分划板使十字线的垂线与牙前面相切，则垂线所指的角度值为前角 γ_p。

丝锥为曲前面时，则检测弦向前角 γ_{pc}，如图 7-21b）所示。

注 1： 允许用万能工具显微镜测量前角。

注 2： γ_{pc} 是前面（大径 d 和小径 d_1 与曲前面交点的连线）和一个包含丝锥中心线与螺纹牙顶的平面间的夹角。

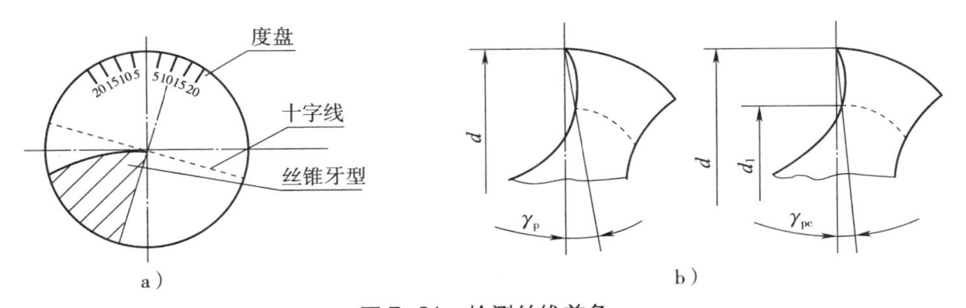

图 7-21 检测丝锥前角

4. 牙侧角的检测

（1）检测器具

万能工具显微镜、分度头。

（2）检测方法

首先按螺纹中径选择光圈，其值的计算见式（7-6）。再使主显微镜立柱顺牙面螺旋线方向旋转一个螺纹升角 ψ，ψ 的计算见式（7-7）。此项的检测部位为丝锥校准部分任意一个完整牙。调整镜头米字线的垂直虚线与被测牙廓相切，如图 7-22 所示，测出牙侧角，然后将丝锥旋转 180°，对同一牙型再次测量，则左右牙侧角实际偏差的数据处理按式（7-4）、式（7-5）执行。

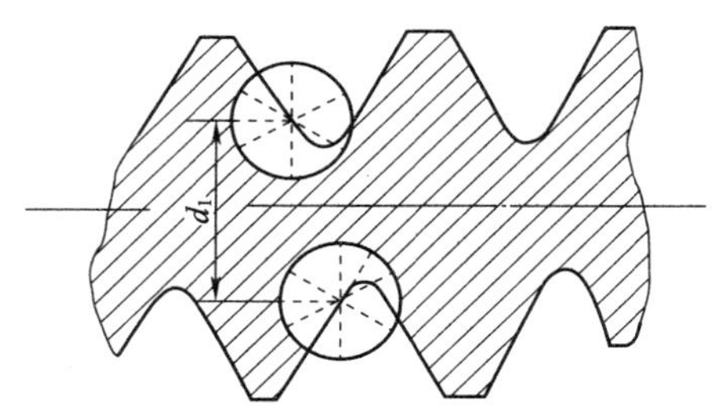

图 7-22　检测丝锥牙侧角

$$\Delta\alpha/2(\text{左})=(\alpha_{\mathrm{I}}/2+\alpha_{\mathrm{III}}/2)/2-\alpha/2 \qquad (7-4)$$

$$\Delta\alpha/2(\text{右})=(\alpha_{\mathrm{II}}/2+\alpha_{\mathrm{IV}}/2)/2-\alpha/2 \qquad (7-5)$$

式中：$\Delta\alpha/2$（左）、$\Delta\alpha/2$（右）——牙侧角实测值偏差；

$\alpha/2$——公称牙侧角；

$\alpha_{\mathrm{I}}/2$——牙左侧角实测值；

$\alpha_{\mathrm{II}}/2$——同一个牙右侧角实测值；

$\alpha_{\mathrm{III}}/2$——同一个牙转 180°后左侧角实侧值；

$\alpha_{\mathrm{IV}}/2$——同一个牙转 180°后右侧角实侧值。

$$D=k\sqrt[3]{\sin(\alpha/2)/d_2} \qquad (7-6)$$

式中：D——仪器光圈直径；

k——系数；

d_2——螺纹中径。

$$\tan\psi=P/(\pi d_2) \qquad (7-7)$$

式中：P——螺距。

用上述方法所测的半角为法向牙型半角值，当 $\psi>2°30'$时，应按式（7-8）进行修正：

$$\tan\alpha'/2(n)=[\tan\alpha/2(n)]/\cos\psi \qquad (7-8)$$

式中：$\alpha'/2(n)$ —— 轴向牙侧角实测值；

$\alpha/2(n)$ —— 法向牙侧角实测值，n= Ⅰ、Ⅱ、Ⅲ、Ⅳ。

检测螺旋槽丝锥的牙侧角时，其他同上所述。当测量牙的另一侧面时，分度头应转动一个对焦补偿角 $\theta/2$，θ 的计算按式（7-10）或式（7-12）进行。

5. 螺距的检测

（1）检测器具

万能工具显微镜、分度头。

（2）检测方法

1）直槽丝锥

首先按螺纹中径选择光圈，其值的计算见式（7-6）。再使主显微镜立柱顺牙面螺旋线方向旋转一个螺纹升角 ψ，ψ 的计算见式（7-7）。此项的检测部位为丝锥校准部分任意一个完整牙。测量时使镜头米字线中心与螺纹中径线重合，记下纵向读数。然后按标准规定牙数，在校准部分任意处依次测完螺距 $P'_K(K=1,\ 2,\ \cdots,\ n)$ 和 $P''_K(K=1,\ 2,\ \cdots,\ n)$，如图 7-23a）所示。取各同名相对的两相邻牙侧的单侧螺距平均值 P_K 为螺距的实际测量值，即 $P_1=(P'_1+P''_1)/2$，…，经数据处理后得到最大螺距偏差。

表 7-7 是以螺距为 1.5 mm 的 M10-H1 机用丝锥的 7 牙螺距为例进行数据处理。螺距实测值依次填入表 7-7 中第Ⅱ列，其计算步骤如下：

①将第Ⅱ列数分别减去理论螺距，误差列入第Ⅲ列；

②将第Ⅲ列的第 1 个数、第 1 至第 2 个数、第 1 至第 3 个数……，分别取其代数和列入第Ⅳ列；

③找出第Ⅳ列中的最大值和最小值，将牙号大的值减去牙号小的值的代数之差列入第Ⅴ列；

④第Ⅴ列中的值为最大螺距偏差。

表 7-7　螺距实测值表　　单位：mm

牙号（Ⅰ）	$P_1=(P'_1+P''_1)/2$～$P_7=(P'_7+P''_7)/2$（Ⅱ）	单个螺距偏差（Ⅲ）	对 0 位置的螺距偏差（Ⅳ）	最大螺距偏差（Ⅴ）
0（7）			0.000	
1	1.502	+0.002	+0.002	
2	1.501	+0.001	+0.003	
3	1.499	-0.001	+0.002	
4	1.496	-0.004	-0.002	-0.008
5	1.500	0.000	-0.002	
6	1.498	-0.002	-0.004	
7	1.499	-0.001	-0.005	

2）螺旋槽丝锥

检测螺旋槽丝锥时，测量要求和数据处理同直槽丝锥，仅在每测一螺距时，分度头需转一个对焦补偿角 θ，如此测得数值为法向螺旋 P_n 在轴向的投影 P_{np}，如图7-23b）所示，则 P_{np} 的实测值与 P_{np} 的理论值之差为螺距偏差。各关系式按式（7-9）~式（7-13）。

$$H=360°\frac{l}{\beta} \tag{7-9}$$

当容屑槽为右旋时：

$$\theta=360°\,[P/(H-P)] \tag{7-10}$$

$$P_{np}=PH/(H-P) \tag{7-11}$$

当容屑槽为左旋时：

$$\theta=360°\,[P/(H+P)] \tag{7-12}$$

$$P_{np}=PH/(H+P) \tag{7-13}$$

式中：l——容屑槽轴向实际测量长度；

β——测量 l 长度时分度头转过的角度；

H——容屑槽实际导程。

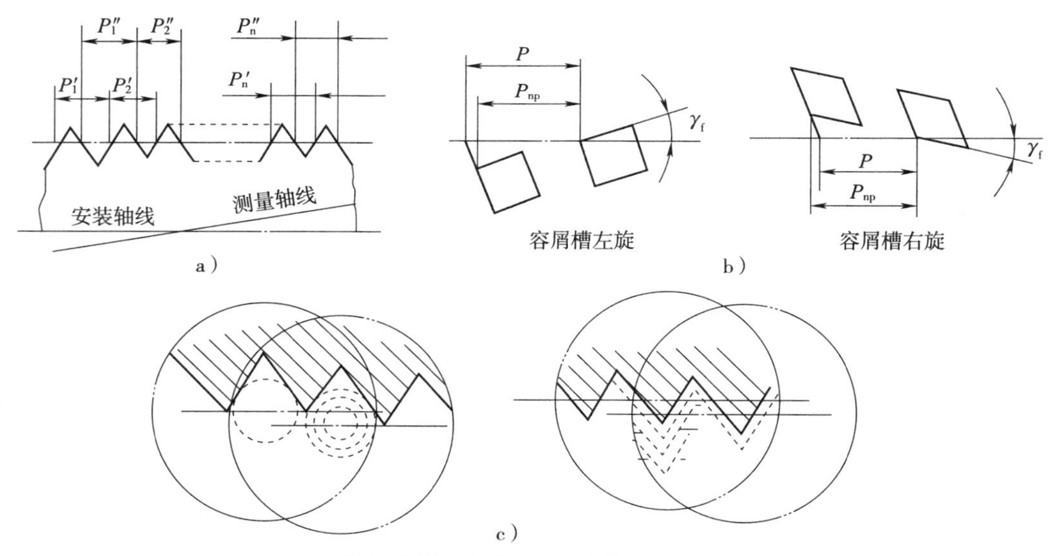

图7-23　检测直槽、螺旋槽和锥度螺纹三种丝锥的螺距

3）锥度螺纹丝锥

检测锥度螺纹丝锥的螺距时，用标准轮廓叠合法测量。如图7-23c）所示，选用

合适的标准牙型轮廓或圆形线直径，与被测牙型逐牙叠合。相邻两纵向读数之差为实测螺距值。在螺距精度要求较高时，可用轴切法测量。

6. 牙顶高、牙底高的检测

（1）检测器具

万能工具显微镜。

（2）检测方法

1）首选调整镜头米字线中心在丝锥任意一个完整牙高的一半附近，分别与牙的两侧面重合，在测牙的另一个侧面时，横向滑板应移动一个径向量 B。所测量的两纵向读数之差为牙厚实测值。如图 7-24 所示，通过测量，找出牙厚的实测值等于半个理论螺距（即中径线）所在位置的横向读数 y。再将镜头米字线的水平虚线转 $\varphi/2$ 分别压线测出牙顶和牙底的横向读数 y_1 和 y_2，则牙顶高 h_1 和牙底高 h_2 的计算按式（7-14）~式（7-16）进行。

$$h_1 = |y_1 - y| \tag{7-14}$$

$$h_2 = |y_2 - y| \tag{7-15}$$

$$B = [P\tan(\varphi/2)]/2 \tag{7-16}$$

式中：$\varphi/2$——锥度斜角。

2）使用螺纹目镜套测锥螺纹牙型，读出图 7-24 中削平高度 f 的值，通过原始三角形高度换算出牙顶高或牙底高的数据。螺纹目镜线刻度为 0.02 mm，可估读到 0.01 mm。在要求精度不是很高的情况下，这样可以快速测出 h_1、h_2。

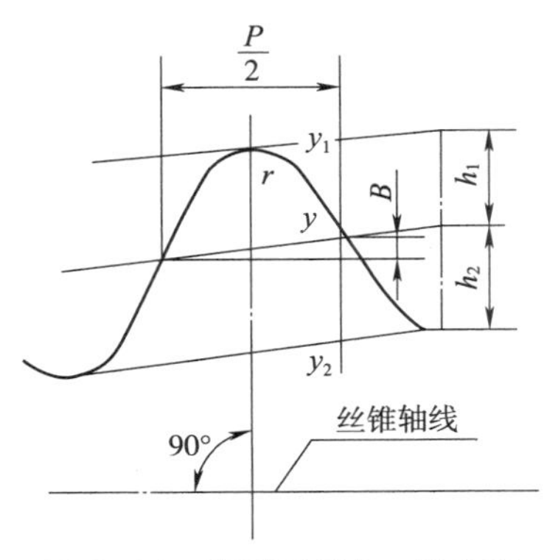

图 7-24　检测牙顶高、牙底高

7. 大径的检测

（1）检测器具

分度值为 0.01 mm 的千分尺，万能工具显微镜。

（2）检测方法

1）圆柱螺纹丝锥，在校准部分起点处测量。螺母丝锥的大径在校准部分第一个完整牙处测量。偶数槽丝锥用外径千分尺，三槽、五槽丝锥分别用三沟千分尺、五沟千分尺测量，如图7-25所示。

2）锥度螺纹丝锥，测量大径时可用万能工具显微镜在给定基面位置上，测量出沿垂直于轴线方向截得螺纹牙顶所形成的圆锥上的直径。

8. 小径的检测

（1）检测器具

万能工具显微镜。

（2）检测方法

1）圆柱螺纹丝锥：如图7-26所示，测出两处的牙侧直线与牙底圆弧交界点的横向读数值，两值之差为小径实测值。

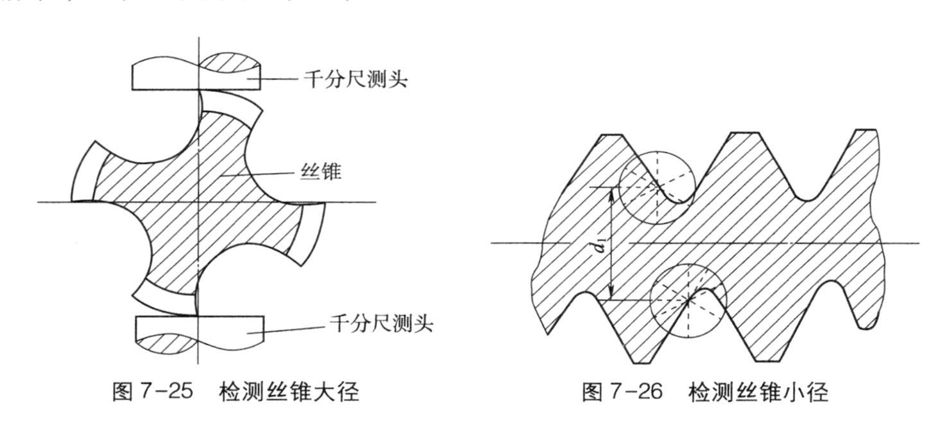

图7-25　检测丝锥大径　　图7-26　检测丝锥小径

2）锥度螺纹丝锥：锥度螺纹丝锥的小径在给定基面位置上，测量出沿垂直于轴线方向截得螺纹牙底所形成的圆锥上的直径。

9. 中径的检测

（1）检测器具

分度值为0.01 mm的千分尺、1级三针或五针；螺纹千分尺、奇数槽比较仪、标准螺纹样柱；万能工具显微镜。

（2）检测方法

丝锥中径的测量部位在校准部分起点处。当手用丝锥的校准部分起点距前端不足4牙时，在距前端4牙处检测。螺母丝锥在切削部分起点向校准部分移动1~2牙处检测。锥度螺纹丝锥在规定的基面位置上测量。检测方法有：

1）圆柱螺纹丝锥

①偶数槽丝锥用三针、外径千分尺测量。奇数槽丝锥用五针、三沟千分尺或五沟千分尺测量。如图 7-27a）所示，将三针放在规定部位的牙槽处，千分尺测量面应使三针同时接触，转动丝锥测出 M 最大值，它与 M 理论值之差为丝锥中径实际偏差。M 值按式（7-17）、式（7-18）计算。

60°牙型角螺纹：

$$M=d_2+(3d_m-0.866P) \tag{7-17}$$

55°牙型角螺纹：

$$M=d_2+(3.1657d_m-0.9605P) \tag{7-18}$$

式中：d_m——三针（或五针）直径；

P——螺距；

d_2——中径，计算 M 理论值时以公称中径代入。

式（7-17）、式（7-18）可简化成式（7-19）：

$$M=d_2+A \tag{7-19}$$

式中：A——常数，分别与式（7-17）、式（7-18）括号项相等。

60°牙型角的螺距所对应的三针（或五针）直径及常数 A 可查表 7-2、表 7-3。55°牙型角可查表 7-4 得到。

②用螺纹千分尺或奇数槽比较仪测量。在使用奇数槽比较仪时，需要先用标准螺纹样柱进行校正。

注：成组不等径丝锥中的粗锥，可以不检验成品的中径，允许抽查磨螺纹工序作为检测数据。

2）圆锥螺纹丝锥

在万能工具显微镜上用影像法测量（用于锥度螺纹丝锥）。首先在丝锥端面靠一侧量刀，记下纵向读数。然后移动距离 l 至基面位置。转动丝锥使米字线的轮廓线与牙槽对称套合。如图 7-27b）所示在左右牙侧（中径线附近）测出 d_2'、d_2''，则基面中径 d_2 按式（7-20）计算。如测量位置 x 不是基面位置 l，见图 7-27c），则中径 d_2 按式（7-21）计算。在中径精度要求较高时，可在万能工具显微镜上用轴切法测量。

$$d_2=(d_2'+d_2'')/2 \tag{7-20}$$

$$d_2=(l-x)k+d_{2x} \tag{7-21}$$

式中：k——锥度螺纹的锥度；

d_{2x}——位置 x 处的中径。

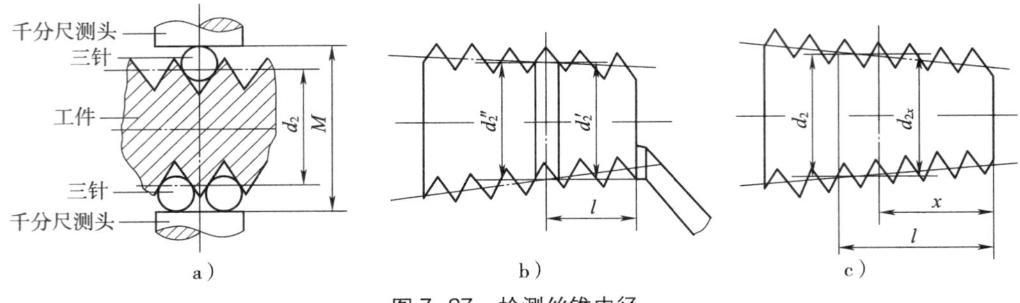

图 7-27　检测丝锥中径

10. 锥度螺纹丝锥锥度的检测

（1）检测器具

万能工具显微镜。

（2）检测方法

在万能工具显微镜上用影像法测量。在校准部分测量出相距 L 的两个中径值 d_2'、d_2''，如图 7-28 所示，则在 L 长度上的实际锥度偏差 Δy 不得超过允许偏差 Δx。其计算式为式（7-22）~式（7-24）。

在锥度为 1∶16 时：

$$x=L/16 \qquad (7-22)$$

$$\Delta x=\pm\delta L/16 \qquad (7-23)$$

$$\Delta y=(d_2''-d_2')-x \qquad (7-24)$$

式中：x——在 L 长度上两径之差的理论值；

δ——16 mm 长度上允许的锥度偏差。

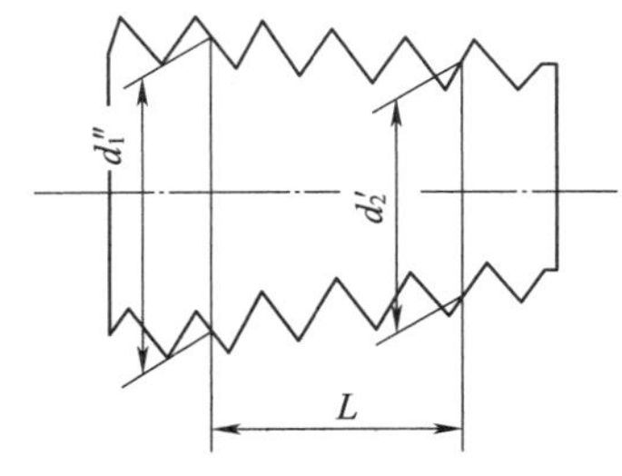

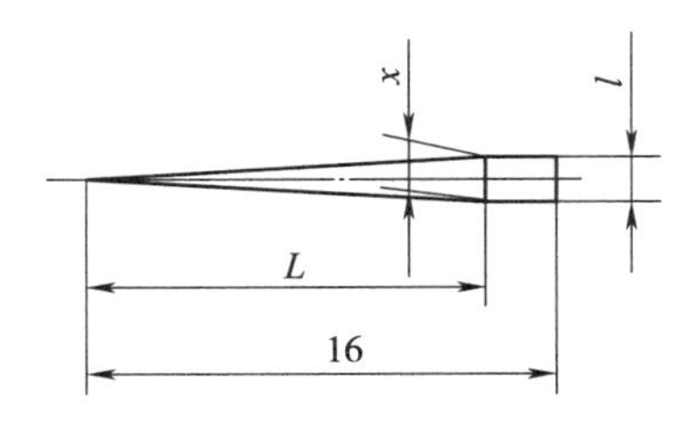

图 7-28　检测锥度及锥角

11. 锥度螺纹丝锥锥度的锥角检测

（1）检测器具

万能工具显微镜。

（2）检测方法

在万能工具显微镜上用影像法测量。在校准部分测量出相距 L 的两个中径值 d_2'、d_2''，如图 7-28 所示，则在 L 长度上的实际锥度偏差 Δy 不得超过允许偏差 Δx。其计算式为式（7-22）~式（7-24）。

测完 d_2'和 d_2''后，实际锥角按式（7-25）计算。实际锥角与理论锥角之差为锥度实际偏差。

$$\varphi=2\arctan[(d_2''-d_2')/2L] \tag{7-25}$$

式中：φ——锥角的实际值。

圆锥螺纹丝锥除采用万能工具显微镜影像方法测量外，还可以使用专用检具。检具原理：基面中径公差可以利用基面长度的比例（放大）调整关系，做成有基面大径尺寸的光滑环规，通过检测丝锥的大径基面长度，（由仪器检测出牙顶高）确定基面中径值。此检测方法适用于锥度丝锥制造厂家，可实现快速检测。

12. 螺旋槽丝锥螺旋角的检测

（1）检测器具

万能工具显微镜、反光镜、分度头。

（2）检测方法

在丝锥大径处测量螺旋角。测量时将镜头米字线中心在仪器轴线附近与丝锥牙顶前刃处对准，然后轴向移动 l 距离。分度头转过一个 β 角，使其与同一螺旋槽的另一牙顶前刃处对准，则所测螺旋角的实际值按式（7-26）计算。

$$\cot\gamma_f=360°\frac{l}{\pi d\beta} \tag{7-26}$$

式中：γ_f——容屑槽实测螺旋角；

d——丝锥实际大径。

13. 螺纹牙型铲磨的检测

（1）检测器具

分度值为 0.01 mm 的千分尺、1 级三针或五针；螺纹千分尺、奇数槽比较仪、标准螺纹样柱、万能工具显微镜。

（2）检测方法

丝锥牙型铲磨的测量部位在校准部分起点处。当手用丝锥的校准部分起点距前端不足 4 牙时，在距前端 4 牙处检测。螺母丝锥在切削部分起点向校准部分移动 1~2 牙处检测。锥度螺纹丝锥在规定的基面位置上测量。如图 7-29 所示，在刃宽 F 的两端测

出中径 d_{2A} 和 d_{2B}，则两点值应符合式（7-27）。

$$d_{2A}>d_{2B} \tag{7-27}$$

14. 中径倒锥的检测

（1）检测器具

分度值为 0. 01 mm 的千分尺、1 级三针或五针；螺纹千分尺、奇数槽比较仪、标准螺纹样柱、万能工具显微镜。

（2）检测方法

中径倒锥应测量 3 点，丝锥中径的测量部位在校准部分起点处。当手用丝锥的校准部分起点距前端不足 4 牙时，在距前端 4 牙处检测。螺母丝锥在切削部分起点向校准部分移动 1~2 牙处检测。锥度螺纹丝锥在规定的基面位置上测量。在测出中径 d_2 后，同时在校准部分倒数第 4 牙处测出 d_2''，并在上两侧点中间测一点 d_2'，如图 7-30 所示，则 3 点值应符合式（7-28）。

$$d_2>d_2'>d_2'' \tag{7-28}$$

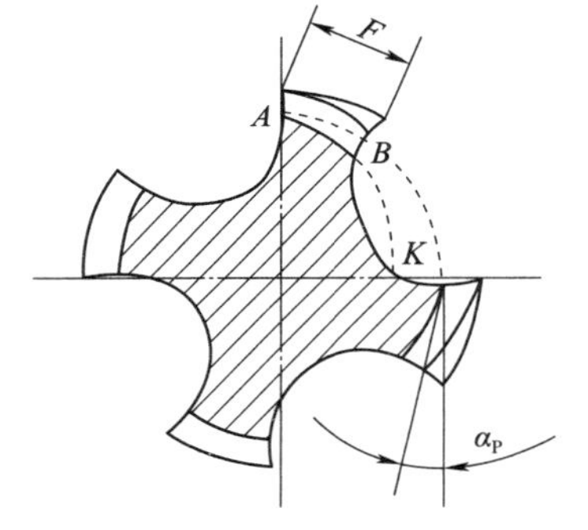

图 7-29　检测牙型铲磨量

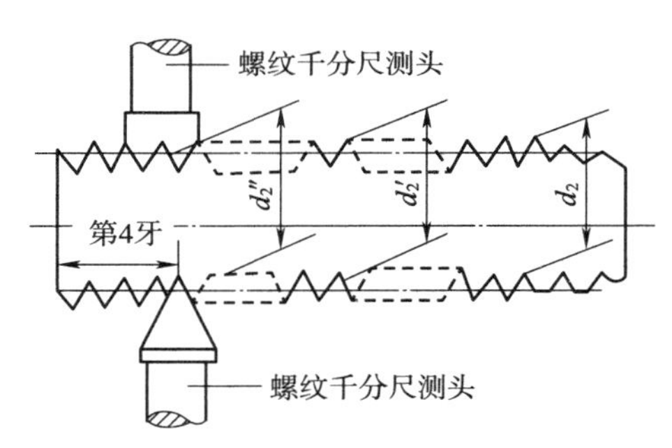

图 7-30　检测中径倒锥

15. 柄部直径的检测

（1）检测器具

分度值为 0. 01 mm 的外径千分尺、杠杆千分尺、五等量块。

（2）检测方法

用外径千分尺在柄部任意位置测一点，转 90°再测一点，均应符合标准规定。当测量结果有争议时，用杠杆千分尺仲裁。

16. 丝锥长度的检测

（1）检测器具

分度值为 0. 02 mm 的游标卡尺。

（2）检测方法

1）螺纹部分长度

用卡尺测量丝锥端面（带反顶尖的丝锥应除去顶尖部分的长度）与校准部分最后一个完整牙的牙顶之间的轴向距离，即为螺纹部分长度，如图 7-31 所示。

2）总长

用卡尺测量丝锥两端面（带反顶尖的丝锥应除去顶尖部分的长度）之间的轴向距离，即为丝锥总长，如图 7-31 所示。

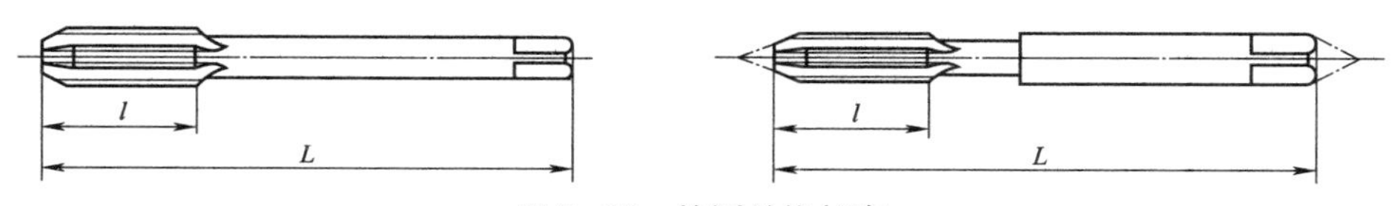

图 7-31　检测丝锥长度

17. 切削部分、校准部分、柄部圆跳动的检测

（1）检测器具

跳动检查仪、分度值为 0.001 mm 的指示表（带平测头）、磁力表架。

（2）检测方法

校准部分的径向圆跳动在校准部分起始处测量，柄部的径向圆跳动在离柄两倍方头长度处测量，切削部分斜向圆跳动在中间部位测量。如图 7-32 所示，将指示表测头分别垂直接触于各部分的母线，转动丝锥，指示表示值的最大变化量为对应的径向圆跳动或斜向圆跳动。

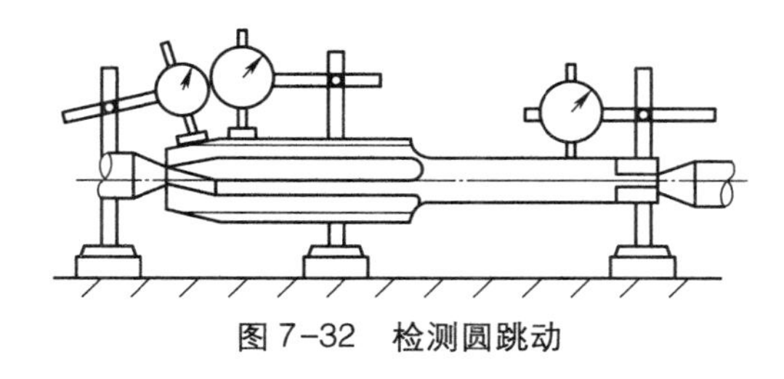

图 7-32　检测圆跳动

18. 丝锥方头尺寸误差、形状误差及其对柄部轴线位置误差的检测

（1）检测器具

套规，跳动检查仪，分度值为 0.01 mm 的外径千分尺，分度值为 0.01 mm 的指示表，磁力表架。

（2）检测方法

1）高性能机用丝锥

此项有两种测量方法：

方法一：用套规测量。首先用千分尺测量方头 a 的实际尺寸，应符合产品标准规定。然后用套规（通规）检测，以方头全部进入套规为合格。

方法二：用指示表测量。首先用千分尺测出两组对边的实际尺寸，再用最大极限尺寸分别相减，其差值分别为两组平面的允许最大误差，然后将丝锥装在跳动检查仪的顶尖上，用表测量出两组对称度不得超过对应的允许最大误差，如图 7-33 所示。

2）普通机用丝锥和螺母丝锥

首先用千分尺测量方头 a 的实际尺寸，应符合产品标准规定。然后将丝锥装在跳动检查仪的顶尖上，用指示表测量出两组平面的对称度应不超过产品标准的规定，如图 7-33 所示。

3）手用丝锥和 H_4 螺母丝锥

用千分尺测量方头 a 的实际尺寸，应不超过产品标准的规定。

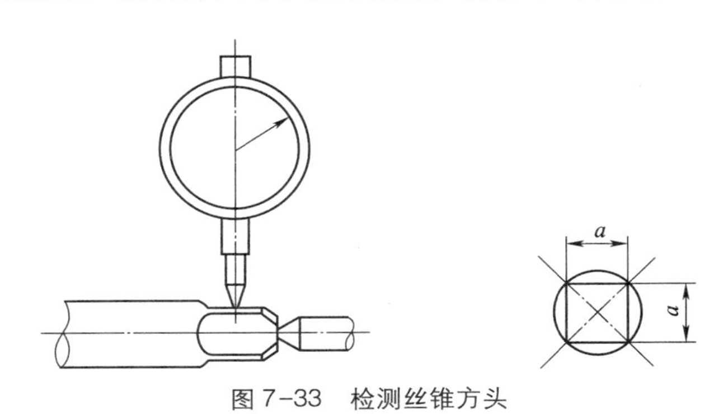

图 7-33　检测丝锥方头

二、板牙的检测方法

1. 通用项目的检测

（1）外观、表面处理、标志、包装的检测

检测方法：目测。

（2）材料

按国家有关标准选用。

（3）表面粗糙度

1）检测器具：表面粗糙度比较样块、双管显微镜、表面粗糙度检查仪。

2）检测方法：用表面粗糙度比较样块与板牙被测表面目测对比检查，发生争议时用双管显微镜或表面粗糙度检查仪检测。

（4）硬度

1）检测器具：洛氏硬度计。

2）检测方法：首先被检测的试件应预先加工以达到硬度检测的要求。硬度计应先用标准硬度块校准，然后在标准规定部位内均匀分布三点检测，取其算术平均值。如三点的算术平均值不符合标准规定时，可补测两点，取五点的算术平均值作为最后的检测结果。

2. 圆板牙外径和厚度的检测

（1）检测器具

分度值为 0.01 mm 的外径千分尺。

（2）检测方法

用外径千分尺在圆板牙的外圆和端面任意位置测一点，转 90°再测一点。测值均应符合标准的规定。

3. 六方板牙对边尺寸的检测

（1）检测器具

分度值为 0.01 mm 的外径千分尺。

（2）检测方法

用外径千分尺在六方形 3 个方位的中间部位分别进行测量，测值均应符合标准的规定。

4. 圆板牙外圆对螺纹轴线的径向圆跳动

（1）检测器具

分度值为 0.01 mm 的指示表、锥形螺纹芯轴、跳动检查仪、磁力表架。

（2）检测方法

将圆板牙旋合在相应的锥形螺纹芯轴上（配合最紧的芯轴），使指示表测头垂直接触板牙的外圆（任意部位均可），旋转芯轴，使板牙转一周，指示表的示值的最大变化量为径向圆跳动，如图 7-34 所示。

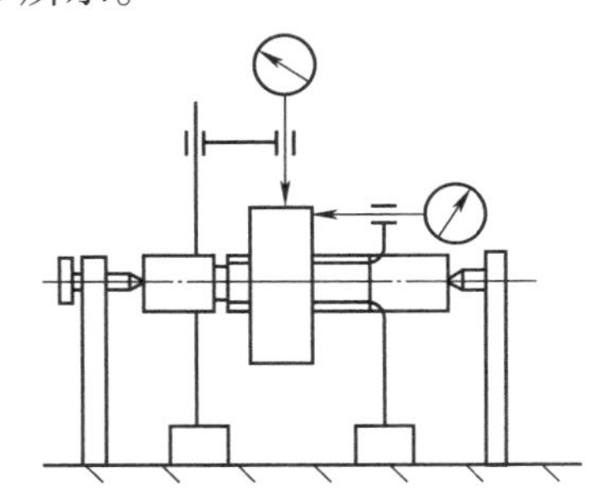

图 7-34　检测径向圆跳动和端面圆跳动示意图

5. 板牙端面对螺纹轴线的端面圆跳动

（1）检测器具

分度值为0.01 mm的指示表、锥形螺纹芯轴、跳动检查仪、磁力表架。

（2）检测方法

将圆板牙旋合在相应的锥形螺纹芯轴上（配合最紧的芯轴），使指示表测头垂直接触在端面的外缘上，旋转芯轴，使板牙转一周，指示表的示值最大变化量为端面圆跳动，如图7-34所示。

6. 圆板牙切削刃对外圆的斜向圆跳动

（1）检测器具

分度值为0.01 mm的杠杆指示表、磁力表架、V型铁及定位挡板或专用检具。

（2）检测部位

在切削锥的外缘部位进行检测。

（3）检测方法

将圆板牙放置在V型铁中并紧靠定位挡板，指示表测头垂直接触切削刃外缘，旋转板牙一周，指示表的示值的最大变化量为斜向圆跳动，如图7-35所示。

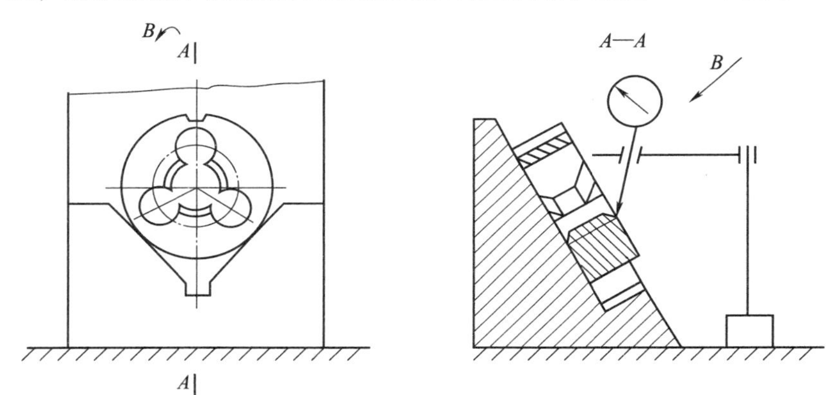

图7-35　检测圆板牙切削刃斜向圆跳动示意图

7. 六方板牙切削刃对螺纹轴线的斜向圆跳动

（1）检测器具

分度值为0.01 mm的杠杆指示表、锥形螺纹芯轴、跳动检查仪、磁力表架。

（2）检测部位

在切削锥的外缘部位进行检测。

（3）检测方法

将六方板牙旋合在相应锥形螺纹芯轴（配合最紧的芯轴）的右端，使芯轴的右端面接近板牙校准部分的起始处，但不得进入切削锥部分，右端用半圆尖顶住。指示表测头垂直接触切削刃外缘，旋转芯轴，使板牙转一周，指示表示值的最大变化量为斜向圆跳动，如图 7-36 所示。

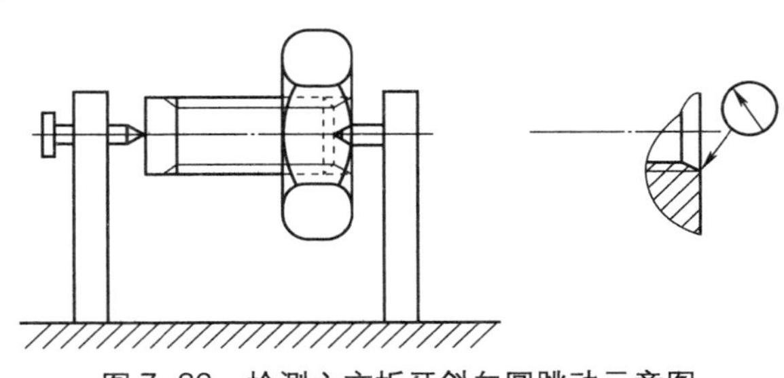

图 7-36　检测六方板牙斜向圆跳动示意图

8. 螺纹精度的检测

（1）检测器具

与螺纹精度相对应的螺纹环规。

（2）检测方法

用与螺纹精度相对应的螺纹环规检查。首先用通规，通规应顺利地旋入被检验的螺纹部分。然后用止规，止规旋合圈数不能超过两圈。

三、搓丝板的检测方法

1. 通用项目

（1）外观

检测方法：一般情况下目测，发生争议时使用放大镜检测。

（2）材料

按国家有关标准选用。

（3）表面粗糙度

1）检测器具：表面粗糙度比较样块、双管显微镜、表面粗糙度检查仪。

2）检测方法：用表面粗糙度比较样块与丝锥被测表面目测对比检查，发生争议时用双管显微镜或表面粗糙度检查仪检查。

（4）硬度

1）检测器具：洛氏硬度计。

2）检测方法：首先被检测的试件应预先加工以达到硬度检测的要求。硬度计应先用标准硬度块校准，然后在标准规定部位内均匀分布 3 点检测，取其算术平均值。当

3 点的算术平均值不符合标准规定时，可补测 2 点，取 5 点的算术平均值作为最后的检测结果。如测试值又超过了上限值，允许补充金相检验及性能试验，结果正常者可判为合格。

2. 垂直于搓丝板支承面的平面与牙顶平面的交线，对支承面的平行度（宽度方向、长度方向）

（1）检测器具

检验平板、分度值为 0.01 mm 的指示表。

（2）检测方法

将搓丝板平放于检验平板上，用带圆测头的指示表在垂直于搓丝板宽度和长度方向上进行检测。宽度方向的检测：从宽度方向两侧第二个完整牙开始。长度方向的检测：长度方向的检测部位如图 7-37 所示，活动搓丝板长度方向两端等于固定搓丝板压入部分长度（l）的范围不检。

3. 支承面对装置面的垂直度

（1）检测器具

检验平板、宽座角尺、塞尺、分度值为 0.001 mm 的指示表、固定块。

（2）检测方法

方法一：将搓丝板平放于检验平板上，宽座角尺的测量面紧靠两装置面的任意部位，用塞尺检测接触缝隙，如图 7-38 所示。

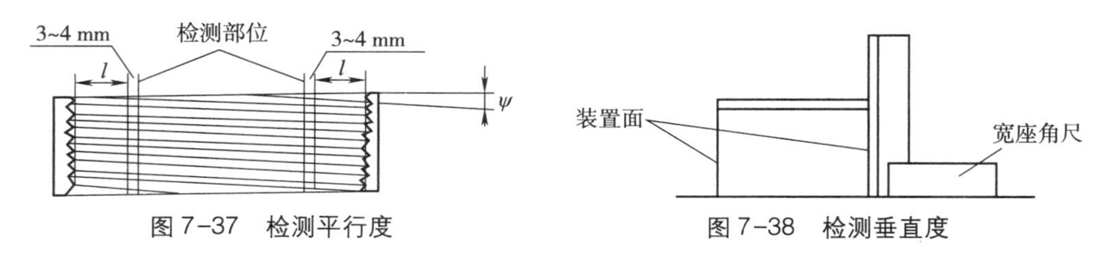

图 7-37　检测平行度　　图 7-38　检测垂直度

方法二：将宽座角尺测量面与固定块凸台靠紧，指示表测头低于螺纹牙底 1～2 mm，调整指示表与宽座角尺测量面接触，指针调整到零位。取下宽座角尺换上搓丝板，在同一高度的任意处测量，则指示表的读数值即为垂直度，取其最大值，如图 7-39 所示。

当检测结果有争议时，用方法二仲裁。

4. 螺纹升角

（1）检测器具

万能工具显微镜、量针。

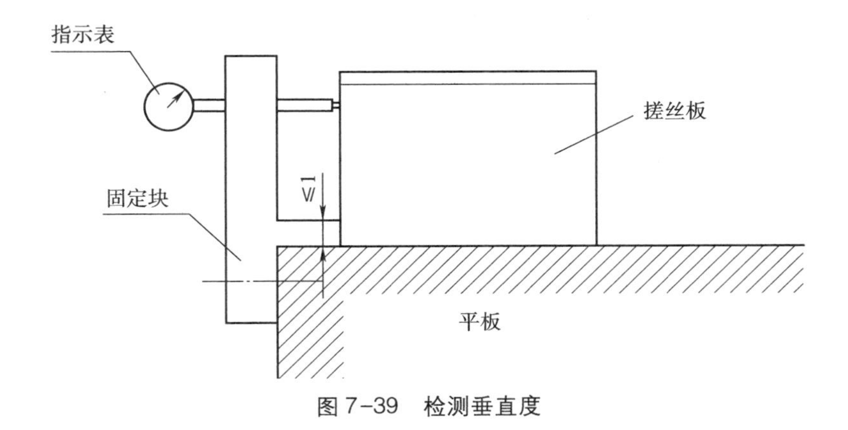

图 7-39　检测垂直度

（2）检测方法

将搓丝板平放在万能工具显微镜的工作台上，使搓丝板长度方向与纵导板移动平行，把量针放到搓丝板长度（压入部分 l 除外）范围内任意部位的螺纹槽内，转动米字线水平线与量针边缘重合，转动角度即为螺纹升角 ψ。

5. 螺距、牙型角、牙顶高和牙底高

上述各项的检测，用检测螺纹制件的方法代替。

（1）螺距的检测

1）检测器具：万能工具显微镜、分度头。

2）检测方法：

首先按螺纹中径选择光圈，其值的计算见式（7-6）。再使主显微镜立柱顺牙面螺旋线方向旋转一个螺纹升角 ψ，ψ 的计算见式（7-7）。此项的检测部位为丝锥校准部分任意一个完整牙。测量时使镜头米字线中心与螺纹中径线重合，记下纵向读数。然后按标准规定牙数，在校准部分任意处依次测完螺距 $P'_K(K=1,\ 2,\ \cdots,\ n)$ 和 $P''_K(K=1,\ 2,\ \cdots,\ n)$，如图 7-23a）所示。取各同名相对的两相邻牙侧的单侧螺距平均值 P_K 为螺距的实际测量值，即 $P_1=(P'_1+P''_1)/2,\ \cdots$，经数据处理后得到最大螺距偏差。表 7-7 是以螺距为 1.5 mm 的 M10-H1 机用丝锥的 7 牙螺距为例进行数据处理。其计算步骤同直槽丝锥中的相关内容。

（2）牙型角的检测

1）检测器具：万能工具显微镜、分度头。

2）检测方法：

首先按螺纹中径选择光圈，其值的计算见式（7-6）。再使主显微镜立柱顺牙面螺旋线方向旋转一个螺纹升角 ψ，ψ 的计算见式（7-7）。此项的检测部位为丝锥校准部分任意一个完整牙。调整镜头米字线的垂直虚线与被测牙廓相切，如图 7-22 所示，其计算步骤同直槽丝锥中的相关内容。

（3）牙顶高、牙底高的检测

1）检测器具：万能工具显微镜。

2）检测方法：

首先调整镜头米字线中心在丝锥任意一个完整牙高的一半附近，分别与牙的两侧面重合，在测牙的另一个侧面时，横向滑板应移动一个径向量 B。所测量的两纵向读数之差为牙厚实测值，如图 7-24 所示，其计算步骤同直槽丝锥中的相关内容。

6. 搓丝板宽度及宽度差

（1）检测器具

分度值为 0.02 mm 的游标卡尺。

（2）检测方法

用游标卡尺分别检测一副搓丝板宽度方向任意部位的尺寸，读取其值为搓丝板宽度，取其两值之差为搓丝板宽度差。

7. 搓丝板长度

（1）检测器具

分度值为 0.02 mm 的游标卡尺。

（2）检测方法

用游标卡尺分别检测一副搓丝板长度方向任意部位的尺寸，读取其值为搓丝板长度。

四、滚丝轮的检测方法

1. 通用项目的检测

（1）外观

检测方法：一般情况下目测，发生争议时使用放大镜检测。

（2）材料

按国家有关标准选用。

（3）表面粗糙度

1）检测器具：表面粗糙度比较样块、双管显微镜、表面粗糙度检查仪。

2）检测方法：用表面粗糙度比较样块与丝锥被测表面目测对比检查，发生争议时用双管显微镜或表面粗糙度检查仪。

（4）硬度

1）检测器具：洛氏硬度计。

2）检测方法：首先被检测的试件应预先加工以达到硬度检测的要求。硬度计应先用标准硬度块校准，然后在标准规定部位内均匀分布 3 点检测，取其算术平均值。如 3 点的算术平均值不符合标准规定时，可补测 2 点，取 5 点的算术平均值作为最后的检测结果。如测试值又超过了上限值，允许补充金相检验及性能试验，结果正常者可判为合格。

2. 大径及一副滚丝轮大径差的检测

（1）检测器具

分度值为 0.01 mm 的外径千分尺。

（2）检测方法

在距滚丝轮两端面 3~4 牙宽度之间的范围内，用外径千分尺测量其大径尺寸。一副滚丝轮两大径尺寸之差的最大值为大径差。

3. 中径及一副滚丝轮中径差的检测

（1）检测器具

分度值为 0.01 mm 的外径千分尺，三针。

（2）检测方法

在距滚丝轮两端面 3~4 牙宽度之间的范围内，用外径千分尺和三针测量出 M 值，如图 7-40 所示，按式（7-29）算出中径 d_2。一副滚丝轮两个中径值之差的最大值为中径差。

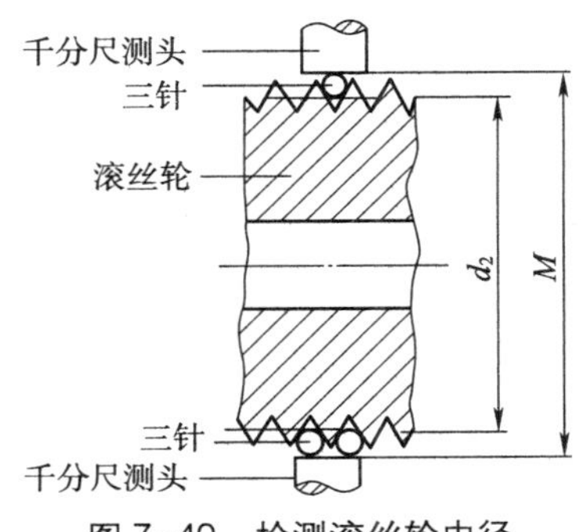

图 7-40 检测滚丝轮中径

$$d_2 = M - A \tag{7-29}$$

式中：d_2——滚丝轮中径；

M——测量值；

A——常数。

三针直径 d_m 及常数 *A* 按表 7-8 选取。

表 7-8 米制螺纹计算表 单位：mm

螺距（*P*）	三针直径（d_m）	*A* 值	螺距（*P*）	三针直径（d_m）	*A* 值
0.5	0.291	0.440 0	2.0	1.157	1.739 0
0.6	0.343	0.509 4	2.5	1.441	2.158 0
0.7	0.402	0.599 8	3.0	1.732	2.598 0
0.75	0.433	0.649 5	3.5	2.020	3.029 0
0.8	0.461	0.690 2	4.0	2.311	3.469 0
1.0	0.572	0.850 0	4.5	2.595	3.888 0
1.25	0.724	1.089 5	5.0	2.886	4.328 0
1.50	0.866	1.299 0	5.5	3.177	4.768 0
1.75	1.008	1.508 5	6.0	3.468	5.208 0

4. 宽度及一副滚丝轮宽度差的检测

（1）检测器具

分度值为 0.01 mm 的外径千分尺。

（2）检测方法

在距滚丝轮大径边缘 2~3 mm 处，用外径千分尺测量滚丝轮的宽度。一副滚丝轮两个宽度值的差值为宽度差。

5. 牙侧角的检测

（1）检测器具

万能工具显微镜、芯轴、高顶角架。

（2）检测方法

将滚丝轮穿在芯轴上，芯轴顶在高顶尖架上，使主显微镜立柱顺牙面螺纹线方向旋转一个螺纹升角 ψ，ψ 的计算见式（7-7）。在距滚丝轮两端面 3~4 牙宽度之间的范围内任测一牙，调整镜头米字线的垂直线与被测牙廓相切，如图 7-41 所示，测出牙侧角，再将滚丝轮旋转 180°，对同一牙型再次测量，则左、右半角实际偏差的数据处理按式（7-30）、式（7-31）。

$$\Delta\alpha/2(\text{左})=(\alpha_{\mathrm{I}}/2+\alpha_{\mathrm{III}}/2)/2-\alpha/2 \tag{7-30}$$

$$\Delta\alpha/2(\text{右})=(\alpha_{\mathrm{II}}/2+\alpha_{\mathrm{IV}}/2)/2-\alpha/2 \tag{7-31}$$

式中：$\Delta\alpha/2$（左）、$\Delta\alpha/2$（右）——牙侧角偏差；

$\alpha/2$——公称牙侧角。

$$\tan\psi=P/(\pi d_2)$$

式中：P——螺距。

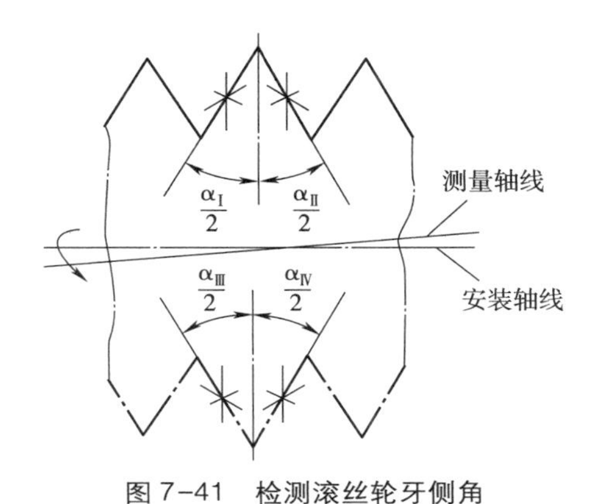

图 7-41　检测滚丝轮牙侧角

6. 螺距的检测

（1）检测器具

万能工具显微镜、芯轴、高顶尖架。

（2）检测方法

将滚丝轮穿在芯轴上，芯轴顶在高顶尖架上，在距滚丝轮两端面 3～4 牙宽度之间的范围内，依次量完规定长度的螺距 $P'_K(K=1, 2, \cdots, n)$ 和 $P''_K(K=1, 2, \cdots, n)$。如图 7-42 所示，取各同名相对的两相邻牙侧的单侧螺距平均值 P_K 为螺距的实际测量值，即 $P_1=(P'_1+P''_1)/2$，…，经数据处理后得到最大螺距偏差。表 7-9 是以 54 型 AM30×80-2 滚丝轮 7 牙螺距为例进行的数据处理，其计算步骤如下：

1）将螺距实测值依次填入表 7-9 中第Ⅱ列；

2）将第Ⅱ列数分别减去理论螺距，误差列入第Ⅲ列；

3）将第Ⅲ列的第 1 个数、第 1 至第 2 个数、第 1 至第 3 个数……，分别取其代数和列入第Ⅳ列；

4）找出第Ⅳ列中的最大值和最小值，将牙号大的值减去牙号小的值的代数之差列入第Ⅴ列；

5）第Ⅴ列中的值为最大螺距偏差。

表 7-9 螺距实测值表 单位：mm

牙号（Ⅰ）	$P_1=(P_1'+P_1'')/2$～$P_7=(P_7'+P_7'')/2$（Ⅱ）	单个螺距偏差（Ⅲ）	对0位置的螺距偏差（Ⅳ）	最大螺距偏差（Ⅴ）
0（7）	—	—	0.000	-0.008
1	3.502	+0.002	+0.002	
2	3.501	+0.001	+0.003	
3	3.499	-0.001	+0.002	
4	3.496	-0.004	-0.002	
5	3.500	0.000	-0.002	
6	3.498	-0.002	-0.004	
7	3.499	-0.001	-0.005	

7. 牙顶高、牙底高的检测

（1）检测器具

万能工具显微镜、芯轴、高顶尖架。

（2）检测方法

将滚丝轮穿在芯轴上，芯轴顶在高顶尖架上，首先调整镜头米字线中心到滚丝轮任意一个完整牙高的一半附近，分别与牙的两侧面重合，所测量的两纵向读数之差为牙厚实测值，如图 7-43 所示。找出牙厚的实测值等于半个理论螺距（即中径线）所在位置的横向读数 y，再将镜头米字线的水平虚线分别压线测出牙顶和牙底的横向读数 y_1 和 y_2，则牙顶高 h_1 和牙底高 h_2 按式（7-32）、式（7-33）计算。

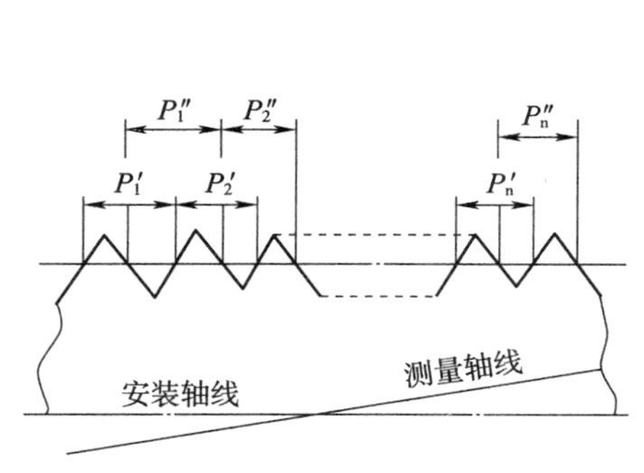

图 7-42 检测滚丝轮螺距

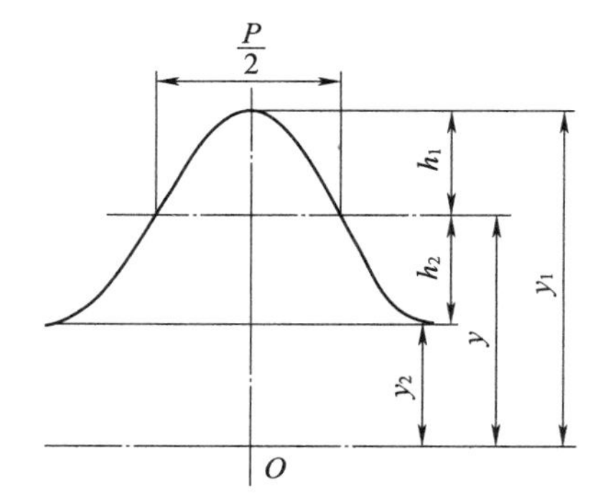

图 7-43 检测滚丝轮牙顶高、牙底高

$$h_1=|y_1-y| \tag{7-32}$$

$$h_2 = |y_2 - y| \tag{7-33}$$

8. 支承端面对轴心线圆跳动的检测

（1）检测器具

跳动检查仪、芯轴、分度值为 0. 01 mm 的指示表、磁力表架。

（2）检测方法

将滚丝轮穿在芯轴上，芯轴顶在跳动检查仪上，指示表测头垂直触靠于距支承端面外径 2~3 mm 处，转动滚丝轮一周，读取指示表的最大值与最小值之差。

9. 外圆对轴心线圆跳动的检测

（1）检测器具

跳动检查仪、芯轴、分度值为 0. 01 mm 的指示表、磁力表架。

（2）检测方法

将滚丝轮穿在芯轴上，芯轴顶在跳动检查仪上，指示表测头（平测头）垂直触靠于距滚丝轮两端面 3~4 牙宽度之间的范围内的大径上，转动滚丝轮一周，读取指示表的最大值与最小值的差值。

10. 中径和大径锥度的检测

（1）检测器具

万能工具显微镜、芯轴、高顶尖架。

（2）检测方法

用中径、大径素线对滚丝轮轴线的平行度代替中径、大径锥度。

将滚丝轮穿在芯轴上，芯轴顶在跳动检查仪上，使主显微镜立柱顺牙面螺纹线方向旋转一个螺纹升角。在距滚丝轮两端面 3~4 牙宽度之间的范围内，将米字线水平线与滚丝轮轴线重合，以米字线为基准，分别测出大径的大端半径和小端半径，二者差值的两倍，即为大径素线平行度的两倍，即大径锥度。

同理，中径素线平行度的两倍即中径锥度。可计算求得，大端大径减两倍的牙顶高为大端中径，小端大径减两倍的牙顶高为小端中径，大小端中径差即为中径锥度。当然，大径、中径、小径的锥度是相等的。

11. 内孔直径和键槽的检测

（1）内孔直径的检测

1）检测方法一

①检测器具：光滑极限量规。

②检测方法：用光滑极限量规直接检测。当被测工件孔的长度小于或等于止端量

规长度时，允许止端量规进入工件孔长度不大于该孔长的1/3；当被测工件孔的长度大于止端量规长度时，允许止端量规进入工件孔长度不大于止端量规长度的1/3。

2）检测方法二

①检测器具：三爪内径千分尺。

②检测方法：用三爪内径千分尺在孔的长度方向上取3~5个位置测量，取最大偏差值为孔径偏差。

3）检测方法三

①检测器具：内径量表。

②检测方法：用内径量表在孔的长度方向上取3~5个位置及每个位置转3个方位进行测量，取最大偏差值为孔径偏差。

注：当孔的精度等级为H4、H5时用分度值为0.001 mm的内径量表检测。

4）检测方法四

①检测器具：气动量仪。

②检测方法：用气动量仪测量。先用环规校正量仪的零位，然后用内径量表的方法进行检测，取最大偏差值为孔径偏差。

注：当孔的精度等级为H4、H5时用10 000倍气动量仪检测，精度等级低于H5时用5 000倍气动量仪检测。

（2）内孔键槽宽度的检测

1）检测方法一

①检测器具：宽度塞规。

②检测方法：用宽度塞规检测。

2）检测方法二

①检测器具：内测千分尺、游标卡尺。

②检测方法：用内测千分尺或游标卡尺测量。

五、螺纹铣刀的检测方法

1. 通用项目的检测

（1）外观、表面处理、标志、包装的检测

检测方法：目测。

（2）材料

按定制加工要求选用，核对钢材供应商质保书、核对硬质合金供应商质保书。

（3）表面粗糙度

1）检测器具：表面粗糙度比较样块、双管显微镜、表面粗糙度检查仪。

2）检测方法：用表面粗糙度比较样块与螺纹铣刀被测表面目测对比检查，发生争议时用双管显微镜或表面粗糙度检查仪。

（4）硬度

1）检测器具：洛氏硬度计或维氏硬度计。

2）检测方法：首先被检测的试件应预先加工以达到硬度检测的要求。硬度计应先用标准硬度块校准，然后在标准规定部位内均匀分布 3 点检测，取其算术平均值。如 3 点的算术平均值不符合标准规定时，可补测 2 点，取 5 点的算术平均值作为最后的检测结果。对于公称直径小于或等于 3 mm 的螺纹铣刀应检测维氏硬度。

（5）后面磨损

1）检测器具：万能工具显微镜。

2）检测方法：对于螺纹铣刀，预先调整并固定好标准 V 型铁，以便将刀具置于 V 型铁上时，刀具的轴心线与工具显微镜的 X 坐标平行。然后调整仪器使刀具的轴心线与工具显微镜目镜米字线的水平线重合，转动刀具使切削牙顶刃口刚好与米字线的水平线重合，然后在垂直于刃口方向逐牙测量主后面的最大值 V_{Bmax}（后面磨损量），如图 7-18 所示。

（6）崩刃

1）检测器具：工具显微镜。

2）检测方法：将刀具置于工具显微镜两顶尖之间，调整仪器使刀具的轴心线与工具显微镜目镜米字线的水平线重合，转动刀具使切削牙齿顶刃口刚好与米字线的水平线重合，然后分别在平行和垂直于刃口方向测量崩刃的长度和宽度，取最大值 C_H（崩刃量），如图 7-19 所示。

2. 牙侧角的检测

1）检测器具：万能工具显微镜。

2）检测方法：首先按螺纹中径选择光圈，其值的计算见式（7-34）。

$$D=k\sqrt[3]{\sin\left(\frac{\alpha}{2}\right)\ /d_2} \tag{7-34}$$

式中：D——仪器光圈直径；

k——系数；

$\frac{\alpha}{2}$——公称牙侧角；

d_2——螺纹中径。

由于螺纹铣刀的齿形是环形齿（与丝锥不同），没有螺旋升角，因此此项的检测部位为螺纹铣刀螺纹齿形的任意一个牙。调整镜头米字线的垂直虚线与被测牙廓相切，如图 7-22 所示，测出牙侧角，然后将螺纹铣刀旋转 180°，对同一牙型再次测量，则左右牙侧角实际偏差的数据处理按式（7-4）、式（7-5）计算。

螺距的检测，牙顶高、牙底高的检测，大径的检测，小径的检测，中径的检测，按丝锥检测章节进行。

六、计算机影像检测

随着检测技术的发展，应用计算机影像检测丝锥，已越来越广泛。用计算机影像检测丝锥槽形、牙型、角度、大径、小径等，如图 7-44～图 7-53 所示。

图 7-44　计算机影像检测设备 1

图 7-45　计算机影像检测设备 2

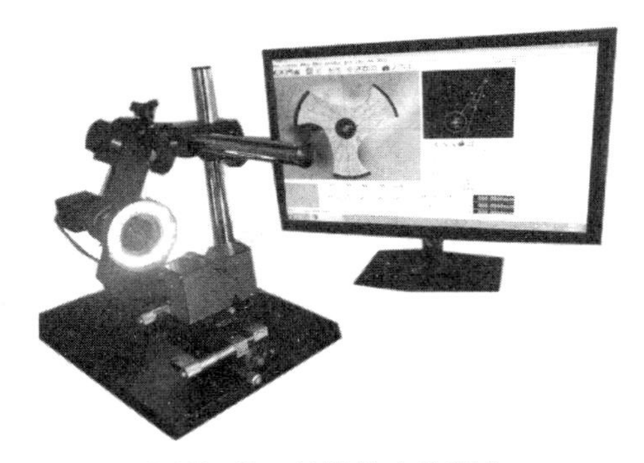

图 7-46　丝锥综合检测仪

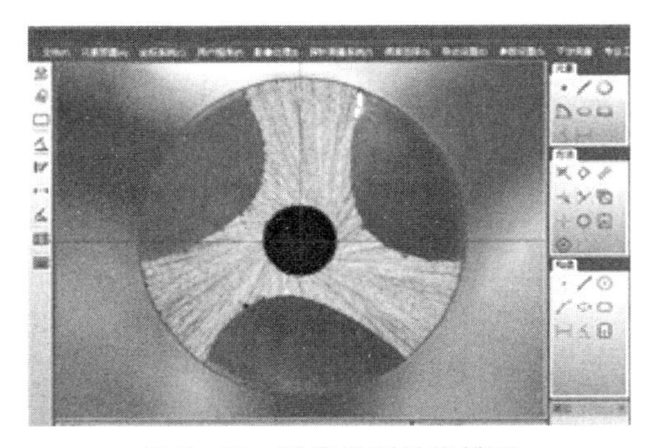

图 7-47　影像检测丝锥槽型

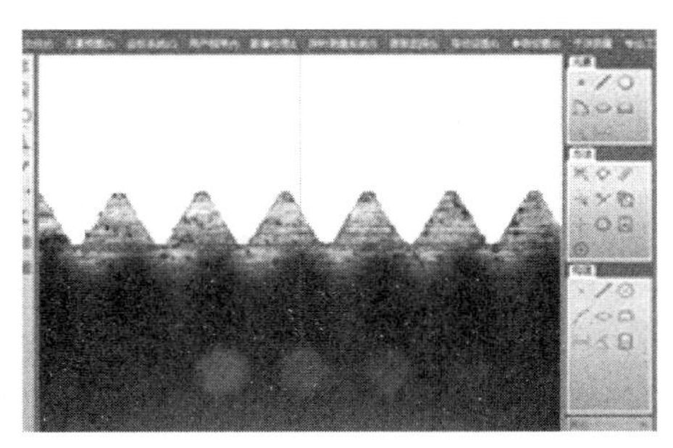

图 7-48 影像检测丝锥牙型、角度

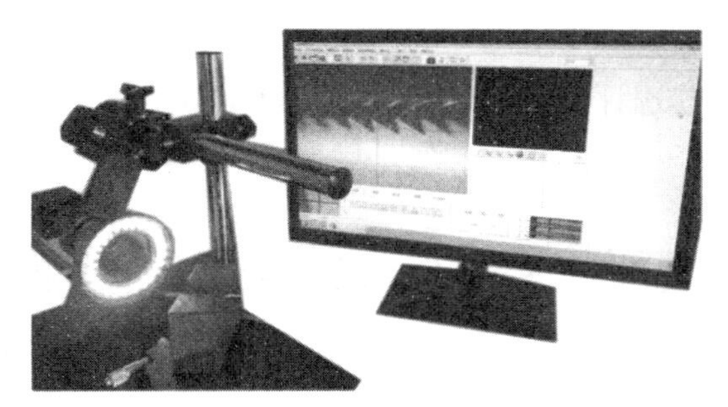

图 7-49 检测丝锥磨损情况

图 7-50 检测螺旋槽法向槽形

图 7-51 检测丝锥前角

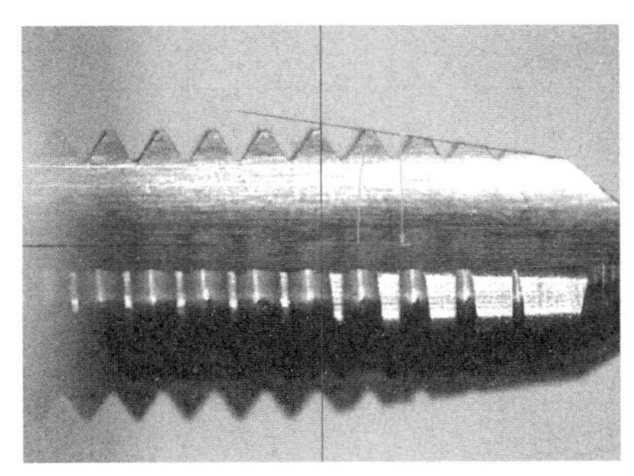

图 7-52 检测切削锥角

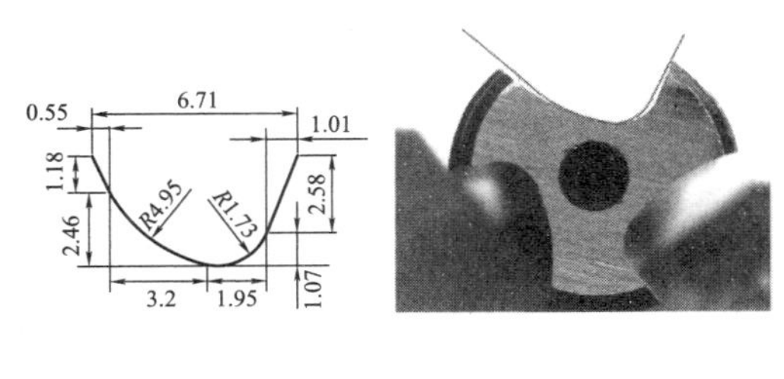

图 7-53 检测槽形和比对

随着电子检测技术的发展，采用工业视觉技术具有智能性的检测装置也会被开发出来，通过机器视觉产品（即图像摄取装置，CMOS 或 CCD 等）将被摄取目标转换成图像信号，传送给专用的图像处理系统，根据像素分布和亮度、颜色、轮廓等信息，转变成数字化信号；图像系统通过对这些信号进行各种运算来抽取目标的特征，根据预设的参数进行自动比对、判定。作为丝锥生产具有自动化、批量化的特性，运用视觉技术可以实现快速自动化检测，对相关参数，如牙型角、螺距、表面粗糙度、表面烧伤、大中小径、槽形、前角等可自动检测、筛选，而且可对产品参数统一性、稳定性作出评价，这对于丝锥加工质量一致性评价是非常重要的。

第四节　常用螺纹刀具的合格判断方法

对于成批生产的常用螺纹刀具，进行质量等级评定和周期稳定性考核是十分必要的。为此，特推荐以下合格判断、性能试验、寿命试验等方法。

一、丝锥

1. 不合格分类和分组情况

磨牙丝锥不合格分类和分组情况见表 7-10。

表 7-10　磨牙丝锥不合格分类和分组情况

分　类	不合格项目
B 类不合格 Ⅰ 组	①有裂纹、崩刃、烧伤、切削刃钝口，焊接刀具焊缝处有砂眼及其他影响使用性能的不合格
	②前面的表面粗糙度不符合标准规定
	③后面的表面粗糙度不符合标准规定
	④螺纹的表面粗糙度不符合标准规定
	⑤大径和中径超差
	⑥螺纹牙型未进行铲磨
	⑦材料不符合标准规定
	⑧标志、包装不符合标准规定
B 类不合格 Ⅱ 组	①切削部分斜向圆跳动和校准部分径向圆跳动超差
	②螺距、牙型半角、小径超差
B 类不合格 Ⅲ 组	①螺纹部分硬度不符合标准要求
	②切削性能未达到标准规定的要求
C 类不合格	①方头硬度不符合标准规定
	②丝锥沟槽未磨光或抛光
	③丝锥方头： a）高性能机用丝锥方头的形状误差及其对柄部轴线的误差超差 b）普通机用丝锥、螺母丝锥的方头尺寸和方头对柄部轴线的对称度超差
	④柄部直径超差

续表

分　　类	不合格项目
C类不合格	⑤中径无倒锥
	⑥柄部径向圆跳动超差（普通长柄机用丝锥和长柄螺母丝锥不作规定）
	⑦丝锥总长度及螺纹部分长度超差
	⑧柄部表面粗糙度不符合标准规定
	⑨有下列轻微的观感不合格：刃口有轻微的碰伤、轻微的锈迹、其他表面有少量黑斑和锈迹、由刃磨造成的黄色氧化膜

注：搓（滚）牙丝锥不合格分类和分组情况与磨牙丝锥基本相同，仅减少“C类不合格”中的第6项“柄部径向圆跳动超差”。

2. AQL和RQL的推荐值

见表7-11。

表7-11　丝锥合格品的AQL和RQL推荐值

判定代号	B类不合格			C类不合格
	Ⅰ组	Ⅱ组	Ⅲ组	
AQL	6.5	6.5	2.5	65
RQL	20	25	25	150

3. 性能试验

成批生产的丝锥出厂前应进行切削性能抽样试验。

（1）试验条件

磨牙丝锥和螺母丝锥在机床上试验，搓（滚）牙丝锥用手工试验。

1）机床：符合精度要求的机床。

2）刀具：样本大小为5件。

3）试坯：高性能机用丝锥的试坯为调质40Cr，200~220HB；普通机用丝锥、螺母丝锥的试坯为45号钢，170~200HB。

4）切削液：机攻时用乳化油水溶液，手攻时用L-AN32全损耗系统用油（按GB/T 443的规定）。

5）螺孔形式：通孔，孔深为1d，适用于单锥切削；盲孔，孔深为1.5d，适用于单锥或不等径成组丝锥切削。

6）刀具装夹：用攻丝夹头装夹，其切削部分对柄部轴线的径向圆跳动量应不大于0.10 mm。

7）切削规范：搓（滚）牙丝锥手攻时，攻螺纹孔数应不低于 10 个。

磨牙丝锥试验时，切削规范按表 7-12 的规定执行。

表 7-12　磨牙丝锥试验时的切削规范

公称直径 d/mm	切削速度/（m/min）	攻螺纹孔数/（个/件）
≤6	3~5	30
6>d≥12	4~6	20
12>d≥24	5~7	20
>24	7~9	10

（2）试验结果评定

试验后的每件丝锥，都应符合下述三条的规定，否则此批丝锥为不合格批。

1）试验后的丝锥不应有崩刃和显著磨损的现象，并应保持其原有的使用性能。

2）被切试件内螺纹公差带应符合表 7-13 的规定。

表 7-13　被切试件内螺纹公差带

公差带	内螺纹公差带
H1	5H
H2	6H
H3	7H 或 7G
H4	7H

3）被切螺纹表面粗糙度的最大允许值按表 7-14 的规定执行。

表 7-14　被切螺纹表面粗糙度的最大允许值　　单位：μm

丝 锥 名 称	粗 糙 度 Ra
高性能磨牙丝锥	≤12.5
普通磨牙丝锥、螺母丝锥	≤25
单支磨牙丝锥（切盲孔）、搓（滚）牙丝锥	≤50

二、圆板牙

1. 不合格分类和分组情况

见表 7-15。

表 7-15　圆板牙不合格分类和分组情况

分　类	不合格项目
B 类不合格Ⅰ组	①有裂纹、崩刃、烧伤、切削刃钝口及其他影响使用性能的不合格
	②前面的表面粗糙度不符合标准规定
	③后面的表面粗糙度不符合标准规定
	④螺纹的表面粗糙度不符合标准规定
	⑤材料不符合标准规定
	⑥标志、包装不符合标准规定
B 类不合格Ⅱ组	①外圆对轴线的径向圆跳动超差
	②端面对轴线的端面圆跳动超差
	③切削刃对外圆的斜向圆跳动超差
B 类不合格Ⅲ组	①工作部分硬度不符合标准规定
	②切削性能未达到标准规定的要求
C 类不合格	①外圆表面粗糙度不符合标准规定
	②端面表面粗糙度不符合标准规定
	③外径超差
	④厚度超差
	⑤有下列轻微的观感不合格：刃口有轻微的碰伤、轻微的锈迹、其他表面有少量黑斑和锈迹、由刃磨造成的黄色氧化膜

2. AQL 和 RQL 的推荐值

见表 7-16。

表 7-16　圆板牙合格品的 AQL 和 RQL 推荐值

判定代号	B 类不合格			C 类不合格
	Ⅰ组	Ⅱ组	Ⅲ组	
AQL	6.5	6.5	2.5	65
RQL	20	20	25	150

3. 性能试验

成批生产的圆板牙出厂前应进行切削性能抽样试验。

（1）试验条件

1）机床：符合精度要求的车床。

2）刀具：样本大小为 5 件。

3）试坯：材料为45号钢，硬度为170~200HB。螺距等于或大于2.5 mm时，试坯应预先切出深度约2/3牙高的螺纹形状。

4）切削液：采用L-AN32全损耗系统用油（按GB/T 443的规定）或乳化油水溶液，其流量应不小于5 L/min。

5）刀具装夹：圆板牙装夹在浮动板牙夹头里，并使圆板牙的端面紧贴在板牙夹头的端面上。

6）切削规范：按表7-17的规定。

表7-17　圆板牙试验时的切削规范　　单位：mm

公称直径 d	切削速度/(m/min)	切削螺纹总长度
$1 \geqslant d > 6$	1.8~2.2	80
$6 \geqslant d > 10$	2.5~2.8	120
$10 \geqslant d > 18$	3.0~3.4	120
$18 \geqslant d > 30$	3.5~3.8	160
$d \geqslant 30$	4.0	160

（2）试验结果评定

试验后的每件圆板牙，都应符合下述两条的规定，否则此批圆板牙为不合格批。

1）刀具：验后的圆板牙不应有崩刃和显著磨损的现象，并应保持其原有的使用性能。

2）切试件：

①圆板牙切出的外螺纹应符合圆板牙所标记的螺纹精度；

②螺距小于或等于2 mm时，螺纹表面粗糙度 $Ra \leqslant 25$ μm，螺距大于2 mm时，$Ra \leqslant 50$ μm。

三、搓丝板

1. 不合格分类和分组情况

见表7-18。

表7-18　搓丝板不合格分类和分组情况

分　类	不合格项目
B类不合格 Ⅰ组	①有裂纹、崩刃、烧伤、切削刃钝口及其他影响使用性能的不合格
	②装置面、支承面的表面粗糙度不符合标准规定

续表

分　　类	不合格项目
B类不合格 Ⅰ组	③螺纹牙型的表面粗糙度不符合标准规定
	④牙顶平面对支承面的平行度（纵向、横向）超差
	⑤支承面对装置面的垂直度超差
	⑥螺纹升角及一副搓丝板的螺纹升角之差超差
	⑦螺距、牙高、半角超差
	⑧材料不符合标准规定
	⑨标志、包装不符合标准规定
B类不合格 Ⅱ组	工作部分硬度不符合标准规定
C类不合格	①搓丝板总长超差
	②搓丝板宽度超差
	③一副搓丝板宽度差超差
	④有下列轻微的观感不合格：刃口有轻微的碰伤、轻微的锈迹、其他表面有少量黑斑和锈迹、由刃磨造成的黄色氧化膜

2. AQL和RQL的推荐值

见表7-19。

表7-19　搓丝板合格品的AQL和RQL推荐值

判定代号	B类不合格		C类不合格
	Ⅰ组	Ⅱ组	
AQL	6.5	4.0	65
RQL	40	40	150

四、滚丝轮

1. 不合格分类和分组情况

见表7-20。

表7-20　滚丝轮不合格分类和分组情况

分　　类	不合格项目
B类不合格 Ⅰ组	①有裂纹、崩刃、烧伤、切削刃钝口及其他影响使用性能的不合格
	②螺纹表面粗糙度不符合标准规定

续表

分类	不合格项目
B类不合格 Ⅰ组	③内孔表面和两支承端面的表面粗糙度不符合标准规定
	④一副滚丝轮的大径差和中径差超差
	⑤支承端面对内孔轴线的端面圆跳动超差
	⑥外圆对内孔轴线的径向圆跳动超差
	⑦内孔直径超差
	⑧螺距、牙高、半角超差
	⑨中径和大径锥度超差
	⑩材料不符合标准规定
	⑪标志、包装不符合标准规定
B类不合格 Ⅱ组	切削部分硬度不符合标准规定
C类不合格	①键槽宽度和深度超差
	②一副滚丝轮宽度超差
	③有下列轻微的观感不合格：刃口有轻微的碰伤、轻微的锈迹、其他表面有少量黑斑和锈迹、由刃磨造成的黄色氧化膜

2. AQL和RQL的推荐值

见表7-21。

表7-21　滚丝轮合格品的AQL和RQL推荐值

判定代号	B类不合格		C类不合格
	Ⅰ组	Ⅱ组	
AQL	6.5	4.0	65
RQL	40	40	150

第八章

螺纹刀具切削性能评价

第一节　螺纹刀具切削性能评价体系

内外螺纹的典型切削加工过程如图 8-1 所示。螺纹的切削成型需要用专门的螺纹刀具来完成，而评价螺纹刀具的好坏则需要采取系统、科学的措施和方法，给出合理、适用的评价指标。螺纹刀具切削性能评价是指对各类内外螺纹切削过程中的关键物理量、几何量等开展综合检测、分析与评价，对于合理选定螺纹加工工艺参数、优化螺纹刀具几何结构、预测并提高刀具的使用寿命、降低生产成本与提高生产效率、提高螺纹加工精度和表面质量、提升作业安全性、节能环保等具有重要意义。

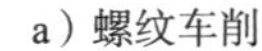

a）螺纹车削　　b）螺纹铣削

图 8-1　内外螺纹的典型切削加工

在螺纹刀具切削试验和生产实践中，评价螺纹刀具切削性能优劣的主要指标可分为过程指标和最终指标，其中过程指标包括切削力、切削温度、刀具磨损、切削振动和切屑形态；最终指标主要包括螺纹已加工表面质量和螺纹的尺寸与几何精度，其受到各过程指标不同程度的作用和影响。对螺纹已加工表面质量影响最大的因素是切削振动，其次是切削温度；而对螺纹尺寸和几何精度影响最大的因素是刀具磨损，其次是切削力。螺纹刀具切削性能评价指标关系如图 8-2 所示。

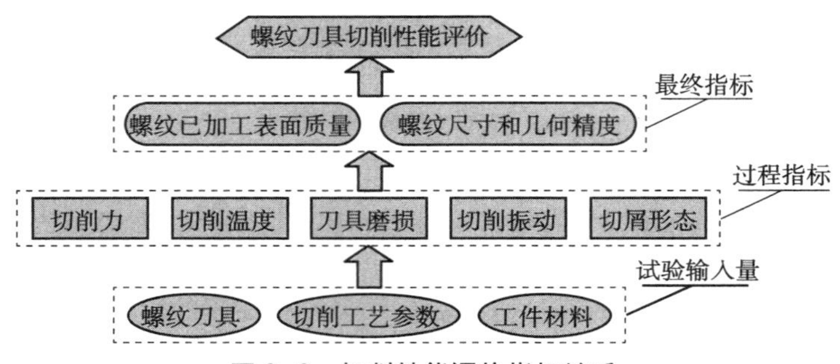

图 8-2　切削性能评价指标关系

一、刀具磨损

在切削过程中，刀具与工件、切屑挤压接触，同时伴有剧烈的摩擦，承受着巨大的压力和相当高的温度，这一过程的持续性导致刀具发生缓慢磨损。刀具磨损后工件的加工精度将会大大降低，给已加工螺纹的牙型质量和表面粗糙度带来巨大的影响。图 8-3 所示为镍铬合金耐蚀油套管专用螺纹车刀的前刀面磨损形貌。

刀具的磨损与刀具材料、工件材料和加工条件等有密切关系。被加工材料和工艺参数不同，刀具的磨损机理也不一样。加工硬脆材料时，由于切削力通常较大，刀具易发生磨粒磨损；加工黏性较大的材料如不锈钢、低碳钢、铝合金等，在低切削速度下刀具易发生黏结磨损；加工导热性差的材料如钛合金、高温合金等，在高切削速度下，切削区产生大量的热量，部分热量传入到刀具基体内，使刀具表面温度大幅升高，从而诱发刀具的氧化和扩散磨损。

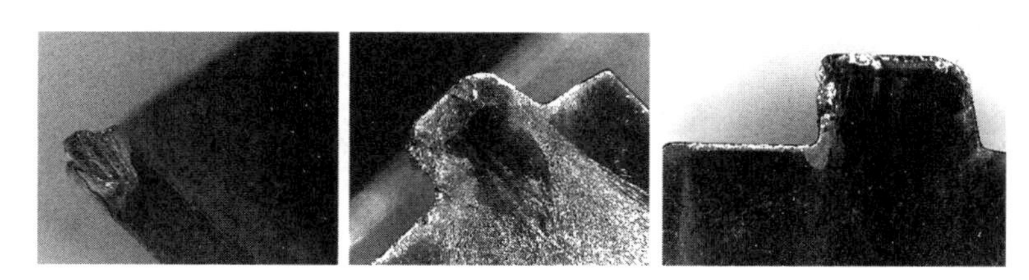

图 8-3　螺纹车刀前刀面磨损形貌

二、切削力

切削力是指在切削过程中产生的作用在工件和刀具上的大小相等、方向相反的力。

采用不同的螺纹加工刀具，在相同的切削条件和被加工材料下，凡切削力大的刀具，其切削加工性就差；反之，其切削加工性就好。在粗加工或机床刚性、动力不足时，常以切削力来评定刀具的切削加工性能。螺纹刀具的切削速度、切削深度、刀具几何结构以及工件材料、润滑方式等都会影响螺纹刀具在加工过程中的切削力大小。

以普通（三角形）外螺纹的车削加工为例，如图 8-4 所示。其中 F_x 为轴向进给力，F_y 为切深抗力，F_z 为同时垂直于 F_x 和 F_y 方向的力。在普通车削中，F_z 常表示主切削力或切向力，位于切削平面内并垂直于基面；在螺纹切削中，由于刀片偏转了一个近似为螺旋升角的角度。因此，F_z 方向测得的力为轴向进给力和主切削力的合力。由于轴向进给力对 F_z 方向力的贡献较小，可近似认为 F_z 方向测得力大小为主切削力。加工过程中典型切削力信号如图 8-5 所示。由于螺纹车削中左右两刃同时参与切削，左右刃得到的轴向进给力相互抵消，因此螺纹车削的轴向力非常小，甚至可以忽略不计，这与普通切削有所不同。

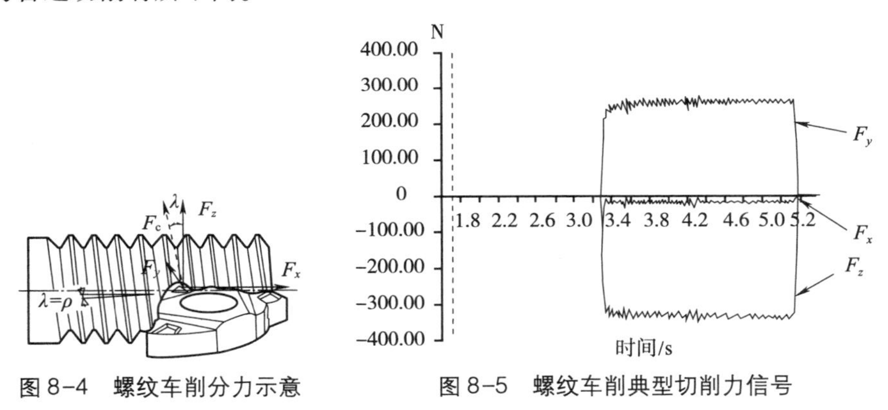

图 8-4　螺纹车削分力示意

图 8-5　螺纹车削典型切削力信号

三、切削温度

螺纹的高速切削是通过增大切削速度来提高金属去除率，这意味着相同时间内消耗的能量增多，如图 8-6 所示，这些能量绝大部分转化为热量流向切屑、工件和刀具，引起相应区域的温度上升。较高的切削温度直接影响刀具的磨损和使用寿命，进而影响了刀具的切削性能。因此，评判螺纹刀具的工作性能优劣，监测切削过程中温度的变化是一个重要途径。

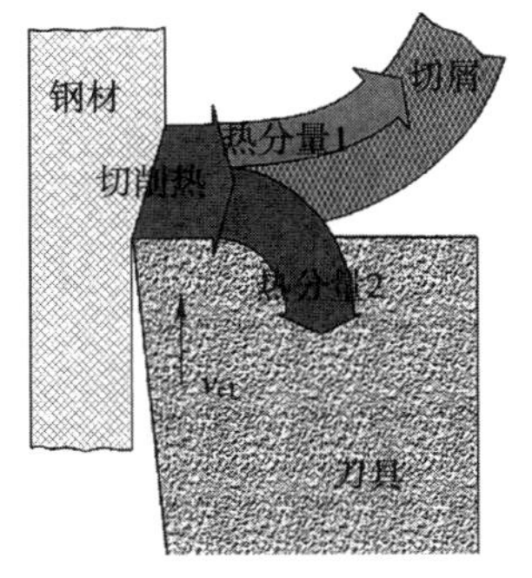

图 8-6　切削热的流向示意

在刀具对金属的切削过程中，工件材料发生高应变率的塑性变形，刀具与工件和切屑之间也产生强烈的挤压和摩擦作用。切削过程中的热量来源主要有三部分：第一部分是工件材料在刀具切削作用下发生剧烈剪切变形的区域，被称为剪切区热源或第一变形区热源，是主要的切削热来源；第二部分是切屑与刀具前刀面之间的挤压和摩擦作用区域，被称为刀/屑接触面热源或第二变形区热源；第三部分是刀具后刀面与工件新生成表面之间的挤压和摩擦作用区域，被称为第三变形区热源。通常，第一变形区与第二变形区的热量生成在很大程度上取决于切削条件，第三变形区的热量生成则主要受刀具后刀面磨损的影响。

影响螺纹刀具切削温度的主要因素有切削用量、刀具几何参数、工件材料、刀具磨损以及冷却液等。螺纹的车削加工属于连续切削，而铣削加工属于断续切削，二者的切削温度变化是迥然不同的。在连续切削过程中，切削热源在切削开始后快速达到稳定状态，而断续切削过程则相对复杂，刀具和工件上的热量在切削时间内处于累积状态，而在非切削时间内处于耗散状态，因而刀具上的切削温度处于上升和下降周期性变化。

四、切削振动

切削振动是机床—工件—夹具—刀具组成的工艺系统中某处观测点的运动量（位移、速度、加速度）围绕其平均值或相对基准交替变化的现象，主要与切削力的大小、频率以及工艺系统的刚性有关。无论是螺纹车削还是铣削，切削过程都难免发生振动，而振动给刀具切削效能带来的危害极大。一方面，振动会加剧刀具磨损；另一方面，刀具磨损又会促使振动的进一步增强。此外，振动还会恶化工件的已加工表面质量。因此，加工螺纹时检测与分析切削振动，并合理选择避振或抑振手段十分必要。

切削振动一般分为稳态振动和随机振动。前者的特点是在一定时间后，其振动波形的均值不变，方差在一定的范围内波动；后者的特点是信号的均值和方差都持续变化，与时间存在函数关系。

五、螺纹精度

在实际生产中，螺纹精度是反映螺纹刀具性能优劣最常用，也是最直接的指标。其决定了螺纹能否正常使用，对螺纹连接的质量、可靠性、使用寿命等影响巨大。

螺纹的几何廓形通常由螺纹刀具牙型决定。螺纹精度受机床振动、刀具振动和工件让刀等影响很大，而提高螺纹刀具的刃口锋利度则有助于避免这些情况出现，从而提高螺纹精度。此外，通过辅以适当的润滑方式和切削速度，并适当增加螺纹刀具的走刀次数，也有利于提高螺纹精度。

六、已加工表面质量

常见的螺纹加工表面质量特性评价指标可归纳为：表面形貌、残余应力、加工硬化和金相组织等。

1. 表面形貌

已加工表面形貌影响螺纹的旋合精度。在螺纹配合连接时，具有不同表面粗糙度和纹理的螺纹连接强度、使用寿命也会有明显差异。对于粗糙的螺纹表面，在交变载荷的作用下，表面轮廓谷底处产生应力集中而容易产生疲劳裂纹，造成疲劳破坏。

已加工表面形貌影响螺纹装配面之间的耐磨性。当螺纹旋合之后，粗糙表面的凸峰相互接触、挤压，单位面积压力很大，随着接触表面之间的不断磨合，表面粗糙度值逐渐减小，磨损开始减缓，此时螺纹的连接状态最佳。

已加工表面形貌影响螺纹结构的抗腐蚀性能。当螺纹处于腐蚀环境时，粗糙的表面有大量微小凹谷，腐蚀性介质会积存于这些凹谷中，形成化学腐蚀或电化学腐蚀。因此，提高表面粗糙度有助于增强螺纹结构的抗腐蚀性能。

2. 残余应力

在螺纹切削加工过程中，当引起应力的因素消除后，仍会有残余应力存在于螺纹表面的微观组织中。表面残余应力直接影响螺纹抗疲劳强度的大小。当其为压应力时，会抵消部分由于交变载荷引起的拉应力，从而提高了螺纹结构的抗疲劳强度；当其为拉应力时，会促进疲劳裂纹的形成和扩展，降低了螺纹结构的抗疲劳强度。合理的残余应力分布会提高零件的表面硬度和疲劳强度，提高零件的使用寿命。

切削过程引起残余应力的原因主要有三种：冷态塑性变形、热塑性变形、表面层金相组织变化。

3. 加工硬化

加工硬化是加工表面在冷态塑性变形过程中，金属内部组织的晶格产生剪切滑移、扭曲、拉长、纤维化及破碎等，导致表面塑性下降，强度和硬度提高。表面加工硬化可在一定程度上提高零件的耐磨性。然而，硬化现象使螺纹表面脆性增强，当螺纹承受较大的冲击载荷时，对螺纹连接的可靠性带来不利的影响。

4. 金相组织

螺纹刀具对工件材料进行高速切削时会产生高温和强挤压力，切削区发生剧烈塑性变形，已加工表面内部金相组织发生明显的变化。工件已加工表面组织存在明显变化的最表层通常称为变质层，是影响工件表面质量的重要部分，影响已加工表面的应力应变分布和机械物理性能，对螺纹的使用性能产生很大影响。

七、切屑形态

切屑形态是能够直观反映螺纹刀具切削性能的重要指标，对刀具寿命、加工精度、机床维护和安全生产具有重要借鉴意义。在采用丝锥攻丝的内螺纹加工工艺中，不规则、易缠结的切屑容易划伤已加工工件表面，因而切屑形态一般被视为判断丝锥使用性能优劣的首要指标。螺纹刀具在切削过程中使用的切削参数和润滑方式不同，产生的切屑形态也就不同。良好的切屑形态有利于排除切屑、减少刀具磨损并防止切屑刮伤已加工表面。研究表明，切削速度和走刀次数对切屑形态有较为明显的影响，而润滑方法对于切屑形态影响不明显。通常，在较高的切削速度和适中的切削深度下，刀具切削螺纹获得的切屑形态较好。

螺纹的结构（内螺纹和外螺纹）不同，切屑的排出难易程度也不同，外螺纹因具有开阔的排屑空间，刀具在加工螺纹时就不易受到切屑的缠结。对于内螺纹的加工，受其结构的制约，排屑则相对困难。采用不同的螺纹加工方式获得的切屑形态也有较大差异，比如车削通常得到带状切屑，而铣削主要得到单元切屑。

切屑形态与被加工材料的塑性和脆性特性有很大关系。随着工件材料塑性减弱、脆性增强，切屑形态由带状、挤裂状到单元状和崩碎状演变，如图 8-7 所示。带状切屑是最常见的一种切屑，它的内表面光滑，外表面呈毛茸状，在刀具前角较大、工件塑性较好时常形成这种切屑。挤裂切屑的外表面呈锯齿形，内表面有时有裂纹，在刀具前角较小、切削厚度较大时易产生此类切屑。单元切屑是当切屑剪切面上的剪切应力超过材料的断裂强度时，切屑单元从被加工工件上脱落形成的。崩碎切屑是刀具切削脆性材料时得到的形状不规则的碎裂切屑。

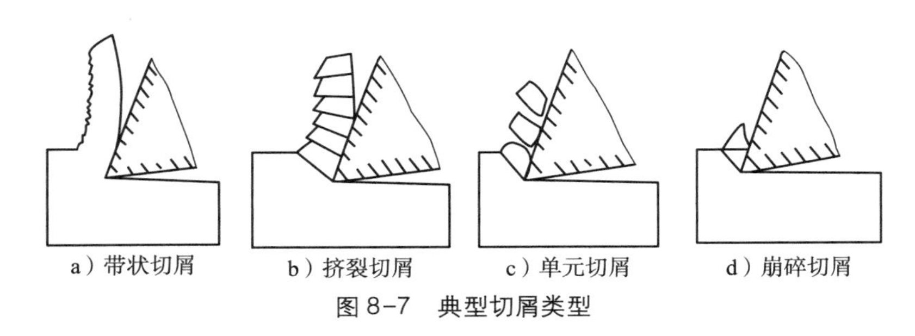

图 8-7　典型切屑类型

第二节　螺纹刀具切削性能评价流程

螺纹连接在机械行业中应用最广泛，可用于连接、紧固、传动和密封等，其质量直接影响机械产品的装配精度、可靠性和使用寿命。

螺纹切削就是被加工工件材料在刀具沿特定螺旋轨迹的运动下，迎着前刀面的材料发生预期的形状变形，最后断裂滑移的过程。在螺纹的常规数控车削或铣削过程中，刀具的切削性能优劣严重影响到数控加工的效率、加工螺纹的质量以及生产加工的经济效益。在以往的生产实际中，操作人员确定刀具切削性能优劣的主要方法是在相同的加工工艺参数和冷却环境下，对加工螺纹的精度和质量进行对比，同时比较刀具的使用寿命。这种方式简单易行，结论可靠，在检测条件不具备的车间作业现场最常使用。评价螺纹刀具切削性能的另一种科学、系统、准确和可靠的方法是依据加工过程中的切削力、切削功率、螺纹加工精度和质量、切削温度、刀具磨损等主要指标的变化，采取系统的试验手段，运用系列检测技术以获取丰富的特征量数据，对其进行专业化的处理、分析后最终实现对刀具实际切削效果的评价。

一、试验设计与数据处理

影响螺纹刀具切削性能的因素有很多，为了准确分析各因素对刀具切削性能的影响，应首先对试验方法开展针对性设计。常用试验方法有单因素试验法和正交试验法两种。当存在多个影响加工过程的可控因素时，诸如工艺参数和刀具角度等，可针对不同因素多次使用单因素试验，但前提是各因素之间相互独立，对试验结果指标影响没有交叉性，同时各因素的取值宜在合理范围内，按给定步长的取值数量也不能太多，否则试验次数会增多，而且容易得出错误的结论。相比多次单因素试验，正交试验可大大减少试验次数，具有效率高的特点，还能充分考虑到加工工艺参数和刀具结构参数等因素间的交互作用。然而，各因素设定的试验参数值过多会增大试验任务量。因此，正交试验法只适应于水平不多的试验设计。

除了上述两种常见试验方法外，均匀试验设计也是一种比较适用于多因素多水平试验的方法。这种方法将试验点在试验范围内均匀散布，以便通过较少的试验获得最多的信息。与正交试验设计相似，均匀设计也是通过一套精心设计的表来进行试验设计。它在每个水平上仅做一次试验，试验次数就等于水平数，这样试验次数得以大大减少。均匀试验设计在因素水平较多时使用起来更有优势。

此外，通过响应曲面法也有助于对螺纹刀具开展优化设计。该方法结合试验设计和统计分析技术来探讨影响因子与响应输出之间的数学关系，其目的是寻找优化区域，找到响应的优化值。采用响应曲面法开展螺纹刀具的切削性能评价试验，对深刻理解切削过程中物理量的变化同刀具几何结构变量和加工工艺变量之间的影响关系与权重，具有重要意义。

对螺纹刀具工作过程所产生的各类信号进行采集后，由于加工中具有很多扰动因素，收集到的信号必然包含诸多具有高度不确定性特征的噪声信号，为了剔除这些噪声信号，提取有价值的信息，根据信号特点可采取恰当的方法进行数据处理。这些方法有时域法、频域法和时频域法等。时域法使用函数积分进行噪声波转换，频域法通过短波功率谱降噪，而时频域法则针对频率稳定的噪声进行除噪。通过这三种方法可实现对各类指标量数据开展全方位、多角度的分析，结合相关大数据存储、数据筛选、数学建模、复杂运算与变换、误差分析等技术，最终获得可用于评价螺纹刀具切削性能的结果。

二、切削性能检测

螺纹刀具切削性能的评价离不开各类先进的切削过程检测技术。用于切削过程刀具和工件发生的复杂物理、化学变化的相关检测技术、方法和仪器等已较为成熟，人们从不同角度出发对这些检测手段进行了分类。按照检测是否在切削过程中进行，可分为在线检测和离线检测；按照检测所使用的传感器个数，可分为单传感器检测和多传感器融合检测；按照检测是否会对工艺系统造成额外的损伤，可分为有损检测和无损检测；按照检测是否与刀具或工件发生触碰，可分为接触式检测和非接触式检测。在非接触检测中，基于视觉的检测又最受青睐。

基于视觉的检测是随着电子和光学技术的进步而得以迅速发展的，其作为一门新兴测量技术被越来越广泛地应用于物体的几何尺寸和空间位置测量。外螺纹由于具有外围开敞式结构特点，易于采用视觉检测方法实现其几何尺寸的高效测量。基于视觉的外螺纹几何尺寸测量一般采用投影法，按投影方向与待测螺纹件的关系，又分为垂直投影测量和切线投影测量两种方式，如图 8-8 所示。垂直投影测量采用垂直于待测螺纹轴线的光线投射待测螺纹，用由此所得影像的几何尺寸来反映待测螺纹真实形貌；而切线投影测量是用与待测螺纹中径牙侧螺旋线相切的光线投射待测螺纹，用由此所得影像的几何尺寸来反映待测螺纹真实形貌。

采用垂直投影测量时可以直接得到螺纹轴剖面牙型，符合螺纹参量定义。但是，忽略了由延伸螺旋面造成的螺纹牙型遮盖问题，测量精度不高，常用于普通（三角形）螺纹测量。切线投影测量是为避免因延伸螺旋面造成的螺纹牙型遮盖而采用的方法。因此，获得的牙型影像虚影发生情况大为降低。但是，由于螺纹牙中径柱面螺旋线升角与其他各径所在柱面螺旋线升角不同，所获得影像依然存在虚影。

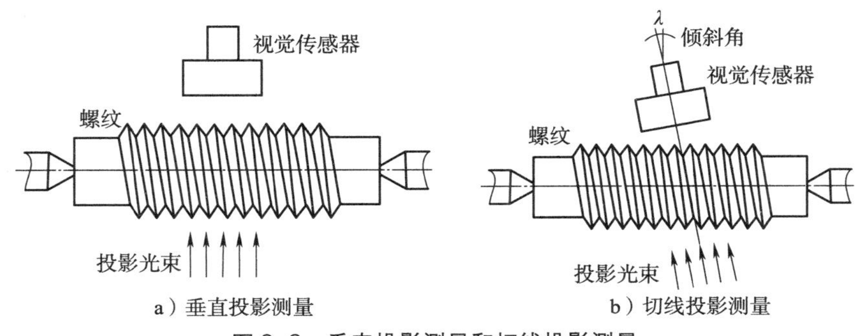

图 8-8　垂直投影测量和切线投影测量

在众多检测手段里，无损检测技术是用于切削过程检测首先考虑的手段。在螺纹的切削加工过程中，在不损害螺纹特征几何精度和刀具使用性能的前提下，采用物理或者化学手段对刀具和加工件的内部反应、性质进行检测，如声发射检测、红外检测、振动检测等，获取螺纹切削过程中的各种信号和数据，对于提高加工质量和效率起到重要作用。不仅如此，无损检测技术还能对螺纹刀具切削过程中的磨损度进行检测，从而促使参数控制在合理的范围内，保障了螺纹制造过程的安全，避免危及人身和设备的故障出现。螺纹刀具工作时会产生不同频率和噪声的信号，对其进行有效收集和准确处理也是无损检测技术的重要内容。此外，信号感知和信号处理技术的进步，也为螺纹切削加工过程中的无损检测提供了多种行之有效的方案。

1. 刀具磨损检测

随着刀具对螺纹的车削或铣削加工时间的不断推移，刀具的刃口会逐渐发生磨损（见图 8-9），切削性能和切削效果也在不断发生变化。尤其当刀具发生严重磨损时，对螺纹的几何形状、尺寸精度以及表面质量均产生很大的影响，甚至引起工件超差而报废。因此，在螺纹切削加工过程中，在线检测刀具的磨损状态进而避免影响加工质量十分重要。由于对螺纹刀具工作过程中的磨损形态进行在线的直观观测非常困难，因此采用各种类型的传感器采集切削加工过程中与刀具磨损相关联的信号来间接检测刀具磨损状态，这些信号包括力信号、电动机电流信号、振动信号和声发射信号等。按照在线检测刀具磨损状态时所采用的传感器数量多少，可以将刀具磨损状态检测技术分为单传感器检测技术和多传感器融合检测技术。

单传感器检测技术方面，应用最多的是基于切削力信号的刀具磨损检测技术。由于切削力信号及其动态变化形成的振动信号对切削过程中的刀具磨损十分敏感，能够较好地反映出切削加工时的刀具状态信息，因此人们便通过在刀柄或夹具上装置力传感器来捕捉加工过程中切削力的微细变化，并以此为基础开展相关性分析，筛选出能够有效表征刀具磨损状态的时域或频域特征量。综合运用包括人工神经网络、响应曲面法、支持向量机等在内的建模理论建立关联刀具磨损状态的预测模型，进而实现螺纹切削过程中刀具磨损的在线评判。声发射技术也是常用的螺纹刀具磨损单传感器检测技术之一。基于声发射信号的刀具磨损检测原理是，当刀具磨损程度增大时，材料的弹性变形程度亦会增大，刀具刃口切削过后局部材料的弹性变形会迅速释放，从而产生一种瞬态弹性波，致使所产生的声发射信号的能量和频率随之改变。声发射信号一般具有很高的频率，因此不容易受加工过程中无关干扰的影响。但是，由于螺纹结构在切削加工过程中的声发射源很多，彼此之间交叉影响，所以有时难以对表征刀具磨损的特征信号进行快速辨别与提取。此外，监测螺纹加工过程中的机床主轴的电流或功率信号，分析其幅值变化特性，也是在线判断刀具磨损情况的重要途径。

鉴于使用单一信号对刀具磨损检测的信息比较片面，难以全面地表征刀具的磨损状态，为此，基于多信号融合的刀具磨损检测技术逐渐获得广泛应用。常用的多信号组合检测形式有电流和切削力信号的组合，电流和振动信号的组合，振动和声发射信号的组合，以及切削力、振动和声发射信号的组合等。

刀具磨损的离线检测技术一般是应用光学显微镜（见图 8-10）对刃口磨损进行观察，通过数字图像测量技术，依据后刀面的磨损状态来量化其磨损程度。

图 8-9　硬质合金螺纹铣刀的磨损

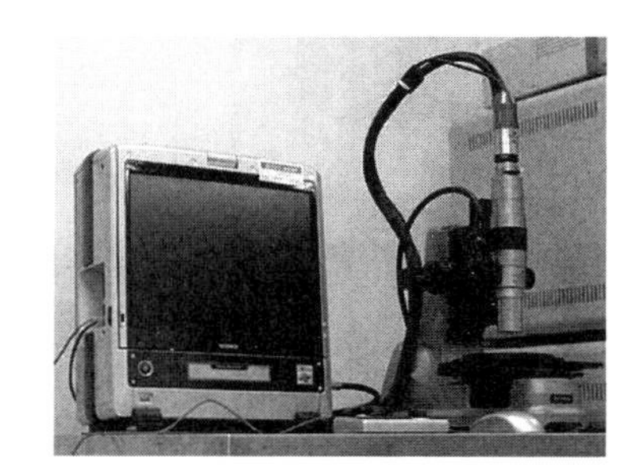

图 8-10　超景深光学显微镜

2. 刀具破损检测

当螺纹刀具承受的切削载荷过大或工件材质内弥散分布有硬质点时，刃口就容易发生破损，如图 8-11 所示。在线检测螺纹加工过程中的刀具破损，对保证生产节拍稳定和连续、降低产品废品率具有重要的作用。

无论是铣削还是车削螺纹，采用声发射技术和时频处理系统可以对过程中的刀具破损实施在线监测。刀具的完好与破损状态在工作过程中的声发射信号响应具有明显的差异，通过鉴别信号的幅值和脉宽特征并实施逻辑运算，即可在排除刀具切入和切出过程乃至切削过程中的刀具磨损的影响下，准确判断螺纹铣削或断续车削加工过程中刀具破损是否发生。比如，通过鉴别幅值将与破损信号相对具有较低幅值的噪声信号剔除掉；对于诸如切屑折断或刀具撞击工件夹杂硬质点等的突发性信号，可根据脉宽鉴别将其排除掉。根据提取出的有价值的声发射信号判断刀具在切削螺纹过程中是否发生了破损，从而有效防控切削过程因刀具严重破损断裂导致的工件报废甚至加工事故的发生。

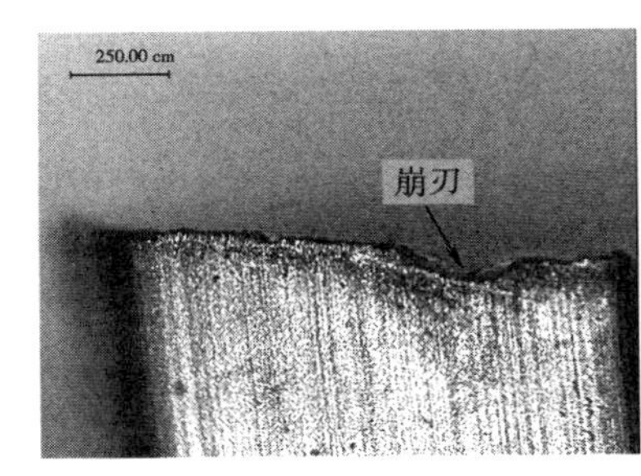

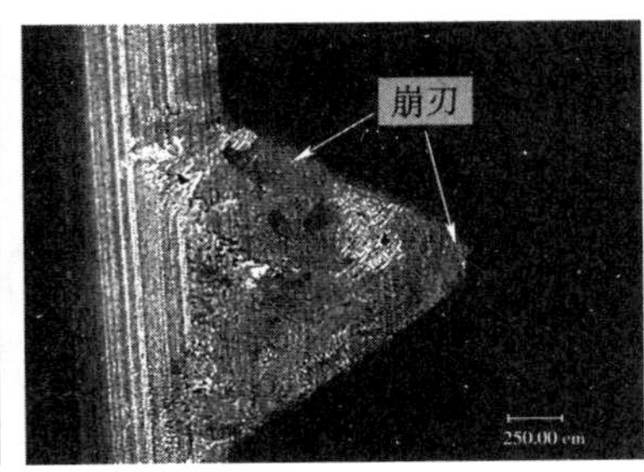

图 8-11　硬质合金外螺纹车刀的破损

3. 切削力检测

切削力的大小直接影响切削过程的稳定性，同螺纹尺寸精度、刀具的磨损和总体质量具有密不可分的关系。对螺纹切削过程中的切削力进行实时在线测量，有利于帮助分析预知刀具的失效演变状态。在螺纹的高速切削工况下，测力系统应具有很高的灵敏度和数据采集频率。

切削力测量系统一般由三部分组成：测力仪、数据采集系统和计算机。在车削加工螺纹时，可将测力仪安装在刀架上，测量刀具在切削过程中受到的切削力；在铣削螺纹时，通常将测力仪安装在机床工作台上，测量工件在切削过程中受到的切削力。测力仪将拾取到的切削力信号转换为弱电信号，数据采集系统对此弱电信号进行放大、调理后，转化为可被计算机识别的数字信号；计算机通过专门软件将切削力信号显示出来，以供用户进行直观的掌握和分析。

测力仪按照工作原理的不同，可以分为应变式测力仪、压电式测力仪和电流式测力仪。应变式测力仪是由弹性元件、电阻应变片和对应的测量转换电路组成。电阻应变片贴于弹性元件表面，按照某种形式连接后形成电桥电路，如图 8-12 所示，当弹性元件受力而发生变形时，电阻应变片随之产生相应程度的变形，引起电阻值发生变化，电桥输出电压随之改变，用户根据预先标定的输出电压与作用力的关系，即可反算出切削力的大小。应变式测力仪具有灵活性大、适应性广、性能稳定等优点，并且配套仪表如静态应变仪、动态应变仪等已标准化，使用比较方便。

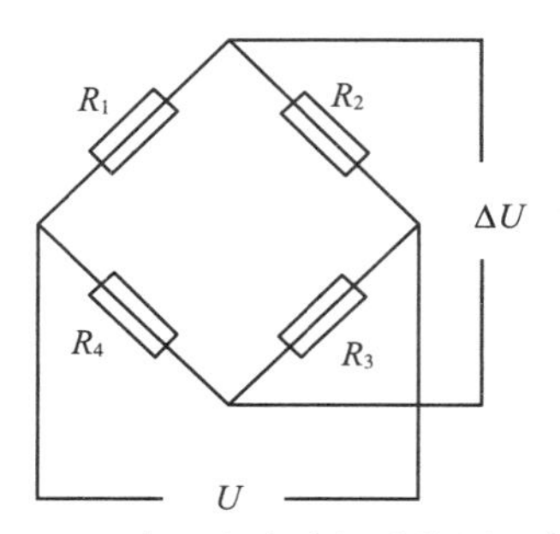

图 8-12　电阻应变片组成的测量电桥

压电式测力仪是以压电晶体为力传感元件的切削测力仪。石英晶体是应用最为广泛的压电晶体材料，当其在外力作用下发生变形时，某些外表面会出现异号极化电荷，即压电效应，通过测量电荷量即可达到测量切削力的目的。压电式测力仪在测量动态力方面更具优势，具有灵敏度高、受力变形小等优点，是目前应用最广泛的力测量工具。搭配电荷放大器以及相应的数据采集与处理系统后，适用于螺纹车削和铣削过程的切削力测量。图 8-13 所示为可用于螺纹铣削过程力检测的四向压电式测力仪和电荷放大器。该测力仪可对三个正交方向的切削分力和垂直方向的扭矩进行动态测量，测出的力信号经电荷放大器放大后，再经过数据采集卡将信号传送到计算机，使用测力仪的配套软件即可对测得的力信号进行分析和处理。

a）四向压电式测力仪

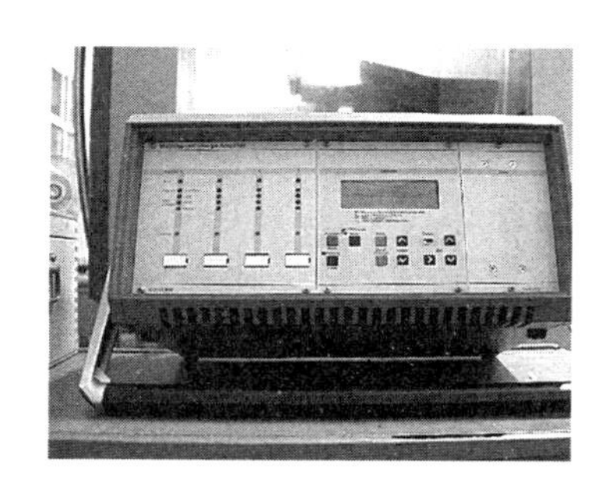

b）电荷放大器

图 8-13　测力系统

电流式测力仪是一种间接式测量切削力的方法，其原理是切削力的变化会引起主轴电动机电流的变化，通过测量主轴电动机电流来估计切削力的大小。该方法是一种经济简便的方法，但具有两方面的局限性：一方面是加工过程中的非线性因素会在一定程度上降低测量精度；另一方面是主轴电流信号相对于切削力的变化有一定的滞后现象，无法满足较高切削力实时的检测要求。

4. 切削温度检测

常用的切削温度检测方法主要有红外热成像法和热电偶法。红外热成像法是一种非接触式测温技术，其工作原理是，由于高于绝对零度的物体均会发出红外辐射，通过透镜、传感器等光学手段将被测视场中物体所发出的红外辐射采集后，经过模/数转换和微处理器处理，得到被测视场中各点的温度值，最终以伪彩色方式显示出温度分布图像。经过多年的发展与进步，红外热成像技术已被广泛用于测量机械切削加工过程中的温度分布。在螺纹的切削加工中尤其是对于外螺纹的切削，通过红外热成像技术，可以直观检测螺纹刀具切削过程中的刀/屑接触面温度分布，从而分析刀具结构参数和加工工艺参数对刀/屑接触面上的温度分布的影响，为优化切削工艺参数和充分发挥螺纹刀具的切削效能提供可靠依据。

热电偶法包括自然热电偶法、人工热电偶法和半人工热电偶法。热电偶传感器是一种自发电型传感器，它无须外加电源，不受中间介质的影响，具有结构简单、准确度高等优点。热电偶传感器可基于热电效应实现测温。它将两个不同性质的导体组成闭合回路，两个接点分别称为测量端和冷端，当二者的温度不同时，回路中就会产生热电动势以及一定大小的电流，通过检测热电势或回路电流的大小，根据预先标定好的电信号与温度值之间的关系，即可反算出被测物体的温度。

（1）自然热电偶法

自然热电偶法是利用刀具和工件作为热电偶的两极，组成闭合电路来测量温度。切削加工时，刀具与工件接触区产生高温形成热电偶的热端，刀具和工件引出端形成冷端，两者之间由于存在温差而产生电势，切削温度越高，电势值越大。切削温度与热电势值之间的映射关系可通过自然热电偶标定得到，根据切削试验中测出的热电势值，可在标定曲线上查出对应的温度值。采用自然热电偶法测量切削温度，装置简单可靠，可方便地研究切削条件对切削温度的影响。

（2）半人工热电偶法

在刀具或工件待测点处插入点焊金属丝或金属箔片作为热电偶的一极，刀具或工件作为热电偶的另一极，可测出各接触点的热电势从而得到切削温度。半人工热电偶法结构简单，测温时只采用单根导线，无须考虑绝缘问题，因此应用广泛。但在切削非导电材料时只能用来测量刀具温度。

（3）人工热电偶法

人为在刀具或工件被测点处钻一个小孔（孔径越小越好，通常小于0.5 mm），孔中插入一对标准热电偶并使其与孔壁之间保持绝缘。切削时，热电偶接点感受出被测点温度，产生电势值并测定，然后参照热电偶标定曲线得出被测点的温度。人工热电偶法可以测量刀具、切屑和工件上指定点的温度，并可测得温度分布场，但其结构复杂，只能测量离前刀面有一定距离处点的温度，而不能直接测出前刀面上的温度，而且在工件或刀具上钻孔将影响工件和刀具的结构性能。

除了上述三种测温方法外，还有薄膜热电偶法、红外辐射高温计法、金相结构法和扫描电镜法等，这些方法各有优缺点，应用范围不广。

对于外螺纹的加工，采用红外热像法是最方便的，常用的 FLIR 红外热像仪如图 8-14 所示。对于内螺纹的加工，采用热电偶法则更有效。在实际操作中，直接接触法使用比较多，由于能够直接与测量零件接触，得到的切削温度准确度较高。

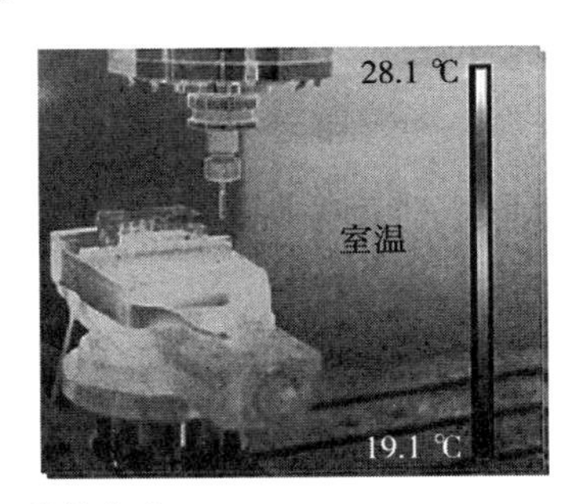

图 8-14　FLIR 红外热像仪

5. 切削振动检测

在螺纹的高速切削中，螺纹工件和刀具容易发生颤振，加剧了刀具的磨损并恶化工件加工质量。采用适当的振动检测方法监测、分析振动的频率和幅度，判断引起振动的根源和主要影响因素，可为制定合理加工参数、有效规避振动和维持螺纹切削过程稳定提供有力借鉴。

切削振动能反映机床—工件—夹具—刀具系统在切削加工过程中的动态特性，通过对振动信号进行时域分析、频域分析以及时频域分析，从振动信号中提取有关切削过程中的特征信息，通过分析，来确定切削加工参数与切削振动之间的关系，从而为加工条件与切削加工参数的合理选择、减少工艺系统切削振动提供科学依据。

在切削振动检测过程中，振动信息的提取按力学原理可分为相对测量法和惯性测量法两种；按振动信号的转换方式可分为电测法、光测法和机械测振法三种。

分析螺纹切削工艺系统结构动力特性的另一种有效方法是试验模态分析，即通过相应检测工具辨识系统的关键参数，对机械系统进行动力学分析和求解，分析系统的结构模态，计算刀具和工件的动态振动位移，以获得刀具—机床—工件以及相互接口

（刀柄和工装夹具）所组成的系统在激励作用下所产生的振动。当前，切削加工系统模态参数辨识最有效的方法是冲击响应试验，如图 8-15 所示。冲击响应试验的力锤试验装置和各类锤头如图 8-16 所示，采用带有压电力传感器的冲击力锤作为激励设备，获得冲击力脉冲信号，而冲击力锤产生的振动输出信号可以采用位移传感器或加速度传感器测量。目前在振动信号测量中普遍采用加速度传感器，在测试时，加速度传感器一般吸附于被测试结构上，其自身质量会对系统结构固有频率产生影响，因此必须选择合理的加速度传感器。计算机对激励信号和振动响应信号进行采集后，采用多项式拟合方法可以得出铣削加工系统的各阶模态参数。

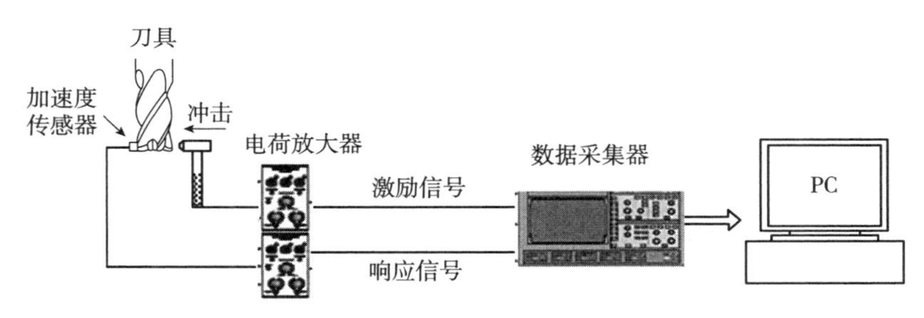

图 8-15　加工系统模态辨识试验示意

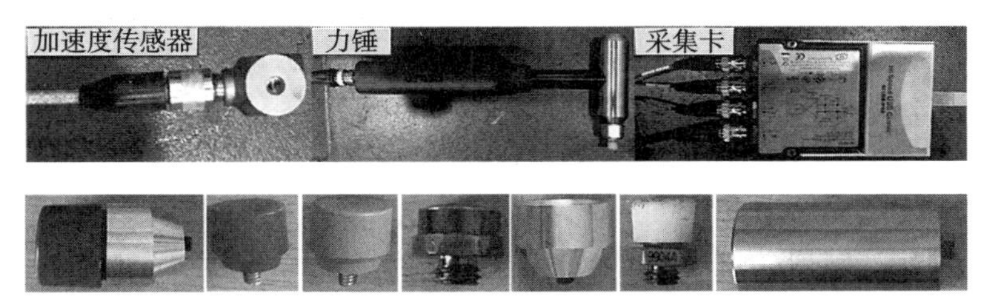

图 8-16　力锤试验装置和各类锤头

6. 螺纹精度检测

在螺纹结构的数控加工过程中，被加工件几何参数的在位快速高精度测量是提高加工效率、保证加工质量不可缺少的手段，同时也是反映螺纹刀具切削性能优劣的主要指标之一。对于已加工螺纹结构的尺寸和形位测量，生产现场常用的工具有游标卡尺、千分尺、千分表、电感测微仪、标准规等。这些手工测量工具虽然操作简单，对测试环境要求不高，但功能少，测量精度和效率低，只能检测一些简单几何形体加工尺寸误差与形位误差。然而，对于特殊或者非标准的螺纹结构特征，这些简单的测量工具已不能满足精度要求，此时可将工件运送到三坐标测量机上进行测量。此外，目前市场上已出现在高档数控机床上使用三维接触式测头，借助机床自身具有的合适精度的三维运动和定位功能，实现工件的在位测量。

传统的螺纹零件形位和尺寸精度检测方法一般可以分为两类：一类是螺纹综合测量法。该方法是采用螺纹量规进行检验，依据通、止状态定性判断与螺纹中径、螺距和牙型半角误差等因素相关的作用尺寸（边界）是否在规定的合格（极限边界）范围内。该方法的缺点是不能定量测量，并且易受检验人员个人主观意识的影响。另一类是螺纹零件的单项参数测量法。单项测量是指对螺纹各个单项参数（如螺纹中径、大径、小径、螺距、牙型半角等）分别单独测量，是一种静态测量方法。该方法的缺点是测量结果往往只能代表被测螺纹某一截面的情况，不能真实反映被测螺纹在三维空间内的精度。

随着近年来螺纹测量技术的发展，针对螺纹综合参数的检测，出现了很多新的标准和方法。目前，检测螺纹参数的先进技术主要有轮廓扫描法和基于机器视觉的测量方法。图 8-17 所示分别为针触式轮廓测量仪和螺纹综合扫描测量仪。

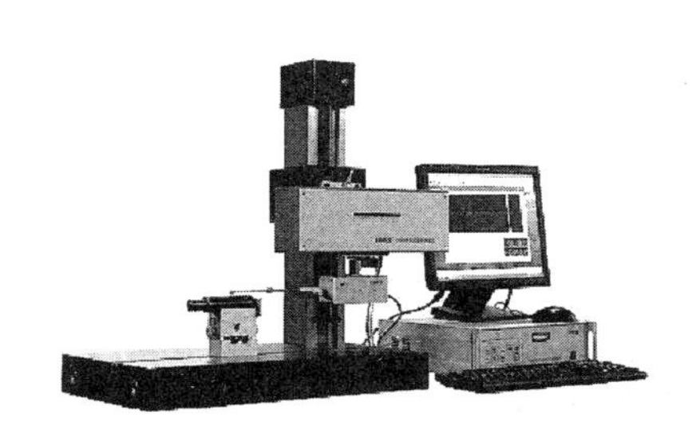

a）针触式轮廓测量仪

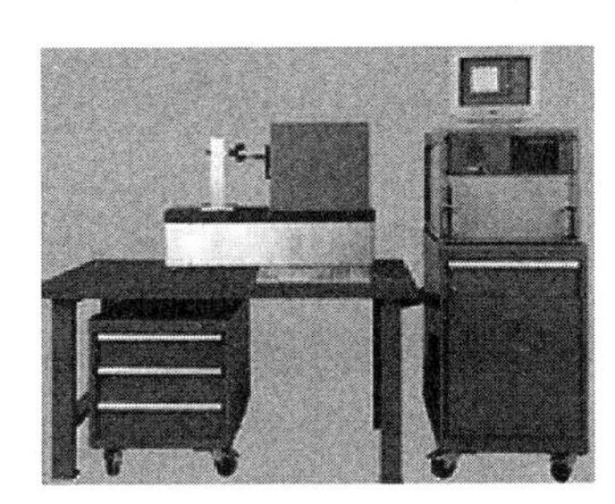

b）螺纹综合扫描测量仪

图 8-17　螺纹参数检测示例

7. 螺纹已加工表面质量检测

刀具的切削性能与螺纹加工表面质量有着密切的关系，拥有良好切削性能的刀具加工得到的螺纹精度和表面质量也应良好。螺纹加工表面质量是表面层的微观几何特征和显微组织特性的反映，对螺纹连接的抗腐蚀性和抗疲劳强度都有很大的影响。目前，对螺纹加工表面质量特性评价指标可归纳为如下几类：表面粗糙度、表面纹理、残余应力、加工硬化等。

（1）表面粗糙度检测方法

1）光切法

光切法是利用光切原理测量表面粗糙度的方法，常采用的仪器是光切显微镜（双管显微镜）。

光切法通常用于测量 Rz = 0.5~80 μm 的表面。光切显微镜由两个镜管组成，一个为投射照明镜管，另一个为观察镜管，两光管轴线互成 90°。

2）针触法

针触法是通过针尖感触被测表面微观不平度的截面轮廓的方法，是一种接触式电测量方法。所用测量仪器为轮廓仪，可以测定的粗糙度 Ra 范围为 0.025~5 μm。该方法测量范围广、快速可靠、操作简便并易于实现自动测量和微型计算机数据处理。然而，被测表面容易被触针划伤。

3）干涉法

干涉法是利用光波干涉原理来测量表面粗糙度的方法。常用的仪器是干涉显微镜，适宜于用 Rz 来评定表面粗糙度，测量范围为 0.05~0.8 μm。

（2）表面残余应力检测方法

1）盲孔法

盲孔法是目前工程上测量残余应力最常用的方法。盲孔法通过在被测点上钻一小孔，将被测点的应力释放，用应变计测得释放的应变量，经换算得到残余应力。使用盲孔法测量残余应力会对构件造成损伤。

2）X 射线衍射法

X 射线衍射法是通过测量材料中晶体原子间距来计算应力，具有无损性和较高的精度。

3）超声波法

超声波测量残余应力是通过测定应力引起的超声波传播速度变化，来计算残余应力。超声波法是一种无损检测方法，但是其测量残余应力要受到材料性能、工件形状和组织结构的影响。

4）压痕法

压痕法的测试原理是用一定几何形状的压头对固体材料表面实施准静压加载，从而考察材料的压入响应。与其他无损检测方法相比，压痕法的相关理论较成熟，物理背景较清晰，测试结果与盲孔法测试结果比较接近。

（3）表面加工硬化检测方法

加工硬化的测量方法有显微硬度测定法、X 射线组织法和金相法。

1）显微硬度测定法

用显微硬度计可以测定表面层的显微硬度，反映表面加工硬化的程度。若要测出显微硬度在深度上的变化情况，可采用以下三种方法：

剥层测定法。用显微硬度计先测量已加工表面的显微硬度，然后用机械法、电抛光法或刻蚀法，从表面上去掉一层很薄的金属，用千分仪测定去掉金属层的厚度，再测量新显露表面层的显微硬度，如此一层层去掉，一次次测量，直到测出的显微硬度与原来材料硬度一样为止，这样便可得出显微硬度在深度上的变化情况。这种方法劳动量较大，且不能测量很薄的加工硬化层。

横截测定法。测量时需将垂直于加工表面的横截面制成金相磨片，然后在磨片上从表向里每经过50~100 μm进行一次显微硬度测量，直至基体金属为止。此方法简单，但只宜测较厚的硬化层。

斜切测定法。测量时需将与加工表面成1°~3°的倾斜截面制成金相磨片，然后在磨片上从表向里每经过50~100 μm进行一次显微硬度测量，直至基体金属为止。最后根据测定出的硬化层长度和倾斜角，计算出硬化层的深度。此法由于倾斜角很小，斜切面穿过金属层有较大的长度，因而有较大的放大测量长度（可放大30~60倍）。此法可用于测量较薄的硬化层。

2） X射线组织法

此法的基本原理是用X射线光束照射在多晶体金属表面，由于晶体的原子面反射，在照相底片上就得出干涉环系，反映出金属塑料变形时晶格变化和晶粒破碎等组织变化，然后根据X光图像上干涉环直径的大小和X射线的波长，就可求出原子面之间的距离，反映塑性变形情况。

3） 金相法

此法是将已加工过的试件侧面制成金相磨片，将磨片表面腐蚀，以显露其组织情况，用显微镜观察，根据晶粒的细碎情况和形状歪扭程度，来评定表面硬化层的深度和硬化的程度。此法比较简单，可用于对表面层状态作定性分析。

第三节　螺纹刀具切削加工与评价案例

一、 PCD螺纹铣刀应用与评价案例

1. 案例背景

本案例是对某铝合金缸盖胀紧轮安装孔内螺纹加工用PCD螺纹铣刀进行开发与应用。通过对PCD螺纹铣刀切削性能的研究，获得合理的切削参数，解决生产加工效率难以提升的问题，提高螺纹加工的质量，加快生产节拍，进一步提升整体制造水平。

缸盖材料为硅铝合金，其硬而韧，是一种典型的难加工材料。加工过程中刀具容易磨损，造成刀具耐用度低。采用螺纹铣刀加工螺纹孔时，其断屑性能非常差，导致

加工表面质量较差。在加工过程中产生的毛刺较多，且不易去除甚至还会导致零件的清洁度超差，无法满足胀紧轮装配的质量要求。

针对这些情况，必须选取合理的刀具和工艺对胀紧轮安装孔螺纹进行加工。当前高速切削技术受到发动机生产企业的重视，涂层硬质合金刀具、PCD 和 CBN 刀具已被大量采用，这些刀具硬度高，如再匹配涂层，就能够在很高切削速度下进行加工。本案例针对 PCD 螺纹铣刀的切削性能开展试验研究。

2. PCD 螺纹铣刀切削性能试验

（1）试验材料和刀具

本案例根据现场情况选用硅铝合金板材，尺寸为 35 cm×16 cm×2.5 cm，成分和缸盖一致，刀具采用双刃焊接式 PCD 螺纹铣刀，刀柄采用 HSKϕ63 刀柄，如图 8-18 所示。试验用铝硅合金的材料组成成分见表 8-1。

图 8-18　硅铝合金板（左）与 PCD 螺纹铣刀（右）

表 8-1　铝硅合金材料组成成分

元素	Al	Si	Mg	Mn	Fe	Cr
含量/%	余量	8~9	0.15~0.4	0.2~0.5	≤0.75	≤0.1

（2）试验设备

本案例使用 DMU 50eVo linear 高速加工中心（见图 8-19），其主轴最大转速可以达到 24 000 r/min。转速范围为 20~12 000 r/min，工作台面积为 700 mm×500 mm，各方向最大位移行程（$X/Y/Z$）为 710 mm/520 mm/520 mm，XYZ 直线轴快速移动速度为 80 mm/min、50 mm/min、50 mm/min。

（3）检测仪器

在本案例 PCD 螺纹铣刀切削试验中，采用 KISTLER9272 三向压电式测力仪与 KISTLER5070A 电荷放大器以及相应的数据采集系统测量切削力（见图 8-20）。KISTLER9272 测力仪的基本技术参数：灵敏度为 0.05 N；测力采样频率为 100 Hz~

10 kHz；量程范围为±5 kN（X、Y），−5～20 kN（Z），±200 Nm（扭矩）。

图 8-19　DMU 高速加工中心

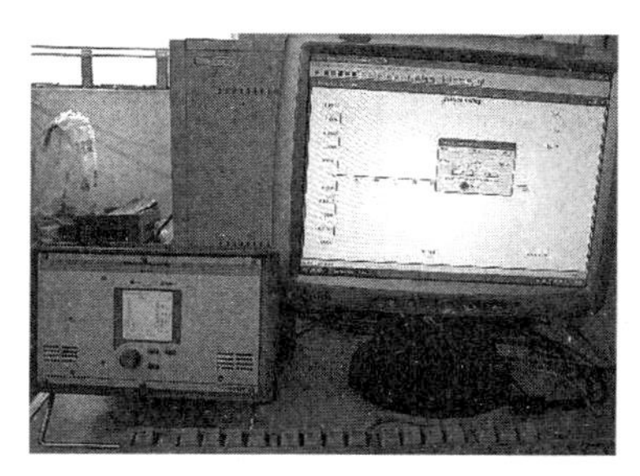

图 8-20　KISTLER 5070A&9272

在切削试验中，采用高精度工具测量仪来测量刀具几何参数，通过对比刀具加工前后的变化，获得刀具的精度保持性能。图 8-21 为高精度工具测量仪，该仪器是全自动一体化的工具测量机，采用激光测量刀具外部轮廓、切削刃形状（包括直线型、锥型、倒角、圆角和球头等）和刀具角度，能够实现五轴联动并配备了图像处理软件。

本案例利用场发射扫描电子显微镜（见图 8-22）来观测 PCD 螺纹铣刀的磨损量，还能分析 PCD 螺纹铣刀的磨损机理及失效形式。

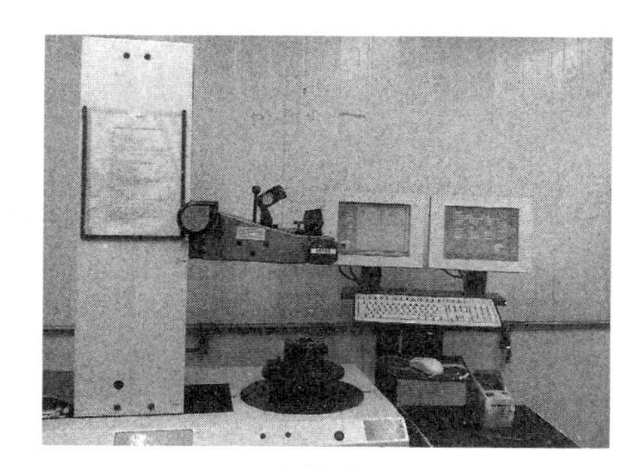

图 8-21　高精度工具测量仪

图 8-22　场发射扫描电子显微镜

本案例通过光学显微镜（见图 8-23）观察切屑形态。切屑形态间接反映切削过程中刀具的变化，能够为 PCD 螺纹铣刀的切削性能评价提供有用信息。

本案例还利用工件的几何形状尺寸来检验刀具的加工性能，使用轮廓度仪（见图 8-24）对螺纹的几何形状进行精确量化分析。

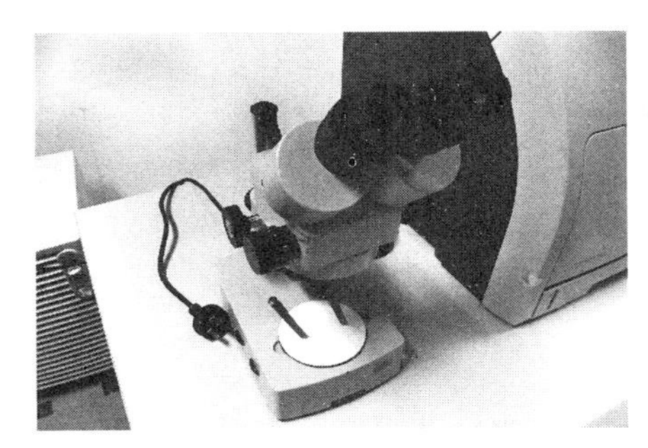

图 8-23　光学显微镜

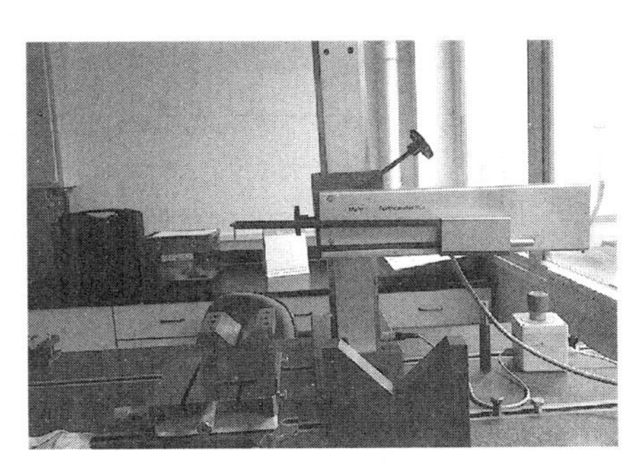

图 8-24　轮廓度仪

（4）试验参数

PCD 螺纹铣刀的切削速度可比硬质合金高 0.5~3 倍。为减小切削力及切削热，在许多场合下，推荐采用高速低进给相结合的操作方式。对于螺纹铣削来说，铣削速度和每齿进给量的变化都会引起切削力的变化。受机床最高转速的限制，可根据生产节拍需求通过调整进给速度来改变切削参数。本次试验主要以测量不同进给速度下所产生的切削力为主，分析切削力随切削用量的变化关系，以获得合理的进给速度为目的，使 PCD 螺纹铣刀在固定转速的情况下，能够充分发挥出其最佳切削性能。表 8-2 所示为四组进给速度的试验方案。

表 8-2　四组进给速度的试验方案

序号	转速 n r/min	进给速度 F mm/min	每齿进给量 f mm/r
1	10 000	800	0.08
2		1 500	0.15
3		2 000	0.2
4		2 400	0.24

3. PCD 螺纹铣刀切削性能评价

（1）切削力

通过上述四组试验得到不同进给量下的切削力大小，如图 8-25 所示。

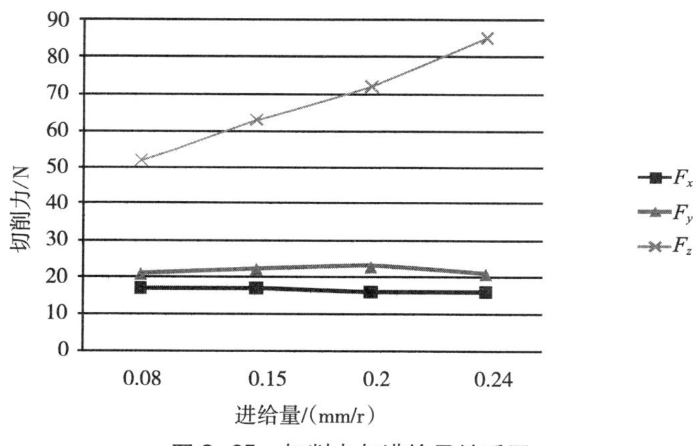

图 8-25　切削力与进给量关系图

由切削力与切削进给量的关系曲线图可知，随着进给量的增加，F_x 和 F_y 变化不大，而 F_z 呈线性增加。这主要是由于：当进给量增大时，切削功相应增大致使主切削力 F_z 增加；而进给过程中 F_y 几乎没有位移，因此变化不大。进给力 F_x 几乎是一条水平线。这是由于刀具在切削时，由于刀具与工件的相对运动以及刀具几何形状的关系，有一小部分金属未被切下来而残留在加工表面上。残留部分对刀具后刀面的圆弧处产生了挤压力，与切削层金属、切削对刀具的挤压力方向相反，可以部分抵消。而且随着进给量的增加，残留面积随之增加，残留部分对刀具的挤压力也会增大。这种现象在切削硅铝合金的时候尤为明显，这与材料的弹性模量较低，受力时回弹较大有关。由于这几方面的因素影响，F_x 的变化不明显。

（2）螺纹孔轮廓精度

通过切割部分螺纹孔，获取一段螺纹，再使用轮廓仪对 PCD 螺纹铣刀试验加工的螺纹齿形进行测量。

通过使用轮廓度仪对螺纹齿形的测量，并使用 L850 缸盖线的专用螺纹止通规对螺纹进行检测，确认 PCD 螺纹铣刀加工的螺纹齿形符合规定的要求。

（3）切屑形状

在本案例四组试验中，产生的切屑全部都是带状切屑，由于进给量不同而切屑宽度不同，如图 8-26 所示。带状切屑是最为常见的一种切屑，其内表面光滑，外表面毛茸，对于金属材料的加工，当切削厚度较小、切削速度较高、刀具前角较大时，一般常得到这类切屑。

（4）刀具磨损

使用显微镜对刀具进行观察，发现 PCD 的破损形式主要是微崩刃和聚晶层破损。

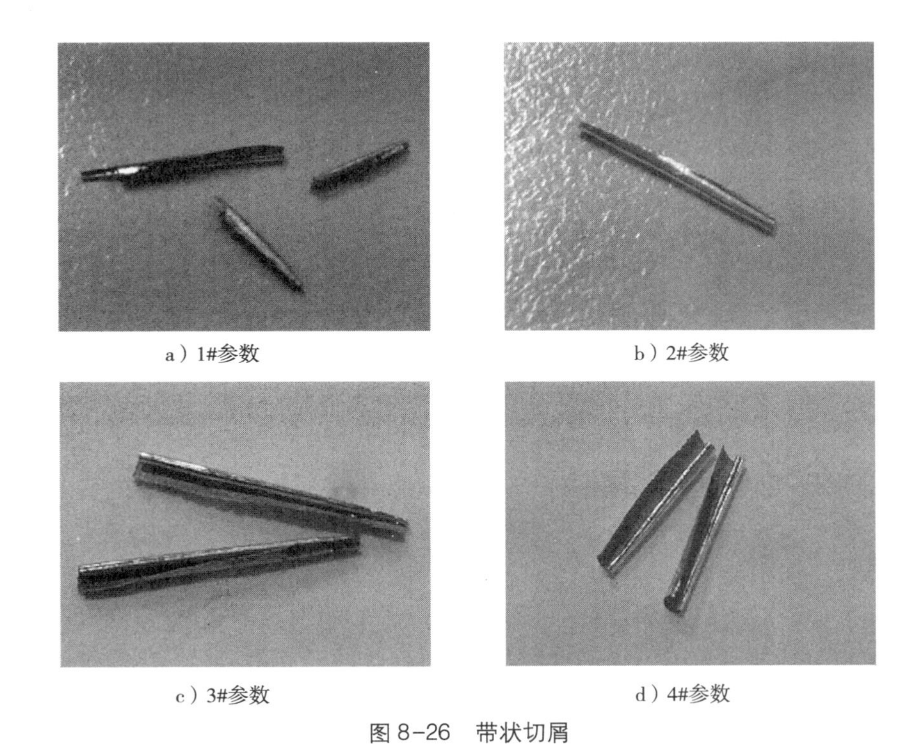

a）1#参数　b）2#参数

c）3#参数　d）4#参数

图 8-26　带状切屑

在切削初期，PCD 刀具的前后刀面会粘比较多的铝合金，但是随着切削次数的增加，这些黏着的铝合金会被切屑慢慢带走，不会对切削刃产生损害。PCD 是由天然或人工合成的金刚石粉末与结合剂按一定比例在高温、高压下烧结而成。在烧结过程中，由于结合剂的加入，使金刚石晶体间形成以 TiC、SiC、Fe、Co、Ni 等为主要成分的结合桥，金刚石晶体以共价键形式镶嵌于结合桥的骨架中，该结构的结合力和方向性很强，从而使 PCD 金刚石具有极高硬度。这能在很大程度上降低 PCD 刀具前后刀面的黏结磨损，也是 PCD 刀具具有很长的刀具寿命的主要原因。铝合金工件中的硬质点与黏结共同作用会最终导致 PCD 刀具的微崩刃。

由图 8-27 可知，距离刀尖一小段处有一个较小的沟槽，此处与切屑完全是新鲜的表面相互接触和摩擦，反应剧烈。由于 PCD 刀具的导热系数为 700W/(m · K)，为硬质合金的 1.5~9 倍，甚至高于铜，刀尖处产生的热量能较快地传向工件，而在距刀尖一段距离的切削刃上温度较高（650~1 000 ℃），并且该处压力又不是最大（刀、屑接触区压力最大），满足了金刚石的石墨化条件。石墨化后的碳原子在切屑的挤压与摩擦作用下脱落并被切屑带走，金刚石中的碳原子继续石墨化，并不断地被切屑带走，使得刀具此处粗糙度慢慢变大，摩擦系数逐渐增大，与切屑摩擦产生的热量随之不断增加，该区域的温度不断上升，加剧刀具磨损。因此，出现图 8-27 所示的聚晶层破损。

a）PCD刀片磨损情况Ⅰ　　b）PCD刀片磨损情况Ⅱ

图 8-27　PCD 刀片加工磨损情况

二、偏梯形石油管螺纹车刀应用与评价案例

1. 案例背景

随着钻井深度的不断增加，石油套管的服役工矿环境越来越恶劣，钢管厂家不断开发各种高钢级的不锈钢钢管作为套管，这些材料综合力学性能好，强度高，具有一定的塑性，为套管螺纹加工带来一定的困难。

调研发现，采用某生产线上使用的国产偏梯形螺纹车刀加工 BG95-13Cr 钢级（相当于 API 标准中 T95 钢级）的 2Cr13 不锈钢材质石油钢管时，每片刀片平均加工的头数只有 22 头，刀片寿命远远小于加工相同长度下丝锥和普通车刀的寿命。刀片的大量损耗给厂家带来很大的经济负担，也极大地影响了生产进度。

本案例选用两种进口车刀和两种国产车刀进行螺纹车削试验，系统地研究不同刀具在切削过程中的切削力、切屑变形、断屑性能、刀具磨损形态以及不同刀具所得到的加工表面质量，全面考察不同刀具的切削加工性，找出最适合加工 BG95-13Cr 钢级 2Cr13 管材的螺纹刀具，为企业提出刀具的改进方案。

本案例中偏梯形螺纹的外形和几何尺寸如图 8-28 所示。两侧刃与垂直中径线的直线的夹角分别为 3°和 10°，管端螺纹锥度为 1∶16。加工过程中刀具轴向进给方向与管道轴线成一角度，逐渐离开工件，如图 8-29 所示。

偏梯形螺纹的加工难点是牙型深，导程大。尤其是在系统刚性不是很好的情况下加工 3 mm 以上螺距时，若齿顶刃和两个侧刃同时吃刀，容易引发振动。一旦引发振动，工件已加工表面会出现波纹，影响第二次走刀，且容易产生扎刀现象，使得后续加工无法进行。因此，螺纹加工需要根据齿形、齿高、工件材料制定合理的走刀次数和单刀余量。

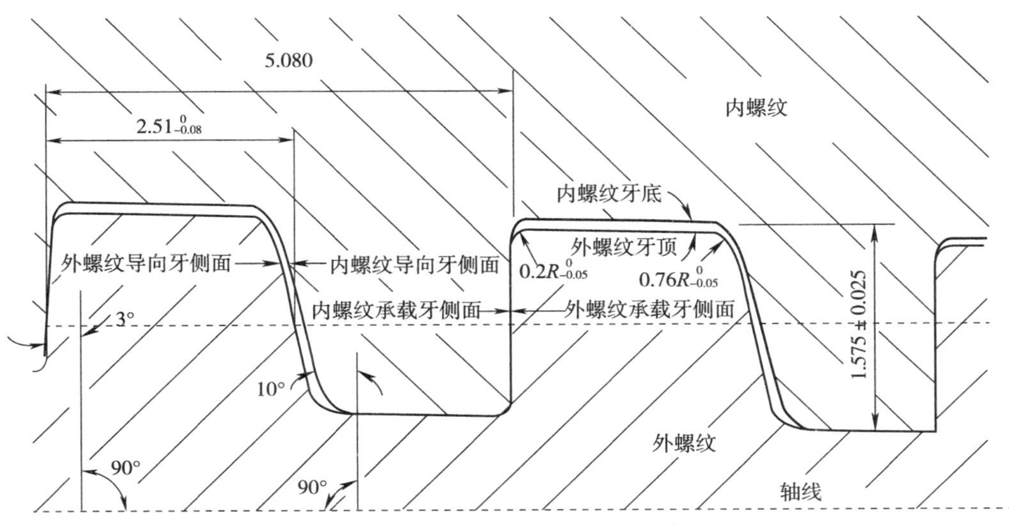

图 8-28　偏梯形螺纹牙型及尺寸

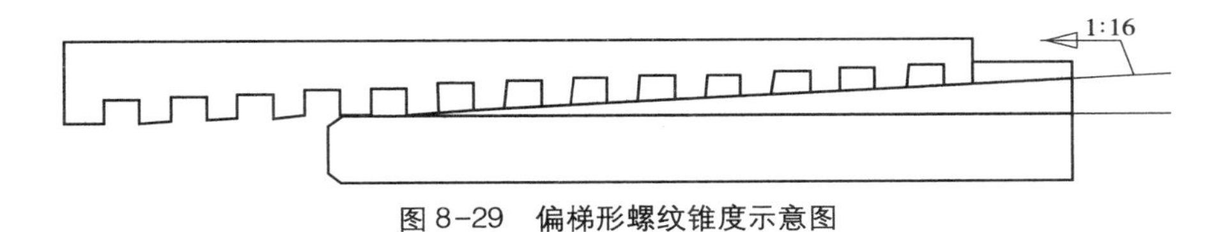

图 8-29　偏梯形螺纹锥度示意图

2. 螺纹车刀切削性能试验

(1) 工件材料与尺寸

待加工工件是直径 73 mm，厚 5. 51 mm，长 150 mm 的钢管管材，如图 8-30 所示。钢级为 BG95-13Cr，材质为 2Cr13，热轧处理，其力学性能见表 8-3。该钢材属于马氏体类型不锈钢，具有优良的耐腐蚀性能和较好的强韧性，属于一种较难加工材料。

图 8-30　切削加工试验用钢管

表 8-3　BG95-13Cr 油井管材的力学性能指标

材质	机械性能			
	屈服强度 MPa	抗拉强度 MPa	延伸率 %	硬度 HRC
2Cr13	665~758	724	≥15	≤25.4
45 号钢（调质处理）	355	600	16	20~30

（2）试验刀具

试验采用生产常用的国内外 API 油管偏梯形螺纹专用车刀各两种，刀具的基体、涂层成分以及几何尺寸见表 8-4，刀片形貌见图 8-31。

表 8-4　试验用偏梯形螺纹车刀刀片相关参数

刀具代号	刀具产地	基体材料	涂层种类	宏观色泽	刀具齿数	前角（°）	后角（°）
A	国外	硬质合金	TiN	金黄色	2	9	6
B	国外	硬质合金	TiN	金黄色	1	12	3
C	国内	硬质合金	TiAlN	黑灰色	2	8	6
D	国内	硬质合金	TiN	土黄色	1	0	9

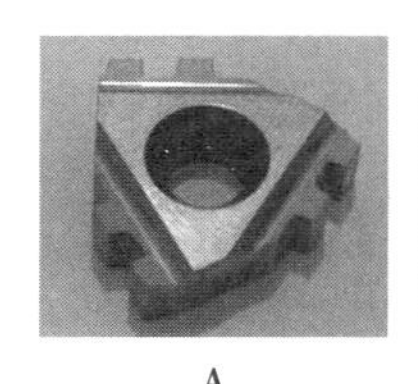
A
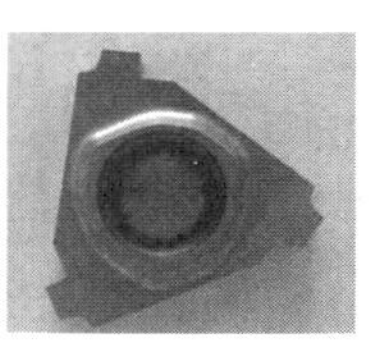
B

C

D

图 8-31　四种型号刀片形貌照片

（3）加工设备

试验在 G200 车削数控加工中心（见图 8-32）上进行。该机床具有 X、Y、Z、C 数控四轴联动功能，各轴行程（X/Z）为 105 mm×400 mm，转速范围为 20~6 000 r/min。

（4）检测设备

检测可分为在线和离线两部分。在线检测主要为各项切削力的实时测量；离线检测主要包括切屑形态、刀具磨损、加工表面残余应力检测、刀具基体材料金相组织分析、涂层成分分析等。刀片基体材料显微硬度使用显微硬度仪（见图 8-33）进行测量。

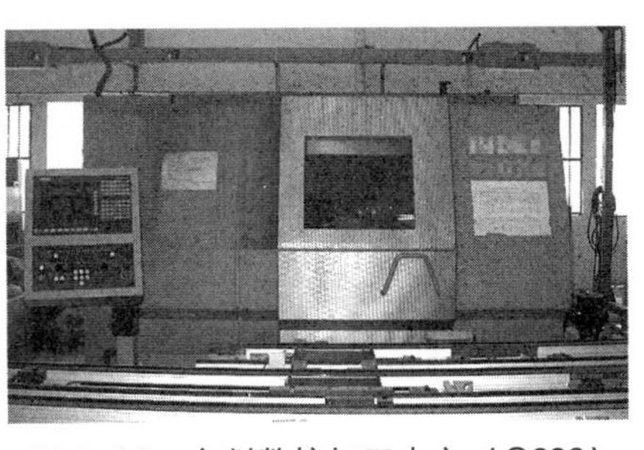

图 8-32　车削数控加工中心（G200）

图 8-33　显微硬度仪

（5）试验参数

本试验目的是比较安装 A、B、C、D 四种刀片组成的偏梯形螺纹刀具在相同切削参数下加工 BG95-Cr13 钢级 2Cr13 不锈钢材料的切削性能，通过对使用不同刀具加工获得的切削力、切屑形态、加工表面质量进行对比，分析刀具不同几何形状、断屑槽形的优劣。通过基础切削试验对切削参数进行优选，制定的切削参数见表 8-5。对于 A、C 型螺纹梳刀的两齿高度相差大于 0.3 mm，当切削深度为 0.3 mm 时，仍然只有一个齿参与切削，因此能够保证四种刀具试验条件的一致性。

表 8-5　切削试验参数表

切削方式	切削速度 v_c m/min	进给量 f mm/r	切削深度 a_p mm	单个螺纹长度 mm
干式切削	100	5.08	0.3	50

3. 螺纹车刀切削性能评价

（1）切削力

在普通车削中，切削力分布示意图如图 8-34 所示。

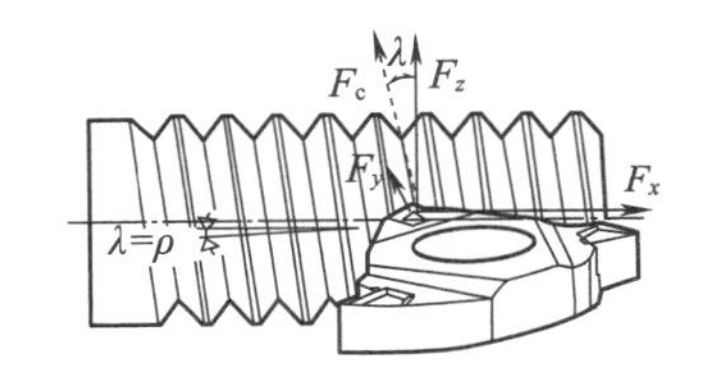

图 8-34　切削力分力示意图

不同型号刀具采用相同切削参数加工过程中测得的切削力大小如图 8-35 所示。对于主切削力 F_z，A、B、C 三种型号刀具差别不大，数值范围在 820～900 N 之间，B 型刀片略小，D 型号刀片切削力显著高于其他三种，比 B 型刀片多 25%左右。对于径向切深抗力 F_y，B 型切削力最小，为 650 N 左右，其余三种在 730~800 N 之间。对于轴向进给切削力 F_x，四种刀具差别不大。

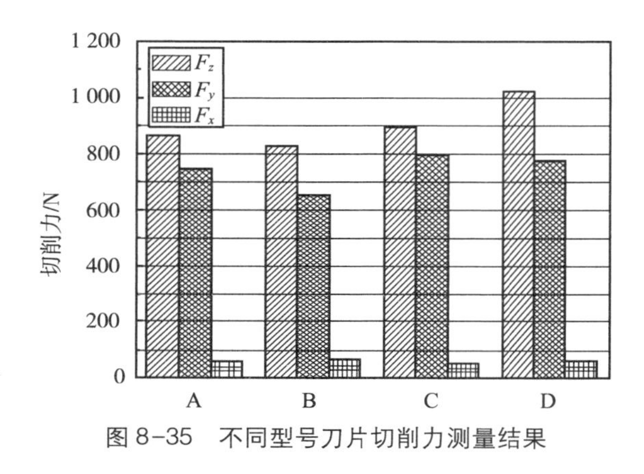

图 8-35 不同型号刀片切削力测量结果

四种刀具中，B 型刀片具有最大的前角，前角大意味着刀具锋利，作用在前刀面上的压力减小，切削塑性变形减小，从而使切削过程中消耗的功减小。产生切屑所需的切削力，即第Ⅰ、Ⅱ变形区产生的切削力，是测量所得切削力最主要的组成部分，因此增大前角对减小切削力效果更显著。A 型刀具和 C 型刀具的几何尺寸基本相同，测量所得切削力差别不大。D 型刀片具有最小的 0°前角，对应最大的切削力。

（2）切屑形态和断屑性能

刀具断屑可靠与否，对正常生产与操作者安全有着重大影响。本试验采用的工件材料是一种强度高、塑性好、硬度中等的材料，加工过程中切屑形态为典型的长带状切屑。由于 API 石油管螺纹有 1∶16 的锥度，车刀在轴向进给的过程中，顺着锥度逐渐离开工件。因此，只要切屑在加工过程中不缠绕在工件上，即使在加工过程中切屑没有折断，但随着刀具离开工件，切屑从工件表面剥离，在重力的作用下下落。因此对于螺纹切削来说，切屑的卷曲方向和卷曲形状更为重要。

表 8-6 为不同几何尺寸刀具在加工过程中切屑的宏观和微观形貌。从宏观形貌可以看出，只有 B 型刀片在加工过程中能够稳定控制切屑的流向，切屑呈规则的长卷曲状，其他三种刀具加工的切屑宏观形状杂乱，没有固定的卷曲半径。其中 D 型刀片，加工过程中甚至出现了切屑堆积在刀尖-工件接触处的情况，不仅划伤了工件已加工表面，还造成了刀片崩刃，如图 8-36 所示。

表 8-6　不同型号刀片典型切屑形态照片

刀具编号	切屑宏观形貌	切屑放大形貌	
		内表面	外表面
A			
B			
C			
D			

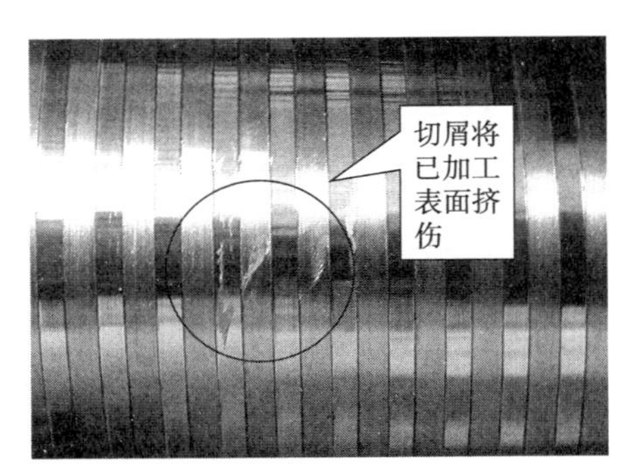

图 8-36　D 型刀片加工工件照片

（3）已加工表面完整性

表面完整性包括两部分内容：一是与表面纹理有关的几何方面，包括粗糙度、表面波纹度等；二是与表层状态有关的物理方面，包括加工后在一定深度表面层的变质层内金属的力学、物理和化学性质均发生变化，包括硬度变化、微观裂纹、残余应力等。

1）加工表面纹理

偏梯形螺纹车削对于已加工工件质量的影响主要在于振动产生的振纹。偏梯形螺纹的加工过程可以看作是有横向进给的刨削，刀片承受的切削力大，在工件装夹不可靠或机床刚性不够的情况下，极易产生振纹。在本试验中，工件采用三爪自定心卡盘夹紧，四种刀片的已加工表面均产生振纹，如表 8-7 所示，其中 B 型刀片振纹最轻，D 型刀片的加工表面上有切屑划擦的痕迹。

表 8-7　不同型号刀片加工表面纹理

刀片编号	加工表面形貌照片
A	
B	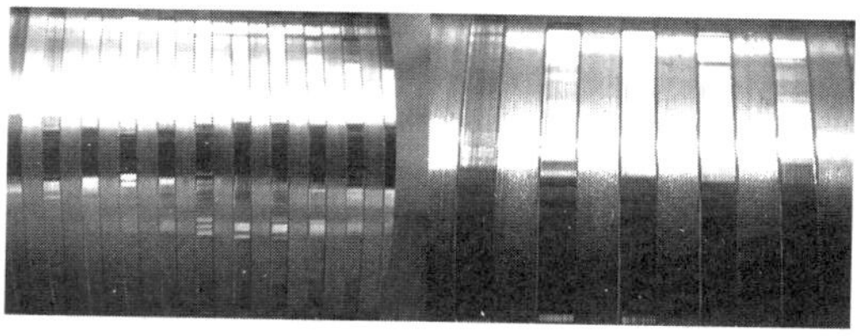
C	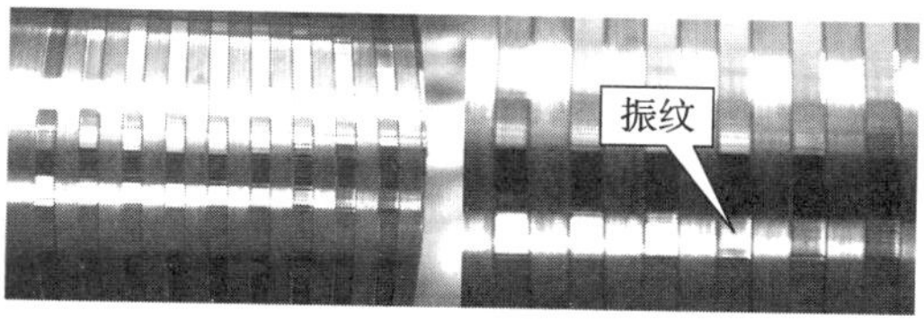
D	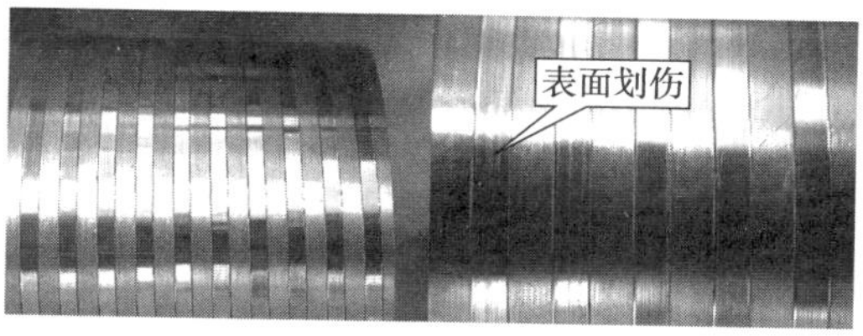

2）已加工表面层性质

任何切削刀具的刃口都不可能是绝对锋利的，刃口总存在着钝圆半径。如图 8-37 所示，切削时，圆弧刃口以 A 为分界点，A 点以上形成切屑，A 点以下受挤压作用，被挤压的金属层，由于弹性恢复形成弹性复原层，将造成与后刀面的进一步挤压与摩擦，产生更为剧烈的变形，成为最终的已加工表面。在这一过程中，工件已加工表面附近材料的内部组织、力学性能都发生显著变化，其中最为人们所关注的是加工硬化和残余应力。

①加工硬化

本试验中，对 D 型刀片采用干式切削，切削速度 v_c 为 100 m/min，进给量 f 为 5.08 mm/r。从工件截面的金相图（见图 8-38）中可以看出工件已加工表面下约 20 μm 厚的组织发生明显流变，流变方向沿加工时切削刃的前进方向，其中深度 15 μm 以内组织严重碎化，与基体显著不同。

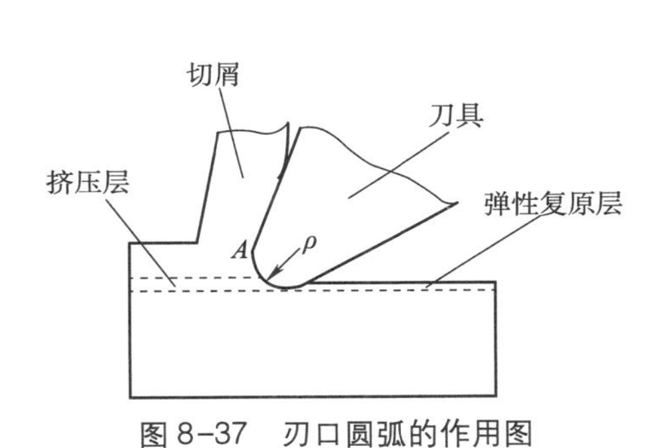

图 8-37　刃口圆弧的作用图

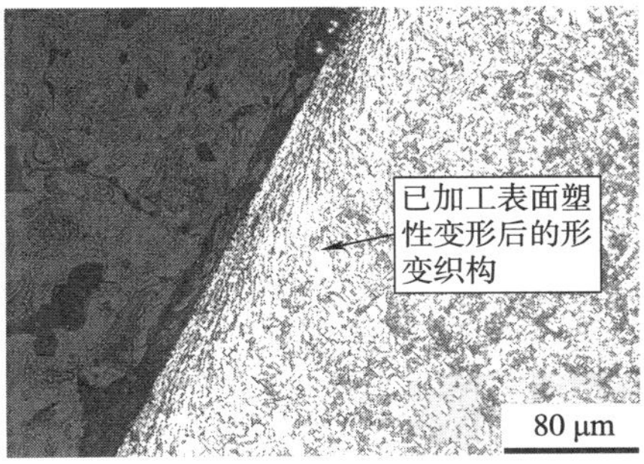

图 8-38　已加工工件截面图

采用显微硬度测试计对硬化层进行硬度分析。显微硬度计使用四棱锥金刚石压头，载荷 200 g，从已加工表面向工件内部沿 30°左右移动，垂直已加工表面测量多个点的硬度，每个点间隔 20 μm，得到硬度值梯度变化情况如图 8-39 所示。由于金刚石压头尺度较大，加工硬化层相对较薄，因此难以得到加工硬化层 0~20 μm 内精确的硬度值，但从测量数据可以了解到相对于工件基体材料，表层材料硬度大约提高了 80HV（33%）。

②已加工表面残余应力

残余应力测量选择在已加工表面上沿螺纹刀具切削方向（Y 向）和钢管轴向方向（X 向）两个方向进行，如图 8-40 所示。在深度方向（Z 向）上逐层剥离，从表面向基体方向每剥离 10~15 μm，测量一次该层面上的残余应力，分析不同刀具对 BG95-13Cr 钢级 2Cr13 不锈钢工件残余应力的影响。选择了进口 B 型刀片和国产 D 型刀片进行干式切削，切削速度 v_c 为 100 m/min，进给量 f 为 5.08 mm/r。

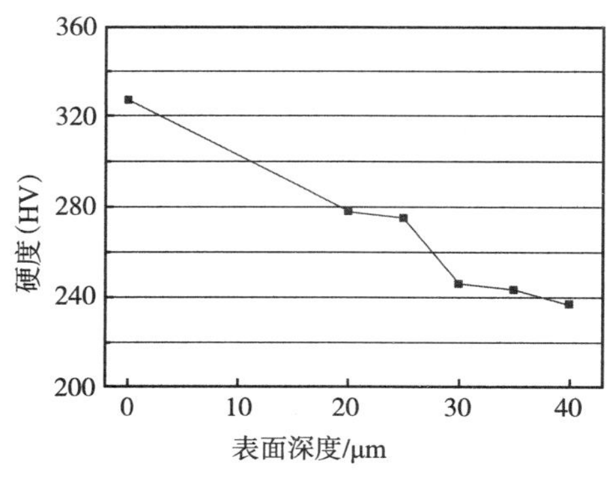

图 8-39　加工工件深度方向硬度变化图

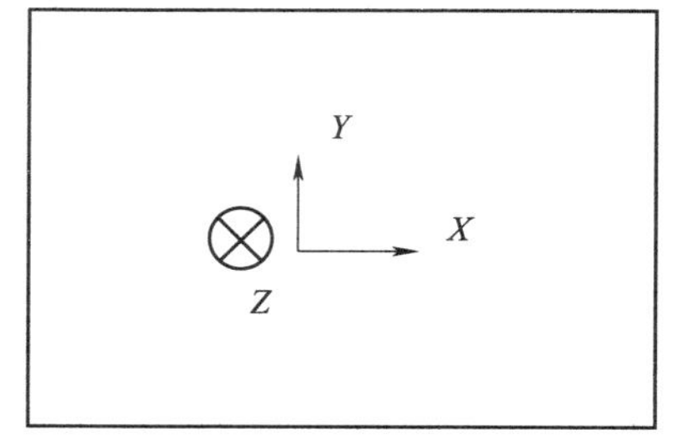

图 8-40　残余应力方向示意图

从图 8-41 中的残余应力值可以看出，BG95-2Cr13 管材加工偏梯形螺纹会在工件表面产生很大的残余应力，最大拉应力为 680.7 MPa，拉应力层深达 50 μm。在相同的切削参数下，D 型号刀片在 X、Y 方向上产生的最大残余应力值分别为 B 型号的 148% 和 137%，尤其是在切削方向 Y 方向上，高出近一半的数值，B 型刀片加工后的表面残余应力状况相对较好。

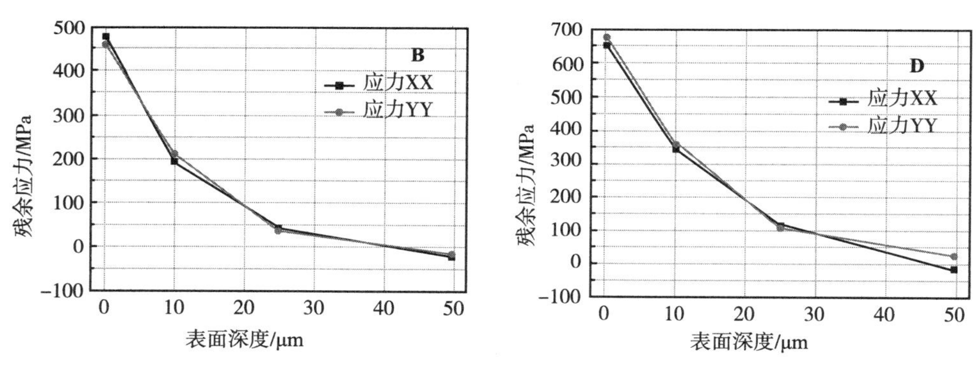

图 8-41　B、D 型刀片加工表面残余应力

（4）刀具磨损情况

在偏梯形螺纹车削加工中，有 3 个切削刃参与切削：左侧刃、齿顶刃和右侧刃。如图 8-42 所示。偏梯形螺纹车削是一种工作环境恶劣的重载切削加工方式，切削长度大，作用在切削刃上的载荷也非常大，加工区会产生大量的切削热，左右刀尖的工作条件更为恶劣，在切入过程中，左侧刀尖首先承受冲击载荷，是比较容易发生破损的部位。在刀具磨损试验

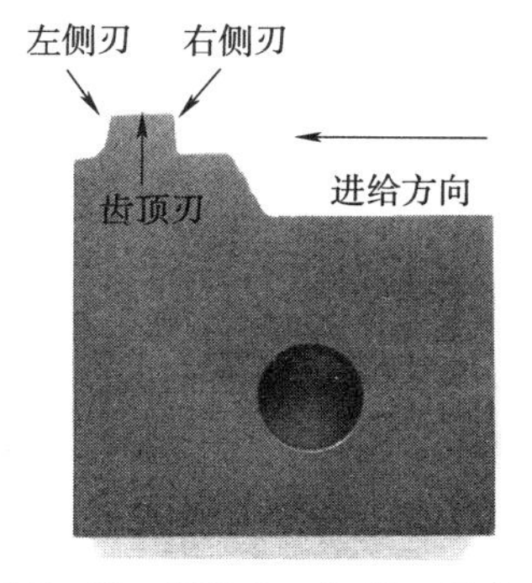

图 8-42　螺纹车刀切削刃示意图

中，主要考察前刀面、齿顶后刀面和两个侧刃后刀面的磨损情况，以前刀面磨损形态和后刀面平均磨损宽度 VB 为评价指标。磨损试验使用的加工参数与前面一致。这里选择 B、D 型刀片进行刀具磨损情况比较。

试验过程中，对刀具的齿顶刃、左侧刃和右侧刃的后刀面磨损进行实时测量，磨损曲线如图 8-43 所示。可以看出两刀片的后刀面磨损程度相差不大。

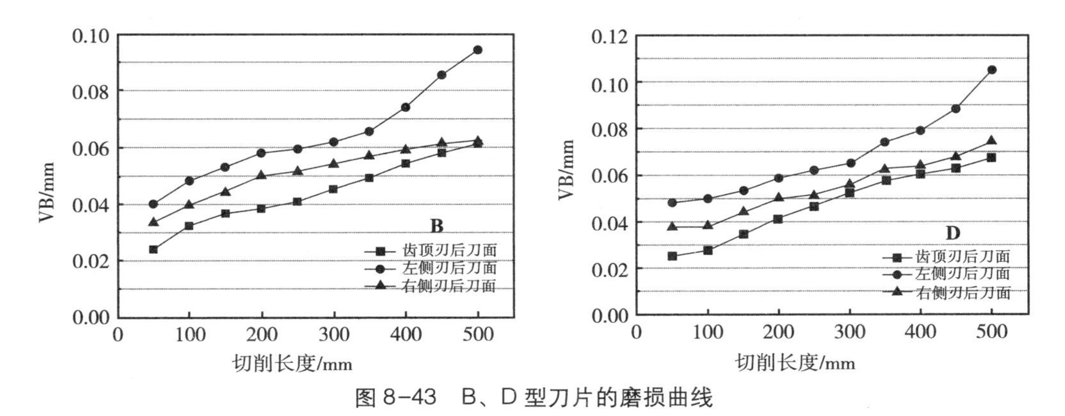

图 8-43　B、D 型刀片的磨损曲线

表 8-8 给出了加工长度为 300 mm 时，刀具前、后刀面的磨损形貌。前刀面主要是黏屑严重，尤其是 B 型刀片，聚集了一定厚度的黏屑，黏附有工件材料的刀片再次切削时，新生成的切屑会与前刀面黏屑焊接在一起，使切削力增大。后刀面磨损形式主要是后刀面与已加工表面产生强烈摩擦而导致涂层出现轻微剥落，可以看出 D 型刀片左侧刃后刀面涂层剥落更为严重。因此，在加工 BG95-13Cr 材料时，可以考虑使用摩擦系数更小的涂层材料，此外还应当使用切削液降低加工时的温度，减小因高温产生的工件材料和刀具的黏结。

表 8-8　两种刀片切削相同长度时刀面磨损形貌照片

切削长度 mm	前刀面形貌照片	
	B 型刀片	D 型刀片
300	黏屑严重	黏屑

续表

切削长度 mm	前刀面形貌照片	
	B 型刀片	D 型刀片
300	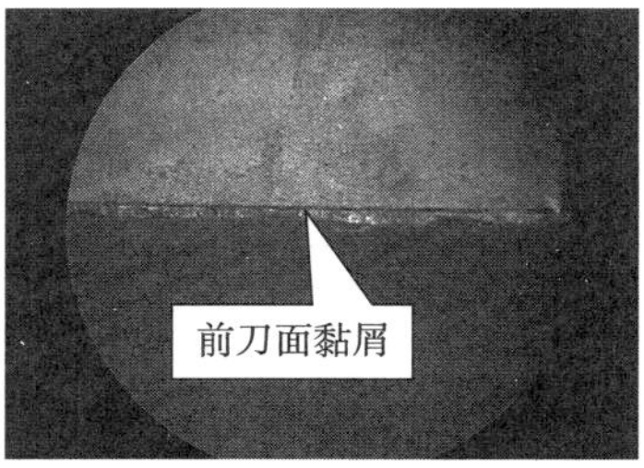	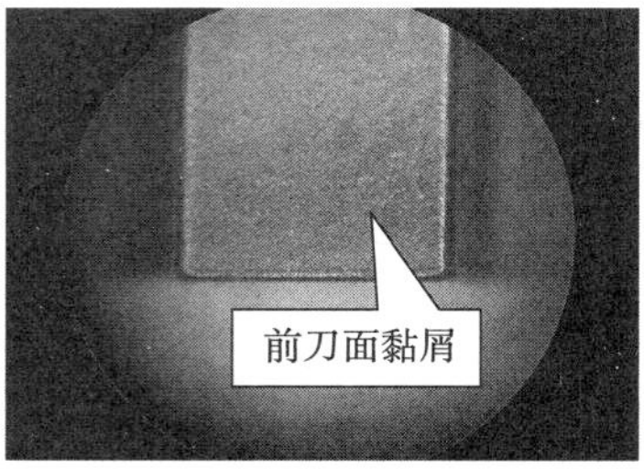
切削长度 mm	左侧刃后刀面磨损形貌照片	
	B 型刀片	D 型刀片
300	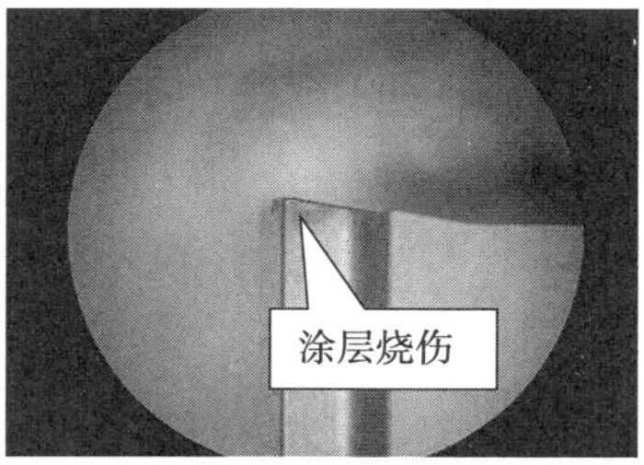	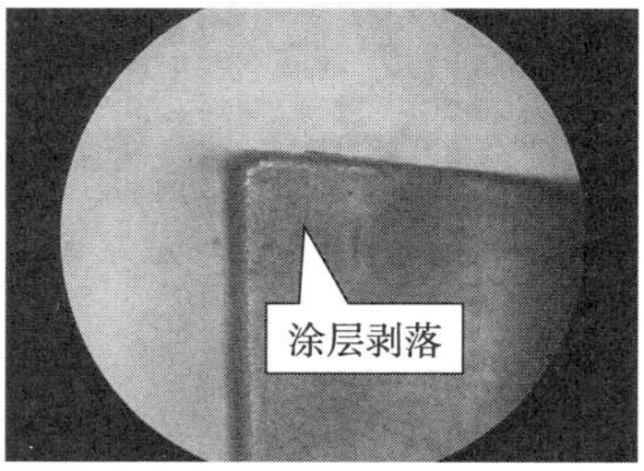
切削长度 mm	右侧刃后刀面磨损形貌照片	
	B 型刀片	D 型刀片
300		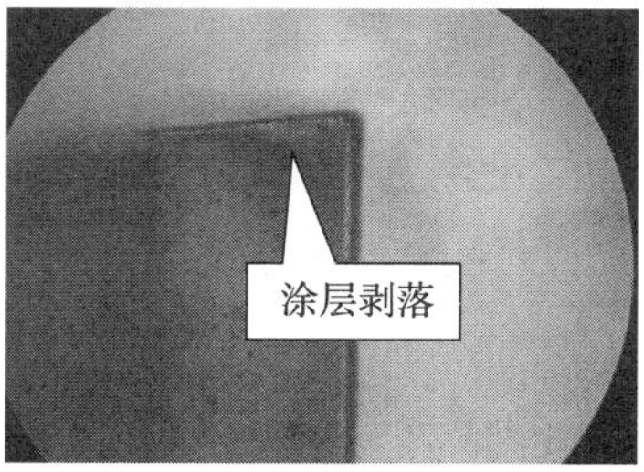

三、丝锥应用与评价案例

1. 案例背景

近年来汽车产业迅速发展，生产线对新型丝锥需求巨大。汽车缸套和缸盖多为铸铁材料，以盲孔攻丝的工况最为常见。由于高速钢丝锥磨损特性差，限制了生产率的进一步提高。为此，本案例提出采用硬质合金丝锥对铸铁盲孔进行攻丝，并研发制造了一批新型丝锥，对照国际上较为著名的刀具公司的丝锥，对这些国产新型丝锥的切削性能进行全方位评价，为新型丝锥的进一步研发奠定了一定基础。

2. 硬质合金丝锥切削性能试验

（1）试验材料

试验材料选用灰铸铁 HT250 和 QT500（见图 8-44），灰铸铁 HT250 的硬度为 170~200HBS，强度 σ_b 为 200~270 MPa；球墨铸铁 QT500 的硬度为 170~230HBS，强度 σ_b 大于 500 MPa。

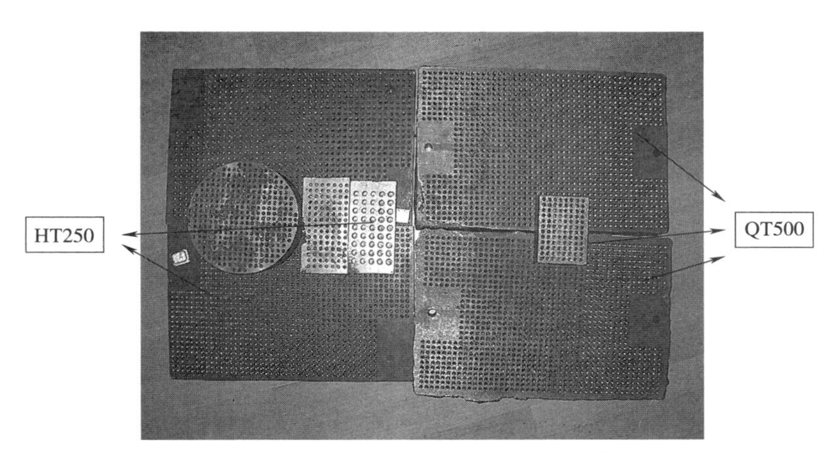

图 8-44　HT250 与 QT500 试验材料

（2）试验设备

本案中使用 DMU70V 加工中心，其行程范围，x 为 710 mm，y 为 520 mm，z 为 520 mm，五轴联动（X，Y，Z，B，C 轴）；转速范围 50~12 000 r/min；定位精度 0.01 mm。DMU70V（见图 8-45）拥有万能钻削和铣削机床的优点，以及立式加工中心的精确性和经济性。主轴电动机采用内装式数字交流伺服电动机，功率大，精度高，带恒温冷却系统。

图 8-45　DMU70V 加工中心

（3）检测仪器

本案例中涉及切削力的测量与刀具磨损的检测，此处不赘述。

（4）试验参数

试验中使用的丝锥编号与刀具参数如表 8-9 所示，其中包括有涂层与无涂层刀具，涂层材料为 TiCN。

表 8-9　试验用刀具参数

刀具编号	丝锥型号	刃数	螺旋角/(°)	涂层
S1#	M6-H2	3	0	—
S2#		3	15	—
S3#		3	20	—
S4#		3	20	TiCN
S5#	M8-H2	3	0	—
S6#	M10-H2	3	15	—
S7#		3	15	TiCN
T1#	M6-6H	3	15	—
T2#	M8-6H	5	0	TiCN
T3#	M10-6H	3	0	TiCN
01#	M6-OH3	5	0	TiCN
02#		3	15	—
03#	M8-OH3	5	0	TiCN
04#	M10-OH4	3	15	—

3. 硬质合金丝锥切削性能评价

（1）切削力

在干式切削、切削速度 20 m/min 的条件下，不同丝锥在加工试件 HT250 时的扭矩与轴向力的对比如图 8-46 所示。可以看出，试验在该切削速度下测得的扭矩在旋入阶段时较大，而轴向力则在旋出阶段时较大。攻丝的主要抗力即扭矩主要来源于三个方面：切除金属时的阻力，丝锥与已加工表面的摩擦、切屑在容屑槽中的阻塞。M8 和 M10 的丝锥具有较大的排屑槽和螺距，排屑较为顺畅，因此扭矩并没有大幅提升。螺旋槽丝锥可以在一定程度上减少扭矩。TiCN 涂层耐磨且具有较低的摩擦系数，对于降低扭矩有一定的效果。

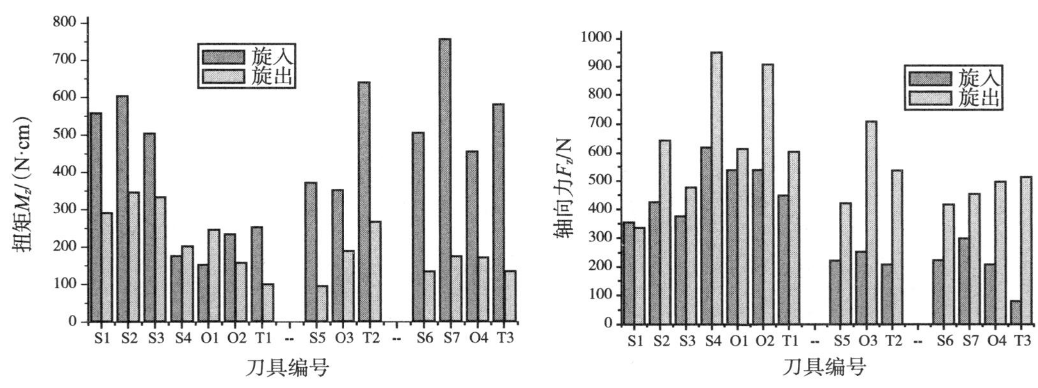

图 8-46　不同丝锥加工 HT250 的切削力

以 S1#丝锥为例，研究 S1#丝锥加工不同材料切削力的大小随着加工孔数的变化，试验在湿式切削条件下进行，切削速度为 50 m/min，加工材料分别为 HT250 和 QT500。试验结果如图 8-47 所示。可以看出，加工孔数在 1 000 个以内时，切削力的大小随加工孔数（丝锥磨损）的增加变化不大，磨损对切削力的影响较小。切削速度为 50 m/min 时，加工两种材料时旋入阶段的切削力大于旋出阶段的切削力，加工 QT500 时的轴向力较大。HT 旋入的扭矩较 QT 大，而 QT 旋出的扭矩较 HT 大，说明 QT 具有比 HT 好的塑性。由于 S1#丝锥出现了微崩刃，在加工至 1 400 孔时扭矩骤然上升而使丝锥扭断。

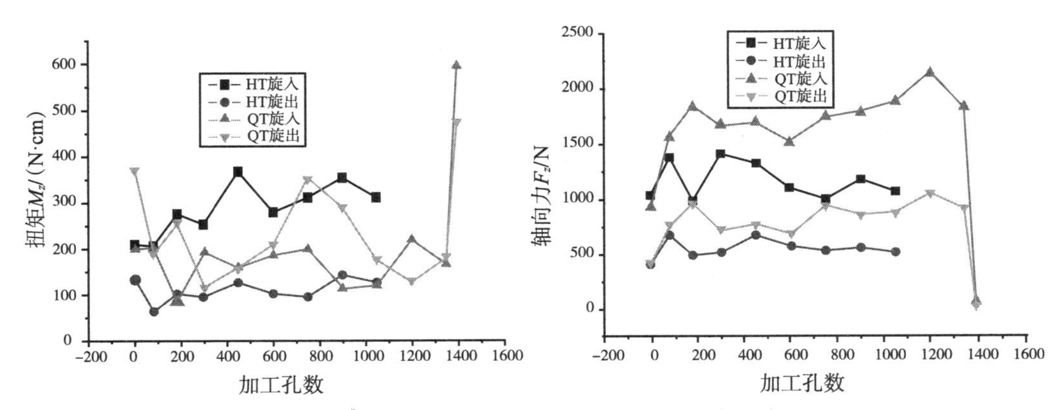

图 8-47　S1#丝锥加工不同材料切削力随加工孔数的变化关系

对不同丝锥在不同转速下的扭矩和轴向力变化开展研究，以 T1#和 02#为例，在湿式切削的条件下进行，加工材料为 QT500，切削速度范围为 10~60 m/min，试验结果如图 8-48 所示。在该切削速度段，两种刀具的旋入扭矩基本大于旋出扭矩，扭矩对切削速度的变化不如轴向力敏感，轴向力随切削速度的提高而增加。对两种刀具而言，当切削速度小于 30 m/min 时旋出轴向力大于旋入的轴向力，当切削速度大于 30 m/min 时则恰好相反。

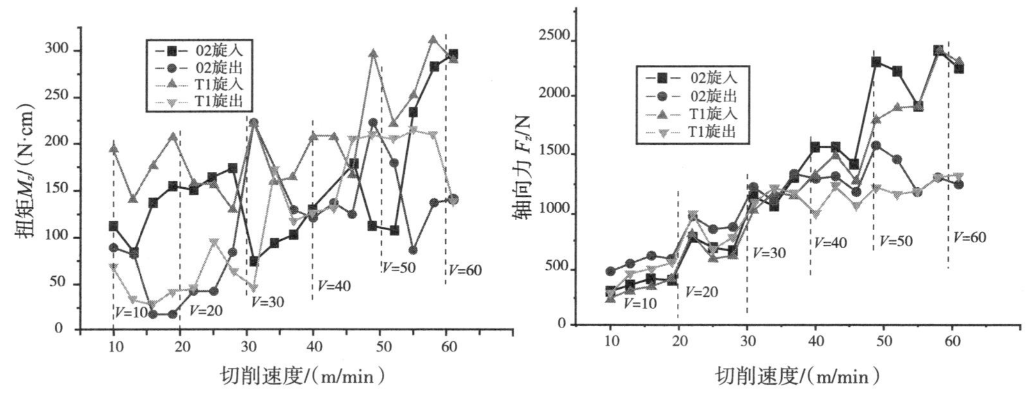

图 8-48　T1[#]和 02[#]丝锥不同切削速度下切削力变化

（2）刀具磨损

以 S1[#]丝锥为例，在湿式切削条件下进行，加工试件为 QT500，切削速度为 50 m/min，研究丝锥加工过程中随制孔数增加时的刃口磨损情况。通过 SEM 扫描电镜检测刀具磨损形貌，如图 8-49 所示。

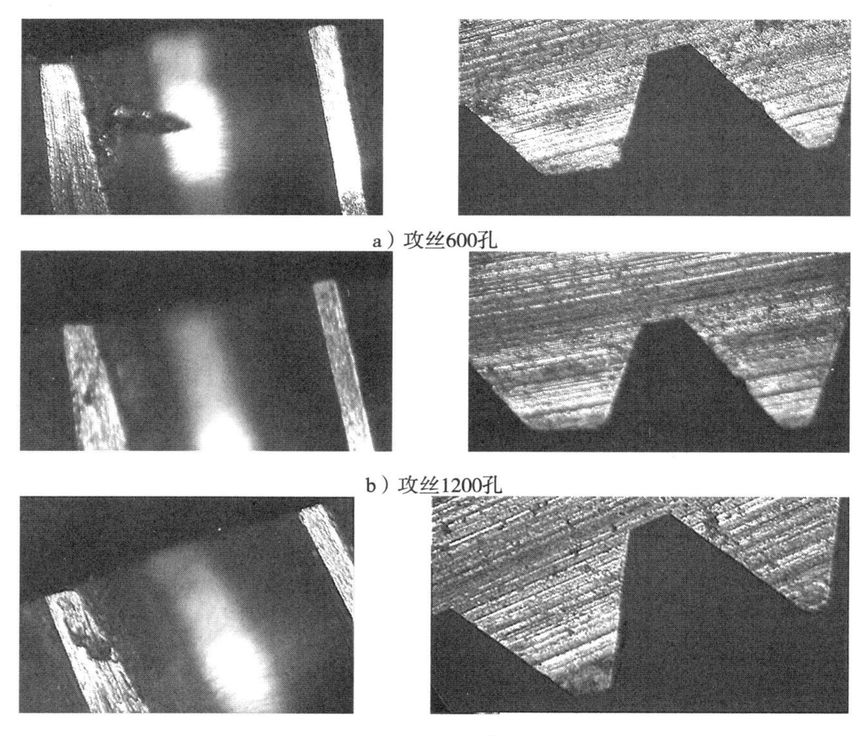

a）攻丝600孔

b）攻丝1200孔

c）攻丝1350孔

图 8-49　S1[#]丝锥加工过程中不同加工孔数的刀具磨损

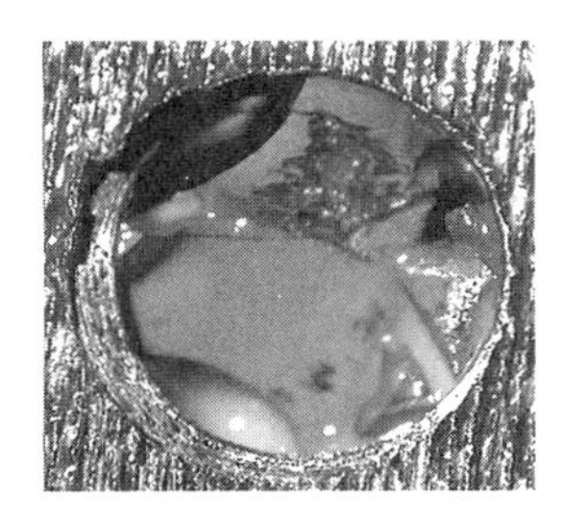

d）攻丝1400孔

图 8-49（续）

四、非 API 螺纹量规螺纹成型磨削加工与评价案例

螺纹的磨削加工方法一般可以分为单线磨削加工和复线磨削加工，单线磨削加工是指采用具有单个螺纹齿形的砂轮进行磨削加工（见图 8-50），复线磨削加工是指采用具有多个螺纹齿形的砂轮进行磨削加工。单线磨削加工方法可以获得较高的加工精度和表面粗糙度，同时修整也较方便，因此适合于小批量的精密齿轮、丝杠、螺纹等工件加工。复线磨削加工方法的加工精度稍低，但生产效率较高。

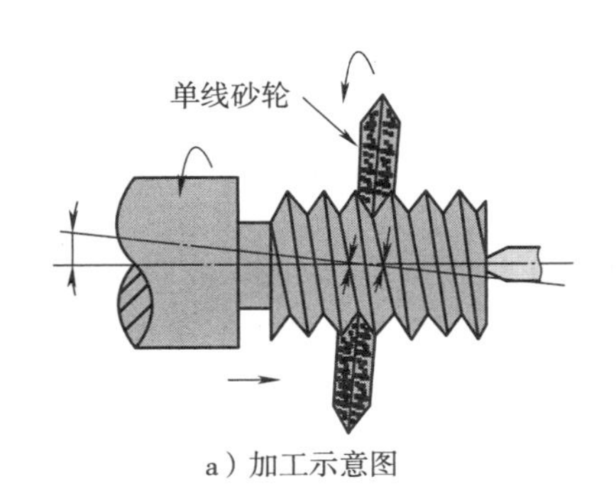

a）加工示意图

b）加工现场图

图 8-50　螺纹单线磨削加工

现阶段一般采用陶瓷结合剂 SG 砂轮磨削特殊螺纹量规。在进行螺纹磨削之前，首先需要将砂轮修整成螺纹的几何形状，即在加工过程中，将砂轮的修型形状复制到螺纹的齿形形状。加工时，普通磨料砂轮较易产生磨损，因此在完成一次进给之后，需要重新对砂轮进行修整。

1. 案例背景

随着我国油田开采环境的不断恶化，传统的 API 标准螺纹接头已经不能满足我国钻井机械的油井管连接强度和密封性能等要求。20 世纪 90 年代用以替代国外产品的 BG 系列特殊螺纹接头在国内众多油田获得成功应用，为了满足特殊螺纹接头加工质量的检测需求，先后开发了型号多达百余种的特殊螺纹量规。这些特殊螺纹量规的锥形结构设计较为复杂，图 8-51 给出了某一型号特殊螺纹环规的螺纹牙型详细结构。

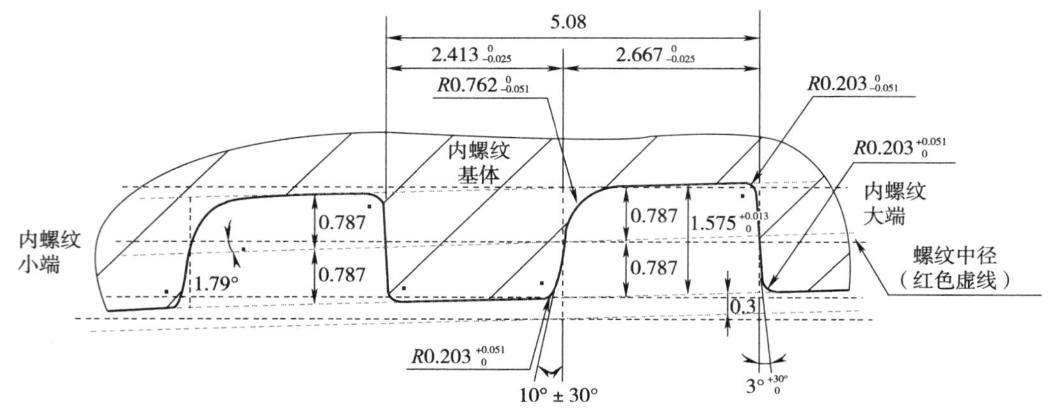

图 8-51　某型号特殊螺纹环规牙型结构

由于特殊螺纹量规的磨削加工工艺缺乏相应的理论作为指导，使得量规在进行最后磨削加工过程中，常常出现磨削烧伤、磨削裂纹和加工尺寸超差等各类齿面缺陷问题。这些缺陷不仅影响特殊螺纹量规的加工质量，更会降低特殊螺纹量规的耐磨性，使得特殊螺纹量规的使用寿命大大降低。

本案例开展了普通磨料砂轮和超硬磨料成型砂轮的应用研究，应用对象为采用优化热处理工艺后的特殊螺纹量规产品。通过普通磨料砂轮和超硬磨料砂轮的粗磨削、精磨削加工工艺和修整工艺优化，实现了超硬磨料断续成型砂轮在数控螺纹磨床上的良好应用，解决了特殊螺纹量规磨削烧伤、磨削裂纹和加工尺寸精度超差的问题，并提升了产品的加工效率和使用寿命。

2. 砂轮磨削性能试验

（1）工件材料与尺寸

螺纹量具一般选用含铬钢，以提高其硬度和材料耐磨性。油井管特殊螺纹接头采用高铬钢（13Cr、S-13Cr）制造，为避免相同元素造成的检验拉伤，特殊螺纹量规没有选用含铬材料，而是选用冷作模具钢 9Mn2V。9Mn2V 钢的综合力学性能优于碳素工具钢，其化学成分如表 8-10 所示。9Mn2V 钢具有良好的淬透性，淬火变形小，经过热处理之后硬度 HRC 高达 62 以上，具有较好的耐磨性和一定的韧性，因此适于制造特殊螺纹量规。

表 8-10　9Mn2V 的化学成分（质量分数/%）

C	Si	Mn	V	P	S
0.85~0.95	≤0.40	1.70~2.00	0.10~0.25	≤0.030	≤0.030

1）平面磨削加工试验

试验材料为 9Mn2V 钢，在磨削加工前，分别采用不同的热处理工艺进行处理，具体的热处理工艺如表 8-11 所示。对热处理后的 1 号、3 号和 4 号试样分别进行线切割，制作磨削加工试样，试样尺寸为 30 mm（长）×30 mm（高）×6 mm（宽），砂轮的中部位置参与试样宽度方向的全部磨削加工。

表 8-11　热处理工艺试验方案

试 样 编 号	热处理工艺
1 号	淬火
2 号	淬火+回火
3 号	淬火+冷处理+回火
4 号	淬火+冷处理+回火+冷处理+回火

2）特殊螺纹成型磨削加工试验

根据不同因素热处理材料磨削试验结果，工件材料热处理工艺路线为淬火+冷处理+回火+冷处理+回火+时效，此时材料具有最佳的磨削加工性能。经热处理之后的圆环工件先经过端平面磨削和内外圆磨削之后再进行螺纹成型磨削，圆环工件（环规）尺寸为：内径 ϕ108 mm，长度 30 mm。

（2）试验砂轮

1）普通磨料砂轮

粗磨削加工采用 3SG60-LVS（90 mm×10 mm×16 mm）（外径×厚度×内径），精磨削加工采用 3SG80-LVS（70 mm×10 mm×16 mm）。

2）断续超硬磨料砂轮

设计单层电镀 CBN 成型砂轮用于粗磨削加工。砂轮采用 CBN-950 或 CBN-952 磨料，粒度 140#；砂轮的结构与实物图分别如图 8-52、图 8-53 所示；采用内镀法置砂，能够良好控制磨粒的等高性。

（3）加工设备

特殊螺纹量规成型磨削加工试验采用高精度螺纹磨床（LM650，见图 8-54）。该磨床被广泛用于加工滚珠螺母、量规和动力方向盘等零件，主要性能指标如表 8-12 所示。

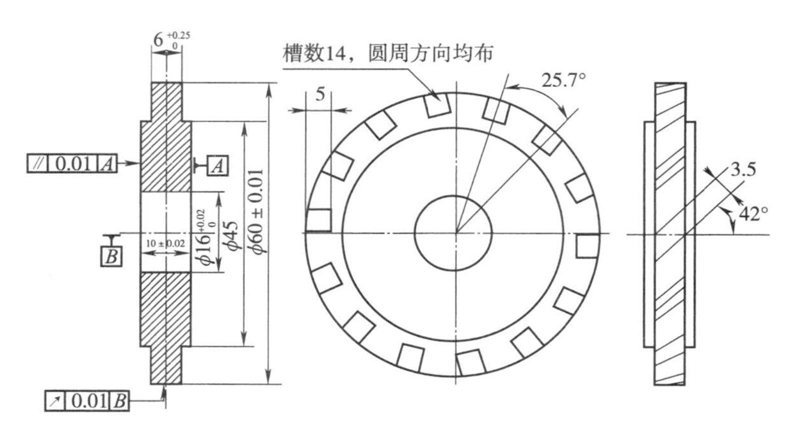

图 8-52 单层电镀 CBN 砂轮的结构图

图 8-53 单层电镀 CBN 成型砂轮实物图

图 8-54 LM650 螺纹磨床

表 8-12　螺纹磨床的主要性能指标

性能指标	内螺纹磨削应用	外螺纹磨削应用
螺纹最大长度（mm）×直径（mm）	250×550	650×550
螺旋升角（°）	±15	±35
主轴转速（v_c 恒定）（r/min）	30 000，45 000，60 000	10 000
标准磨削砂轮范围	$AlOx_2$，SG Ceramic，CBN	$AlOx_2$，SG Ceramic，CBN
砂轮尺寸［外径（mm）×内径（mm）×厚（mm）］	(45～100)×16×(6～25)	350×160×25

（4）检测设备

试验对磨削力、磨削温度、磨削加工表面粗糙度和磨削变质层金相组织结构进行检测。

（5）试验参数

1）平面磨削加工试验

平面磨削加工试验分为两个阶段，即单次平面磨削试验和往复平面磨削试验，磨削加工工艺参数如表 8-13 所示。单次平面磨削试验主要用于考察不同磨削加工工艺参数下磨削力和比磨削能的变化特征。往复平面磨削试验主要用于考察不同磨削加工工艺参数下，工件表面粗糙度、加工表面的残余应力和金相组织结构转变特征。本试验设定往复磨削次数分别为 40 次和 80 次。

表 8-13　9Mn2V 磨削加工工艺参数

项　　目	工艺参数
砂轮线速度 v_s/(m/s)	27
工件进给线速度 v_w/(m/min)	15
磨削深度 a_p/mm	0.005，0.01，0.02
磨削砂轮	刚玉 SG，粒度 80#
修整砂轮	单颗粒金刚石修整笔
修整深度/mm	0.01
修整方法	连续进给 3～4 次，修整进给速度：0.2 mm/r
冷却方式	干磨

2）特殊螺纹成型磨削加工试验

①粗磨削工艺参数

在粗磨削阶段，以提升磨削效率为首要目标，减少磨削时间，同时保证磨削加工质量，不发生磨削烧伤或磨削裂纹。根据对特殊螺纹量规成型磨削粗加工工艺参数的理论优化计算结果和单颗磨粒磨削仿真结果，制定普通磨料砂轮与超硬磨料（CBN）砂轮粗磨削加工工艺参数，分别如表 8-14、表 8-15 所示。

表 8-14　普通磨料砂轮粗磨削加工工艺参数

项　　目	工 艺 参 数
砂轮线速度 v_s/(m/s)	35
工件进给速度 v_w/(m/min)	6~8.1
磨削深度（直径方向）a_p/mm	磨削深度逐次递减，最大磨削深度 0.045 mm，最小磨削深度 0.01 mm。磨削循环次数 120~140 次
磨削砂轮	3SG60-LVS [90 mm×10 mm×16 mm（外径×厚度×内径）]
冷却方式	双向冷却，即导向面和承载面同时冷却

表 8-15　CBN 磨料粗磨削加工工艺参数

项　　目	工 艺 参 数
砂轮线速度 v_s/(m/s)	43
工件进给速度 v_w/(m/min)	9.0
磨削深度（直径方向）a_p/mm	磨削深度逐次递减，最大磨削深度 0.0513 mm，最小磨削深度 0.0124 mm，磨削循环次数 140 次
磨削砂轮	电镀单层 CBN 成型砂轮，粒度 140# [60 mm×10 mm×16 mm（外径×厚度×内径）]
冷却方式	双向冷却，即导向面和承载面同时冷却

对于两种不同磨料砂轮，均采用外冷方式冷却。采用双向冷却方式时，则在内螺纹的导向面（3°方向）和承载面（10°方向）同时设置冷却管进行浇注式冷却（见图 8-55）。对于 CBN 磨料砂轮，也采用上述双向冷却方式。

②精磨削工艺参数

工厂当前精磨削加工工件进给速度仅为 1.8 m/min，虽然有利于保证螺纹量规齿形的加工尺寸精度，但是不利于磨削散热。本试验制定的普通磨料砂轮精磨加工参数如表 8-16 所示。

3. 砂轮磨削性能评价

（1）磨削力与比磨削能

不同热处理状态工件平面磨削的径向和切向磨削力如图 8-56 所示。对比可知经过回火和冷处理后的 3 号试样和 4 号试样，均比没有经过回火处理的 1 号试样磨削力大。

9Mn2V 冷作模具钢经淬火、冷处理和回火后获得细针马氏体，一方面具有较高的硬度，同时具有较高的耐磨性。在工件材料硬度较高的情况下，较高的硬度对材料的变形起主要作用，因此经过冷处理和回火处理工件的切向磨削力较大。

图 8-55　螺纹磨削双向冷却方式

表 8-16　普通磨料砂轮精磨削加工磨削用量

项　　目	工 艺 参 数
砂轮线速度 v_s/(m/s)	35
工件进给速度 v_w/(m/min)	3.6~4.8
磨削深度（直径方向）a_p/mm	采用等磨削深度方式加工，磨削深度 0.02 mm
磨削砂轮	3SG80-LVS ［70 mm×10 mm×16 mm（外径×厚度×内径）］
冷却方式	双向冷却，即导向面和承载面同时冷却

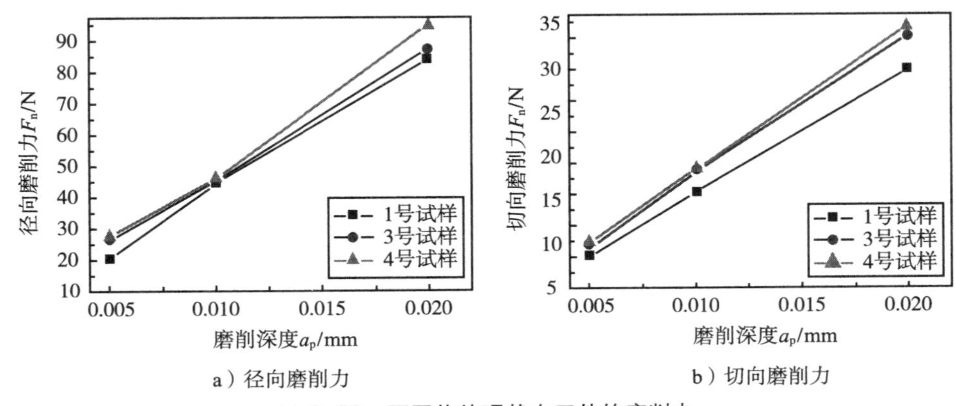

a）径向磨削力　　b）切向磨削力

图 8-56　不同热处理状态工件的磨削力

图 8-57 给出了不同热处理状态和不同磨削深度下工件材料的比磨削能，随着磨削深度的增加，比磨削能呈减小的趋势。滑擦、耕犁和成屑构成了磨削的三个阶段，当磨削深度较小时，滑擦和耕犁占主要地位，需要更多的比磨削能。而随着磨削深度增加，成屑占据主要地位，所需的能量较少。增加冷处理和回火处理及其次数后，工件材料的塑性和冲击韧性增加，去除相同体积工件材料所需的能量也相应增加。

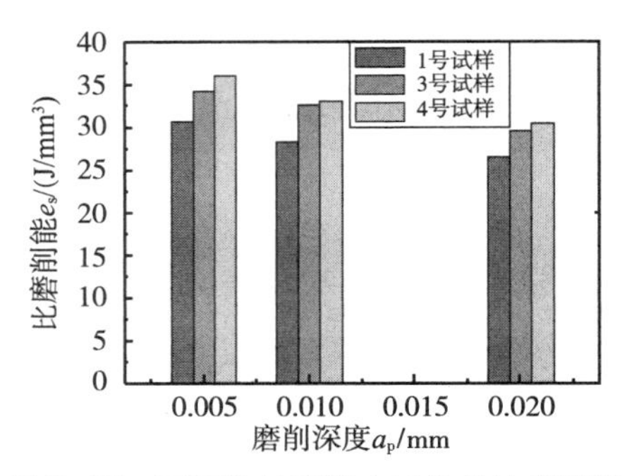

图 8-57 不同热处理状态工件的比磨削能

（2）磨削温度

图 8-58 给出了成型磨削加工试验过程中不同磨削深度下的红外测温结果，表 8-17 对比了距离成型工件平面与斜平面交界凸缘 0.1 mm、0.2 mm 和 0.3 mm 处的温升理论计算值与红外测温的检测值。对比成型磨削中不同位置的温升理论计算值，在成型磨削试验中，利用红外测温仪测量获得的温度值，位于距离成型工件交界凸缘 0.1~0.3 mm 的理论计算值区间范围内，从而验证了成型磨削温度场数值计算模型的有效性。同时也表明，在平面热源和斜平面热源的耦合作用下，距离成型工件交界凸缘越近，越易引起更大的温升，从而带来磨削烧伤和磨削裂纹问题。

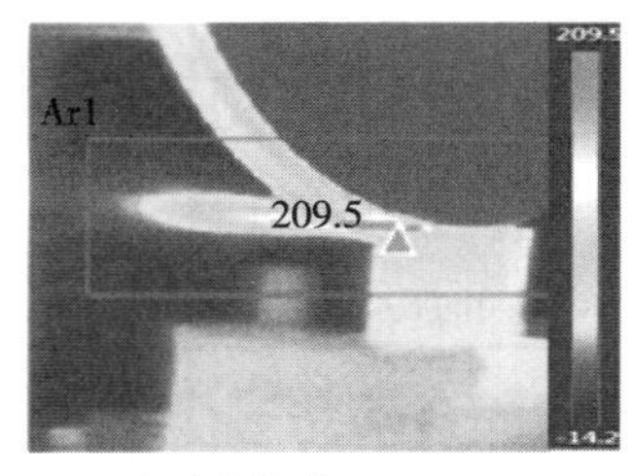

a）磨削深度a_p=0.005 mm

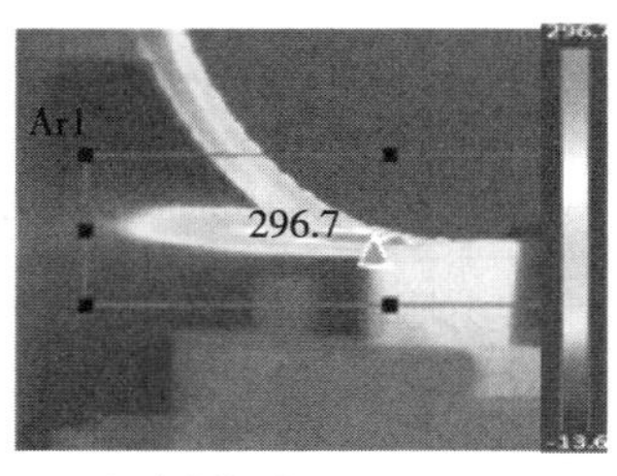

b）磨削深度a_p=0.01 mm

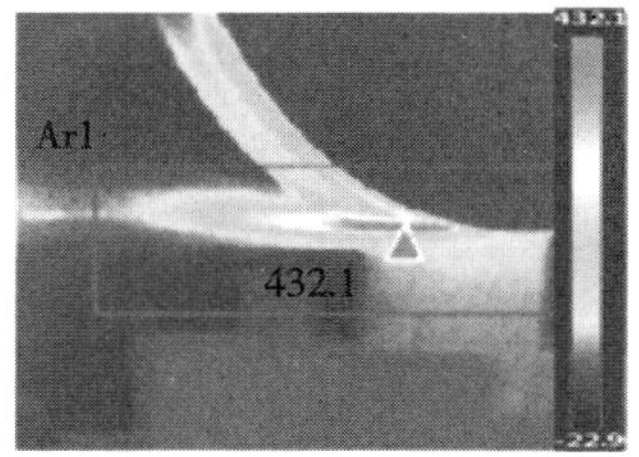

c）磨削深度a_p=0.02 mm

图 8-58 成型磨削加工红外测温检测结果

表 8-17 成型磨削加工弧区红外测温最高温度数据值

磨削深度 mm	理论计算值/℃			磨削加工试验红外测温值/℃			
	距凸缘距离 mm	磨削弧区中部	磨削弧区末端	检测值 1	检测值 2	检测值 3	平均值
0.005	0.1	225.4	217.7	193.5	209.5	220.4	207.8
	0.2	186.5	180.6				
	0.3	169.1	153.8				

续表

磨削深度 mm	理论计算值/℃			磨削加工试验红外测温值/℃			
	距凸缘距离 mm	磨削弧区中部	磨削弧区末端	检测值 1	检测值 2	检测值 3	平均值
0.01	0.1	361.9	348.9	323.4	281.1	296.7	300.4
	0.2	301.9	296.8				
	0.3	270.9	255.8				
0.02	0.1	556.8	537.5	412.9	432.1	400.6	415.2
	0.2	473.8	471.8				
	0.3	425.0	416.3				

（3）磨削表面粗糙度

平面往复磨削加工完成后，对加工试样的表面粗糙度进行测量，测量结果如图 8-59 所示。由该图可知，工件表面粗糙度值受磨削深度变化的影响较大。当磨削深度较小时，磨削过程主要集中于滑擦和耕犁阶段，工件表面的材料并没有变成切屑流走，而是被磨粒推挤到沟槽两侧形成涂覆和隆起，从而增大了磨削表面粗糙度。而当磨削深度较大时，随着磨削深度的逐渐增加，表面粗糙度的值也逐渐变大，这是因为增加磨削深度，会使得最大未变形切屑的厚度增大。

图 8-59 同时显示，磨削表面粗糙度在试样回火后得到明显改善，尤其是经过两次冷处理和回火后的 4 号试样，磨削表面粗糙度的值降低更多。随着冷处理和回火次数的增加，残余奥氏体含量的降低，金相组织结构细化，更多的淬火马氏体转变为回火马氏体，工件材料的塑性提高。磨削加工过程中，工件材料经历的切削作用大于滑擦和耕犁作用，材料以成屑被去除，而不会形成堆积，磨削表面会更加光滑。

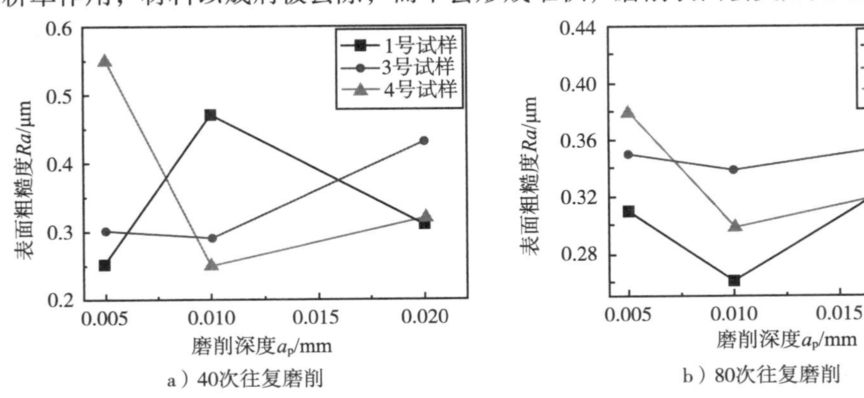

a）40次往复磨削　　b）80次往复磨削

图 8-59　不同热处理状态工件的磨削表面粗糙度

（4）表面残余应力

图 8-60 和图 8-61 分别给出了 40 次往复磨削和 80 次往复磨削后不同热处理状态下工件表面的残余应力值，磨削表面均呈拉应力状态，且平行于磨削进给方向的残余应力均大于垂直于磨削进给方向的残余应力。

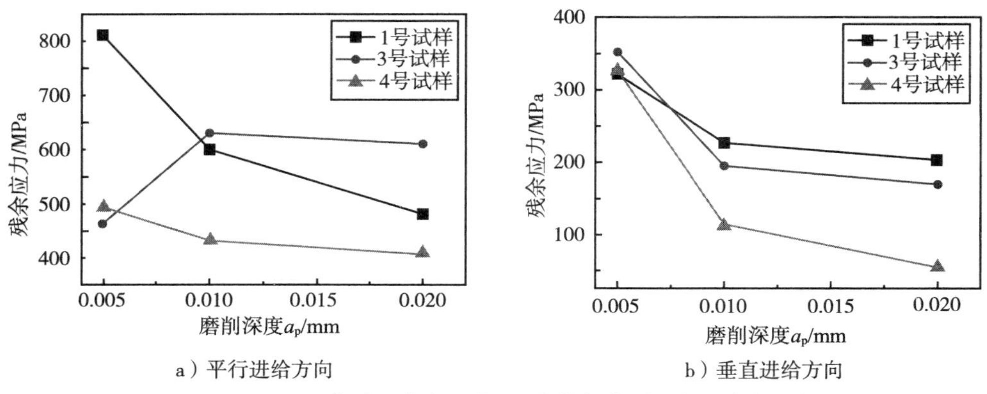

a）平行进给方向　　b）垂直进给方向

图 8-60　不同热处理状态工件 40 次往复磨削后表面残余应力

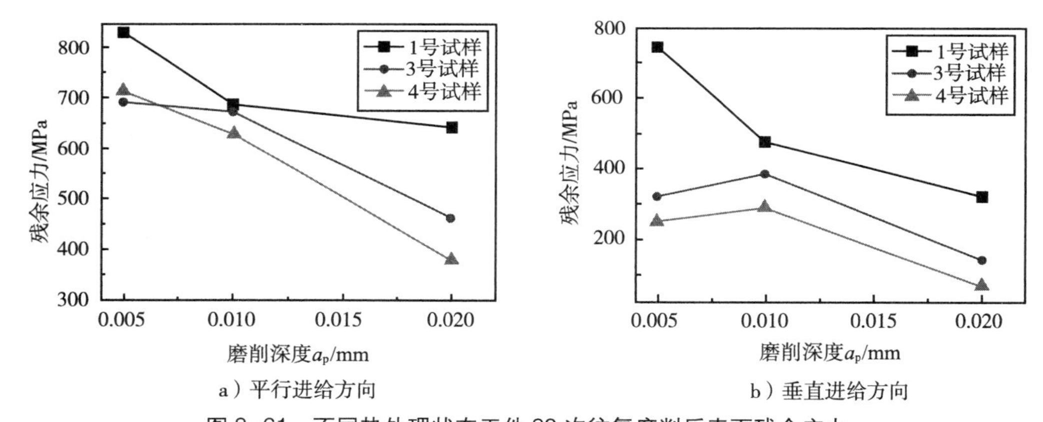

a）平行进给方向　　b）垂直进给方向

图 8-61　不同热处理状态工件 80 次往复磨削后表面残余应力

经过冷处理和回火的 3 号试样和 4 号试样，磨削加工表面的残余应力值明显小于未经冷处理和回火处理的 1 号试样，而且经过多次冷处理和回火处理的 4 号试样，加工表面残余应力值最小，其原因与经过冷处理和回火处理后材料的组织结构、碳化物形貌和残余奥氏体含量等有关系。经多次冷处理和回火后的工件，马氏体更加细化，分布更加均匀，碳化物偏析的改善有利于磨削热的传导，残余奥氏体含量的减小保证了材料组织结构的稳定性，避免因磨削高温产生残余奥氏体的重新分解转变。

（5）表面金相组织结构

图 8-62 给出了磨削深度为 0. 005 mm，往复磨削 40 次和 80 次时 1 号试样的金相组织结构，检测表面为沿切削深度方向，且平行于磨削进给方向的横截面。经过 40 次往复磨削后，磨削表面热影响区的深度为 34~46 μm，而且加工表面出现了与磨削进给方向垂直的微细裂纹，深度约为 100 μm。在往复磨削 80 次后，磨削表面热影响区的深度增加至 52~70 μm，这表明磨削次数的成倍增加，并没有导致热影响区深度的成倍增加。

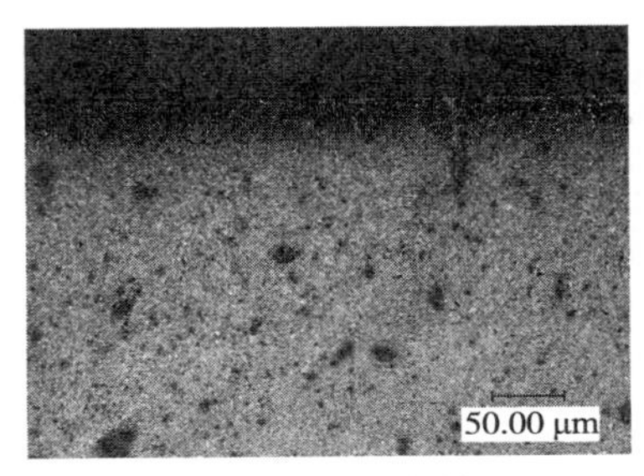

a）40 次往复磨削

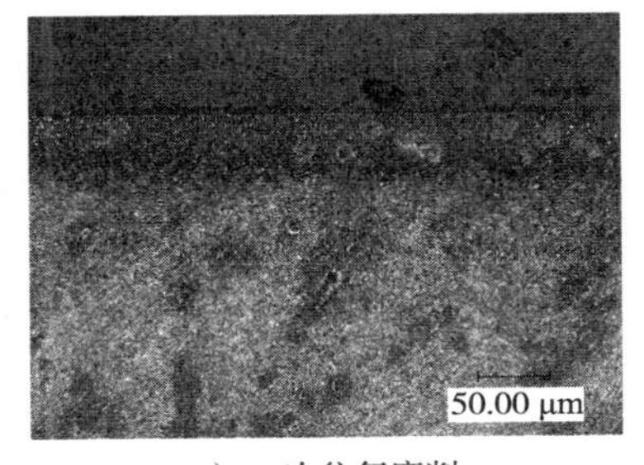

b）80 次往复磨削

图 8-62 磨削深度为 0. 005 mm 时 1 号试样金相组织结构

图 8-63 给出了磨削深度为 0. 01 mm，往复磨削 40 次和 80 次时 1 号试样的金相组织结构。经过 40 次往复磨削后，磨削表面热影响区深度为 32~35 μm。往复磨削 80 次后，磨削表面热影响区深度为 36~56 μm。

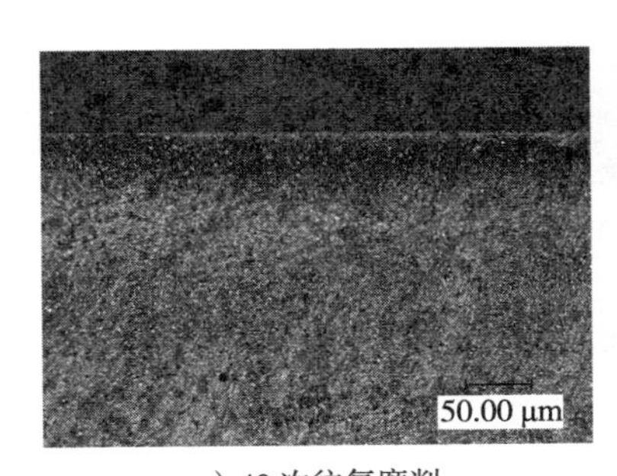

a）40 次往复磨削

b）80 次往复磨削

图 8-63 磨削深度为 0. 01 mm 时 1 号试样金相组织结构

图 8-64 给出了磨削深度为 0. 02 mm，往复磨削 40 次和 80 次时 1 号试样的金相组织结构。经过 40 次往复磨削，磨削表面热影响区深度为 54~82μm，而且加工表面出现了与磨削进给方向垂直的微细裂纹，深度约为 240 μm。往复磨削 80 次后，磨削表面热影响区深度增加至 65~110 μm，同时，磨削裂纹的深度快速增长至 360 μm。

1 号试样在最小的磨削深度加工时，40 次往复磨削即出现磨削裂纹，这与淬火后工件内部残留较大的淬火应力以及形成的组织结构有密切关系。淬火后的工件材料组织以粗针状马氏体为主，而且因网状碳化物的大量存在（达到 4 级），形成严重的碳化物偏析，磨削热量极易在此处聚集，从而萌生裂纹。

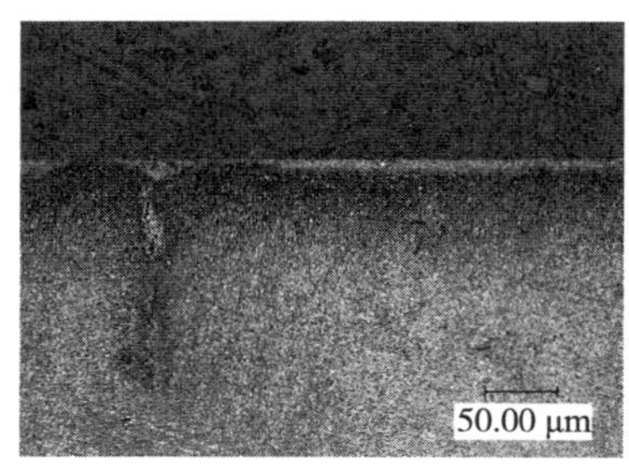

a）40 次往复磨削

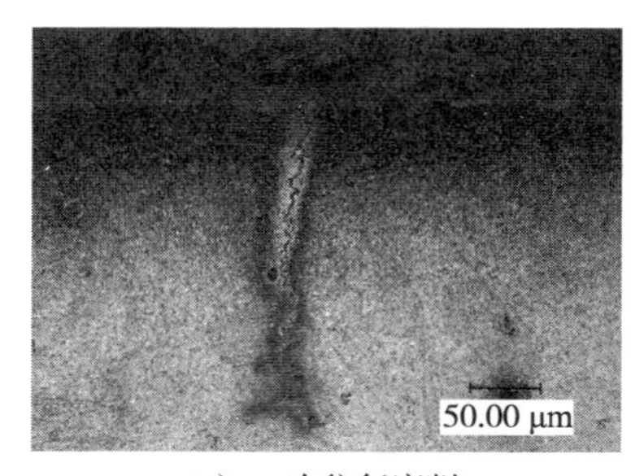

b）80 次往复磨削

图 8-64　磨削深度为 0. 02 mm 时 1 号试样金相组织结构

（6）磨削表面烧伤

1 号试验工件在往复磨削 30 次时，观察加工表面，没有烧伤现象。但在粗磨削加工完成后，导向面（3°）和承载面（10°）方向的凸缘处均出现黑色的烧伤现象，并且有磨削微裂纹出现，如图 8-65 所示。

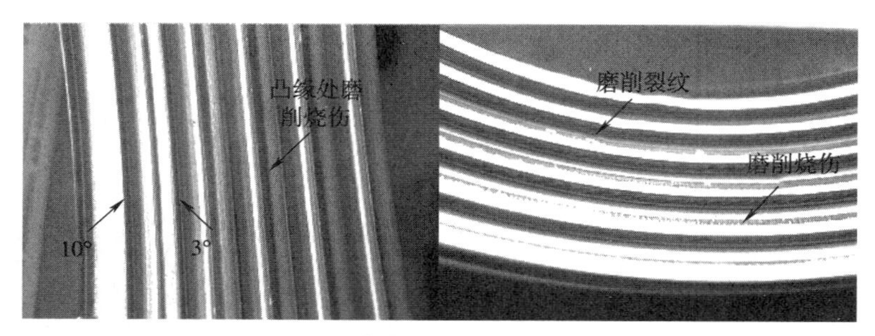

图 8-65　1 号试验工件粗磨削加工磨削烧伤

图 8-65 中显示出磨削烧伤和磨削裂纹集中于螺纹导向面和承载面的凸缘处，而成型磨削温度场的计算也表明，在两面的交界即凸缘处，热源强度最大，导致最高的温升。且由于凸缘位置能散热的工件材料较少，所以极易因高温而产生磨削烧伤。

（7）砂轮磨损形貌

超硬磨料砂轮磨削加工 3 号试验工件后，对比砂轮粗磨削加工前后齿顶、齿侧中部位置磨粒磨损情况，如图 8-66 和图 8-67 所示，磨削加工后，仅有个别磨粒发生脱落，同时在齿顶局部位置因磨粒的簇集致使磨粒的容屑能力差，这些部位产生了磨屑的轻微堵塞，但整体上砂轮的磨粒保持性和容屑能力情况良好。

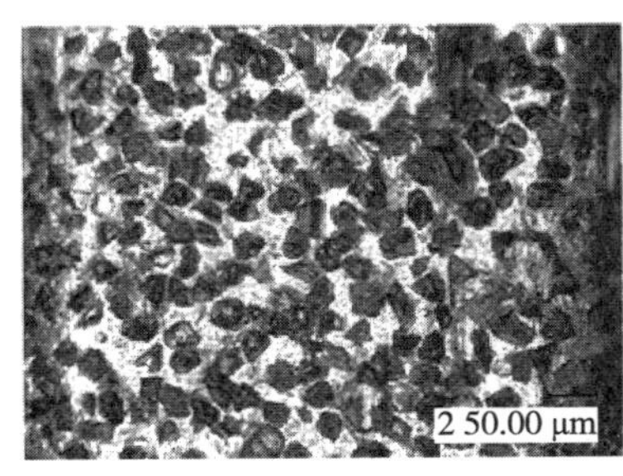

a）磨削加工前

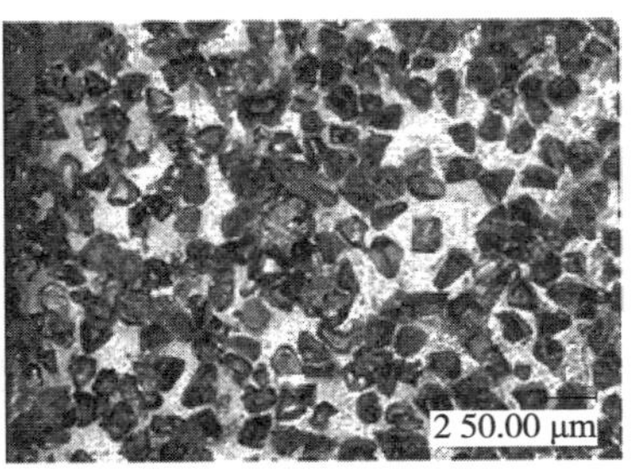

b）磨削加工后

图 8-66　加工前后砂轮齿顶中部磨粒磨损显微形貌

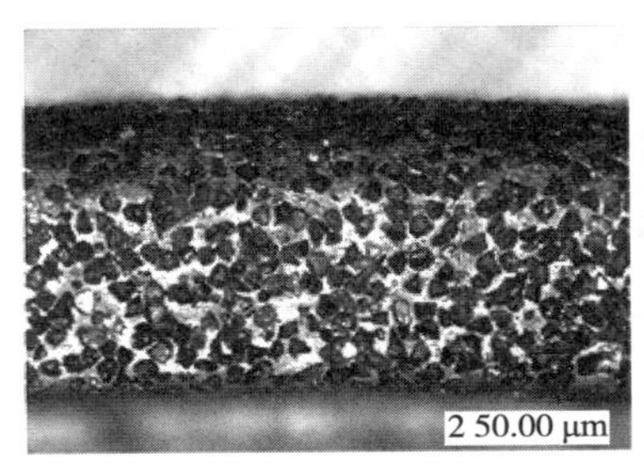

a）磨削加工前

b）磨削加工后

图 8-67　加工前后砂轮齿顶侧面磨粒磨损显微形貌

附录

附录A 丝锥术语和板牙术语

一、丝锥术语

1. 丝锥术语分类

丝锥术语可分为：与结构参数有关的术语和定义；按用途和使用方法定义的术语和定义；按装夹部分的形式和结构分类的术语和定义；按工作部分的形式和结构分类的术语和定义。

2. 术语包含的丝锥类型

常用的丝锥术语包括：丝锥、机用丝锥、手用丝锥、单支丝锥、普通螺纹丝锥、锥螺纹丝锥、圆柱管螺纹丝锥、圆锥管螺纹丝锥、短柄螺母丝锥、板牙丝锥、板牙精铰丝锥、拉削丝锥、梯形螺纹丝锥、梯形螺纹拉削丝锥、高精度梯形螺纹拉削丝锥、统一螺纹丝锥、惠氏螺纹丝锥、统一螺纹螺母丝锥、惠氏螺纹螺母丝锥、铲背丝锥、不铲背丝锥、螺旋槽丝锥、内容屑丝锥、复合丝锥、整体丝锥、焊柄丝锥、镶齿丝锥、可调丝锥、自动开合丝锥等的术语和定义。

3. 与结构参数有关的术语和定义

3.1 总长 overall length

从切削锥前端面至柄部末端面之间的距离（见图A-1）。

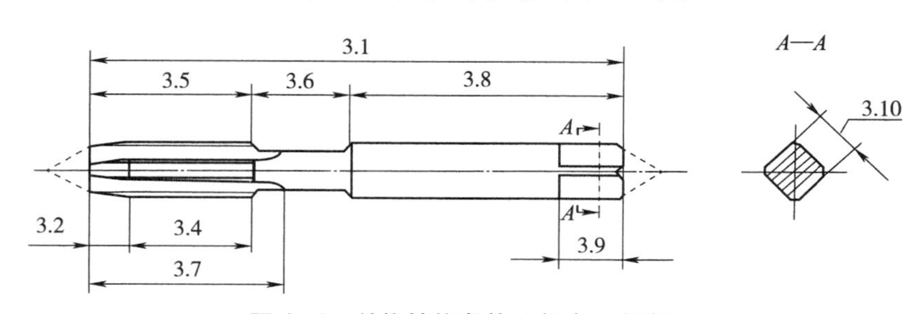

图A-1 丝锥结构参数（长度、宽度）

注：图中编号与术语条目编号对应。

3.2 切削锥长度 chamfer length; lead length

在平行于轴线方向上测量的切削锥（3.22）的长度（见图 A-1）。

3.3 切削锥牙数 number of chamfered pitches; number of lead pitches

切削锥长度（3.2）内的螺纹牙数。

3.4 校准部分长度 full thread length

起修整螺纹牙型的螺纹部分的长度（见图 A-1）。

3.5 螺纹部分长度 thread length

切削锥长度（3.2）和校准部分长度（3.4）之和（见图 A-1）。

3.6 颈部长度 neck length

柄部和螺纹部分之间的过渡连接部分长度（见图 A-1）。

3.7 容屑槽长度 flute length

容屑槽（3.26）的长度，包含了越出螺纹部分的长度（见图 A-1）。

3.8 柄部长度 shank length

起夹持或传动作用的柄部的长度（见图 A-1）。

3.9 方头长度 driving square length

柄部尾端起传动作用的方头的长度（见图 A-1）。

3.10 方头尺寸 size across flats square

柄部尾端起传动作用的方头部分削平面间的对边尺寸（见图 A-1）。

3.11 公称直径 nominal diameter; major diameter

代表螺纹尺寸的直径，指螺纹大径的基本尺寸（见图 A-2）。

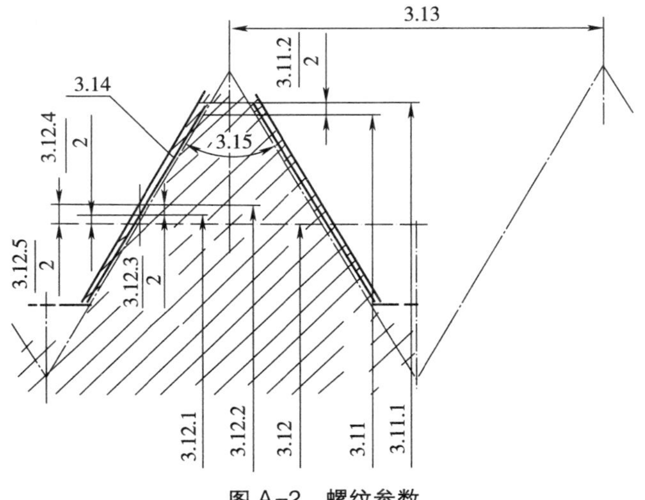

图 A-2 螺纹参数

3.11.1　丝锥最小大径　minimum tap major diameter

丝锥（4.1）螺纹大径允许的最小尺寸（见图 A-2）。

3.11.2　大径下偏差　minimum clearance on major diameter; lower deviation of major diameter

丝锥最小大径（3.11.1）和丝锥基本大径（3.17）之差（见图 A-2）。

3.12　基本中径　basic pitch diameter

螺纹中径的基本尺寸（见图 A-2）。

3.12.1　丝锥最小中径　minimum tap pitch diameter

丝锥（4.1）螺纹中径允许的最小尺寸（见图 A-2）。

3.12.2　丝锥最大中径　maximum tap pitch diameter

丝锥（4.1）螺纹中径允许的最大尺寸（见图 A-2）。

3.12.3　丝锥中径公差　tolerance on tap pitch diameter

丝锥（4.1）螺纹中径的制造公差（见图 A-2）。

3.12.4　中径下偏差　lower deviation of pitch diameter

丝锥最小中径（3.12.1）和基本中径（3.12）之差（见图 A-2）。

3.12.5　中径上偏差　upper deviation of pitch diameter

丝锥最大中径（3.12.2）和基本中径（3.12）之差（见图 A-2）。

3.13　螺距　pitch

相邻两牙在中径线上对应两点间的轴向距离（见图 A-2）。

3.14　牙侧　flank

在通过螺纹轴线的剖面上，牙顶和牙底之间的那条直线（见图 A-2）。

3.15　牙型角　thread angle

在螺纹牙型上，两相邻牙侧间的夹角（见图 A-2）。

3.16　牙侧角（原称牙型半角）half of thread angle

完整螺纹牙型上，牙型角（3.15）的一半。

3.17　基本大径　basic major diameter or thread diameter

螺纹大径的基本尺寸（见图 A-3）。

3.18　柄部直径　shank diameter

柄部的直径尺寸（见图 A-3）。

3.19　颈部直径　neck diameter

柄部和螺纹部分之间的过渡连接部分的直径尺寸（见图 A-3）。

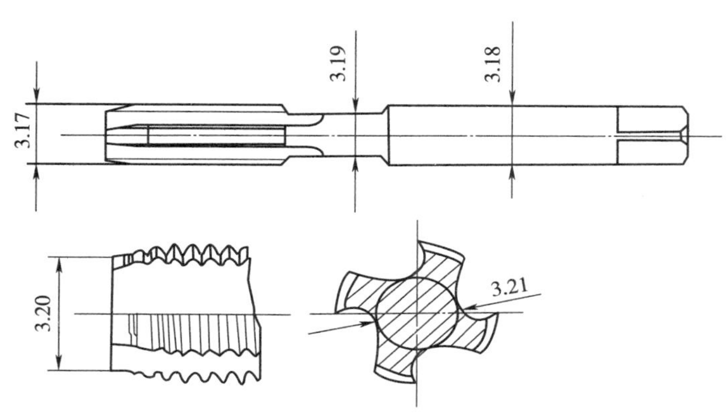

图 A-3　丝锥结构参数（直径）

3. 20　端部直径　point diameter；chamfer point diameter

切削锥导入端处切削刃的直径（见图 A-3）。

3. 21　芯部直径　web diameter；core diameter

在轴线的给定点上与槽底相切的一个圆弧的直径（见图 A-3）。

3. 22　切削锥　chamfer

在前端起切削、引导作用的成锥形的螺纹部分（见图 A-4）。

3. 23　切削锥角　chamfer angle

导角　lead angle

切削锥（3. 22）的任一母线与轴线间形成的夹角（见图 A-4）。

3. 24　实际丝锥大径　actual tap major diameter

垂直于轴线的一个选定截面上，通过顶刃的圆弧的直径（见图 A-4）。

3. 25　小径　minor diameter

与螺纹牙底相切的假想圆柱或圆锥的直径（见图 A-4）。

3. 26　容屑槽　flute

在螺纹部分并延伸至颈部开出的沟槽，在螺纹截形上形成切削刃，并能使切屑排出和切削液进入切削区（见图 A-4）。

3. 26. 1　直槽　straight flute

与丝锥（4. 1）轴线平行的容屑槽（3. 26）（见图 A-4）。

3. 26. 2　螺旋槽　spiral flute

螺旋状的容屑槽（3. 26）（见图 A-4）。

3. 26. 3　螺旋槽角　spiral flute angle

螺旋角　helical angle

校准部分螺纹上选定点的切线与包含该点及轴线组成的平面间的夹角（见图 A-4）。

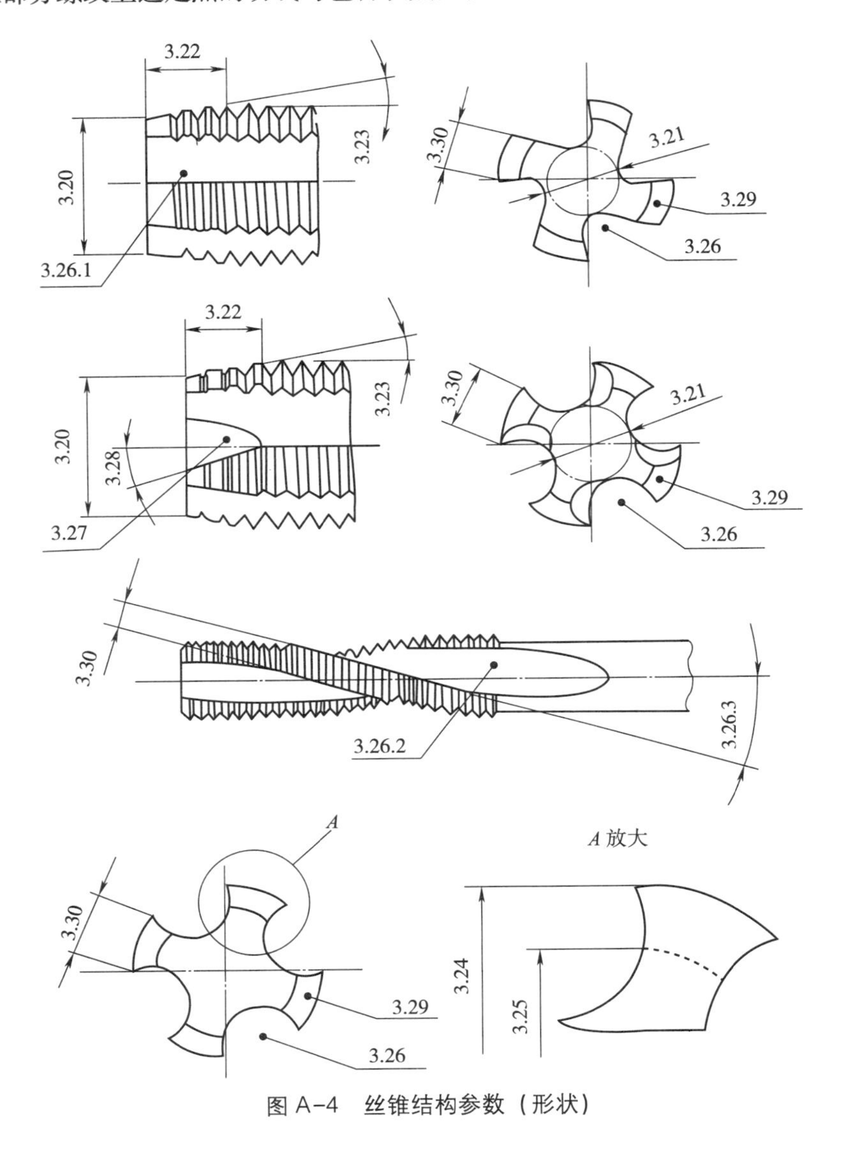

图 A-4　丝锥结构参数（形状）

3. 27　螺尖　spiral point

切削锥前部加工出带有刃倾角的部分（见图 A-4）。

3. 28　螺尖角　spiral point angle

带螺尖（3. 27）的切削锥的切削刃上选定点的切线与轴线间的最大投影夹角（见图 A-4）。

3. 29　刃背　land

沟槽间的螺纹部分（见图 A-4）。

3.30　刃背宽度　land width

刃背（3.29）上，切削刃和与其相对的刃之间的弦宽（见图 A-4）。

3.31　切削锥径向铲背　radial relief on chamfer

在切削锥（3.22）上，刃背（3.29）高度从切削刃处逐渐向后面降低，使切削刃具有径向后角（见图 A-5）。

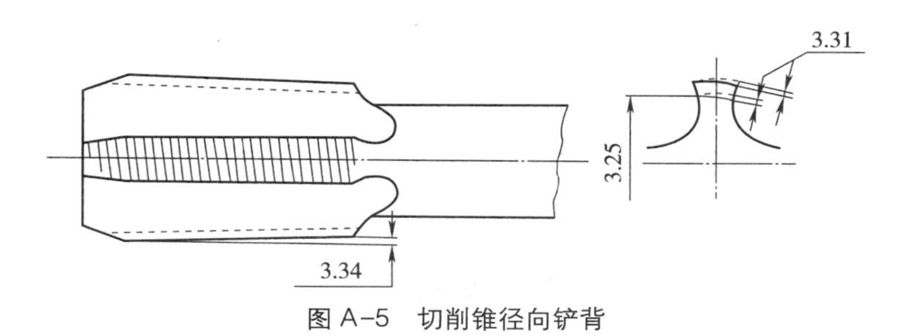

图 A-5　切削锥径向铲背

3.32　全宽铲背　eccentric thread relief

在切削锥（3.22）上，刃背（3.29）高度从切削刃处逐渐向后面降低（见图 A-6）。

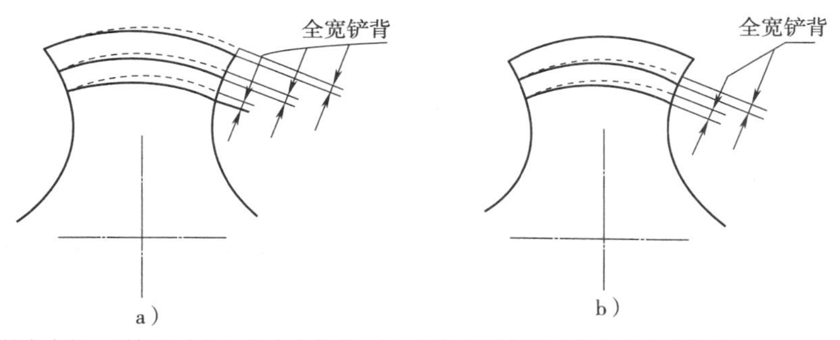

注：a）是在大径、牙侧和小径上的全宽铲背，b）是仅在牙侧和小径上的全宽铲背。

图 A-6　全宽铲背

3.33　部分铲背　con-eccentric thread relief

在切削锥（3.22），刃背（3.29）高度从距离切削刃一定宽度处逐渐向后面降低（见图 A-7）。

3.34　倒锥　back taper

校准部分螺纹的直径朝柄部方向逐渐减小（见图 A-5）。

3.35　左螺纹　left hand thread

沿轴向察看时，螺纹沿逆时针方向绕圈。

3.36　右螺纹　right hand thread

沿轴向察看时，螺纹沿顺时针方向绕圈。

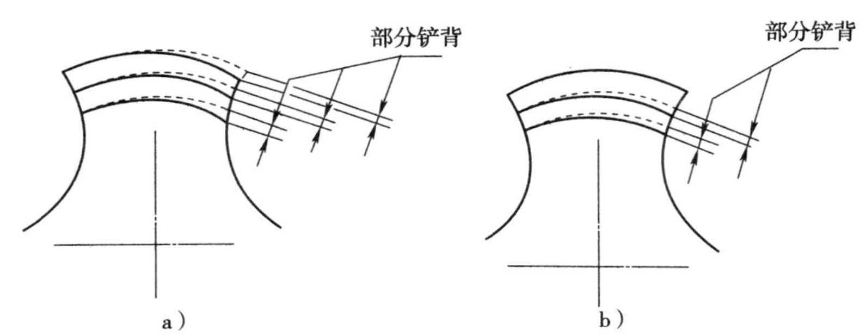

注：a）是在大径、牙侧和小径上的部分铲背，b）是仅在牙侧和小径上的部分铲背。

图 A-7　部分铲背

3.37　外顶尖　external centre

丝锥（4.1）端部的尖顶部分（见图 A-8）。

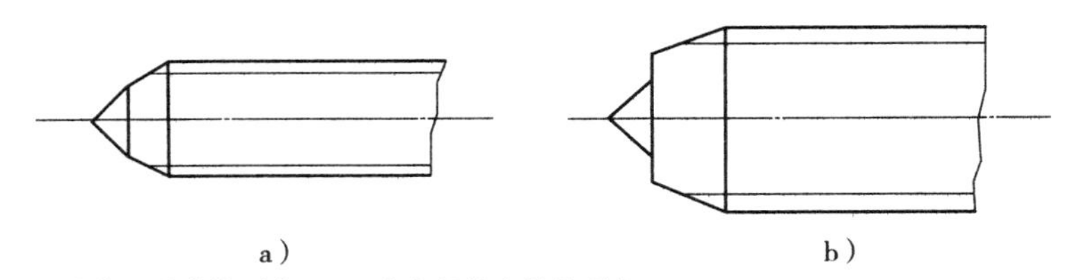

注：图中 a）为普通形式外顶尖，b）为尖部缩小的外顶尖。

图 A-8　外顶尖

3.38　中心孔　internal centre

在一端或两端处，制有底部带直盲孔的锪孔，由它确定轴线（见图 A-9）。

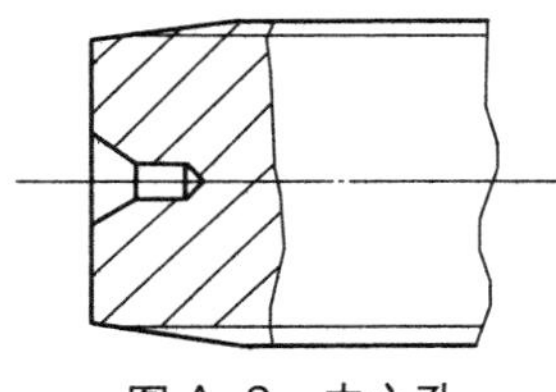

图 A-9　中心孔

4. 按用途和使用方法分类的术语和定义

4.1　丝锥　tap

通过旋转并沿螺纹导程轴向进刀，在被加工孔中形成内螺纹的一种成形刀具（见图 A-1）。

4.2　机用丝锥　machine tap

通过机械操作方式加工螺纹的丝锥（4.1）。

4.3　手用丝锥　hand tap

可通过手工操作方式加工螺纹的丝锥（4.1）。

4.4　单支丝锥　single tap

一次切削即可完成螺纹孔加工的丝锥（4.1）。

4.5　成组丝锥　set of taps

由二支或二支以上丝锥（4.1）组成一组，可依次分担加工一个螺纹孔（见图 A-10、图 A-11、图 A-12、图 A-13）。

4.5.1　等径成组丝锥　set of uniform taps

成组丝锥（4.5）中，各支丝锥的大径、中径、小径均相等，仅切削锥长度（3.2）或切削锥角（3.23）不等（见图 A-10、图 A-11）。

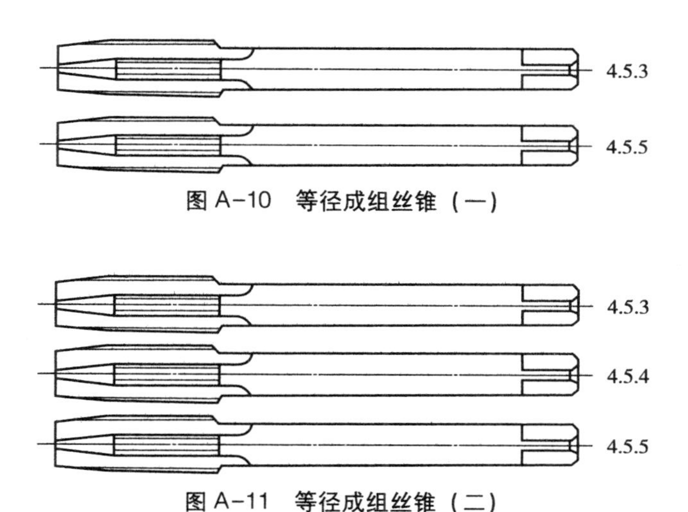

图 A-10　等径成组丝锥（一）

图 A-11　等径成组丝锥（二）

4.5.2　不等径成组丝锥　set of serial taps

成组丝锥（4.5）中，各支丝锥的大径、中径、小径以及切削锥长度（3.2）或切削锥角（3.23）均不相等（见图 A-12、图 A-13）。

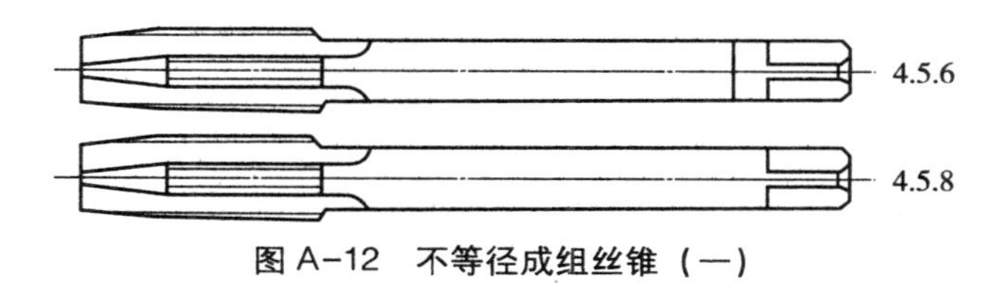

图 A-12　不等径成组丝锥（一）

4.5.3　初锥　taper tap

在等径成组丝锥（4.5.1）中，其切削锥长度（3.2）较长或切削锥角（3.23）较

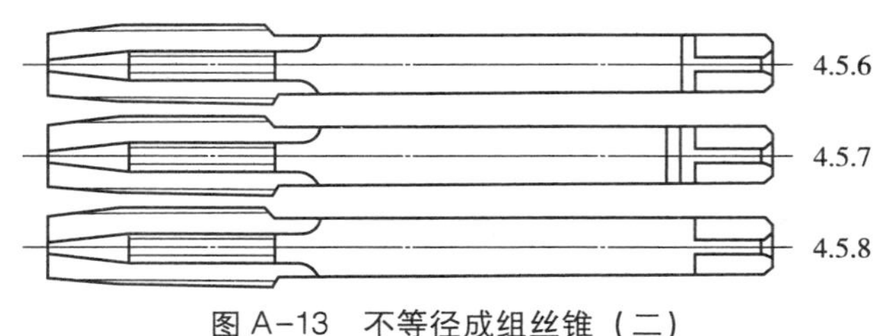

图 A-13　不等径成组丝锥（二）

小，校准部分具有完整螺纹牙型，在通孔中攻丝可一次加工完成螺纹成品尺寸（见图 A-10、图 A-11）。

4.5.4　中锥　plug tap

在等径成组丝锥（4.5.1）中，其切削锥长度（3.2）介于初锥（4.5.3）和底锥（4.5.5）之间，其具有单支丝锥（4.4）的功能（见图 A-11）。

4.5.5　底锥　bottoming tap

在等径成组丝锥（4.5.1）中，其切削锥长度（3.2）较短，其只起修短螺尾作用（见图 A-10、图 A-11）。

4.5.6　第一粗锥（又称头锥）first tap

在不等径成组丝锥（4.5.2）中，其切削锥长度（3.2）较长或切削锥角（3.23）较小，校准部分不具备完整螺纹牙型，在加工螺纹时起粗加工作用（见图 A-12、图 A-13）。

4.5.7　第二粗锥（又称二锥）second tap

在不等径成组丝锥（4.5.2）中，其切削锥长度（3.2）介于第一粗锥（4.5.6）和精锥（4.5.8）之间，根据切削负荷分配的需要起第二次粗加工作用（见图 A-12）。

4.5.8　精锥　finishing tap

在不等径成组丝锥（4.5.2）中，其切削锥长度（3.2）较短，校准部分具有完整螺纹牙型，起最后精加工作用（见图 A-12、图 A-13）。

4.6　普通螺纹丝锥　tap for general purpose screw threads

加工普通螺纹用的丝锥（4.1）。

4.7　锥螺纹丝锥　tap for taper screw threads

加工锥螺纹用的丝锥（4.1）。

4.8　圆柱管螺纹丝锥　tap for parallel pipe threads

加工圆柱管螺纹用的丝锥（4.1）（见图 A-14）。

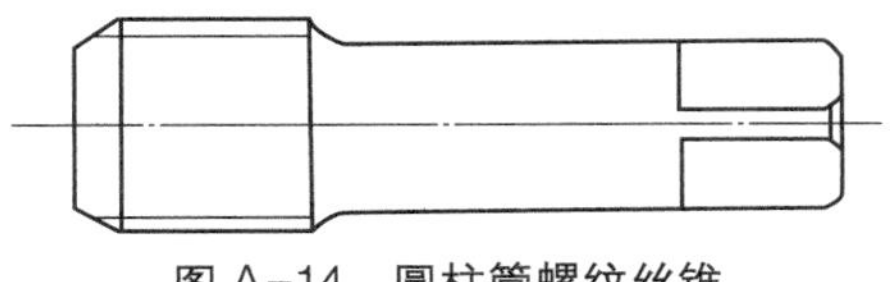
图 A-14　圆柱管螺纹丝锥

4.9　圆锥管螺纹丝锥　tap for taper pipe threads

加工圆锥管螺纹用的丝锥（4.1）（见图 A-15）。

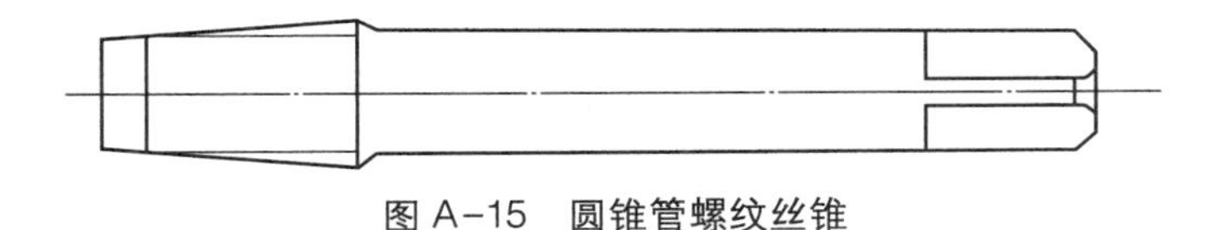
图 A-15　圆锥管螺纹丝锥

4.10　板牙丝锥　die tap

板牙专用丝锥（4.1），适用于板牙钻容屑孔之前的螺纹加工。

4.11　板牙精铰丝锥　finishing die tap

组合丝锥

板牙专用丝锥（4.1），适用于板牙钻容屑孔之后的螺纹精加工。

4.12　拉削丝锥　broaching tap

应用拉削成形的方法加工梯形螺纹、方牙内螺纹等的丝锥（4.1）（见图 A-16）。

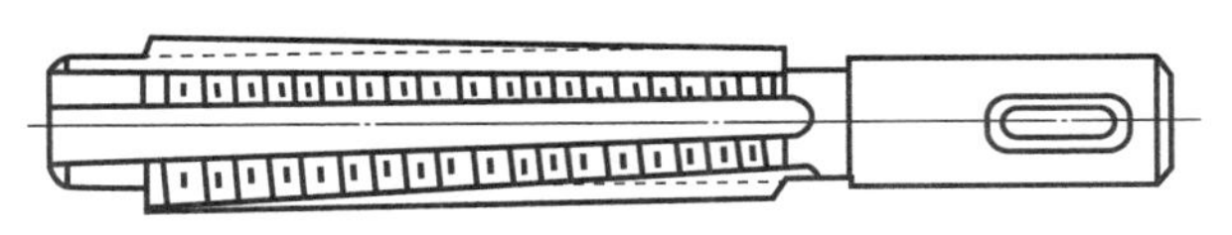
图 A-16　拉削丝锥

4.13　梯形螺纹丝锥　tap for trapezoidal screw threads

加工梯形螺纹用的丝锥（4.1）（见图 A-17）。

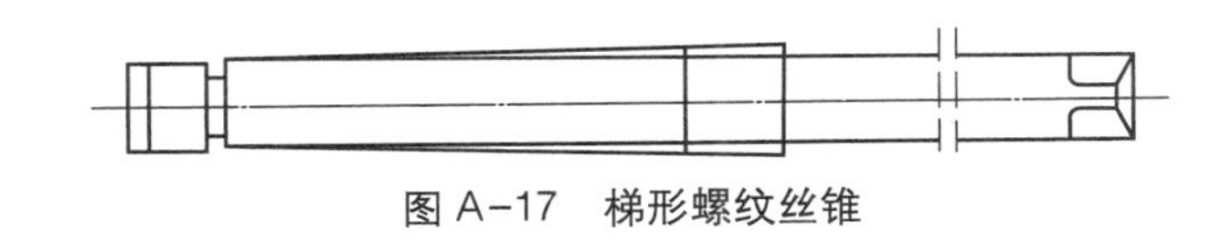
图 A-17　梯形螺纹丝锥

4.14　梯形螺纹拉削丝锥　broaching tap for trapezoidal screw threads

加工梯形螺纹用的拉削丝锥（4.12）（见图 A-18）。

4.15　高精度梯形螺纹拉削丝锥　high-precision broaching tap for trapezoidal screw threads

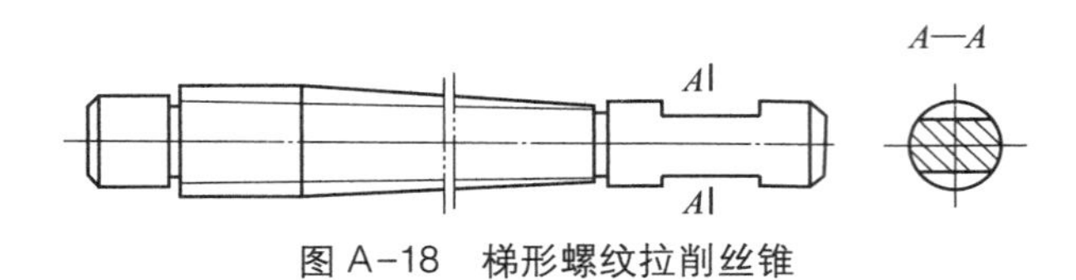

图 A-18　梯形螺纹拉削丝锥

加工高精度梯形螺纹用的拉削丝锥（4. 12）。

4. 16　统一螺纹丝锥　tap for unified thread

加工统一螺纹的丝锥（4. 1）。

4. 17　惠氏螺纹丝锥　tap for whitworth thread

加工惠氏螺纹的丝锥（4. 1）。

4. 18　螺母丝锥　nut tap

主要用于加工螺母类螺纹的丝锥（4. 1）（见图 A-19）（GB/T 697）。

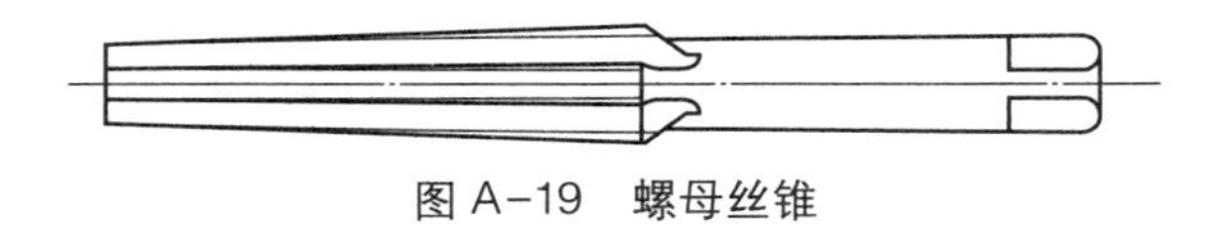
图 A-19　螺母丝锥

4. 18. 1　统一螺纹螺母丝锥　nut tap for unified thread

加工统一螺纹的螺母丝锥（4. 1）。

4. 18. 2　惠氏螺纹螺母丝锥　nut tap for whitworth thread

加工惠氏螺纹的螺母丝锥（4. 1）。

5. 按装夹部分的形式和结构分类的术语和定义

5. 1　粗柄丝锥　tap with full diameter shank

柄部直径（3. 18）大于或等于螺纹大径的丝锥（4. 1）（见图 A-20）。

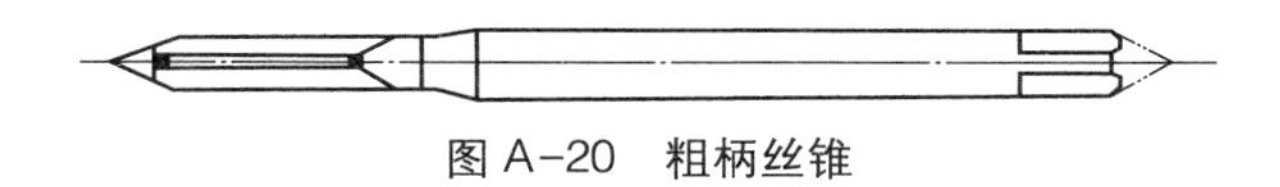
图 A-20　粗柄丝锥

5. 2　无颈丝锥　tap without neck between shank and thread

柄部和螺纹部分无过渡平滑连接的丝锥（4. 1）（见图 A-21）。

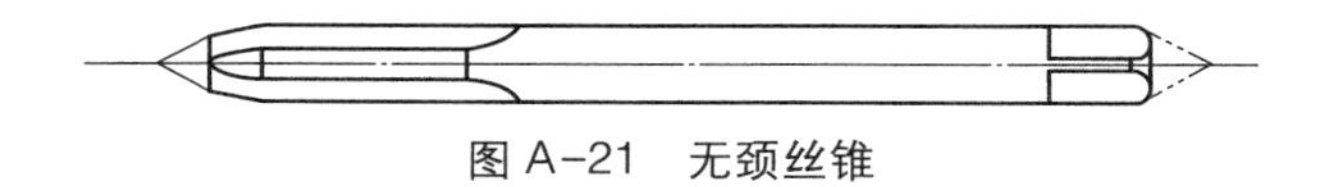
图 A-21　无颈丝锥

5. 3　带颈丝锥　tap with neck between shank and thread

柄部和螺纹部分有过渡连接部分的丝锥（4. 1）。

5.4　粗柄带颈丝锥　tap with full diameter and neck between shank and thread

柄部直径（3.18）大于或等于螺纹大径的带颈丝锥（5.3）（见图 A-22）。

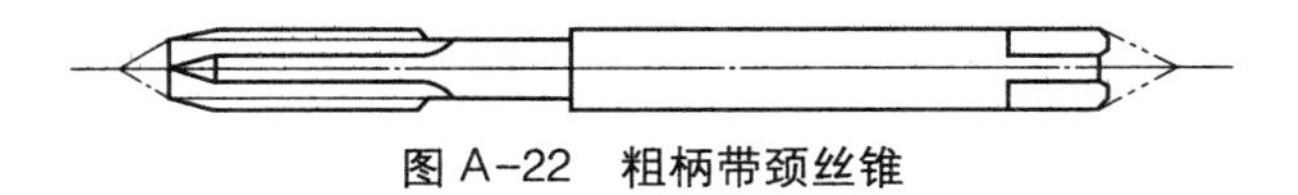

图 A-22　粗柄带颈丝锥

5.5　细柄丝锥　tap with reduced diameter shank

柄部直径（3.18）小于螺纹小径的丝锥（4.1）（见图 A-23）。

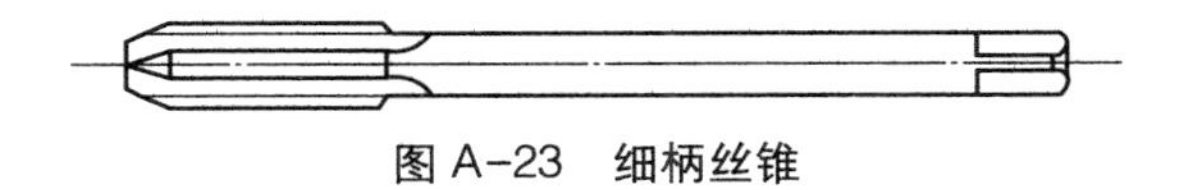

图 A-23　细柄丝锥

5.6　长粗柄机用丝锥　long shank machine tap with reinforced diameter shank

柄部较长，且直径大于或等于螺纹大径的机用丝锥（4.2）（见图 A-24）。

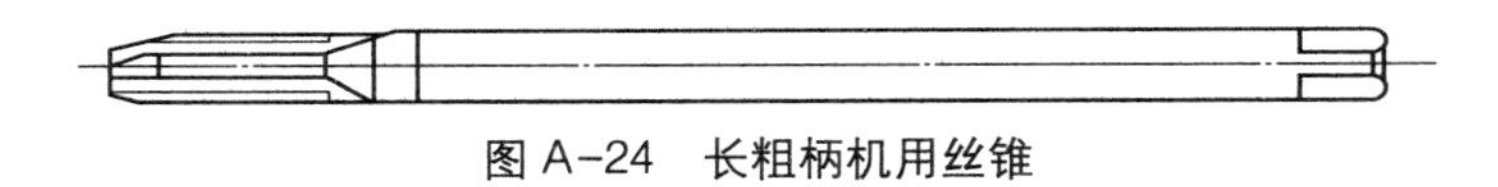

图 A-24　长粗柄机用丝锥

5.7　长柄无颈机用丝锥　long shank machine tap without neck between shank and thread

柄部较长，且与螺纹部分之间无过渡平滑连接的机用丝锥（4.2）（见图 A-25）。

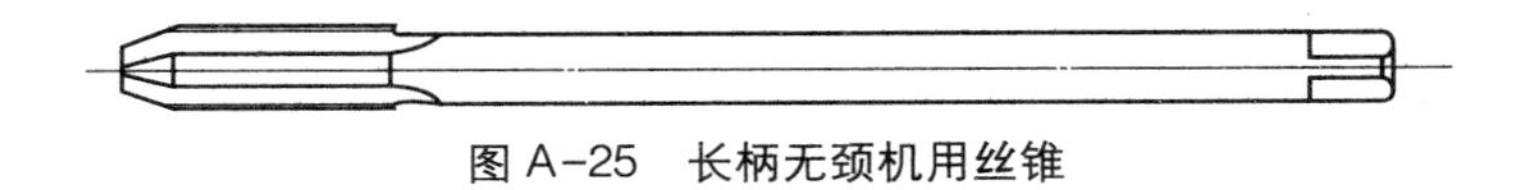

图 A-25　长柄无颈机用丝锥

5.8　长粗柄带颈机用丝锥　long shank machine tap with reinforced diameter shank and neck between shank and thread

柄部较长，直径大于或等于螺纹大径，且柄部与螺纹部分之间有过渡连接部分的机用丝锥（4.2）（见图 A-26）。

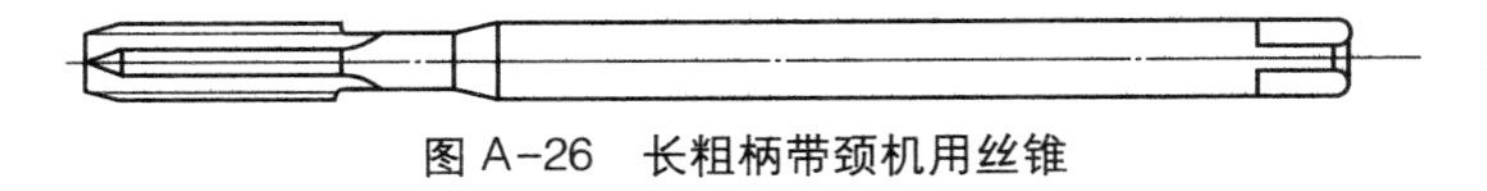

图 A-26　长粗柄带颈机用丝锥

5.9　长细柄机用丝锥　long shank machine tap with reduced diameter shank

柄部较长，且直径小于螺纹小径的机用丝锥（4.2）（见图 A-27）。

5.10　短柄螺母丝锥　short shank nut tap

柄部较短的螺母丝锥（4.18）（见图 A-28）。

图 A-27 长细柄机用丝锥

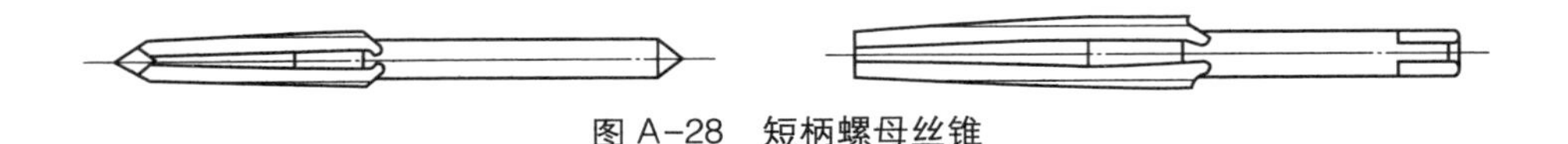

图 A-28 短柄螺母丝锥

注：柄部有两种形式，一种带方头，一种不带方头，不带方头的便于接柄使用。

5. 11 长柄螺母丝锥 long shank nut tap

柄部较长的螺母丝锥（4. 18）（见图 A-29）。

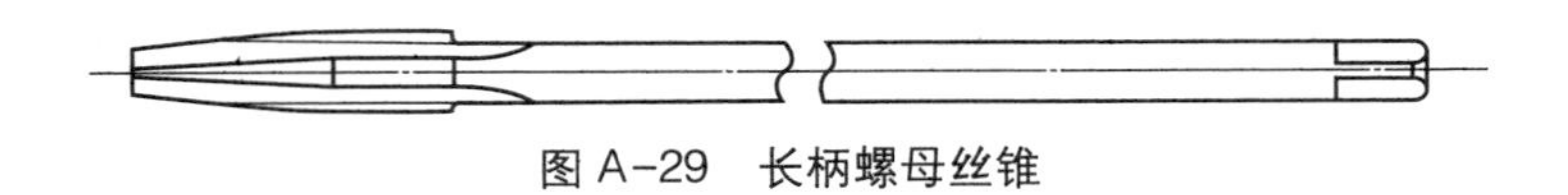

图 A-29 长柄螺母丝锥

5. 12 弯柄螺母丝锥 bent shank nut tap

柄部弯曲成 90°到 180°之间的螺母丝锥（4. 18）（见图 A-30）。

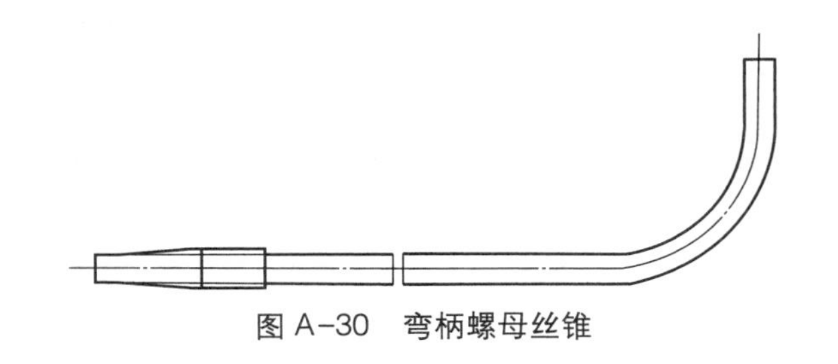

图 A-30 弯柄螺母丝锥

5. 13 套式丝锥 shell tap

用内孔安装定位的丝锥（4. 1）（见图 A-31、图 A-32）。

5. 13. 1 带键槽的套式丝锥 shell tap with keyway

内孔中带有键槽的套式丝锥（5. 13）（见图 A-31）。

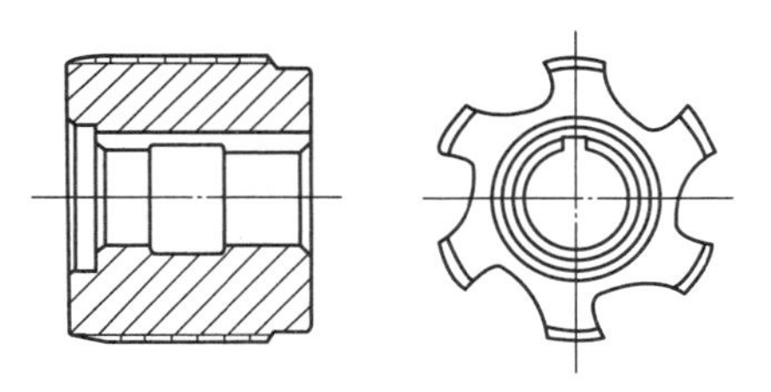

图 A-31 带键槽的套式丝锥

5.13.2　带端面键槽的套式丝锥　shell tap with tendon; shell tap with slot driver

带有端面键槽的套式丝锥（5.13）（见图 A-32）。

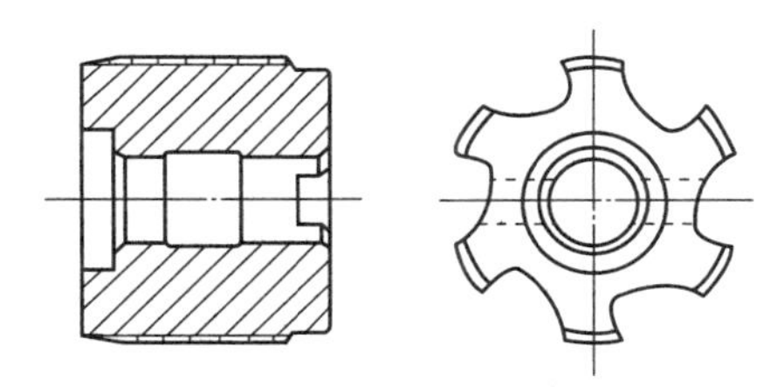

图 A-32　带端面键槽的套式丝锥

6. 按工作部分的形式和结构分类的术语和定义

6.1　铲背丝锥　eccentric relief tap

螺纹牙型进行铲磨的丝锥（4.1）。

6.2　不铲背丝锥　concentric unrelieved tap

螺纹牙型未进行铲磨的丝锥（4.1）。

6.3　直槽丝锥　straight fluted tap

容屑槽（3.26）与轴线平行的丝锥（4.1）（见图 A-33）。

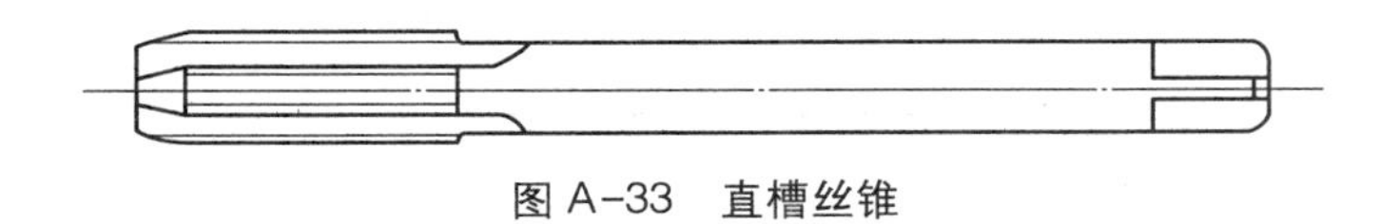

图 A-33　直槽丝锥

6.4　螺旋槽丝锥　spiral fluted tap

容屑槽（3.26）呈螺旋状的丝锥（4.1）（见图 A-34、图 A-35）（GB/T 3506）。

6.4.1　右螺旋槽丝锥　right-hand spiral fluted tap

沿轴向察看时，容屑槽（3.26）顺时针方向扭转的螺旋槽丝锥（6.4）（见图 A-34）。

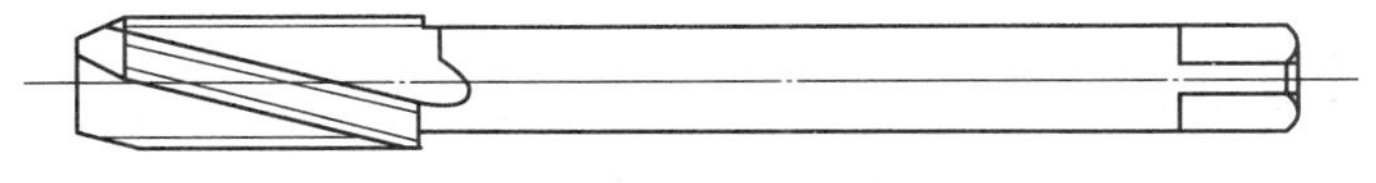

图 A-34　右螺旋槽丝锥

6.4.2　左螺旋槽丝锥　left-hand spiral fluted tap

沿轴向察看时，容屑槽（3.26）逆时针方向扭转的螺旋槽丝锥（6.4）（见图 A-35）。

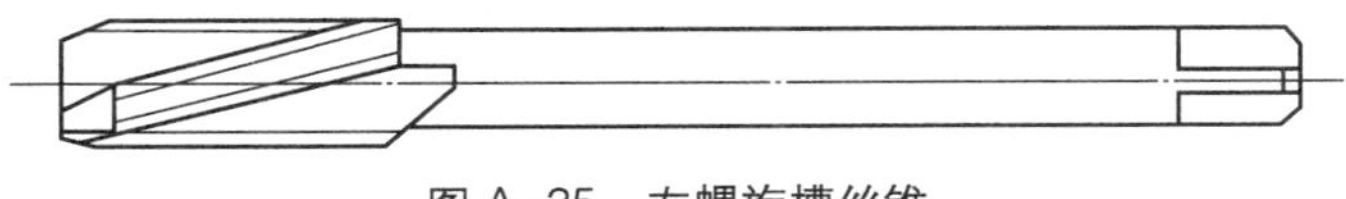

图 A-35　左螺旋槽丝锥

6.5　螺尖丝锥　spiral pointed tap

带刃倾角丝锥

带有螺尖（3.27）的丝锥（4.1）。

6.5.1　无槽螺尖丝锥　spiral pointed tap without flute

无容屑槽（3.26）的螺尖丝锥（6.5）（见图 A-36）。

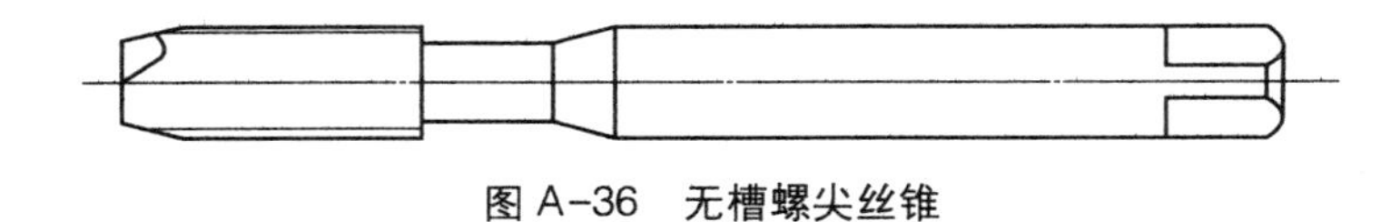

图 A-36　无槽螺尖丝锥

6.5.2　带油槽螺尖丝锥　spiral pointed tap with oil grooves

为了润滑仅在螺纹部分开有油槽的螺尖丝锥（6.5）（见图 A-37）。

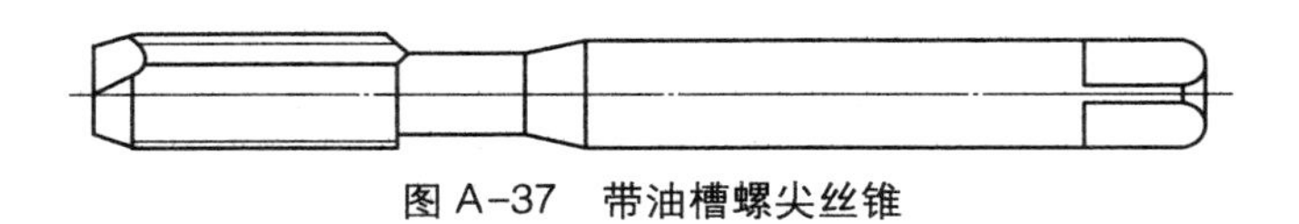

图 A-37　带油槽螺尖丝锥

6.5.3　直槽螺尖丝锥　spiral pointed tap with straight flute

容屑槽（3.26）为直槽的螺尖丝锥（6.5）（见图 A-38）。

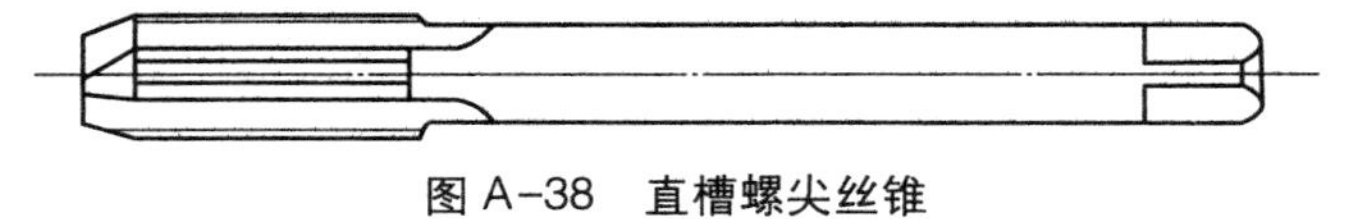

图 A-38　直槽螺尖丝锥

6.6　挤压丝锥　thread forming tap

螺纹部分无切削刃，依靠塑性变形方法在被加工孔中形成螺纹的丝锥（4.1）（见图 A-39）。

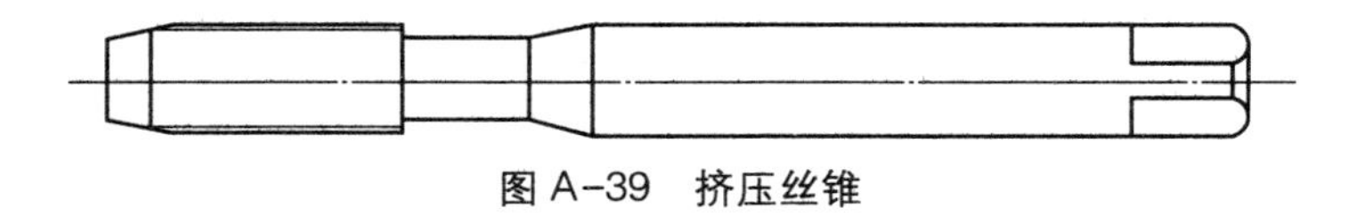

图 A-39　挤压丝锥

6.7　跳牙丝锥　interrupted thread tap

沿螺纹螺旋线交错地切除螺纹牙的丝锥（4.1）（见图 A-40）。

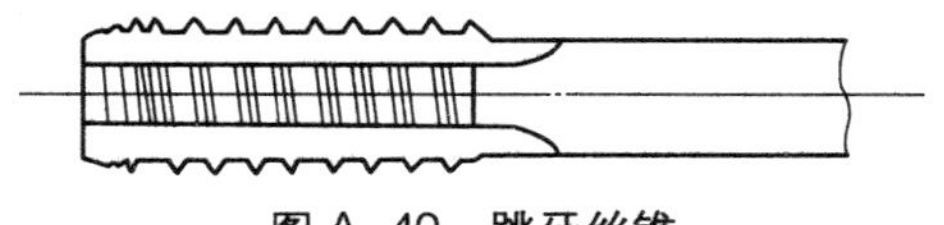

图 A-40　跳牙丝锥

6.8　内容屑丝锥　tap with the hollow interior to deposit the swarf

内部设有空间，加工时用以容纳切屑的丝锥（4.1）（见图 A-41）。

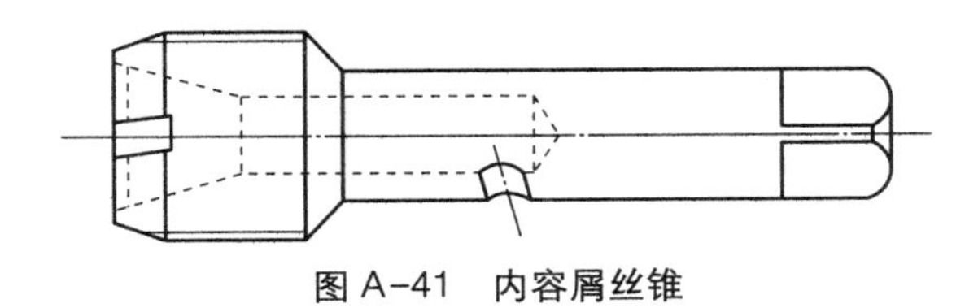

图 A-41　内容屑丝锥

6.9　串列式丝锥　tandem tap

由两段不同的螺纹前后串联组合成的丝锥（4.1）（见图 A-42）。

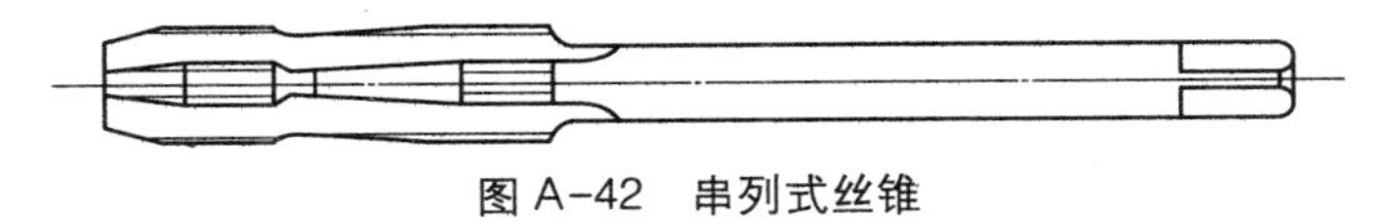

图 A-42　串列式丝锥

6.10　带导柱丝锥　tap with plain cylindrical pilot

前导向丝锥

在前端设置圆导柱以使轴线与螺纹底孔保持同心的丝锥（4.1）（见图 A-43）。

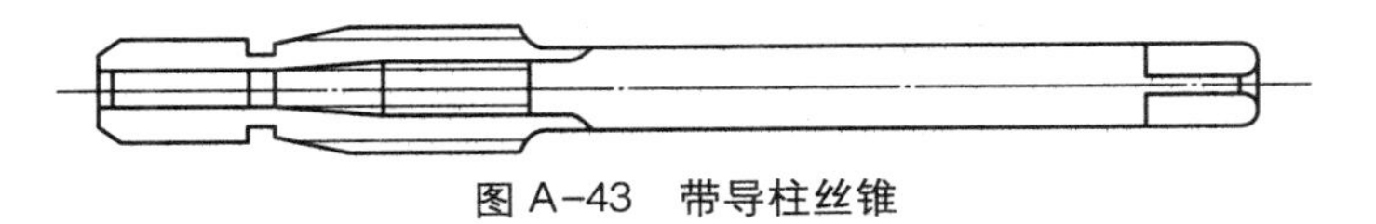

图 A-43　带导柱丝锥

6.11　复合丝锥　combined tap and drill

前端为钻头，钻孔攻丝连续进行的一种高效丝锥（4.1）（见图 A-44）。

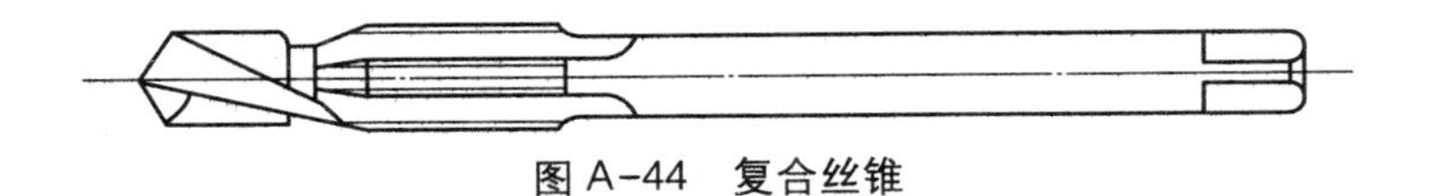

图 A-44　复合丝锥

6.12　整体丝锥　solid tap

各部分为一种材料制成一体的丝锥（4.1）。

6.13　焊柄丝锥　sectional type tap

螺纹部分和柄部是用不同材料对焊成的丝锥（4.1）。

6.14　镶齿丝锥　inserted chaser tap

用梳刀片镶嵌在刀体上的丝锥（4.1）（见图 A-45）。

6.15　可调丝锥　adjustable tap

梳刀片可在直径方向上进行调整的丝锥（4.1）（见图 A-46）。

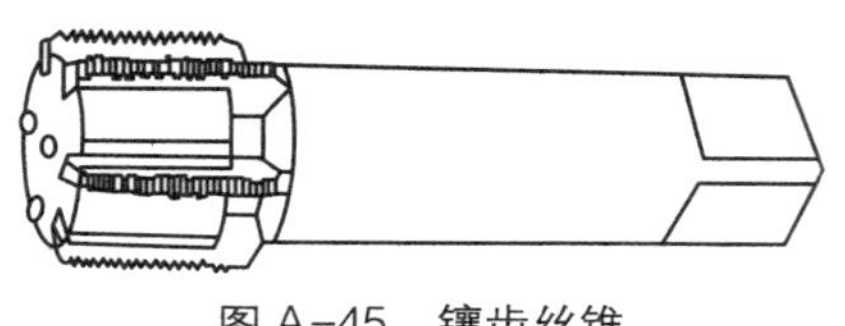

图 A-45　镶齿丝锥

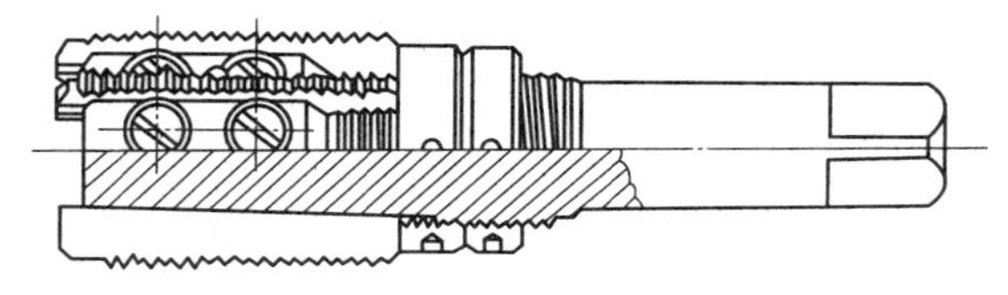

图 A-46　可调丝锥

6.16　自动开合丝锥　collapsible tap

攻丝结束后，梳刀片可以缩入内部从而不用反转即可退出被加工孔的丝锥（4.1）（见图 A-47）。

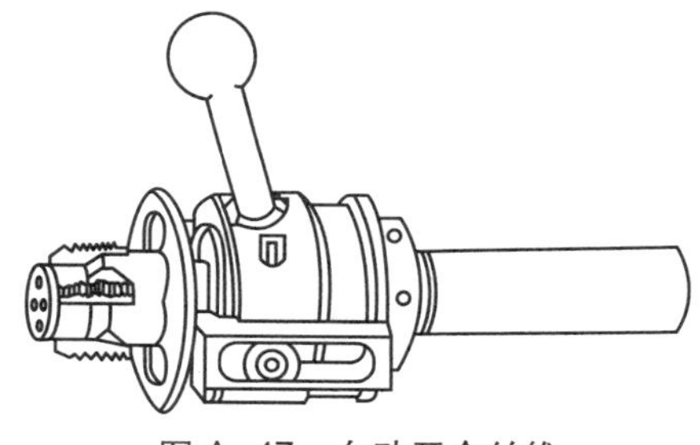

图 A-47　自动开合丝锥

二、圆板牙术语

1. 圆板牙术语分类

圆板牙术语分类有两种，与结构参数有关的术语和定义；圆板牙主要类型的定义和术语。

2. 术语包含的丝锥类型

常用的圆板牙术语包括：圆板牙、整体圆板牙、可调圆板牙、螺尖圆板牙、斜孔圆板牙、手用圆板牙、机用圆板牙、圆柱管螺纹圆板牙、圆锥管螺纹圆板牙、统一螺纹圆板牙等的术语和定义。

3. 与结构参数有关的术语和定义

图中编号与术语条目编号对应。

3.1　切削部分　cutting part

切削锥　chamfer

在前端起切削、引导作用的成锥形的螺纹部分（见图 A-48）。

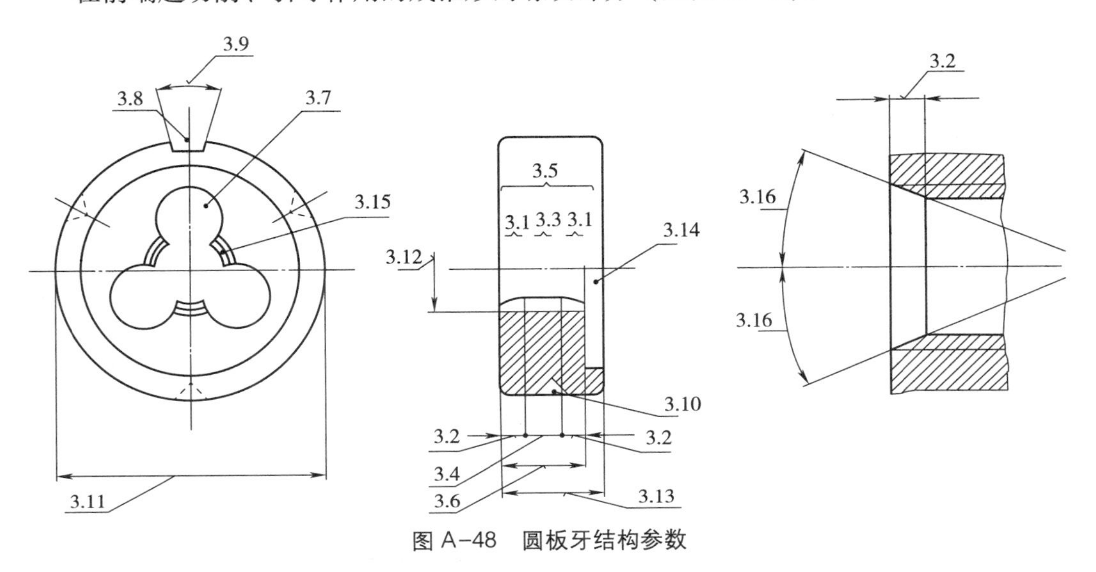

图 A-48　圆板牙结构参数

3.2　切削部分长度　length of cutting part

切削锥长度　length of chamfer

切削部分（3.1）的长度（见图 A-48）。

3.3　校准部分　full thread

起修整螺纹牙型的螺纹部分（见图 A-48）。

3.4　校准部分长度　length of full thread

校准部分（3.3）的长度（见图 A-48）。

3.5　螺纹部分　thread

切削部分（3.1）和校准部分（3.3）之和（见图 A-48）。

3.6　螺纹部分长度　total length of thread

螺纹部分（3.5）的长度（见图 A-48）。

3.7　容屑孔　clearance hole

用于容纳切屑，并借以形成圆板牙（4.1）的切削齿（见图 A-48）。

3.8　V 型槽　V-groove

呈 V 型的一个槽体，用于切开后调整圆板牙（4.1）的螺纹尺寸（见图 A-48）。

3.9　V 型槽角度　angel of V-groove

V 型槽（3.8）的截面上两斜线形成的夹角（见图 A-48）。

3.10　定位孔　spot hole; dimple

在圆板牙（4.1）外圆周上分布的圆锥形浅孔，起定位和紧固的作用（见图 A-48）。

3.11　外径　outside diameter

圆板牙（4.1）的外圆直径（见图 A-48）。

3.12　公称直径　nominal diameter

代表螺纹尺寸的直径，指螺纹大径的基本尺寸（见图 A-48）。

3.13　厚度　chickness

圆板牙（4.1）的两端面间的距离（见图 A-48）。

3.14　空刀　recess

在螺纹部分（3.5）和圆板牙（4.1）一个端面之间加工出来的圆形凹槽（见图 A-48）。

3.15　刃背　land

两个容屑孔间的螺纹部分（见图 A-48）。

3.16　切削锥角　chamfer angle

切削部分（3.1）的任一母线与轴线间形成的夹角（见图 A-48）。

3.17　切削锥径向铲背　radial relief on chamfer

在切削部分（3.1）上的刃背（3.15）高度从切削刃处逐渐向后面降低，使切削刃具有径向后角。

4. 圆板牙主要形式的定义和术语

4.1　圆板牙　circular screwing die

通过旋转和沿螺纹导程轴向进刀，在被加工杆件上形成外螺纹的一种圆形套状成型工具（见图 A-48）。

4.2　整体圆板牙　solid circular screwing die

用同种材料制造，且螺纹尺寸不可调的圆板牙（4.1）（见图 A-49）。

4.3　可调圆板牙　adjustable circular screwing die

开口圆板牙

圆板牙（4.1）一容屑孔（3.7）的孔壁为开通的，使用时可调整螺纹尺寸（见图 A-50）。

4.3.1　径向调整圆板牙　adjustable circular screwing die with radial adjusting screw

可调圆板牙（4.3）上的调整螺钉的轴线与圆板牙（4.1）的同心圆在该处的切线垂直正交（见图 A-51）。

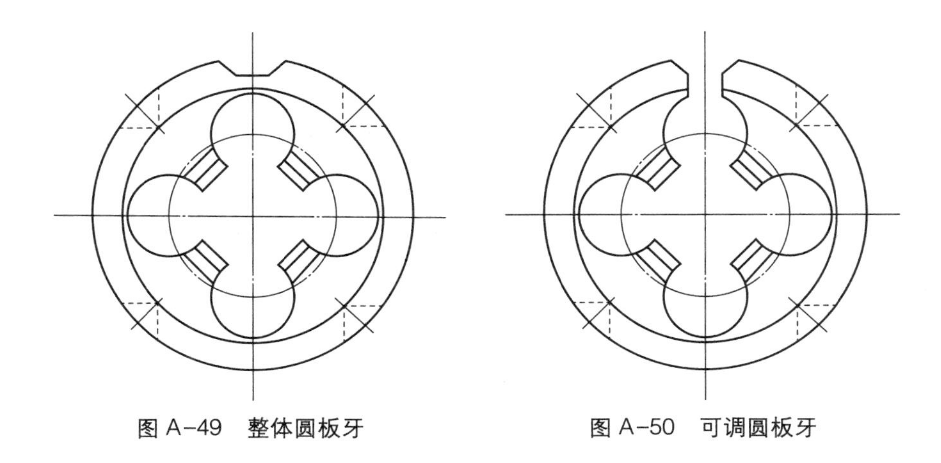

图 A-49　整体圆板牙　　图 A-50　可调圆板牙

4.3.2　切向调整圆板牙　adjustable circular screwing die with tangential adjusting screw

可调圆板牙（4.3）上的调整螺钉的轴线与圆板牙（4.1）的同心圆在该处的切线相平行（见图 A-52）。

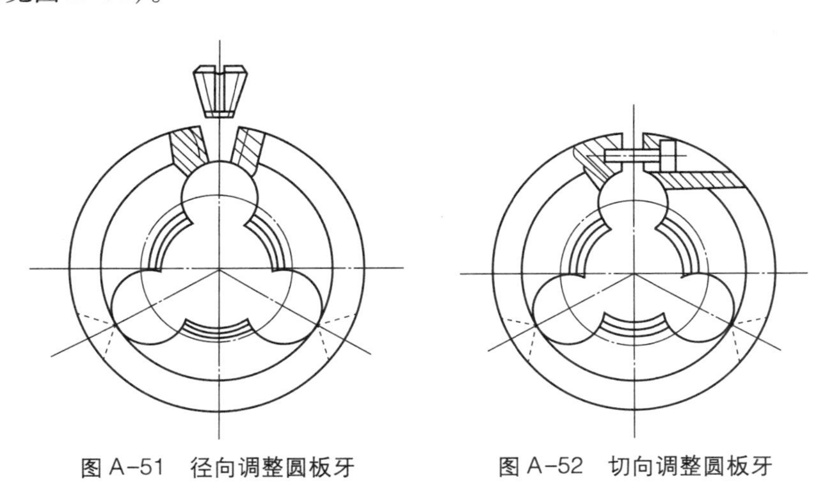

图 A-51　径向调整圆板牙　　图 A-52　切向调整圆板牙

4.4　螺尖圆板牙　spiral point circular screwing die

带刃倾角圆板牙

切削锥前部加工出带有刃倾角的部分的圆板牙（4.1）。

4.5　斜孔圆板牙　spiral fluted circular screwing die

斜槽圆板牙

容屑孔（3.7）的轴线与圆板牙（4.1）的轴线呈一定角度的圆板牙（4.1）。

4.6　手用圆板牙　hand-operated circular screwing die

通常用于手工操作的圆板牙（4.1）。

4.7 机用圆板牙 machine-operated circular screwing die

机械操作用的圆板牙（4.1）。

4.8 圆柱管螺纹圆板牙 circular screwing die for parallel pipe threads

加工圆柱管螺纹用的圆板牙（4.1）（图 A-53）。

4.9 圆锥管螺纹圆板牙 circular screwing die for taper pipe threads

加工圆锥管螺纹用的圆板牙（4.1）（图 A-54）。

4.10 统一螺纹圆板牙 circular screwing die for unified threads

加工统一螺纹用的圆板牙（4.1）（图 A-55）。

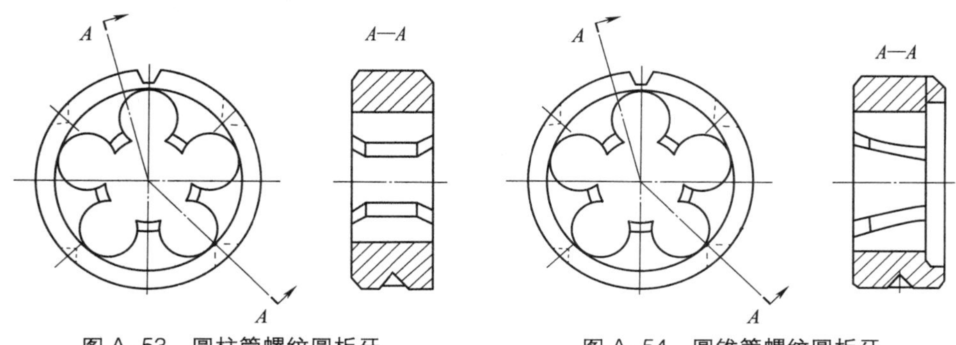

图 A-53 圆柱管螺纹圆板牙

图 A-54 圆锥管螺纹圆板牙

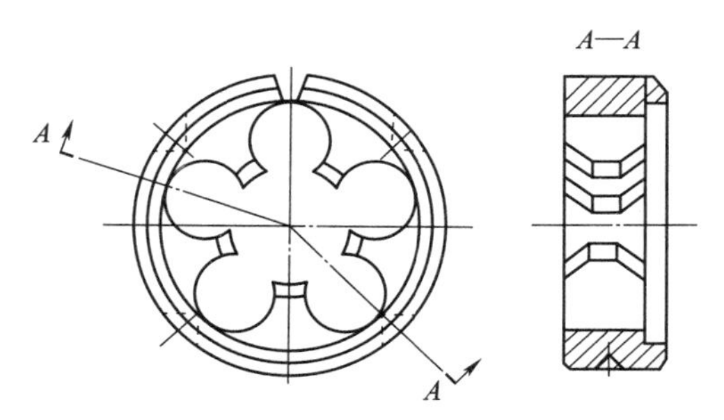

图 A-55 统一螺纹圆板牙

附录B 螺纹识别表

特征代号	名 称	牙型（牙型角或牙侧角、锥度）	标记示例	国家、地区及标准编号
Acme	爱克母螺纹	牙型角29° 锥度为0	1 3/4-4 Acme-2G	澳大利亚AS B202 英国BS 1104 美国ASME B1.5
API	美国石油学会绳式顿钻7牙或8牙螺纹	牙型角60° 锥度1∶4	1 5/8×2 5/8 API 7-thread 1×1 1/2 API 8-thread	美国API sep3
API CSG	美国石油学会短型套管圆锥螺纹	牙型角60° 锥度1∶16	4 1/2 API CSG	美国API Std 5B
API FH	美国石油学会贯眼型钻杆接头螺纹	牙型角60° 锥度1∶4	API 3 1/2FH	美国API Spec 7
API IF	美国石油学会内平型钻杆接头螺纹	牙型角60° 锥度1∶6	API 4 IF THD	美国API Spec 7
API LCSG	美国石油学会长型套管圆螺纹	牙型角60° 锥度1∶16	4 1/2API LCSG	美国API Std 5B
API NC	美国石油学会数字型钻杆接头螺纹	牙型角60° 锥度1∶16	API NC 26（2 3/8F）	美国API Spec7
API REG	美国石油学会正规型钻杆接头螺纹	牙型角60° 锥度1∶4	API 2 3/8REG RH API 4 1/2REG LH	STAS 5291 美国API Spec 7
API Sucker Rod	美国石油学会抽油杆螺纹	牙型角60° 锥度为0	3/4API Sucker Rod	罗马尼亚SIAS 329 美国API Spec 11B

续表

特征代号	名　称	牙型（牙型角或牙侧角、锥度）	标记示例	国家、地区及标准编号
API TBG	美国石油学会不加厚油管螺纹和浆体接头油管螺纹	牙型角 60° 锥度 1：16	3 1/2 API TBG	美国 API Std 5B
API UP TBG	美国石油学会外加厚油管螺纹		3 1/2 API UP TBG	美国 API Std 5B
API XCSG	美国石油学会套管直连型螺纹		4 1/2API XCSG	美国 API Std 5B
B	锯齿螺纹	牙侧角 3°/30° 锥度为 0	B 40×7-6c	中国 GB/T 13576. 1~13576. 4—2008
B. S. F.	惠氏细牙螺纹	牙型角 55° 锥度为 0	1/2-16 B. S. F.	澳大利亚 AS 3501 英国 BS 84
B. S. F. trunc	短牙惠氏细牙螺纹	牙型角 55° 锥度为 0	1/2-16 B. S. F. trunk	澳大利亚 AS 3501 英国 BS 84
B. S. W.	惠氏粗牙螺纹	牙型角 55° 锥度为 0	1/4-20 B. S. W.	澳大利亚 AS 3501 英国 BS 84
B. S. W. trunc	短牙惠氏粗牙螺纹	牙型角 55° 锥度为 0	1/4-20 B. S. W. trunk	澳大利亚 AS B47 英国 BS 84
CTG	惠氏螺纹	牙型角 55° 锥度为 0	CTG 16	日本 JIS B0204
FH	美国石油学会贯眼型钻杆接头螺纹	牙型角 60° 锥度 1：4	51/2 FH	中国 GB/T 9253. 1
F—PTF	干密封细牙圆锥管螺纹	牙型角 60° 锥度 1：16	1/4-27 F-PIF	美国 ANSI B1. 20. 3

续表

特征代号	名　称	牙型（牙型角或牙侧角、锥度）	标记示例	国家、地区及标准编号
G	55°非螺纹密封管螺纹	牙型角 55° 锥度为 0	G 3/4 G 3/4A G 3/4B	英国 BS 5042 P2-78 BS 2779 日本 JIS B 0202 德国 DIN ISO 228 法国 NF E 03-005 中国 GB/T 7307 ISO 228-1
Gg	钻杆圆锥管螺纹	牙型角 60° 锥度 1：16	Gg 51	德国 DIN 4941
		牙型角 60° 锥度 1：4	Gg 41/2	德国 DIN 20 314
IF	美国石油学会内平型钻杆接头螺纹	牙型角 60° 锥度 1：6	4 IF	中国 GB/T 9253. 1
M	ISO 米制螺纹（包含米制普通螺纹、过渡配合螺纹、过盈配合螺纹、超细牙螺纹、热镀锌螺纹）	牙型角 60° 锥度为 0	M20×2	ISO 68-1；ISO 262； ISO 724；ISO 965 GB/T 192；GB/T 193； GB/T 196；GB/T 197
M	ISO 小螺纹	牙型角 60° 锥度为 0	M 0. 8	德国 DIN 14 T 1~4 俄罗斯 гост8724、9000、9150、24705
	米制密封圆柱内螺纹	牙型角 60° 锥度为 0	M30×2 DIN 158	德国 DIN 158-1 意大利 UNI 7707
	细牙米制圆锥螺纹	牙型角 60° 锥度 1：20	M18×0. 85keg	德国 DIN 8507 T 1
	米制圆锥外螺纹	牙型角 60° 锥度 1：16	M30×2keg M18×1. 5conica	德国 DIN 158-1 意大利 UNI 7707

续表

特征代号	名　称	牙型（牙型角或牙侧角、锥度）	标记示例	国家、地区及标准编号
MJ	米制航空航天螺纹	牙型角 60° 锥度为 0	MJ 6×1 4H5H	ISO 5855-1~3 中国 GJB 3.1~3.3—2003 德国 DIN ISO 5855-1 DIN ISO 5855-2 DIN ISO 5855-3 英国 BS A358-1~3 美国 ASME B1.21M
NC	美国石油学会数字型钻杆接头螺纹	牙型角 60° 锥度 1∶16	NC 56 No	中国 GB/T 9253.1
NC 5	过盈配合螺纹	牙型角 60° 锥度为 0	NC 5 HF	美国 ASME B1.12
NGO	美国气瓶出口螺纹	牙型角 60° 锥度为 0	903-14 NGO-RH-EXT	美国 ANSI CGA V—1
NGS	美国气瓶圆柱螺纹		1/8-27 NGS	
NGT	美国气瓶圆锥螺纹	牙型角 60° 锥度为 1∶16	1/8-27 NGT	
NPSC	一般密封圆柱内螺纹	牙型角 60° 锥度为 0	NPSC 1/8（中国） 1/8-27NPSC	中国 GB/T 12716 俄罗斯 гост 6111 美国 ASME B 1.20.1
NPSF	干密封圆柱内螺纹（燃料型）	牙型角 60° 锥度为 0	1/8-27 NPSF	美国 ANSI B1.20.3
NPSH	软管接头圆柱螺纹	牙型角 60° 锥度为 0	1-11.5 NPSH	美国 ASME B1.20.1 ASME B1.20.7
NPSI	干密封圆柱内螺纹（普通型）	牙型角 60° 锥度为 0	1/8-27 NPSI	美国 ANSI B1.20.3
NPSL	锁紧螺母用松配合圆柱管螺纹	牙型角 60° 锥度为 0	1/8-27 NPSL	美国 ASME B1.20.1
NPSM	自由配合圆柱管螺纹	牙型角 60° 锥度为 0	1/8-27 NPSM	美国 ASME B1.20.1

续表

特征代号	名　称	牙型（牙型角或牙侧角、锥度）	标记示例	国家、地区及标准编号
NPT	一般密封圆锥管螺纹	牙型角60° 锥度1：16	NPT 3/8（中国） 3/8-18 NPT	中国 GB/T 12716 法国 NF E03-601， NF E29-684 俄罗斯 гост 6111 美国 ASME B 1. 20. 1
NPTF	干密封圆锥管螺纹	牙型角60° 锥度1：16	1/8-27 NPTF	美国 ANSI B1. 20. 3
NPTR	栏杆连接圆锥管螺纹	牙型角60° 锥度1：16	1/2-14 NPTR	美国 ASME B1. 20. 1
PF	圆柱管螺纹	牙型角55° 锥度为0	PF 6（1/8）	韩国 KS B0221
PG	气瓶圆柱螺纹	牙型角55° 锥度为0	PG 80	中国 GB/T 8335
PT	圆锥管螺纹	牙型角55° 锥度1：16	PT 6（1/8）	韩国 KS B0222
PZ	气瓶圆锥螺纹	牙型角55° （牙的对称线垂直母线） 锥度3：25	PZ 39	中国 GB/T 8335

续表

特征代号	名　称	牙型（牙型角或牙侧角、锥度）	标记示例	国家、地区及标准编号
R	55°密封圆锥外螺纹	牙型角 55° 锥度 1∶16	R1/8	ISO 7-1 中国 GB/T 7306. 2 德国 DIN 2999 T 1, DIN 3858 法国 NF E03-004 英国 BS 21 意大利 UNI ISO 7-1 日本 JIS B0203 俄罗斯 гост 6211
	55°非密封圆柱管螺纹	牙型角 55° 锥度为 0	R1/2	德国 DIN 6630
	55°密封圆锥管螺纹	牙型角 55° 锥度 1∶16	R_1 1/2 R_2 1/2	中国 GB/T 7306. 1 GB/T 7306. 2
Rc	55°密封圆锥内螺纹	牙型角 55° 锥度 1∶16	Rc 11/4	ISO 7-1 中国 GB/T 7306. 2 法国 NF E03-004 英国 BS 21 意大利 UNIISO 7-1 日本 JIS B0203 俄罗斯 гост 6211
REG	美国石油学会正规型钻杆接头螺纹	牙型角 60° 锥度 1∶4	51/2REG	中国 GB/T 9253. 1
RL	55°密封长型圆柱外螺纹	牙型角 55° 锥度为 0	RL1/2	澳大利亚 AS 1722：Part 1 英国 BS 21

续表

特征代号	名　称	牙型（牙型角或牙侧角、锥度）	标记示例	国家、地区及标准编号
Rp	55°密封圆柱内螺纹	牙型角 55° 锥度为 0	Rp1 1/2	ISO 7-1 中国 GB/T 7306. 1 德国 DIN 2999 T 1 法国 NF E03-004 英国 BS 21 意大利 UNI ISO 7-1 日本 JIS B0203 俄罗斯 гост 6211
S	ISO 小螺纹	牙型角 60° 锥度为 0	S 0. 9	ISO 1501 中国 GB/T 15054. 1~15054. 2 法国 NF E03-501，504 英国 BS 4827 日本 JIS B0201 韩国 KS B0228
	米制锯齿螺纹	牙侧角 3°/30° 锥度为 0	S 40×7	德国 DIN 513 T 1~3
	锯齿螺纹	牙侧角 3°/30° 锥度为 0	S 25×1. 5	德国 DIN 20 401 俄罗斯 гост10177 гост 25096
SI	气瓶圆锥螺纹	牙型角 60° 锥度 3 : 20，3 : 26，8. 732%	SI 16. 4	法国 NF E 29-678，680，682

续表

特征代号	名　称	牙型（牙型角或牙侧角、锥度）	标记示例	国家、地区及标准编号
Tr	ISO 米制梯形螺纹	牙型角 30° 锥度为 0	Tr 40×7	ISO 2901，2902，2903，2904 GB/T 5796.1～5796.4
	圆梯形螺纹	牙型角 30° 锥度为 0	Tr 40×5	德国 DIN 30 295 T 1，2
	米制矮牙梯形螺纹	牙型角 30° 锥度为 0	Tr48×8	德国 DIN 380 T 1，2
TW	梯形螺纹	牙型角 29° 锥度为 0	TW 82	日本 JIS B0222 韩国 KS B0226
UN	统一螺纹	牙型角 60° 锥度为 0	2 1/2-16 UN-2B	ISO 68-2，ISO 263，ISO 725，ISO 5864 中国 GB/T 20667～20670 澳大利亚 AS B 133：Part 1、2 英国 BS ISO 68-2，BS 1580-1～3 美国 ASME B1.1
UNC	统一粗牙螺纹	牙型角 60° 锥度为 0	1/4-20 UNC-2A	ISO 68-2，ISO 263，ISO 725，ISO 5864 GB/T 20667～20670 澳大利亚 AS B 133：Part 1～3 英国 BS ISO 68-2 BS 1580-1～3 日本 JIS B0206，0210 韩国 KS B0203，0213 瑞典 SMS 1701，1713，1716 美国 ASME B 1.1

续表

特征代号	名　称	牙型（牙型角或牙侧角、锥度）	标记示例	国家、地区及标准编号
UNEF	统一超细牙螺纹	牙型角 60° 锥度为 0	1/4-32 UNEF	ISO 68-2，ISO 263，ISO 725，ISO 5864 GB/T 20667～20670 澳大利亚 AS B133：Part 1～3： 英国 BS ISO 68-2：1998 BS 1580-1～3 美国 ASME B1. 1：2003
UNF	统一细牙螺纹	牙型角 60° 锥度为 0	1/4-28UNF	ISO 68-2，ISO 263，ISO 725，ISO 5864 中国 GB/T 20667～20670 澳大利亚 AS B133：Part 1～3 英国 BS ISO 68-2：1998 BS 1580-1-3 日本 JIS B020，0212 韩国 KS B0206，02160 美国 ASME B1. 1
UNJ	统一航空螺纹	牙型角 60° 锥度为 0	3. 500-12 UNJ-3A	ISO 3161 英国 BSA 346 美国 ASME B1. 15
UNJC	统一航空粗牙螺纹		3. 500-4 UNJ-3A	
UNJEF	统一航空超细牙螺纹		1. 1875-18 UNJEF-3B	
UNJF	统一航空细牙螺纹		1. 375-12 UNJF-3A	
UNM	统一小螺纹	牙型角 60° 锥度为 0	0. 80 UNM	美国 ASME B1. 10M

续表

特征代号	名　称	牙型（牙型角或牙侧角、锥度）	标记示例	国家、地区及标准编号
UNR	统一螺纹（外螺纹牙底圆弧半径不小于 0.108P）	牙型角 60° 锥度为 0	25/8-4 UNR-2A	美国 ASME B1.1
UNRC	统一粗牙螺纹（外螺纹牙底圆弧半径不小于 0.108P		1/4-20 UNRC-2A	
UNREF	统一超细牙螺纹（外螺纹牙底圆弧半径不小于 0.108P）		1-20 UNREF-2A	
UNRF	统一细牙螺纹（外螺纹牙底圆弧半径不小于 0.108P）		1/4-28 UNRF-3A	
UNRS	特殊系列的统一螺纹（外螺纹牙底圆弧半径不小于 0.108P）	牙型角 60° 锥度为 0	1/4-24 UNRS-3A	美国 ASME B1.1
UNS	特殊系列的统一螺纹		1/4-24 UNS-3A	
W	惠氏螺纹	牙型角 55° 锥度为 0	W3/16	德国 DIN 477 T1，DIN 4668，DIN 49301 意大利 UNI 2708，UNI 2709
W	圆锥惠氏螺纹	牙型角 55° 锥度为 3：25	W 28.8×1/14	德国 DIN 477 T 1 法国 NF E29-672，674，676 俄罗斯 гост 9909
M_C M_P	米制锥螺纹	牙型角 60° 锥度为 1：16	ZM 10	中国 GB/T 1415

附录C　本书涉及的标准

序号	标准编号	标准名称
1	GB/T 967—2008	螺母丝锥
2	GB/T 968—2007	丝锥螺纹公差
3	GB/T 969—2007	丝锥技术条件
4	GB/T 970. 1—2008	圆板牙　第 1 部分：圆板牙和圆板牙架的型式和尺寸
5	GB/T 970. 2—2008	圆板牙　第 2 部分：技术条件
6	GB/T 971—2008	滚丝轮
7	GB/T 972—2008	搓丝板
8	GB/T 20666—2006	统一螺纹　公差
9	GB/T 20667—2006	统一螺纹　极限尺寸
10	GB/T 20668—2006	统一螺纹　基本尺寸
11	GB/T 20669—2006	统一螺纹　牙型
12	GB/T 20670—2006	统一螺纹　直径与牙数系列
13	GB/T 192—2003	普通螺纹　基本牙型
14	GB/T 193—2003	普通螺纹　直径与螺距系列
15	GB/T 196—2003	普通螺纹　基本尺寸
16	GB/T 197—2018	普通螺纹　公差
17	GB/T 5796. 1—2022	梯形螺纹　第 1 部分：牙型
18	GB/T 5796. 2—2022	梯形螺纹　第 2 部分：直径与螺距系列
19	GB/T 5796. 3—2022	梯形螺纹　第 3 部分：基本尺寸
20	GB/T 5796. 4—2022	梯形螺纹　第 4 部分：公差
21	GB/T 3464. 1—2007	机用和手用丝锥　第 1 部分：通用柄机用和手用丝锥
22	GB/T 3464. 2—2003	细长柄机用丝锥
23	GB/T 3464. 3—2007	机用和手用丝锥　第 3 部分：短柄机用和手用丝锥
24	GB/T 3506—2008	螺旋槽丝锥
25	GB/T 7306. 1—2000	55°密封管螺纹　第 1 部分：圆柱内螺纹与圆锥外螺纹
26	GB/T 7306. 2—2000	55°密封管螺纹　第 2 部分：圆锥内螺纹与圆锥外螺纹
27	GB/T 7307—2001	55°非密封管螺纹
28	GB/T 12716—2011	60 ℃密封管螺纹
29	GB/T 4267—2004	直柄回转工具　用柄部直径和传动方头尺寸

续表

序号	标准编号	标准名称
30	GB/T 20324—2006	G 系列圆柱管螺纹圆板牙
31	GB/T 20325—2006	六方板牙
32	GB/T 20326—2021	粗长柄机用丝锥
33	GB/T 20328—2023	R 系列圆锥管螺纹圆板牙
34	GB/T 20330—2006	攻丝前钻孔用麻花钻直径
35	GB/T 20333—2023	圆柱和圆锥管螺纹丝锥的基本尺寸和标志
36	GB/T 20334—2006	G 系列和 Rp 系列管螺纹磨牙丝锥的　螺纹尺寸公差
37	GB/T 21020—2007	金属切削刀具　圆板牙术语
38	GB/T 20955—2007	金属切削刀具　丝锥术语
39	JB/T 8364. 1—2010	60°圆锥管螺纹刀具　第 1 部分：60°圆锥管螺纹圆板牙
40	JB/T 8364. 2—2010	60°圆锥管螺纹刀具　第 2 部分：60°圆锥管螺纹丝锥
41	JB/T 8364. 3—2010	60°圆锥管螺纹刀具　第 3 部分：60°圆锥管螺纹丝锥　技术条件
42	JB/T 8364. 4—2010	60°圆锥管螺纹刀具　第 4 部分：60°圆锥管螺纹搓丝板
43	JB/T 8364. 5—2010	60°圆锥管螺纹刀具　第 5 部分：60°圆锥管螺纹滚丝轮
44	JB/T 8824. 1—2012	统一螺纹刀具　第 1 部分：丝锥
45	JB/T 8824. 2—2012	统一螺纹刀具　第 2 部分：丝锥螺纹公差
46	JB/T 8824. 3—2012	统一螺纹刀具　第 3 部分：丝锥技术条件
47	JB/T 8824. 4—2012	统一螺纹刀具　第 4 部分：螺母丝锥
48	JB/T 8824. 5—2012	统一螺纹刀具　第 5 部分：圆板牙
49	JB/T 8824. 6—2012	统一螺纹刀具　第 6 部分：搓丝板
50	JB/T 8824. 7—2012	统一螺纹刀具　第 7 部分：滚丝轮
51	JB/T 8825. 1—2011	惠氏螺纹刀具　第 1 部分：丝锥
52	JB/T 8825. 2—2011	惠氏螺纹刀具　第 2 部分：丝锥螺纹公差
53	JB/T 8825. 3—2011	惠氏螺纹刀具　第 3 部分：丝锥技术条件
54	JB/T 8825. 4—2011	惠氏螺纹刀具　第 4 部分：螺母丝锥
55	JB/T 8825. 5—2011	惠氏螺纹刀具　第 5 部分：圆板牙
56	JB/T 8825. 6—2011	惠氏螺纹刀具　第 6 部分：搓丝板
57	JB/T 8825. 7—2011	惠氏螺纹刀具　第 7 部分：滚丝轮
58	GB/T 28691—2012	高精度梯形螺纹拉削丝锥
59	JB/T 10231. 4—2015	刀具产品检测方法　第 4 部分：丝锥
60	JB/T 10231. 8—2016	刀具产品检测方法　第 8 部分：板牙

续表

序号	标准编号	标准名称
61	JB/T 10231. 22—2006	刀具产品检测方法　第 22 部分：搓丝板
62	JB/T 10231. 23—2006	刀具产品检测方法　第 23 部分：滚丝轮
63	BS 84：2007	惠氏牙型圆柱螺纹
64	ASME B1. 1	统一英制螺纹
65	ANME B94. 9	丝锥——切牙丝锥和磨牙丝锥
66	ISO 529	短型手用和机用丝锥
67	ISO 2283：2000	公称直径为 M3 至 M24 及 1/8in 至 1in 的长柄机用丝锥　细柄丝锥
68	GJB 119. 3A	安装钢丝螺套用内螺纹

参考文献

[1] 查国兵，赵建敏. 常用螺纹刀具［M］. 北京：中国标准出版社，2010.

[2] 李晓滨. 螺纹及其联结［M］. 北京：中国计划出版社，2004.

[3] 李晓滨. 公制、美制和英制螺纹标准手册［M］. 北京：中国标准出版社，2006.

[4] 陆剑中，孙家宁. 金属切削原理与刀具［M］. 4版. 北京：机械工业出版社，2006.

[5]《航空制造工程手册》总编委会. 航空制造工程手册　金属材料切削加工［M］. 北京：航空工业出版社，1994.

[6] 上海市金属切削技术协会. 金属切削手册［M］. 上海：上海科学技术出版社，2000.

[7] 金关梁，金在富. 螺纹加工与测量手册［M］. 北京：国防工业出版社，1984.

[8] 丁玎. 螺纹铣削加工刀具技术［J］. 工具技术杂志，2007（10）.

[9] 吴立志. 中国高速钢的发展［J］. 河北冶金，2015（11）：1-8.

[10] 米永旺. 丝锥用HYTV3高性能高速钢的耐磨性和可磨削性评价［J］. 河北冶金，2017（8）：10-16.

[11] 贾成厂，吴立志. 粉末冶金高速钢［J］. 金属世界，2012（3）：5-10.

[12] 徐和平. 几种丝锥用高速钢的性能比较［J］. 金属热处理，2014（2）：54-57.

[13] 祝新发. 加工工具物理气相沉积技术的发展［J］. 装备机械，2013（1）：36-41.

[14] 祝新发. 第十二届中国国际机床展览会（CIMT2011）刀具涂层专题述评. 工具技术. 2011年第7期. 第45卷（总第455期）：16-17.

[15] 上海工具厂. 工具钢金相图谱［M］. 北京：机械工业出版社，1979.

[16] 胡庆华等. 奥氏体化条件对M2高速钢组织和性能的影响［J］. 热处理，2011（2）：30-32.

[17] 姜芙林. 高速断续加工过程工件及刀具瞬态切削温度的研究［D］. 济南：山东大学，2015.

[18] 吴凯. 高速切削A3钢件表面质量检测与分析研究［D］. 杭州：中国计量学院，2012.

[19] 胡军科，周创辉，王炎. 均匀设计试验方法的铝合金高速切削参数优化［J］. 制造技术与机床，2012（7）：127-131.

[20] 刘磊. 金属切削加工过程中的无损检测的几点思考［J］. 科技经济市场，2015（8）：170.

[21] 刘毫. 基于刀具磨损状态检测的铣削加工参数优化技术研究 [D]. 哈尔滨: 哈尔滨工业大学, 2016.

[22] 李澍东, 吴起, 于彦波, 等. 断续切削过程中刀具破损的在线检测 [J]. 哈尔滨科学技术大学学报, 1991, 15 (2): 7-11.

[23] 李娟, 徐宏海, 袁海强. 切削力测量技术现状及其发展趋势分析 [J]. 现代商贸工业, 2007 (6): 180-181.

[24] 张晓霞. 热电偶传感器的原理与发展应用 [J]. 电子技术与软件工程, 2016 (6): 107.

[25] 郭杰. 基于虚拟仪器的切削振动监测与分析系统的研究 [D]. 南京: 南京航空航天大学, 2006.

[26] 谢波. 数字化螺纹综合测量仪控制系统的设计 [D]. 天津: 天津大学, 2014.